未名·观点丛书

美学操练

叶廷芳 著

北京大学出版社

图书在版编目(CIP)数据

美学操练/叶廷芳著. —北京:北京大学出版社,2012.8

(未名·观点丛书)

ISBN 978-7-301-20832-8

Ⅰ.①美… Ⅱ.①叶… Ⅲ.①美学-文集 Ⅳ.①B83-53

中国版本图书馆 CIP 数据核字(2012)第 136518 号

书　　名:美学操练

著作责任者:叶廷芳　著

责 任 编 辑:魏冬峰

标 准 书 号:ISBN 978-7-301-20832-8/I·2487

出 版 发 行:北京大学出版社

地　　址:北京市海淀区成府路 205 号　100871

网　　址:http://www.pup.cn　　电子信箱:weidf02@sina.com

电　　话:邮购部 62752015　发行部 62750672　出版部 62754962

编辑部 62752824

印 刷 者:北京世知印务有限公司

经 销 者:新华书店

965mm×1300mm　16 开本　21.5 印张　330 千字

2012 年 8 月第 1 版　2012 年 8 月第 1 次印刷

定　　价:45.00 元

我的美学操练

不知在娘胎里中了什么邪，着了什么魔，我平生对于美的对象始终是贪婪的。每次登什么山，攀什么岭，尽管汗流浃背，气喘吁吁，依然兴致勃勃，乐此不疲，就是为了接受那一瞬间奇峰异石的视觉冲击。尽管为了难忘的景致用去了许多胶卷，回来后还总要磨一磨自己的笔，总想从笔尖下发现点什么。这显然是我的职业精灵使然——它跟美学的关系太密切，这注定了游山玩水不再是我的度假消闲，而是我的美学操练。

比起自然美，艺术美可以说是个更大的王国，因而更是一个让我难以自拔的魔圈。视觉的、听觉的、感觉的、想象的……无不牵连着我的灵犀。无论它们化身为文学、戏剧、音乐、舞蹈，还是美术、建筑、摄影，虽面貌各不相同，彼此性情却那么相近，仿佛是同一个大家族里的兄弟姐妹，其共同的"血缘"——美学维系着彼此之间的融洽关系。只要熟悉了其中的一个成员，就取得了与其他成员之间的亲缘性。无怪乎大凡杰出的文学家和艺术家，往往是某门甚至几门相邻艺术的行家。例如歌德、雨果等对建筑的爱好；托马斯·曼、罗曼·罗兰等对音乐的爱好；E. T. A. 霍夫曼、鲁迅等对美术的爱好；瓦格纳、吴冠中等对文学的爱好，等等。

改革开放初我较早地突入外国现代文学"禁区"，对"西方颓废派鼻祖"卡夫卡作了基本肯定的评价。这一行动的勇气源于我当时的一个发现，即现代信息将我的视线引向19世纪80年代这一重要时段。在这里我看到了法国象征主义的诗人们通过《宣言》于1886年打响了向现代主义进军的发令枪；看到了以法国塞尚、凡·高、高更等"后印象派"的同人们也于1886年举办迥异于马奈、莫奈等印象派的画展，开始了美术中的现代主义运动；看到此前两年，即1884年，建筑界的艺术家们在布鲁塞尔举行了"新艺术运动"，标志着建筑界的现代主义也开始起跑；比这晚三年，即1887年，以安托万为代表的法国“自由剧场”诞生，从而敲响了欧洲戏剧朝现代主义方向革新的开台锣鼓——这些事件在同一时间的不谋而合，标志着欧洲人的审美意识在19世纪80年代发生了瀑布式的跨越。它启悟人们：现代主义思潮的兴起不是少数作家、艺术家主观意志的产物，而是文学艺术运动自身发展的结果，因此不可等闲视之。

取得“现代”立场这一点对我来说非常重要。不然，我的审美意识就进入不了现代语境，操作不了现代话语。用19世纪以前的那套理论和语言对“现代派”进行一味的批判，实际上反而失去对20世纪文艺的真正发言权。君不见，直到20世纪80年代后期，国内艺术理论依然人云亦云地重复着1936年高尔基提出的那个论断，即创作方法有两种：浪漫主义和现实主义。然而这两个“主义”已经涵盖不了20世纪的文艺新现象。有人辩解说：现代主义与浪漫主义是一脉相承的。是的，浅层次看，二者都是重主观、重想象的；但深层次看，却有本质的不同：浪漫主义的想象并不破坏客体，现代主义的想象则是要破坏客体的，其呈现的往往是人的“内宇宙”中的“非理性”的幻象和荒诞。这是存在哲学、生命哲学特别是现代心理学广泛进入文学和艺术的结果。我们必须承认并肯定这一重大变化和发展。否则，用浪漫主义的美学原理来解释乔伊斯的长篇小说《尤利西斯》、达利的画作《扯碎的时间》、斯特拉文斯基的乐曲《春之祭》等等就会发生误读。

在各艺术门类间经常“客串”的结果，发现文学和各门艺术在现代意义上精神是相通的，也训练了我的审美思维。这一点在改革开放初期尤其显得重要。因为“文革”以前的外国文学研究主要是历史背景和思想内容的交代，审美分析的比重很小。“文革”后人们普遍要求改变这种偏向，而我在这方面多少具备一定优势。特别是当时的形势仍处于乍暖还寒的时候，讲“颓废派”还是有阻力的。于是我从审美分析入手开始了我对卡夫卡、迪伦马特、布莱希特等现代作家的研究。从这些作家的个别性特点去捕捉它们在现代艺术语境中的普遍性归属。反过来我又从各门艺术的普遍联系中反观它们在各门艺术作者笔下的表现，形成一种普遍性与特殊性的互动。

艺术最忌重复，学术更应该是这样；重复是无效劳动，探索才有意义。因此我的学术活动力避步人后尘，力争有所发现，有所创意。因此我很尊重自己的兴趣，或者说我的审美触觉：它在哪里兴奋了，哪里有“情况”，则我的“特种部队”即我的笔就驰向哪里。这就难怪，我的某些学术观点是以随笔形式表达的。它的特点是便捷，易于接近读者。即使是长篇大论，也尽量写得生动流畅一些，使书写本身具有一定的文学性，以便让人有兴趣读下去。

这部集子里收入的主要篇什是近二十余年来我的专业以外的、已在报刊上发表过的部分论文和演讲稿，它们多少涉及现代诗学或美学方面的内容，是我试图接近这一领域的一种尝试，一种“操练”。其中有一部分观点还值得进一步展开或探讨。由于现代作家、艺术家都以重复为耻，创新成了他们的职守。因而美的“流动”的特点日益彰显，美的概念的边界不断被突破，于是“操练”就好比西西弗斯推石上山，成了现代美的探索者的宿命。

叶廷芳

2011 年冬

目　　录

现代美的超前发现者
——读克尔恺郭尔《勾引者的日记》

19 世纪以前的西方文学转型为“现代”文学之后，其人文内涵和审美特征都发生了根本性的变化，这种变化并不是一夜之间从天而降，它也是“月晕而风，础润而雨”，早在半个世纪以前它就在别的文学或美学思潮中露出端倪了！具体说，在 19 世纪初的德国浪漫派那里就可以看到它的先兆，在某些现代哲学的先驱者那里也可以发现它的根苗。

丹麦哲学家、存在主义创始人克尔恺郭尔就是较早探悉到现代审美信息的先驱者之一，并且通过他的某些作品及时地传递了这一信息。他的流传甚广的《勾引者的日记》就属于这样一部作品。这部奇书仿佛是一头由多种特性构成的“多面兽”。乍看上去它无疑是一部小说，因为就其内容呈现的方式而言，它与一般叙事文学的体裁并无两样，且有引人入胜的趣味性和可读性；仔细一读，它又像是一部美学著作，因为其中包含着那么多的新的美学主张；再一琢磨，它又堪称一部哲学著作，因为它以形象描绘的方式唤起读者的情绪却是人生的一种“此在”的境况。

索伦·克尔恺郭尔(1813—1855)在丹麦这个小国的诞生可谓“横空出世”。他从小就对上帝感到畏惧，一生都不愉快。孤独不堪，却又以孤独自慰，认为这是他作为一个信仰基督教的“超世俗的人”与“庸众”相区别的根本所在，并且认为一个人越是独特，则他心中的恐惧就越深。他还认为，人的思想要在最激烈的程度上像个人。所以，他很早就是以正统思想的异端出现的。他认为，真理只在少数人手里，而多数人总是错误的。因此他很少人云亦云，因袭旧说，经常提出一些振聋发聩的见解，大有像尼采那样“自己来做哲学家”的味道。所以他在中学年代热衷了一阵子黑格尔哲学以后，很快就成了黑格尔哲学的批判者了。以往人们都以为真理是客观的，它与人的主观认识是一致的。他却提出“真理是主观的”论断。他甚至认为，当今人的生存处境一如《圣经》中的亚伯拉罕：上帝要他杀掉自己的独生儿子以撒拿去献祭，他被痛苦地置于爱子与虔诚的两难选择的矛盾之中。克尔恺郭尔就是在这一生存体念的基础上，开了存在主义的先河，成为现代哲学的先驱者之一的。人们往往以为，导致克尔恺郭尔哲学上走上离经叛道的道路，跟它的身世直接有关。这是说得通的。克尔恺郭尔的经历颇有特殊性。他的家庭从小就对他进行严格的宗教训练。这种教育方式后来被克氏指责为“疯狂的”和“残酷的”，这在使他成为基督徒的时候，也使他产生叛逆心理。他的父亲作为虔信者的那种无穷的罪恶感和忧郁情绪显然感染给了他，使他一生都笼罩在一种巨大的忧郁的阴影之下。后来家庭又连遭不幸：在他20岁出头的时候，在两年多的时间内，他的直系亲属包括他的母亲在内就有五人相继死去。这一“大地震”(他自己这样形容)在他的心理上无疑增添了阴影。加上婚姻又不顺利……无怪乎他自己这样慨叹：“没有人能发现我感到多么不幸。”

但如果仅仅用个人家庭经历来解释一个人异类思想或学说的形成显然是不全面、不科学的。一种前无古人、又将开启未来的独立学说的诞生，乃是人类思想发展在一定时代的科学文化环境下的产物。19世纪是各种现代思潮孕育的世纪。克尔恺郭尔所创立的存在主义学说不仅独树一帜，而且后继有人，声势日盛，正好说明它是现代哲学思潮的始作俑者。因此，作为一种新学说的倡导者，克尔恺郭尔像不少现代主义的先驱者一样，生前没有享受到殊荣。但经过约半个世纪的寂寞以后，随着现代主义思潮大气候的形成，他的学说像一棵茁壮的幼苗，旺盛地成长起来，从基督教存在主义到无神论存在主义，在20世纪西方哲学流派的群芳中，成为相当耀眼的一朵。雅斯贝尔斯、海德格尔、萨特等都是这一学说发展道路上的里程碑式的人物。

克尔恺郭尔的哲学思想是从批判黑格尔的“泛理论”或“整体性思维”开始立论的。他认为，哲学的任务在于回答“如何去生活”。他强调人的个别性、个人存在的意义，并把“个人”的概念作为“自己的范畴”，主张提高个人的地位。他认为，人对人本身是最难了解的，而“最难理解的是我自己”。于是对存在的认识成了个人的内心体验。它只能意会，不能言传。克尔恺郭尔的这一思想对西方现代美学和文学的影响相当深远。对克尔恺郭尔的作品发生强烈共鸣的卡夫卡就曾强调,他的创作只“传达那些不能传达的东西”。

克尔恺郭尔的哲学思想中最引人注意的是所谓存在的三阶段(或称三境界)理论,即审美的、伦理的、宗教的阶段。这三个阶段在克尔恺郭尔那里是个有机的逻辑过程。第一阶段即审美阶段,也就是享受阶段。在这个阶段人必须抓住的是“当下”,尽情享受此时此地的一切,有如我们的语言里常见的“今朝有酒今朝醉”的意思。然而克氏认为,这样的审美享受必然导致痛苦和毁灭,因为人的欲望是无限的,是永难满足的。补救的办法有没有呢?有的通过失望。失望可以引导人们进入更完善的存在形式,于是升华为第二阶段,即伦理阶段。克氏也承认,伦理所赖以存在的普遍性道德准则适用于任何人,任何时候。所以人必须在善与恶之间进行非此即彼的两难选择。选择什么呢?“选择你自己。”(这可以说是镌刻在古希腊德尔斐神庙中“认识你自己”那句铭语的回响)但是,人是无法达到道德的自足性的,因为他很难处处履行自己的义务。所以按克氏的看法,只有选择自己“有罪”才算真正选择了自己,因为有罪乃是存在的最具体表现,“是存在的最强烈的自我肯定的表现”①。但伦理是解决不了有罪的问题的,只有通过宗教的途径。这就进入存在的第三阶段——宗教阶段了。宗教阶段才是人生的最高境界。人靠了信仰与上帝直接相联系。上帝的意志是与伦理、道德准则不相干的,是与理性相悖的。因此,信仰高于理性。一个人只有在宗教阶段才能真正把握了自己。所以克尔恺郭尔把这一阶段归结为满足的境界。可是这种满足却又是以痛苦为内容的。因为他认为只有在深沉的痛苦中,个人才能真正领会存在的意义。故他指出,哲学的起点是个人,但哲学的终点却是上帝,人生道路就是“天路历程”。这就是为什么克尔恺郭尔自始至终与基督教难分难舍。

关于存在的审美境界,克尔恺郭尔除了理论论述外,还用形象化的语言进行阐述。这方面他至少留下两篇有名的作品,一篇是《酒中有真理》,收

① 转引自汝信:《克尔恺郭尔》,见《西方著名哲学家评传》,山东人民出版社1985年版,第43页。

在他的名著之一《人生道路诸阶段》中，描写在一次酒宴上五个朋友纵论爱情，各抒己见，或抽象或形象，生动有趣。另一篇即是《勾引者的日记》，见之于克氏的一部更为著名的作品《非此即彼》之中。这是仿德国浪漫派首领施莱格尔的名作《路琴德》写成的。书中男主人公约翰内斯是一位审美化的人，他与那位作者视之为审美典型的"肉欲的天才"唐·璜一样，"其全部生活动机就是享乐"。为了满足自己玩弄女性的欲望，他不择手段，将纯洁美丽的姑娘考黛丽雅从朋友的手中夺了过来，并引诱她上钩。从文学角度看，故事写得生动有趣，引人入胜，显示了作者的文学才能。从这部作品看，克尔恺郭尔笔下的所谓审美的人，是一种自私、贪婪的人。这与今天某些人所说的想在艺术的审美中追求一种"审美的人生"是不可同日而语的。

但笔者认为，对《勾引者的日记》这部作品，如果单单从叙事文学角度，把它看作一般的言情小说，并以习俗的价值尺度加以衡量，那只能说，仅触及到它的表层，因而是一种误读。要进入这部作品的深层，窥察它的真正内涵和实质，必须联系现代的文化背景和人文科学发展的趋势与特点加以综合考察。

随着人文思维的发展和深入，现代的哲学和社会科学发展的一个明显的特点是，各学科的多边交叉与互相渗透。在哲学与文学之间，表现尤其活跃，彼此倾慕与追求，大有"联姻"之势。在这方面，克尔恺郭尔堪称始作俑者。他的《勾引者的日记》，若从形而上去看，则他的主人公所勾引的对象就不只是一位世俗生活中的女性，而是一个美的化身，或作者审美理想的一个载体。通过她，克尔恺郭尔寄托或表述了他的一系列美学主张和美学理想。这些主张在当时还只是空谷足音，但它们传达了未来的审美信息。半个世纪以后，它们就成为先锋文学运动中普遍追求的目标了。现不妨指出几处，略加剖析。

一、弃模仿，重表现

书中有一段譬喻性描写显然是阐述模仿论美学的局限，并表示对它的否定的：

它（指镜子——笔者）何等忠实地反映着她的身影啊！它活像一

名奴仆，尽管受到种种虐待，但仍拼命表现自己的忠诚与媚态。对于这名奴隶而言，她的存在意义重大；而对她说来它却毫无意义。它虽然能反映她，但却没有勇气拥抱她。……多么可怜的镜子啊……它们只能抓住其表面，却无法把握其实质。①

在同一段话里，作者干脆直接提出自己的主张："所谓真正的享受（应理解为'审美'），应该在享受之余，保留一幅值得回味的图景。"为此：

人们必须学会利用内部的眼睛进行观察。

抛弃摹写现实或"复制世界"的美学原则，主张"从内向外"进行"观察"，正是"表现论"美学取代"模仿论"美学的中心思想，也是表现主义运动中的一个响亮口号。西方文学的审美视角从此开始迅速内向转移。而这一审美视角的陡转早在克尔恺郭尔的这部书中就已经表达得相当具体了："他应当将自己谱写进她的内心。"他认为这"属于高级的艺术"。而后再进一步，也是"更困难"的一步，"即重新将自己从姑娘心中谱写出来"。他认为这两个过程是紧密联系着的："不懂得第一步艺术的人，绝不会掌握第二步艺术。"现代的文学艺术创作，舍弃表面真实之后，要求作者通过自己的"内心的眼睛"将"观察"到的真实现象摄入内心，经过一番"发酵、酿造"（迪伦马特语）之后，外化为另一种形态的东西。因此迪伦马特说，他的作品就是他的主观所呈示的"世界图像"。现代作家所奉行的这一创作过程，与克氏所讲的第一步、第二步的程序基本是一致的。正如他在书中另一处所描写的："她的确变了……日益趋于内向，与外界断绝了来往，甚至连自己都无从寻找。"

二、以哲理为美

由于哲学与文学互相"联姻"，现代作品往往蕴藉着哲理，并以此作为衡量作品品位高低的重要标准之一。布莱希特戏剧理论的中心思想就是启

① 本文所引克氏语录，凡未注明出处者，均引自《勾引者的日记》，卢永华译。但因原稿被骗，书迄未出版。

人思考。因此他把戏剧作品的哲理品格作为他的美学追求的主要目标，其理论依据是："科学时代的戏剧能使辩证法成为享受。"①克尔恺郭尔则比布莱希特早一个世纪就把思维视为美的"境界"了，并以此作为衡量作品档次高低的准绳：

> 要达到爱情（应理解为"美"——笔者）须有牺牲的境界，则思维是不可或缺的，而庸俗的情人恰恰缺乏这一点。

这与现代艺术理论的奠基者康定斯基的一个观点十分相似："我们面对的是一个有意识的创造的时代，绘画中这种崭新的精神正与思维携手并进，正在迈向一个伟大精神的新纪元。"②

三、美在过程中

克尔恺郭尔把唐·璜视为审美的典型。他说：

> 唐·璜勾引女性，尔后又抛弃她们。然而他的兴趣并非在于抛弃，而在于勾引。

这里讲的是美（"兴趣"）来自于追求（"勾引"）的过程。在另一个场合他又说：

> 唯有征服严峻的抵抗，爱情才会更加完美。随着抵抗的消失，爱情便日趋疲软，并且习以为常。③

这也就是说，追求着的东西，格外刺激；一旦到手，兴奋便开始消退了。这好比人们常说的：恋人在热恋期间是最幸福的，一旦结了婚，热情就不如以前了。这是经验之谈，也是颇为常见的现象。

以过程为美，这在现代作家，或者说现代感较强的作家、艺术家那里是一种相当普遍的审美心态。二战后崛起的世界级戏剧大师迪伦马特就说

---

① 布莱希特：《戏剧小工具篇》，译文见《外国现代剧作家论剧作》，中国社科出版社 1982 年版，第 119 页。

② 康定斯基：《论艺术的精神》，中国社科出版社 1988 年版，第 73 页。

③ 克尔恺郭尔：《非此即彼》，耶那，1922 年，第 396 页。

过:“我重视的是写作时的一瞬间的癫狂。”①现代主义小说大家卡夫卡也强调创作的“忘我”状态,即“与魔鬼拥抱的那些时刻”②。国内现在也有不少作家、艺术家具有这种意识,他们把创作一部作品或导演一出戏看作“放一次焰火”。“焰火”熄灭了,激动即宣告过去,重要的是下一部作品该如何再放光彩?强调“过程之美”更是现在广泛流行的“行为艺术”的美学理论之根据。

四、解谜为美

这是合乎逻辑的:既然写作舍弃了模仿的方法,依靠内心的作用,而每个人的内心机制是各不相同的,作为内心投影的作品自然就不那么一目了然了:它往往成了一个谜团。问题是,解开这谜团是苦事还是乐事?克尔恺郭尔的回答是后者,并认为“谜”是“心灵的财富”:

> 啊,谜!难道世上还有比解开这个谜的语言更加美的东西吗?……正像心灵的财富是个谜一样——语言能够揭示其谜底,妙龄女子同样是个谜。

克氏审美意识中的这一偏好在其后的西方文学中有增无减,主题和意向的不确定乃至晦涩难懂成为西方现代文学的一大特征,象征主义、意识流、荒诞派作品尤其如此。

五、梦是财富

梦作为一种艺术表现手段,可以说古已有之。但是从来没有像它在现代文学中那样,受到如此青睐。它在表现主义,尤其是超现实主义那里成为重要的美学信条。这种倾向很大程度上归因于19世纪下半叶德、奥两位思想家的提倡,一位是哲学家尼采,他把梦作为他的创作“二元论”之一的“日

① 迪伦马特:《戏剧问题》。

② 卡夫卡:1922年7月5日致马克斯·勃罗德信。

神说”的主要内容；另一位是心理学家弗洛伊德，他把潜意识、无意识等概念与梦相联系，使之染上科学的色彩，并把它看作文艺创作的重要动力之一。但早于他们两位几十年，克尔恺郭尔就指出梦对于创作的重要性了！他说：

> 梦境之中充满无限财富。

显然，他指的是梦境可以提供丰富的创作灵感和题材。

六、美的多义性

克氏的这一观点是通过这一形象表达的：

> 她的面部表情十分复杂——仿佛一篇尚未发表、但却预告过的关于我的书本的评论——可作任何解释的评论。

他的这一看法基于现代人的一种困惑或矛盾的心理，面对纷繁复杂的客观世界无法作出确定的判断，导致作家主观世界的迷惘。克尔恺郭尔毫不讳言地说：“我是个混乱的灵魂。”[①]这种心境迫使作家往往采取寓言或譬喻的写法，以表达其内心那种“不可言传”的感受。所以人们常读到像卡夫卡的《城堡》、卡奈蒂的《迷惘》、T. S. 艾略特的《荒原》、尤奈斯库的《椅子》等那样的作品。解读这样的作品那只能说“仁者见仁，智者见智”了，但谁能说，作品的这种多重解释性不也是一种“审美之境”呢？

七、多音响之美

以往的文学作品大多只表现一个中心主题，集中传达一个声音。克尔恺郭尔对这一固有模式显然已经厌倦了，他主张同时传达多个声音：

> 这正是他在她身上犯下的最大罪过：他唤起她内心的各种反映帮助她在美学方面取得长足进步，使她不再甘心屈辱地倾听一个声音，而

---

① 克尔恺郭尔：《非此即彼》，耶那，1922年，第359页。

要同时倾听若干个声音。

这段似乎只涉及听觉艺术的话透露了未来文学变革中的一个重要信息：文学写作从习惯的“历时性”叙述转向“共时性”表现；视觉艺术从单视像表现转向多视像呈现，从而更新了时空观念。这为20世纪小说中的“意识流”写法，诗歌中的“多声部组合”和舞台上的“多景同台”等等传出了先声，它和音乐中诸如斯特拉文斯基的名曲《春之祭》和绘画中诸如格罗斯的《德国，一个冬天的童话》等同属一个审美境域。这一审美思维的产生无疑更符合人的多层面的精神结构的特征，也更符合世界的多样性、复杂性和多彩性的特点。为什么那些进入现代语境的读者和观众，接触现代主义的作品时感到“更刺激”？就是因为现代作品的深层真实性更能唤起人的内心诸多“灵犀”的全面感应。无怪乎，伟大的戏剧革新家布莱希特也说，他读乔伊斯的作品感到比读巴尔扎克的作品“更现实主义”。

八、简朴为美

欧洲浪漫主义运动中，人们普遍崇尚热情洋溢、辞采华丽的文风。在这一时代氛围中长大的克尔恺郭尔显然没有被它所熏染，相反，他着意与它反其道而行之：

在所有手段之中，最好而效果最佳的莫过于平淡无奇的婚约了。平淡无奇的表白，简单明了的求爱，对她来说将是全然不同的意外。相反，若我与她高谈阔论进行诱骗，通过火热的口才深深掀起她内心感情的波澜，而麻醉她的知觉，则效果完全不同。

这里讲的是抛弃过多虚假的热情，而推崇朴实无华的文风。在另一处他则强调如何去伪存真：

在一块羊皮纸上，诸多无关紧要的笔画往往会掩盖更加古老的文字。不过，幸运的慧眼则可以分辨真伪。后来的笔画可以消除，古老的文字定将重现光辉。你的眼睛教会我在自我之中找到自己。我让忘却冲刷掉一切与你无关的东西，显现出来的便是原始而又年轻的字样：我发现，我对你的爱与我本人同龄。

拒绝了当前重感情的时代性,却赢来了未来的时代性:在现代主义兴起以后,人们普遍厌烦浪漫主义的感情泛滥和现实主义的繁文缛节,而崇尚单刀直入,突出主题;丢弃繁枝,力握主干;寻根原始,唯求本真。总之,舍“荷马方式”,取“圣经方式”。① 难怪有人说:卡夫卡之所以能出名,因为他遇上了一个对于浪漫主义的感情泛滥和华丽辞藻已经厌倦了的时代。

九、模糊为美

书中有这么一段描写:

> 她挽住我的手臂,充满思绪的脑袋倚在我的肩头。她与我虽然近在咫尺,然而却相隔如此遥远。她毫无保留地将自己奉献给我,却又不属于我。

这种似近又远、似有若无、似是而非、似非而是、若隐若现、若即若离……的情境,是某些现代哲学家(包括尼采等人)的一种哲学观点的隐喻,即真理是不可寻求的。克氏的说法是:每一个个体都存在于一个可以模糊地看到、但无法穿透的“不可知体”之内。但当这类“模糊”描写在文学作品中出现的时候,它们就变成富有审美情趣的美学了!这在20世纪的欧美(包括南美)文学尤其是荒诞文学中备受青睐。自称与克尔恺郭尔的“情形”有“惊人的相似之处”的卡夫卡,其小说与笔记中就有不少这类似有若无或可望而不可即的描写。法国荒诞派作家贝克特的代表作《等待戈多》,全剧就是在戈多说是要来,却又迟迟未来这种似是而非的不断重复中结束的。

……

以上这类例子还可举出一些。但足矣!上述例子足以说明,《勾引者的日记》不仅是一部小说,它还是现代审美信息和审美特征的第一批报春“燕子”之一,与德国浪漫派首领施莱格尔的美学纲领可谓异曲同工。故除了艺术价值外,它还具有学术价值。

---

① 这是德国文学理论家奥伊尔巴哈在其《模仿论》一书中概括的两种写作风格:“荷马方式”以繁复描写为特点;“圣经方式”则以简约表达为特点。

悖谬作为审美
——对一种存在的审美把握

20世纪的西方文苑争奇斗艳。其中“荒诞文学”的崛起,恐怕是最引人注目的一朵奇葩。

于是,一个值得探讨的问题也随之产生了:构成“荒诞文学”的主要手段,或者说一个普遍手段是什么呢?——paradox。

“paradox”源自古希腊文和拉丁文,现在,无论拉丁语系,还是日耳曼语系或斯拉夫语系,几乎仍都沿用着。它的含义有几种,不太统一。逻辑学上叫“悖论”,或“怪圈”;物理学上叫“佯谬”;一般词义有背理、诡论、自相矛盾、非辩证的、似非而是、反常、奇谈等等,在现代西方文学中,就像“异化”概念大为外延一样,这个词义也被扩展,如一般的逻辑矛盾、两难选择有时也用这个词。但作为一个文学术语,总得有一个统一的词来表述。为此笔者曾先后请教过不少有关专家,结果莫衷一是,仿佛这个 paradox 本身就是一个“怪圈”一样。被它折磨了多年之后,笔者出于无奈,拟在本文中姑且另创一词:悖谬。它在不同场合,仍将表达上述不同含义。

悖谬——一种生存体验

如果说现代科学技术的烛火照亮了自然界无数黑暗的领域,从而引起了生产力的加速发展,那么现代人文思维的光照也穿透了人类世界许多层蒙昧的帷幕,从而揭开了人类思想史的新篇章。人类文明发展过程中所谓“异化”现象的揭示,便是这一思维飞跃的标志之一。在揭示“异化”方面,哲学家们和文学家们都不遗余力;一个运用逻辑和概念,一个运用形象和譬喻。在这过程中,二者均视悖谬为法宝。迪伦马特说,在今天这个时代,

“我们的思维没有悖谬概念似乎就不再够用了”，因为在他看来，“现实是以悖谬的形式出现的”①。迪伦马特的这个观点，在西方知识界较有代表性。现代文化思潮的兴起，在某种意义上意味着古典理想主义和浅薄乐观主义的结束，从此人们开始皱着眉头来面对世界了！因为以多元论为基础的新宇宙观，教人们用多角思维的方法来重新审视世界，结果，很快就发现那种单向思维或定向思维的局限性，发现世界并不是像以前所认为的那样黑白分明，真假易辨，善恶显然，美丑界清，而往往是互相融而为一，难解难分的。假作真时真亦假，好中有坏，坏中有好；美也不一定与善相联系，它有时恰恰与恶德，与罪行共生一体。西方基督教教父奥古斯丁称异教徒的美德就是“辉煌的罪恶”。罪恶与美德显然是水火不相容的，但它却与“辉煌”熔为一炉。那么，谁能说出这“罪恶”该肯定，还是该否定？再看人的杰作，看广岛上空的那朵蘑菇云：只见它随着一声巨响在天空冉冉升起，渐渐扩大，顷刻间千变万化，但万千变化都围绕着那朵无与伦比的“蘑菇”的塑造！多么美妙的造作，多么壮丽的奇观！然而它的下面却是尸横遍野！此刻美与屠杀融为一体，与罪恶合污同流，你想赞美，还是诅咒？人类曾经怀着多么大的热情建立起一套“理性”的法则，一系列伦理道德的规范，想以此来推进文明的进步。但曾几何时，人们却发现这一切又成了人们身上的“紧箍咒”，因为它固然给社会带来秩序，却又给你的行动罩上无形的精神牢笼，使你自由的天性日渐萎靡。例如，没有法制，你会觉得缺乏安全感，大声疾呼要求健全法制；一旦法制健全，你又会觉得随时会触犯刑律，必须请个私人律师来充当“精神保镖”。人类智慧的开发，带来了崭新的物质世界，但它同时又使自己沦为物的奴隶，并给自己的生存造成威胁：生态环境的破坏、毁灭性武器的发明……仿佛造化在有意捉弄着人类，无论你怎样艰辛地追求和创造，你永远走不出它设置的那个看不见、摸不着的“怪圈”，也就是说，你永远达不到自己的理想境界，就像卡夫卡笔下那位土地测量员 K，永远走不到眼前的那座城堡一样。

如果我们稍稍调整一下“焦距”，把视线从宏观投向微观，观察一下我们周围，那么这种令人困惑的悖谬现象更是屡见不鲜。你看，人人都在切齿

① 见《迪伦马特文集》第 24 卷，阿尔歇出版社，苏黎世，1980 年，第 62、60 页。

痛恨、强烈谴责不正之风，好像这股蔓延全国、浸润全民族的歪风跟谁都不相干，实际上它说不定就在你自己身上；有的农村干部在灾荒年月眼看群众揭不开锅，毅然打开国家粮仓，解救饥民，老百姓称他为关心群众疾苦的真正共产党员，国家则视他为"叛民"，必须以镣铐待之，这是情理与法律的背反；有的人在政治舞台上也许是个反面人物，是个暴君，或者是个侵略者，但在家庭生活中却可能是好丈夫、好父亲，或者是他人的好朋友，这是人格的二重性。因此在历史学家的笔下无疑他是个被谴责的对象，但在文学家的笔下，他却可以是个被同情的对象。如此等等，不一而足。

对于现实世界这种悖谬现象的二重感受在现代作家艺术家那里尤其敏感。较早的如存在主义鼻祖克尔恺郭尔，他认为人类今天的尴尬处境一如《圣经》中的亚伯拉罕献子的故事：上帝为考验亚伯拉罕的忠诚，令他杀掉自己最疼爱的儿子拿去献祭，亚伯拉罕处于忠神与爱子之间的矛盾中而不能自拔。20 世纪在这方面最突出的作家当推卡夫卡，不仅在他的作品中，而且在他的书信、日记中也充满了悖谬的思维方式和感受。如，他说："我是欢迎永恒的，但是找到永恒反使我沮丧。"[①]客观世界对卡夫卡来说总是这样时隐时现，若即若离，似有若无。卡夫卡的精神痛苦主要源于这种二重分裂的思想状态。更带悲剧意味的是，卡夫卡在实际生活中始终摆脱不了这种悖谬的逻辑：他一生都痛恨保险公司那个严重妨碍他创作的职业，但他始终不肯放弃它，并为它"恪尽职守"，因为他不能没有那份"优厚薪水"来维持生活，并尽一个长子应尽的家庭义务；他对自己的父亲既憎恨又敬畏：憎恨他"专制犹如暴君"，敬畏他体魄健壮，精明强干。因此他在父亲面前既是心灵备受摧残的受害者，又是个自惭形秽的、未能尽到长子责任的"负罪"者。他一生都渴望爱情和婚姻，并先后与两位姑娘订过三次婚，但每当快要实现的时候，他又犹豫起来（主要怕影响创作），最后终于放弃了事。他把创作当做"最大的幸福"，并为此耗尽了毕生的精力，而且经常为自己的作品兴奋不已。但晚年却嘱咐友人，在他死后要把他的作品"统统付之一炬"……这一切不仅使他作为作家，而且作为人的存在也成了一个谜。

---

① 贝 E. 海勒：《卡夫卡的世界》，拙译见拙编《论卡夫卡》，北京：中国社会科学出版社 1988 年版，第 177、187 页。

有人认为卡夫卡这种悖谬的思维特点和行为方式跟他钻研过中国的道教不无关系。有人则认为这跟由西亚传入欧洲的强调善恶绝对对立的摩尼教教义颇为相似。[①] 但这样的联系未免有些牵强,因为卡夫卡的这种思想特点在他接触上述异域文化之前就已表现出来了。尽管像卡夫卡这样把悖谬思维贯彻到实际生活中的例子并不普遍,但现当代作家中具有这种生存体验的人却并不鲜见,就以第二次世界大战以后的国际文坛举例,“荒诞派”、“黑色幽默”以及“魔幻现实主义”诸流派的作家都不例外。就以后者的主要代表作家加西亚·马尔克斯为例,他下述的一段现身说法就是生动的说明:

> 坦率地说:我始终把自己看做我所认识的最守纪律的人之一。您知道吗?因为在本质上讲我是世界上最不守纪律的人。倘若我不强迫自己遵守纪律,我便会一事无成。遗憾的是这恰恰违背了自己的本性。我想向您披露一个秘密:实际上,我倒更情愿自己是另一副模样。[②]

这段话中的两个含义截然相反的“最”在逻辑上构成了不可克服的矛盾,它发生在同一个人身上就构成了“二重人格”,这在生活中是常见现象。在我国作家莫言的眼中,他的家乡也是两极之“最”共寓一体的矛盾物:“高密东北乡无疑是地球上最美丽最丑陋、最超脱最世俗、最圣洁最龌龊、最英雄好汉最王八蛋、最能喝酒最能爱的地方。”[③]这一基本观点决定了莫言的人生观和艺术观:“批判的赞美与赞美的批判是我的艺术态度也是我的人生态度。”[④]

悖谬——一种美学追求

文艺作品不管以什么形式面世,其真实性的品格大概是不会变的。问

---

① R.W.施塔尔曼:《评(饥饿艺术家)》,译文载拙编《论卡夫卡》,北京:中国社会科学出版社1988年版,第165页。

② 1988年1月加西亚·马尔克斯答联邦德国《世界报》记者问。

③ 见《文艺报》1988年6月4日第4版。

④ 见《中国青年报》1986年7月18日。

题在于:真实性的依据是什么?是不是只有那些司空见惯的、符合习俗观念的、具有因果联系的事物才是真实的?但有的现代作家却偏偏认为“世界秩序是由谎言构成的”(卡夫卡),因此那原本原样地复制客观世界的照片是“最迷惑人”的,甚至影片成了“铁制的窗板”,而那“照在它退缩的、奇形怪状的脸上的光”反而是“真实的”,故而艺术的使命就是“给人以另一副眼光”。[①] 所谓“另一副眼光”指的是非写实的、泛表现的审美取向,姑且称之为“第三只眼”的审美视角。“悖谬”成了这只“异眼”视野下的一种普遍的美学追求。迪伦马特曾指出,正像逻辑学家不能离开悖论(或反论)、物理学家不能离开佯谬一样,戏剧家也不能离开悖谬。[②] 在这之前,法国作家加缪在研究卡夫卡作品时较早发现了悖谬的艺术奥秘,并视之为卡夫卡的艺术谜底,他认为:“基本的双重意义是卡夫卡的秘密之所在:自然性与非常性之间、个性与普遍性之间、悲剧性与日常性之间、荒诞性与逻辑性之间的这种持续不断的抵消作用贯穿着他的全部作品,并赋予它们以反响和意义。”加缪进而提出:“要理解荒诞作品,必须清点一下这些悖谬手法,必须使这些矛盾粗略化。”[③]这就是说,弄清悖谬手法的美学价值,对于确定荒诞作品在现代文学中的地位具有重要意义。循着这条思路走下去,我们还可以发现,加缪自已那本有名的论著《西绪福斯神话》正是着眼于惩罚与反抗之间持续不断的抵消作用,才把人类努力和徒劳的命运阐述得如此透彻而强烈,从而赋予这部论著以悲剧美学的意义。美国当代作家约瑟夫·海勒是个执著追求悖谬美学效应的作家,他那本不时令人涕泪交迸的代表作《第二十二条军规》一写就是8年,显然跟他着意捕捉悖谬的生活现象分不开,拉美“魔幻现实主义”的创作原则“将现实变为幻象而又不失其真”,也可以叫作“似假还真”,这本身就是一种悖谬。

悖谬的审美情趣就在于这种“似假还真”、似非而是,若即若离、若明若暗、若隐若现。这是两条逻辑线路从两极向中心点的互相抵消,或是从中心

① 见拙译《卡夫卡书信日记选》,天津:百花文艺出版社1991年版,第122页。

② 迪伦马特:《物理学家》21条,拙译见《迪伦马特喜剧选》,北京:人民文学出版社1981年版,第514页。

③ 加缪:《卡夫卡作品中的希望与荒谬》,译文见拙编《论卡夫卡》,北京:中国社会科学出版社1988年版,第105页。

点向两极的来回摆荡。我国《文心雕龙》中的“谐隐”即有“言非若是,说是若非”(根据范文澜的解释)的意思。举凡杰出的艺术家都深明这一逻辑范畴的个中奥妙。狄德罗那篇出色的论文《论演员的悖谬》(一译《论演员的矛盾》、《演员奇谈》),反复指出演出中演员的双重身份:角色的进入又不进入,换句话说:塑造舞台性格时,必须排除演员自已的性格。因此,“演员之所以能表演各种性格,正是因为他们本来没有性格”①。法国另一位艺术巨匠、大雕塑家罗丹对艺术的奥秘领悟得极为透彻,因而凝练出这样悖论性的深刻名言:“真正的艺术是忽视艺术的。”他的另一句话可以说是为这句话作了注脚:“艺术上最大的困难和最高的境界都是自然地、朴素地描绘和写作。”②因为显露在艺术品之外的“自然”、“朴素”这类特质从表面上看似乎并未注入艺术匠心,实际上却正是艺术匠心惨淡经营的结果。我国国画大师齐白石对这一艺术秘诀的表达尤为精彩:“作画妙在似与不似之间,太似为媚俗,不似为欺世。”你看他的拿手好戏——虾,他不是画它的十条腿而是画七八条,甚至五六条,不似真虾却更似真虾,从而把生活真实与艺术真实处理得“妙”不可言。我国著名导演林兆华也把“没有表演的表演,没有(舞台)调度的调度”作为他的艺术追求。③ 这不是文字游戏。能提出这类悖论性主张的艺术家,正是其艺术造诣至深的标志,以致可以驾轻就熟地在艺术天地里驰骋。像林兆华的这句话也可以用他的另一句话来作注脚:“用不动来表现动,用表演上的静止来表现内心的激情。”④为实现这一导演主张,演员必须在不带表演痕迹的前提下,做到心理活动形象化,把舞台空间的假定性与表演的真实性结合起来。无疑,这是对表演艺术的一种高标准的要求。

悖谬常见的感性形态是“怪诞”,多半见之于视觉艺术中。这“是一种非形象的形象,一种没有脸孔的世界的脸孔”⑤,用美国美学家桑塔耶那的话来说是一种“有形非形,混淆不清”的畸形物。它是一种滑稽而机智的虚

① 见《狄德罗美学论文选》,北京:人民文学出版社 1984 年版,第 320 页。

② 见《〈绝对信号〉的艺术探索》,北京:中国戏剧出版社 1982 年版,第 210 页。

③ 同上书,第 116 页。

④ 同上书,第 127 页。

⑤ 见《迪伦马特戏剧论文、演讲集》,苏黎世,阿尔歇出版社 1966 年版,第 120 页。

构：艺术家有意歪曲或夸大事物的某一因素，使之怪异；或者将两种极端相反的东西放在一起，造成强烈的反差和滑稽意味：崇高与卑下、美丽与丑陋、善良与凶恶，等等。《堂吉诃德》中的同名主人公与桑科·潘札，《巴黎圣母院》中的艾斯密拉达与加西莫多，《四川好人》（布莱希特）中的沈黛（善女）与随大（恶商），《天使来到巴比伦》中国王与废王（后者是前者的踏凳），《浴血美人》中的爱斯贝塔与她的丑仆……这些怪诞现象固然破坏了外在的可能性，却依然存在着内在的同构性。因此桑塔耶那认为，怪诞作为一种虚构，其优点"在于重新创造"，"正如出色的机智是新的真理，出色的怪诞也是新的美"①。迪伦马特甚至认为"怪诞是一种风格的极致"。

由于悖谬逻辑的捉弄，人们在生活中常发生"事与愿违"或"适得其反"式的事件。因此目前它在西方，比如在德语国家的文学创作中颇受青睐，有人甚至认为，它已成了现代短篇小说创作的一种基本模式。②

悖谬——一个艺术秘诀

现在该看看悖谬作为艺术手段在文学作品中是怎样被运用和表现的了。

我们说现代文学尤其是荒诞文学中常见悖谬现象，并不是说这一艺术手段直到现代才从天而降，不是的。西方古典文学中至少可以追溯到古希腊悲剧，如：根据希腊神话题材写成的《安提戈涅》（索福克勒斯）和《美狄亚》（欧里庇德斯）就是运用两难选择的原理使作品扣人心弦的。《安提戈涅》的情节承接作者的另一部代表作《俄狄浦斯王》。俄狄浦斯因犯杀父娶母罪而实行自我流放后，他的两个儿子为争夺王位而同归于尽。新王克瑞翁对两个死者一褒一贬：一个厚葬，一个曝尸。国王的意志就是国家的法律。但曝尸有渎神灵，因而与"神律"相抵触。谁来作这"法律"与"神律"撞击的牺牲品？安提戈涅！因为她作为妹妹有埋葬哥哥的神圣义务。她最后按照自己的意志选择了"神律"而违抗了"法律"，于是遭到杀身之祸。但

① 参阅桑塔耶那：《美感》，北京：中国社会科学出版社 1982 年版，第 175—176 页。

② 参阅吴姝文：《库申贝克论德语现代短篇小说》，载《文艺报》1988 年第 50 期。

克瑞翁亵渎神灵也遭到报应,弄得家破人亡。《美狄亚》的同名主人公是个血性刚烈的女性,她为了爱情而弃家、杀兄,为情人和丈夫夺取王位立下汗马功劳,但欲壑难填的夫王却为新欢而将她抛弃。为了复仇,她先将“负心郎”的新妇——一位公主——杀死,然后杀死自己与背信弃义者所生的两个孩子,于是一面是强烈的复仇欲望,一面是深切的爱子之情,她陷入极度的矛盾痛苦之中。

如果说,这种悖谬在古代悲剧诗人的笔下主要诉诸于感情,以引起“恐惧和悲悯”(亚里士多德),那么在现代作家如戏剧家布莱希特的笔下则主要诉诸于理智,且看他的名剧《大胆妈妈和她的孩子们》:女主人公大胆妈妈是个随军商贩,为了赚钱,她需要战争,致使四个孩子(一女三男)一一丧命。但她对战争的罪恶依然毫无觉悟。于是这位大胆妈妈的命运处于这样的悖谬之中:母性要求她不顾生命危险去牟利,以养育孩子,但牟利欲却要求她献出所有的孩子。这是人性与利欲的矛盾,说到底是人性自身的悖谬,因为主人公的行为一为生存,二为延续。布莱希特的另一出名剧《高加索灰阑记》取材于我国元杂剧:一次兵乱中,总督夫人弃婴逃命,她的女仆抱起了这个婴孩,冒着生命危险逃到后方,历尽艰辛,养育孩子。和平恢复后,总督夫人告仆人抢走自己的孩子。孩子究竟应归生母还是养母呢?这给法官出了个难题。但在乱世中上台的贫民法官却设计了一个审案的法子:在粉笔圈内,生母和养母各拉自己的孩子,赢者为真正的母亲。双方正用力拽拉时,孩子一声哭叫,养母松手了……正当生母高兴之时,法官却把孩子判给了养母。因为她松手,说明她真正疼爱孩子。这是“理”与“法”的矛盾,而“理”出奇地取得了胜利。从思想角度看,作者寄托了一种社会理想。从艺术角度看作者表现了出色的机智。而美学上呢,观众从这一悖谬情境中获得了一种心理平衡和审美愉悦。正是从悖谬出发,布莱希特建立了他的英雄观,认为英雄有时有胆小鬼的一面,胆小鬼有时也有英雄的一面。因此伽利略在他笔下“既是伟大科学家,又是社会罪犯”;他的《四川好人》的主题是:一个人要在现存社会上活下去,光有善的一面,而没有恶的一面是不行的,所以它的主人公是一个既善又恶的人。

如前所说,悖谬作为一种逻辑怪圈,它在现代文艺作品中常常表现为两条对立的逻辑线路的抵消,用卡夫卡的话说,叫“建设即破坏”。迪伦马特则表达得更形象:"两面镜子互相映照,虚无对虚无。"且看迪氏的《天使来到巴比伦》是怎样表现这一悖谬情境的。先看那两位主要的对立人物——国王和乞丐:一个权势无比,精神上却十分贫乏;一个贫贱卑微,精神上却无比富有。再看情节:国王虽然有权得到上天从"虚无"中造出的赐物——美丽少女,但他却永远得不到她;而那位"人间最卑贱者"阿基虽然没有权利得到她,却始终没有失去她;然而,国王得不到她,因为他的权利的获得,不过是出于天使的错误判断而已,而赐物最后落在巴比伦的乞丐阿基的手里则是天经地义的,因为这本是上天的意图;可是阿基也没有真正得到她,因为那少女只认定那位"尼尼微的乞丐"才是她的归属。而尼尼微的乞丐却是个假象。于是这赐物从"虚无"来,又回"虚无"去。作者不过玩了个有趣的悖谬的游戏。

这种两极抵消的艺术表现在卡夫卡的作品里相当典型。《城堡》主人公 K.,即那位土地测量员,为了能在城堡当局管辖下的村子里落个户口而进行了不懈努力,年复一年,毫无结果,最后,在弥留之际,亲友们为他送终,这时城堡突然来了通知,称:考虑到你的困难和种种情况,你可以在村子里住下……[①]一个小小的愿望,让人奋斗了一生;在他需要的时候,无人来过问,而在他不需要,或者说在他不能继续奋斗的时候,却来"满足"他了!可是这种满足已经没有了目的,没有了对象,"镜子照镜子",等于零。这是一出"黑色幽默"式的悲喜剧。差不多在写作《城堡》期间,卡夫卡在致女友密伦娜的一封信里写过这样一段话,可以看做这一构思的注脚:"我认为这样的散文(德文里的散文也包括小说——笔者)并不是为它们自身而存在,而是通向一条人生道路上的一种路标,人们在这条路上越走越高兴,直到在光线明亮的一瞬间才发现,根本没有向前走,而只是在他自己的迷宫里乱跑,只是比平时跑得更激动、更迷乱而已。"[②]显然,这不是即兴的议论。卡夫卡的短篇名作《饥饿艺术家》写的却是另一种人生况味:一个以饥饿表演为职业的艺人,自以为是艺术家,并且相信自己有无限的表演能力,不达到

① 《城堡》没有写完。这个结尾是卡夫卡的朋友马克斯·勃罗德根据作者生前跟他谈的创作计划公之于世的。

② 见《卡夫卡致密伦娜书简》,法兰克福/迈因,1966 年,第 20 页。

“最高的艺术境界”，决不甘心。这就遇到一个不可克服的矛盾：他的表演手段是饥饿，他的艺术境界越高，意味着他的饥饿时间越长。那么，他的艺术境界达到“最高”之日，只能是他的肉身彻底饿死之时了！这是灵与肉的悖谬。

美籍奥地利著名学者索克尔对卡夫卡的《变形记》主人公的命运所归纳的“反抗与惩罚”的公式对于《城堡》同样适合。为了户口这样一件小事，这样一个几乎与生俱来的权利，何以要为之奋斗一生？这只能从主人公的个性中去寻求答案。这土地测量员 K. 在相当程度上是个卡夫卡式的人物，就是说，为了正义的事情，为了一种合理的社会秩序，他的内心也具有一种“不可摧毁”的“好斗”精神，这是个现代意识已经觉醒、执意要同人类的悲剧命运抗争的人，是个像西绪福斯那样，一心要使神的意图落空而显示出人的尊严的人。因此他注定要陷入那个“反抗←→惩罚”的螺旋式循环圈而不能自拔。对此，有着 40 年卡夫卡研究历史的另一位美籍奥地利学者埃利希·海勒分析得很精辟：

> 这是一个生活在精神财富丧失殆尽的世界里的人的困厄，他执迷于对超验的明确性的无限渴望。因此他被困在一个充满痛苦的“不能自圆其说的循环圈”内，因为不首先获得绝对的明确性，他就不能适应这个世界——村子，而不首先接受这个世界他就找不到明确性。然而，对世界的每一次接触都成为对他的追求的嘲弄，而他的继续追求又给世界带来累赘和妨碍。……从以上看来，倒是村里人而不是 K. 无视城堡的意志，同时怀疑 K. 误解了上级的意图。然而上级好像对村民的不顺从给予恩赐，而对于 K. 坚决照它的命令行事却给予惩罚。K. 由于狂热的顺从成了真正的叛乱者，而村民们由于沉着地拒绝倒成了秩序安定的守法者。①

卡夫卡的同时代人、奥地利另一位现代文学巨擘罗伯特·穆西尔也是一位写悖谬的大家。他那部享誉世界的巨著《没有个性的人》充满了悖谬

① E. 海勒：《卡夫卡的世界》，拙译载拙编《论卡夫卡》，北京：中国社会科学院出版社 1988 年版，第 187 页。

的描写。这位“没有个性的”主人公“有才干,有意志,无偏见,勇敢,有韧性,不怕事,谨慎……他也许具备所有这些个性,因为他根本不具备它们。这些个性造就了他,决定了他的道路,但它们却不属于他。当他发怒时,有某种东西在他内心发笑;当他悲伤时,又有什么东西在活跃”。作者称这种“没有个性的人”是一种“积极的消极主义者”。①

美国当代作家约瑟夫·海勒也堪称悖谬艺术的大师,他的代表作、长篇小说《第二十二条军规》的“黑色幽默”的艺术效果,相当程度上应归因于悖谬艺术手段运用的成功。他使用这一特殊透镜,观察并揭露国家宪法与军法之间、军法与军规之间的自相矛盾和它对人性的摧残,战争对人的奴役,从而揭示出现代国家机器的种种缺陷及其对人的生存条件和生存环境的破坏。

所谓的“军规”,原来不过是一个自相矛盾的团团转的“圈套”,一个迷宫般的怪圈!任你怎样挣扎,也摆脱不了“执行战斗任务”的义务。而且你越挣扎,这个圈套把你约束得越紧,这样你就又陷入了那个“反抗←→惩罚”的循环圈,你只得听凭那种可感而不可见的魔力——一种神秘的异己力量——对你作祟,把你捉弄。②

悖谬也常被用作作品的结构。这方面迪伦马特的作品颇为突出。他的独树一帜的“悲喜剧”这个概念就是根据悖谬的法则建构起来的,即“情节是滑稽的,而人物则相反……是悲剧性的”。也就是用“喜”的形式表现“悲”的内容,两个对立的东西构成另一种形态的整体(不是辩证法意义上的“对立的统一”)。再看主题的悖谬。他的作品情节往往伴随着两个音响的互相消长,而始终保持着总音量的不变值。例如他的《老妇还乡》(一译《贵妇还乡》),一个音响是小城的经济不断富裕,另一个音响是那里的道德不断下降。两种人物形象也逆向发展,一方是悲剧主人公由使人厌恶到让人同情到令人尊敬,另一方是复仇老太婆由开始的让人同情到令人怀疑到使人憎恶。在迪伦马特的另两出名剧《罗慕路斯大帝》和《物理学家》等剧中也不例外。

---

① 见穆齐尔:《没有个性的人》第Ⅰ卷,柏林:人民和世界出版社1957年版,第80页。

② 参见J.海勒:《第二十二条军规》,上海:上海译文出版社1981年版,第65页。

悖谬在造型艺术包括观念艺术的创作中也被广泛运用，近年来在我国也取得了成绩。今春在我国首都展出的“中国现代艺术展”上，一件最引人注目也被广为称道的作品就是那幅表现了悖谬的视觉效果的杰作——徐冰的《析世鉴》。那是一件由12个巨幅画面构成的，悬垂于整个展厅的屋顶空间，占据三面墙壁的巨作，画幅上排满了密密麻麻的、由两千多个字形不同但大小统一的、任意组合的印刷体伪汉字。乍看它的宏大的整体，给人一种沉重感和压抑感，再看它的局部和个体，那字体的既熟悉又陌生和笔画的繁难，形同天书，不禁令人皱眉慨叹，但进一步细加琢磨，又发现那每个字的自在结构，还有那造字的匠心和刻字的刀工，又不禁为之赞叹。再回过头来重新看它的整体，则它那“变化中的深厚感和重复中的丰富感”①更使心灵为之震撼。是的，中国的文字是繁难的，拙笨的，但它的个体结构却是一种美；中国传统文化是丰富的，深厚的，但它与现代又有很大的不协调。徐冰这幅版画是一种“批判的赞美和赞美的批判”，它把现代的中国人对祖国传统文化的这种困惑情绪强烈地表达了出来，并达到了内容和形式的浑然一体，天衣无缝，具有一种奇异的、独特的审美效应，可谓中国现代美术艺苑中罕见的奇葩，某种程度上也可以说，这是悖谬的审美思维在艺术创作中的胜利。

悖谬作为一种艺术手段近年来确已引起我国作家艺术家的重视，小说《犯人李铜钟的故事》、《红高粱》、《桑树坪纪事》等已为大家所熟知。戏剧舞台上似乎出现得更为频繁。《狗儿爷涅槃》的主人公对于土地的那种迷狂的苦恋，堪称大地的赤子，但他因此却跳不出小农的视野，在“农业社会”向“工业社会”转换的时刻，成了土地的殉葬品。马中骏编剧、陈颙导演的《老风流镇》表现了我国传统文化“堂皇的萎靡”。目前正由中央实验话剧院上演的《都市牛仔》表现的是那“疯狂的困兽”——金钱给人带来的困惑：每一件令人厌恶的丑行都有一个让人同情的动机。……这种创作现象的产生，无疑是作家艺术家的生存体验向审美境界升华的结果，说明我们的作家艺术家的哲学思维已开始突破“一元论”的模式，审美思维已开始摆脱“模仿论”的规范，人文观念已初步具有了“悲剧意识”（这是一种具有积极意义

① 引自《美术研究》1989年第1期，第39页，范迪安文。

的现代意识)。这标志着我们的文学艺术正在经历着一场深刻的变化,一种质的飞跃,它正取一种向现当代的世界文艺趋近的态势,以便更有效地参与世界对话。可以说,不了解悖谬这一逻辑范畴在创作中的运用,就不能透彻理解现当代的西方文学。本文之推出"悖谬"这一艺术概念,目的也正在于试图对这方面的进程有所促进。

原载《文艺研究》1989 年第 4 期

论怪诞之美

阅读现代文学书籍，如卡夫卡等人的小说，或观赏造型艺术作品，如达理等人的绘画，常常会遇到一种令人惊异的东西，它或者是一个畸形乖戾的形象，或者是一种奇特古怪的幻想，总之，你要形容它，说明它，总离不开一个“怪”字。这在西方文学、艺术词语中有一个共同的名称，英语叫 grotesque，法语也写作 grotesque，德文、西班牙文和俄文则分别为 Groteske、grotesco 和 гротеск，其共同词源来自意大利文 grottesco，所以各自的写法虽有所不同，读起来都是相近的，现通译为“怪诞”。这原是一种创作手法或艺术风格，首先见之于造型艺术。作为特定时代的艺术流派的艺术史概念，它形成于文艺复兴时期。15 世纪末，在意大利人考古发掘的古罗马公共温泉浴场和宫殿中发现一种装饰性壁画，其中动物与植物、人与怪兽“共生”在一起，引起广泛兴趣，最初意文就叫 grotta，“洞窟”之意。后来它激发了文艺复兴后期的装饰艺术（如出自拉斐尔之手的梵蒂冈柱廊）和矫饰主义（一译风格主义）艺术，并推动了文学中幻想性小说的兴起。意大利语因此而获得了“怪诞”这个术语的“专利权”。

怪诞的历史演进

怪诞作为一种创作中的现象，作为一种风格，历史上并不罕见：古希腊悲剧《俄狄浦斯王》中杀父娶母的离奇故事，罗马神话中撒特恩食子的乖张行为，古希腊喜剧《鸟》（阿里斯托芬）在天空建立“鸟国”的奇想，特别是普罗米修斯受罚被钉在悬崖上，夜间让秃鹫啄空内脏，白天愈合，如此日复一日的惨烈故事等等，都是较典型的例子。它们反映了在生产力不发达的人类社会初期，艺术是重想象的，而这种想象又与人受自然控制的沉重梦魇交织在一起。

欧洲的中世纪差不多经历了上千年的过程,这是个宗教专制的精神禁锢时期,创作的想象力无疑受到束缚,怪诞风格没有形成气候,少量的多半见之于描写地狱的场面。如 13 世纪佛罗伦萨浴场穹顶的马赛克壁画《地狱》,占据整个画面中心的恶魔画面极其恐怖。在文学中,被称为中世纪最后一位诗人又是新时代最初一位诗人的巨匠但丁,他的《神曲》和某些诗篇中也运用了不少怪诞手法。

文艺复兴时期,文学作品中的怪诞手法最常见的当推莎士比亚。莎翁的这一特点甚至引起了马克思的注意,他在《议会的战争辩论》一文中曾写下这么一段话:

> 英国悲剧的特点之一就是崇高和卑贱、恐怖和滑稽、豪迈和诙谐离奇古怪地混合在一起,它使法国人的感情受到莫大的伤害,以致伏尔泰竟把莎士比亚称为喝醉了的野人。①

但从怪诞的典型性与强烈性来说,恐怕要算拉伯雷,他的《巨人传》中许多事件和场面古怪到荒诞不经的地步。文艺复兴时期的创作,除 16 世纪的矫饰主义外,一般比较规范,但法则从来框不住才智过人的作家、艺术家。与达·芬奇、拉斐尔同时代的尼德兰画家波施,其风格与前二者迥然有别,他的大量画作都以画面怪诞著称,《圣安东尼的诱惑》、《地狱》、《贪婪之园》,等等,其怪诞程度可谓登峰造极,无怪乎有人把他看做超现实主义艺术的鼻祖。当然,这样的画家在当时是绝无仅有的。

17、18 世纪,随着巴洛克风格的兴起和流行,"不规则"的审美观念得到提倡,怪诞也跟着走了运,在文学、艺术作品中有了较多的表现。英国小说家斯威夫特的长篇讽刺小说《格列佛游记》就是一部怪诞杰作,充满了稀奇古怪的想象和形象。德国的格里姆豪森也是这一时期欧洲怪诞笔法的能手,他的"流浪汉小说"《西木卜利齐斯穆斯》(一译《痴儿奇遇记》,1669)是德国巴洛克文学的代表作,作者对社会现状的讽刺采用的常常是怪诞手法。法国的莫里哀是这一时期独树一帜的喜剧家,他的讽刺艺术如果离开怪诞

① 见《马克思恩格斯全集》第 10 卷,北京:人民出版社 1982 年版,第 180 页。

笔法就不可能如此尖锐、泼辣、深刻而有力，惟其如此，他的《吝啬鬼》、《达尔丢弗》、《贵人迷》、《司卡潘的诡计》等杰作才使我们难忘莫名。稍后，意大利的戈齐也是以怪出名的，他的长诗《古怪的马菲萨》及其他童话故事都包含着许多离奇怪诞的故事。这种特点表现在建筑中是奇诡的空间曲线，表现在绘画中是由于强烈的激情而造成的人体扭曲和鲜明对比效果（请参阅弗兰德人鲁本斯的《最后的审判》等画作），表现在音乐中是“通奏低音”的作曲法和“不谐和音”的使用（以巴哈为代表），表现在舞蹈方面是不对称的队形原则。但是，这一“不规则”、重主观的风格却同时受到一种“讲规则”、重客观而且更有影响的风格和流派的制约，这就是以法国为中心的古典主义。古典主义视“理性”为最高原则，艺术上要求严格的规范，并把这些规范视为永恒不变的美学法则。由于古典主义受到官方（包括路易十四国王）的提倡和支持，它在欧洲的影响要强固得多。不难设想，属于巴洛克艺术的怪诞风格，其“在野”地位决定了它的影响和地盘的有限性。

古典主义作为一种文艺思潮，在复兴和发扬古希腊、罗马文学艺术那种“高贵的单纯，静穆的宏大”（温克尔曼语）的美学风范，完善一种创作范式，净化艺术语言等方面是有重大贡献的。但古典主义否认美的流动规律，把它所确定的种种清规戒律当做永恒法则，这显然是束缚作家艺术家的创造活力，阻碍文艺健康发展的。因此，它理所当然地遭到艺术发展的历史规律的反拨，或者说它激起与之对抗的浪漫主义运动的兴起。其中，反对古典主义的各方面的主力军恰恰都在古典主义的本土法国崛起。雨果、德拉克洛瓦、柏辽兹分别在文学（尤其是戏剧）、美术、音乐领域充当了反对古典主义的代言人。与古典主义戏剧唯“高贵文雅”的题材是尊相对，雨果公开提倡写“丑怪粗野”。他的剧作《欧那尼》所描写的“贱民”们对贵族阶级狂暴的反叛行为，在古典主义者看来是极端怪诞的，因而是不能容忍的。德拉克洛瓦坚决反对安格尔所坚持的“宁静和谐”的理性精神和线条第一，色彩第二的技术原则，而强调情感的表达和色彩的强烈对比。他的许多作品表现人和猛兽的顽强搏斗，或情景惊心动魄，或场面惨不忍睹。柏辽兹与雨果一样，也爱写“粗野”的、恶魔式的恐怖性，经常出现怪诞的音响和旋律。当然，怪诞的场面出现得最多的还是在文学领域，尤其在小说作品之中。生活在 18 世纪与 19 世纪之交，与浪漫派有牵连的德国小说家让·保尔，他将巴洛克的特点浪漫化,爱用怪诞的比拟,深刻而生动,F. 施莱格尔称他为“现代怪诞小说的代表”①。与他同一时期的德国后期浪漫派的代表性作家 E. T. A. 霍夫曼,以讽刺笔调写了大量小说,气氛阴森可怖,人物如鬼影幢幢,神秘怪诞成分层出不穷,可谓精于此道的大师。稍后一点,美国小说家爱伦·坡,可以说是个自觉地把怪诞作为追求的作家,他宣称,要“把滑稽提高到怪诞,把可怕发展到恐怖,把机智夸大成嘲弄,把奇特变成怪异和神秘”②。

这种侧重主观的艺术倾向的不断发展,自 19 世纪末以来终于形成了一股巨大的思潮,先后涌现了众多的流派。这些流派虽然旗号各异,主张不同,但在风格上都强调独创,强调个性。于是怪诞这一表现手段广受青睐。尤其是现代心理学进入文学艺术创作以后,这种手段更为走俏,而且具有了新的特征。表现主义作家中,较突出的自然是卡夫卡,大家所熟悉的《变形记》、《饥饿艺术家》、《歌女约瑟芬或鼠众》、《乡村医生》以及几部长篇小说都有很多怪诞场面或形象。这个流派的另一位重要小说家德伯林也有类似特点,他的长篇小说《山岳、海洋、巨人》就是典型的一例。表现主义画家中比较突出的有两位:一位是 G. 格罗斯,他把怪诞作为批判的讽刺手段,其画作《尸体出殡》和朗诵诗《同时性合唱诗》等都是这方面的代表作。另一位是 O. 狄克斯,他的《作为战神的自画像》、《早晨》等都是怪诞名作。表现主义者把创作看做“内在需要的外在表现”,他们笔下的怪诞是由强烈情感引起的生活图像的扭曲或变形。所以表现主义作品往往具有一种刻骨铭心的真实性。未来主义也离不开怪诞,因为它主张表现客体的运动感、速度感和力度感,具有很强的主观色彩。未来主义的代表作家马利奈蒂的短剧《他们来了》即可说明。未来主义的这种特点在它的美术家那里还要明显,凡是看过 U. 波菊尼的《笑》、《城市正矗立而起》和 M. 夏加尔的《我和这个村子》的人都不会怀疑这一点。超现实主义广泛地把潜意识的概念引入创作,以表现梦境的奇幻为美学追求的目标,它的最大成就当在美术领域,其中 S. 达利和二三十年代的毕加索可谓其中的佼佼者。达利在 30 年代创作

---

① T. 克莱默:《E. T. A. 霍夫曼笔下的怪诞》,慕尼黑,1970 年,第 120 页。

② 见《美国文学史》(上),北京:人民文学出版社 1987 年版,第 61—62 页。

的《内战的预感》、《追忆往事的少女半身像》等,和毕加索在同时期创作的名作《格尔尼卡》等,都是他们的美学主张的成功实践,都是怪诞的杰作。作为超现实主义的首领布勒东自然也没有松懈过这方面的探求,长篇小说《娜佳》是其尝试的产物。

二次大战以后,随着创作风格的进一步多样化,怪诞也更为普遍化,不仅那些实验性或先锋性的流派如荒诞派、存在主义文学、黑色幽默、魔幻现实主义把它作为常用的手段,就是在一些没有流派归属的大作家那里也不鲜见。例如,联邦德国的 G. 格拉斯,他的《但泽三部曲》便是怪诞的杰作,尤其那部被誉为"新巴洛克小说"的《铁皮鼓》。英籍奥地利作家卡奈蒂,他那部给他带来诺贝尔奖荣誉的长篇小说《迷惘》,如果没有怪诞便属不可思议。瑞士德语作家迪伦马特更是一位酷爱怪诞的戏剧家兼小说家,他把怪诞作为一种自觉的追求,他说:"我相信,从怪诞出发是对我的最好把握。"

怪诞也大胆地闯入了西方的音响世界,成为某些音乐家,尤其是浪漫主义和现代主义音乐家的刻意追求。被认为现代主义音乐奠基者之一的斯特拉文斯基便是一个。他的代表作《春之祭》也可以说是怪诞音乐的代表作。

甚至建筑也不例外。在建筑设计中,不惜"乖违习用",刻意"破常示异"①,从而出现了象征"纯粹心灵创造"的朗香教堂(法国)、标志"构成主义胜利"的蓬皮杜艺术中心、代表篷帐结构杰出成就的慕尼黑奥林匹克运动场、堪称壳体结构典范的悉尼歌剧院等这样一些古怪得出奇,却又令世人惊叹不已的建筑杰作。

怪诞的艺术风格当然不是西方独有的现象。作为人类智慧的一种表现形式和审美趣味,它是普遍存在的。埃及金字塔旁那尊有名的狮身人面像成了古代非洲人审美情趣的象征。从今天非洲人的舞蹈、雕塑(尤其是面具)等艺术形式中依然可以看到他们所保留的这一特点。亚洲、美洲、澳洲自然也不例外。就以我国而论,我国的艺术历来重"神"不重形,也就是重想象性的表现而不重模仿性的写实。在很古的时候,我国艺术就经历过一段以"怪"为尚的时期。商、周时代的"饕餮艺术"便是典型的例子。饕餮是人们想象出来的一种形象狰狞的怪兽,常被铸刻在铜鼎或陶鬲的外壁上,似

---

① 见《当代建筑文化与美学》,天津:天津人民出版社 1989 年版,第 133 页。

乎刻划得越险恶越好,以造成一种“狞厉之美”。我国南方,尤其是长江中上游和西南某些地区,直到今天还在流行的民间艺术形式如被称为“国际戏剧活化石”的旱魃、傩舞等所用的面具仍然保留着这种狞厉的特点。我国春秋时代曾有过“蒸子献王”、“割股疗亲”这样骇人听闻的故事。当时的大思想家、美学家庄子还留下“意出尘外,怪生笔端”的论点。在魏晋时期的艺术中,怪诞也有突出的表现,我国古代文论中称之为“诡异”。文学中的怪诞,从楚辞到唐诗到明清小说可以构成一条线,以作者论,则是屈原——李贺——吴承恩——罗贯中——蒲松龄——吴敬梓,而以蒲松龄为最。这不是偶然的。明末清初以后,随着资本主义生产关系的萌芽,新的人文观念也在产生。这反映在一部分艺术家身上是民主意识的萌动,如曹雪芹等;反映在另一部分艺术家身上则是对传统美学观念的不驯,他们要求在艺术中自由地展示自己的个性,所以在蒲松龄的前后左右涌现了一批绘画艺术家,其画作多以怪诞为特征:徐渭、陈老莲、八大山人、扬州八怪等。他们形成一个流派,在时间上,与欧洲的巴洛克思潮差不多,而且略早一点,只是波及的范围没有巴洛克那么广。但它在我国文学艺术史上留下了光彩夺目的一页,而且随着时间的推移,还会更加突出。

怪诞的审美形态

从以上纵的追溯中,可以初步看出,怪诞作为艺术表现的一种手法,在不同的情况下呈现不同的形态,归纳起来,大致如下:

构思怪诞　一部作品的构思任务是确定主题与如何表现主题。联邦德国作家君特·格拉斯为了唤起那些容易满足于眼前福利的“市侩们”对德意志民族最近的那场灾难的记忆,创作了一部享誉世界的“新巴洛克小说”(也叫“新流浪汉小说”)《铁皮鼓》。作者让主人公奥斯卡·马采拉特三岁时就停止了生长,以免与成人世界同流合污。但他的智力与心理却仍然在发育,并且具有敏锐的洞察力,成人世界的种种隐私与不德,从政治到日常生活,他都了如指掌。他胸前始终挂着一个铁皮鼓,遇到异常,就击鼓猛唱,以致能让教堂的玻璃震得粉碎。作为一部讽刺性的抗议小说,它取得了独特的艺术效果。

这种怪诞的构思在现代派大师卡夫卡那里更是屡见不鲜。他那篇堪称短篇小说代表作的《变形记》以主人公一夜之间变成甲虫这样骇人听闻的故事来描写"异化"世界的世态炎凉,及至主人公变成孤独的"非人"而默默死去,动人心魄。另一个有名的短篇《在流刑营》,用特别的行刑机器处死人,让犯人在这台机器上经受12小时的残酷折磨才死去,刻画出人的最原始的野蛮情感,并揭示一个旧制度的死亡都有人为其殉葬。

这种怪诞的构思在我国《西游记》、《聊斋志异》、《狂人日记》等名作中也十分典型。在西方现代文艺作品中更不鲜见,如萨特的剧作《禁闭》、迪伦马特的小说《抛锚》、斯特林堡的《死人舞》、魏德金德的《鬼魂奏鸣曲》、皮兰德娄的《六个寻找作者的剧中人》以及易卜生的《彼尔·金特》等。

再看一幅美术作品的怪诞构思与构图,即前面提及的波施的《圣安东尼的诱惑》,它几乎集中了作者善于绘制千奇百怪但富有寓意的魑魅魍魉图像的特点:魔鬼为了破坏基督教苦修院创始人的修炼,在他周围设置了种种诱惑。画面上的一系列怪诞形象,无不暗示着各种世俗的邪恶事物:画面的一角绘有一条畸形大鱼,长着蝎子尾巴,蝗虫腿,好像喻示它的恶毒和贪婪;鱼背上矗立着一座教堂,支撑其不倒的是两块盾牌,象征着武力;大鱼正张开大口,吞食一条小鱼,是弱肉强食的世态写照。这幅画从大处到细部无不怪诞莫名。

场景怪诞 作者为了讽刺现实,或出于艺术上的需要,创造一些陌生化的情境,往往在作品中安排一些怪诞的场景或插曲。如卡夫卡《诉讼》中的"法庭"设在"阁楼"里,而且里面空间局促不堪,空气污浊难闻,还晾着些脏衣脏裤……;迪伦马特《老妇还乡》中那个腰缠万贯的老太婆与她的"第九个丈夫"的婚礼"在仓库里举行";迪氏《罗慕路斯大帝》中的皇宫里群鸡争食、鸡蛋满地;荒诞派笔下人头从垃圾桶里钻出;布莱希特的"大胆妈妈"不时发出尖声怪叫;林兆华导演的《哈姆莱特》中的决斗在一个铁架子上进行;张艺谋执导的《红高粱》中的饭馆里,把整个牛头扔在顾客的饭桌上,如此等等。

结构怪诞　这里的结构包含两重意思，一是指叙事方法，或情节的安排；一是指内容和形式的关系，或叫情境的处理。关于前者，不妨以意大利皮兰德娄的《六个寻找作者的剧中人》为例。这是一出“戏中戏”：导演还在排戏，突然闯进一对夫妇携带四个年龄悬殊的儿女，要把他们这一家的“真实故事”搬上舞台，于是通过这家大人们情绪激动的互相指控，一家人复杂的内部矛盾随即层层展开。原来的导演和演员对这出家庭戏剧不时进行评论和干扰，使舞台场面显得滑稽、喧闹、荒唐而沉重。作者借此把人世间和人际间一切堂皇的遮羞布撕了个粉碎。林兆华去年在天津导演的一台“戏中戏”更别开生面：他选择了一个旧会馆，场内划分台上、台下两个演区，台上由评剧院演中国传统的《赵氏孤儿》，台下由话剧团演伏尔泰的《中国孤儿》，台下间歇时就与买票的观众一起观看台上的评剧，令人耳目一新。“戏中戏”当然不是现代人的发明，但现代戏剧中确是较为常见，如布莱希特的《高加索灰阑记》、瑞典彼得·魏斯的《马拉/萨特》等，均属世界名剧。关于后者即情境性的结构主要表现在某些悲喜剧或有悲喜剧性质的叙事作品中。这种悲喜剧不是“悲”加“喜”那种传统模式，而是体现在人物境遇与外部气氛互相逆反的结构上，用迪伦马特的话来说是：“情节是滑稽的，而人物命运则相反……是悲剧性的。”①也就是说以“喜”的形式表现“悲”的内容。他自己的不少名作就都是按照这个原则写的，如剧作《老妇还乡》、《物理学家》；小说《抛锚》、《诺言》等。19世纪瑞士最有名的小说家凯勒写的一篇最有名的中篇小说《三个正直的制梳匠》在这方面也颇有代表性。小说说的是一家制梳店里有三名工人，他们为了能留在店里并成为继承人而爆发了一场由暗争到明斗，从智斗到武斗的闹剧，以致吸引了全镇老小像过节似地纷纷出来观阵……作者以不动声色的冷峻笔调把这个故事写得热闹非凡而又让人痛苦不堪，因为他带着残酷性挖掘着人性中那种“他人即地狱”的排他性的恶劣情感。这是一种滑稽与辛酸相交织的怪诞，是“黑色幽默”式的悲喜剧小说。

---

① 迪伦马特：《喜剧解》，见《迪伦马特戏剧论文、演讲集》，苏黎世，阿尔歇出版社1966年版，第136—137页。

形象怪诞 这有两种情形,一是性格特征的怪诞,一是外形特征的怪诞。前一种怪诞我们的阿Q可算是一个典型。他怪就怪在:他以“精神胜利法”作为捍卫自己尊严的法宝,但是他的每一次“胜利”都是向别人提供了武器而使自己的尊严更加扫地。故鲁迅的“哀其不幸,怒其不争”精辟地揭示了这个人物性格的悖谬性。格拉斯的奥斯卡无疑也是一个极好的例证:他的外形的丑怪与智力的超常、入世的能力与厌世的态度如此矛盾地扭结在一起。

外部特征的怪诞最好的例子莫过于德国小说家E. T. A. 霍夫曼笔下《小不点查哈斯》(一译《侏儒查哈斯》)的同名主人公了:“他的脑袋瓜深深陷在两肩中间,脊背上生着个南瓜般的大瘤,胸部以下挂着豆茎那么细的大腿”,“整个人就像个插在叉上的苹果”。当然,吴承恩笔下的猪八戒也绝不逊色。

美术作品中的怪诞形象更为屡见不鲜,委拉斯贵兹的《侏儒》、蒙克的《呐喊》、罗丹的《老娼妓》以及达利的不少作品等。

关于怪诞的审美形态自然还可举出一些,如噪音怪诞、语言怪诞等,限于篇幅,这里就不一一列述了。

怪诞的审美构成

怪诞作为一种艺术表现手段,是创作主体根据其作品的总体布置构思出来的,它的价值的确立自然应视其在作品总体格局中是否能产生审美效应,发挥相应的审美功能为前提。怪诞的基本审美效应是惊异感,它的基本构成原则是表面互不相干而有内在联系的诸种因素的对立和冲突,造成一种“不正常”的表象,给人以感官的刺激,或情感的震动。现不妨以中外著名文学艺术作品中常见的一些怪诞构成略述特征如下:

酷烈的画面 先看上述佛罗伦萨浴场那幅壁画中的魔鬼画面:它头上长着两只长角;两只耳朵各钻出一条毒蛇,分别衔住一个人;嘴里还在吞食一个人,两只手分别抓着一个人等着吃;双脚还踩住两个人,一个蛙身猫头似的怪物正咬住其中一个的头;屁股底下还有一条两头蛇,也各吃着一个人……其可怖性令人战栗①。

再看卡夫卡短篇小说《在流刑营》中的行刑画面。这里的执行军官“不打算把人一下子就杀死”，而要让犯人躺在一台行刑机器上，让机器的耙子在他身上刻12小时的图案，然后才死去。书中对行刑过程不动声色的描写，令人不寒而栗②。

德国小说家德伯林的长篇小说《山岳、海洋、巨人》表现人类成功地运用高度发展的经济技术征服了极地格陵兰岛的冰山，但遭到大自然的报复——那埋在冰山下的无数具古生物遗骸复活了！各种压坏了的、断裂的肢体纵横交错地共生在一起：眼睛的窟窿变成了嘴巴，上下颚长出了两条腿脚；死的和活的、有机的与无机的混杂在一起，难分难辨；一大堆活的怪物朝人走来，一路上吞食一切……令人触目惊心。

《聊斋志异》中有则故事还要酷烈，说一个好色的家伙，见一名叫婴宁的女子对他发笑，即“心荡”不已，及至黄昏在墙根“就而淫之”时，只听得哇的一声大叫！原来迎接他那宝贝的是一根“枯木”窟窿中的一条大蝎子！这故事固然令人捧腹，同时又不禁令人全身震颤，因而让人难忘。

强烈的反差 使两种概念相反、性质对立、差别悬殊的东西共存于一体，或互相并置而又发生某种联系，就会产生一种反差效果，令人惊异，从而构成怪诞。例如崇高与卑贱、严肃与滑稽、美丽与丑陋、伟大与渺小、高雅与粗俗……所形成的互为依存的矛盾体，就具有怪诞性质。雨果《巴黎圣母院》中的几个主要人物之间的关系就是一种反差性的怪诞，而且是多重性的。卡西莫多外形的奇丑与他内心的至美呈现出自身结构的两极反差，构成一个单人形象的怪诞。他的外形丑陋与他所钟爱的爱斯米拉达的容貌美丽所辉映出的两极反差又构成一对双人形象的怪诞。而爱斯米拉达的美却没有给她带来幸福，反而导致她的毁灭，这又是一种逆反的命运怪诞，如此等等。雨果不愧是名深谙艺术奥秘的大艺术家。就以《巴黎圣母院》最后的两位男女主人公的尸体拥抱在一起这一怪诞形象结局而言，产生了多么动人又多么恒久的艺术魅力！

---

① 参看基纳·皮切尔：《世界艺术史》，德文版，1980年，第290页。

② 译文见《卡夫卡短篇小说选》，北京：人民文学出版社1985年版，第148—149页。

最善于、而且最大量地运用反差性怪诞手段的恐怕当推西班牙伟大作家塞万提斯了！你看堂吉诃德老爷与他的仆人桑丘·潘扎一高一矮，一瘦一胖，加一匹瘦马，三位一体，“可笑又可悲”，是个多么美妙的怪诞结构，无怪乎雨果和别林斯基都对之那样赞不绝口①。

行为的反常 这多半出现在一些大手笔的作品中，他们的人物往往在大难临头的时候，突然表现出出人意料的行为，初则令人惊异，继则令人叹服或发人深省。凡读过卡夫卡的《在流刑营》和迪伦马特的《隧道》的人大概都不会忘记这两篇小说的主人公，前者在行刑机器上经受了六个小时的酷刑已经奄奄一息之时，脸上突然焕发出容光，变得十分清醒；后者在火车垂直朝地心下跌，经过了一番死亡恐怖的折磨之后突然表现出极度的欢乐，岌岌可危的死亡威胁成了他享受的追求。这两人都仿佛在被极度的肉体痛苦和死亡威胁折磨得不堪的时候，反而达到对死亡的超越和理性的升华。西方文学中有个所谓“绞刑架下的幽默”的有名故事，说一个犯人被押到刑场上，他一看竟然有那么多人在等着看他的热闹，不禁爆发出一阵大笑，说：“你们呀，没有我什么也干不成！”这是绝望中的自我解嘲，又是悲愤中的对世态的反讽，一种黑色幽默的怪诞。

我国文学家也谙熟此道，如罗贯中，其《三国演义》第50回，曹操赤壁一战80万大军一败涂地，在他仓皇逃窜途中，作者不写他如何如丧考妣，而是写他三次“仰面大笑”，笑对手“智谋不足”，“无能之辈”。而当他侥幸脱险，该松一口气的时候，却又写他“仰天大恸”，涕泪交加，深自反省。这种写法不愧为高手：如没有后面的“恸”则前面的“笑”就会流于阿Q式的浅薄；如果只有“恸”而无“笑”，那也不符合曹操这样的英雄的性格。《空城计》中对诸葛亮的描写同样令人拍案。

苏轼曾有“为文以反常合道为趣”的高论，提出“反常”可以产生审美情趣，前提是必须“合道”，即合乎情理，合乎性格逻辑和事物的内在规律。罗列了上述数例之后，更可看出苏氏这一美学见解之精辟。

异类组合 多见之于神话和造型艺术中。我国《山海经》里讲的作为

---

① 引自《中国大百科全书·外国文学卷》，北京：中国大百科全书出版社1982年版，第890页。

伏羲、女娲化身的“人首蛇身”或“人面蛇身”（反映在仰韶文化时期的人首蛇身壶盖上），可以说是最早的一例。《山海经》里同时提到的还有“人首马身”、“豕身人面”、“鸟身人面”等，说明古人是很崇尚这种异类组合的怪诞形象的。希腊神话里那头叫作“米诺塔鲁斯”的人身牛首、专食青年女子的怪兽，可算是西方较早的一例，后成为欧洲绘画和雕塑常用的题材。这种人与兽合体的怪诞审美趣味在巴洛克时期相当活跃，人们往往把好几种不同的动物或兽类与人共于一体。前述那部德国巴洛克文学的代表作《西木卜里齐斯穆斯》的封面画即可说明：它的上身是人的，左右两侧是蝙蝠的翅膀，尾巴像是鱼的，而两只脚蹄却是羊的！这一倾向20世纪有了进一步的发展。表现主义、达达主义等流派所爱好的蒙太奇手段之一就是把几种不相干的成分构成不谐和的混合体，意在表现日益增长的技术机械渗入人民生活，或战争恐怖造成对人类生存的威胁，并导致人的精神的崩溃。几乎经历了每一个现代流派的毕加索，这方面尤显突出，而且贯穿于他的中后期创作的始终，最典型的是1936年创作的那幅《格尔尼卡》，它仅以黑白两色构图，把表现主义的激情、超现实主义的梦幻、立体主义的割裂性有机地糅合在了一起，极具表现力。从表现方法的意义上说，它也显示了异物组合的匠心和特色，不愧是大家手笔。

这类怪诞形式在文学中可能不如在造型艺术中那样普遍，但也不乏其例。最出色的莫过于斯威夫特的《格列佛游记》了。你看：人与飞禽走兽共处于一个形象群；而人不是超级侏儒，就是超级巨人，或者干脆就是人形动物！它们不仅形象丑恶，心肠也五毒俱全。因此全书的这个形象群，是个典型的怪诞组合。但丁的《神曲》也常有人、兽组合的形象，如有个魔鬼叫猞拜罗，长着三个狗头，专抓人的灵魂。等等。

G. 格拉斯的中篇小说《猫与鼠》，主人公的喉核格外突出，说话或吃饭的时候很像一只老鼠在动作，因此招来猫的猛扑和抓挠，真猫与假鼠的这一滑稽搭配成了这部小说的动机（motiv）与标题。在加西亚·马尔克斯的笔下，我们还看到人身上长出了猪尾巴（《百年孤独》），在迪伦马特的剧作里有“全身都由象牙装配起来”的人（《老妇还乡》），诸如此类。

时空拼接 这主要见之于现代文学中，显然亦跟蒙太奇技术的兴起有关。在表现主义运动时期，人们就提倡过两景或多景同台的演出，即将同一时间里不同空间发生的事情同时展现在舞台上,从而丰富舞台的容量。这是一种横向的时空技术,它的出现,使舞台最后摆脱了古典主义“三一律”的影响。布莱希特也是这方面的探索者之一。这位伟大的艺术革新家还对纵向的时空拼接技术进行了尝试。他的剧作《西蒙娜的梦幻》将不同时代的人物合于一身,人物既穿古代的燕尾服,又套着现代的西装。深受布莱希特影响的瑞士当代著名戏剧家兼小说家马克斯·弗里施曾写过一个剧,叫《中国长城》,秦始皇、拿破仑、罗密欧与朱丽叶、唐璜等同时出现在舞台上。无独有偶,80年代中期我国作家魏明伦用同样手法(魏氏那时并不知道弗里施的上述剧作)写的《潘金莲》,让宋代的潘金莲等人与清代的贾宝玉同台,轰动京城。这说明切割时空的拼接技术作为一种艺术表现手法是可取的。

狞厉诡怪 狞厉的形象在西方艺术中多半见之于地狱中的厉鬼或一般概念中的恶魔。西方艺术历来重写实,人们很少想象出地球上所没有的怪兽来。在中世纪的哥特艺术中,可以见到不多的厉鬼(如上述佛罗伦萨浴场穹顶的那个魔鬼)和怪兽(如巴黎圣母院第二层天井四周石雕像中某些正在吞食整只动物的野兽的狰狞状)。这方面,历来重想象、重表现的中国艺术(绘画、雕塑和戏曲)倒显示了它的特色。前面已经提及的我国青铜时代的饕餮艺术,那镌刻在青铜上的猛禽、怪兽和人的厉容,如商代的枭尊、兽面纹鼎、人面纹铜钺等的狞厉诡怪,反映了我国古代人民独特的审美情趣,并且形成久远的传统。我国古语里常用“牛鬼蛇神”或“蛇神牛鬼”这样的成语,其原意不完全是贬义的,一般指的是“瑞不瑞,妖不妖”的一种“诡怪”。我国唐代浪漫主义大诗人李贺就喜欢用夸张变形的手法写各种奇鱼怪兽。唐代另一位大诗人杜牧给予肯定性评价,称其“鲸呿鳌掷,牛鬼蛇神,不足为虚荒诞幻也”(《李贺集序》)。生活中作为丑恶凶险看待的牛鬼蛇神,到了艺术中也变成美的了。所以无论国内国外,在民间娱乐活动中,都有化装成妖魔鬼怪模样的。人们欣赏这种“狞厉之美”,这在我国戏曲的脸谱中,在许多佛庙的某些佛像中(如“四大金刚”等),在民间用以驱邪的年画“门神”中以及某些民间娱乐形式或祭祀仪式的面具中都明显地反映出来。流行于西南地区的傩戏这方面更是层出不穷。

还可列举出一些,如极度的夸张、魔影的变幻等,限于篇幅,就不再赘述了。

怪诞的审美功能

从以上简略叙述中可以看出，出色的怪诞大都出自某些大作家、大艺术家之手，或者说，某些独具个性的作家、艺术家往往都离不开怪诞。这说明，怪诞是与作品的艺术表现力密切相关的。那么，它是怎样在艺术表现中发挥作用的呢？

第一，作为间离手段。艺术需要表现真实，这已成为人们的常识。但生活往往由于太熟悉，使你习以为常，因而发现不了真正的真实，这就需要一种特殊的艺术手段，使生活发生某种变形或怪异，让人突然感到他所熟悉的生活变得陌生了，从而在生活与作品接受者之间造成一种距离，把他们置于“旁观者清”的地位，重新来审视生活的真实。所以有的作家如卡夫卡十分强调，一本书要让人读后感到额上“被击一猛掌”①，以起振聋发聩的作用，充当这“猛掌”的有效艺术手段之一便是怪诞。卡夫卡的小说《变形记》采用的就是这一手段。无疑，它的表现力是强烈的。这篇小说本来也可以让主人公得一场重病或不治之症来检验世态的凉热，但它显然收不到“变形”那样的“陌生化效果”和艺术表现力。

鲁迅显然很懂得这一艺术秘诀并能自由运用之。他的《狂人日记》可谓这方面的杰作。狂人惊呼：我看见这世界上人人都在吃人，连我自己也在吃。谁不认为这是疯话？但谁又能证明这一定是疯话？君不见几千年的封建统治，封建统治者的思想观念笼罩一切，人们不知不觉中成了它的俘虏或卫道者，又在不知不觉中去俘虏或毒害下一代。这样的观点，鲁迅用理性的语言，通过稍后发表的杂文《我们现在怎样做父亲》深刻地作了阐述。在这里他则是以艺术作品的形式，通过“狂人”，用非理性的语言，把“毒害”写成“吃人”，以起到强烈的警世、醒世作用。从艺术手法上讲，卡夫卡通过人物“变形”，鲁迅通过人物的“发疯”，本质上是一致的，都是为在生活与读者之间震撼出一种“距离”或“陌生感”，以收“击猛掌”之效。

---

① 卡夫卡：1904 年 1 月 27 日致奥斯卡·波拉克的信，见拙译《卡夫卡文学书简》，合肥：安徽文艺出版社 1991 年版，第 12 页。

第二，作为讽刺手段。文艺作品中的讽刺手法有多种，但很少能像怪诞那样入木三分，无情与狠毒的。前述霍夫曼笔下那个矮怪物察哈斯，尽管是个比侏儒还侏儒的恶怪，野心却比谁都大，只因侥幸得到仙女赐给的三根魔发，从此飞黄腾达，当上了国家大臣。谁知好景不长，魔发被人拔掉，终于很快就淹死在一只洗澡桶里。这对于那些肠胃很小、胃口却很大的善于投机钻营的人们的讽刺不是很具杀伤力吗？

斯威夫特的寓言小说《格列佛游记》，把人夸张、变形为超级"大人"、超级"小人"或动物形的人，他们那种贪婪、残忍，那种自私、狠毒，不通过怪诞的夸张，不通过这些丑类的形象，是很难达到这样强有力的讽刺效果的。

我国的《儒林外史》也是一部具有怪诞特征的讽刺小说。何其芳曾以中肯扼要的概括指出了它的这一独到成就，称其"混合着痛苦的憎恶和明朗的笑"，是在讽刺艺术方面"达到很高成就的标志"①。

美术中值得一提的是德国画家格罗斯的《德国，一个冬天的童话》，由油画加拼贴而成，是海涅同名长诗的变体。画面的中心是一个带点娃娃脸的圆头圆脑、自满自足的小市民，他一手握着一把吃饭的刀，一手握着一把叉，桌上放着半杯牛奶，一大盆骨排。右边摆着一张报纸，下方占画面三分之一的部位是将军、牧师、校长，他们是社会的支柱。其余部分是杂乱的人形和物件，是社会的背景。这幅作于1917年至1919年的怪诞讽刺画，显然是鞭挞德国威廉皇朝统治下的小市民的，这种人只要能保住自己的地位，有吃有喝，就什么都不管了！正是这种苟且偷安的庸俗风气一再怂恿了德国军国主义和法西斯势力的猖獗。怪诞大师格罗斯在表现这一主题方面达到了讽刺性与尖锐性、强烈性和生动性的浑然一体，具有很高的审美价值②。所以迪伦马特说，怪诞这种"突然出现的形象化的东西"，"能够抓住时代的、尤其是当前的问题"③。德国文艺批评家 G. L. 豪克也认为："嘲讽的一

① 何其芳：《吴敬梓的〈儒林外史〉》，见《论〈红楼梦〉》，北京：人民文学出版社 1958 年版，第 44 页。

② 格罗斯的这幅画请参阅《现代艺术》第 2 卷，德国罗沃尔特出版社 1991 年版，第 411 页。

③ 迪伦马特：《喜剧解》，见《迪伦马特戏剧论文、演讲集》，苏黎世，阿尔歇出版社 1966 年版，第 136—137 页。

个表现形式是怪诞,这是检验当今‘现代性’艺术家的独创性、时代性、正确的张力关系和真正风格的出发点。”①

第三,作为幽默手段。幽默与怪诞相联系,多半属于现代意义上的概念,具体说,这种幽默既与讽刺有共性,又与滑稽分不开;这是一种痛苦的宣泄,又有笑声相伴随,所以是一种“含泪的笑”(别林斯基语),是一种悲喜剧情趣。如果可以借用一个现代术语的话,那么不妨称之为“黑色幽默”。

关于“黑色幽默”小说,人们一定领教得不少了,这里且举戏剧为例。在迪伦马特的《老妇还乡》里,当伊尔最后决心以死来赎罪以后,他建议与全家一起出去“兜兜风”。于是他妻子穿上了出卖丈夫得来的貂皮大衣,儿子驾驶着出卖父亲得来的小卧车,一家人喜笑颜开地在朗朗阳光下缓缓行驶……这是一场极富幽默感的、但又令人心酸的绝妙插曲。这样的怪诞场面不啻是“一种染上了痛苦色彩的欢乐”②。

第四,作为荒诞手段。荒诞文学的兴起是20世纪的文学新现象。这一现象的出现,扩大了怪诞的美学地盘,使之与荒诞“沾亲带故”了。当然,荒诞是个大概念,它既是哲学范畴,又是美学范畴,它可以包含某些特征的怪诞,而怪诞却不能笼统地等同于荒诞。但“怪诞可以简化成一定的形式,荒诞无一定的形式,无一定的结构特征”③。荒诞艺术在表现逻辑上的悖谬时,就用得着怪诞。卡夫卡的长篇小说《诉讼》中有一则独立的故事,叫《在法的门前》,就是一则由自相矛盾的逻辑悖谬构成的怪诞,一种令人无可奈何的黑色幽默,与贝克特的《等待戈多》可谓异曲同工。

怪诞作为某个荒诞细节或插曲性荒诞事件的表现手段被使用得更为普遍。在表现主义戏剧家托勒的代表作《转变》里,一群死兵进行演习,但见一块块腐肉索啦啦从身上掉下来……在德国当代著名女作家克里斯塔·伍尔芙80年代中期出版的长篇小说《卡桑德拉》中,主人公叙述她母亲生她的时候做了一个梦,梦中她生下一块木头,从木头里爬出无数条蛇来……如此等等。

---

① G. L. 豪克:《绝望与信心》,北京:中国社会科学出版社1992年版,第191—192页。

② 李斯托威尔语,见《近代美学史述评》,上海:上海译文出版社1980年版,第233页。

③ A. P. 欣奇列夫等:《荒诞、怪诞、滑稽》,西安:陕西文艺出版社,第151页。

第五,作为梦幻手段。自从现代心理学,特别是弗洛伊德的精神分析学打开人的潜意识大门以来,所谓“文学是人学”的命题大为深化了,艺术家们的想象进入人的“内宇宙”自由驰骋,作品里出现了千奇百怪的梦境,怪诞的面貌可谓琳琅满目,尤其在 20 世纪头 30 年的表现主义和超现实主义兴起的时期。达利的画作很多可以说是一场场梦境的写照。被认为表现主义最有成就的作家卡夫卡也常常追求“梦的魔影”。在他的短篇名作中最具梦的特色的当推《乡村医生》中医生出诊的经过描写,那么虚幻、那么缥缈、那么荒唐,对之,你可以作多种解释,但这里不是全面解释的场合,只求明白:这个非逻辑的怪诞故事多么具有梦的特征。

怪诞的美学品格

怪诞作为审美对象虽然在人类文学艺术史上存在了很长时间,欣赏它,运用它的人不在少数,它使不少作家艺术家的桂冠上增添了光彩。但怪诞这一美的形态在 19 世纪以前几乎是不入美学正宗而屈居“在野”地位的。直到 19 世纪初,随着浪漫主义运动的兴起,古典主义有了对立面,怪诞作为单纯“丑”的历史命运才开始有了转机。最早以鲜明态度大声疾呼,要求为它正名,确定它的身份的是维克多·雨果。1827 年,他在讨伐古典主义的檄文《〈克伦威尔〉序言》这一浪漫主义运动的纲领性文献中,明确指出“滑稽丑怪”的美学价值,强调把它引入创作的必要性。他认为:“在近代人的思想里,滑稽丑怪却具有广泛的作用。它无处不在:一方面,它创造了畸形与恐怖;另一方面创造了可笑与滑稽。它把千种古怪的迷信聚集在宗教的周围,把万般奇美的想象附丽于诗歌之上……”①他认为,造物主创造世界是色彩万千的,只肯定一种形态的美,就会显得单调,而单一的印象多次重复容易令人疲倦。可现今“美只有一种样式,而丑有一千种”②。雨果认为美是从对比中产生的,而崇高与崇高就形成不了对比效果。因此他特别赞

---

① 参阅蒋孔阳主编:《十九世纪西方美学名著选·英法美卷》,上海:复旦大学出版社 1990 年版,第 376 页。

② 转引自姚一苇:《美的范畴论》,台湾开明书店 1985 年版,第 287 页。

赏莎士比亚的戏剧，认为它之所以伟大，就在于它混合了怪诞与崇高、恐怖与荒诞、悲剧与喜剧。雨果的观点无疑是鲜明而精辟的。不过他只强调了美的生成中的对比作用，而对比只发生在崇高与丑怪之间，因而解释不了具体怪诞事物审美构成的内在机制，或者说，他未能从心理因素去探索怪诞美的特质。

在浪漫主义运动中，为把怪诞请进美学殿堂而出过大力的还有德国的浪漫派：让·保尔，F. 施莱格尔、E. T. A. 霍夫曼、蒂克等可观的一群，其中最突出的是让·保尔，他不仅在创作中大量运用怪诞，而且还撰写了重要论著《美学入门》(1840)，进行鼓吹，在时间上也比雨果更早，无怪乎 F. 施莱格尔肯定了他在“现代怪诞小说中的重要地位”①。只是《美学入门》50 年代以后才出版，所以德国浪漫派的努力当时在欧洲没有产生像雨果那么大的影响。

撰写了《美学》巨著的大美学家黑格尔，当然不可能不注意到怪诞这一人类审美活动中的重要现象，并予以必要的价值审视。但黑格尔毕竟不像雨果那样是美的创造者和体验者，随时注意新的审美信息的发现和捕捉，他主要是从理念出发来看待一切文艺现象的，把美视为理念可感觉的外部表现形式。他将人类艺术发展史划分为三个主要阶段，每个阶段一种类型，按先后即：象征型、古典型、浪漫型。怪诞属于象征型，而象征型的艺术是人类早期的产物，古人对大自然的奥秘所知甚少，他们还不能将自己对世界的有限认识升华为清晰的理念，他们就常常把对宇宙间某些超自然力量的神秘感和恐怖感化为怪诞的形式表现在艺术中，这样的分析无疑具有一定的意义。不过，三种类型的艺术中，黑格尔只肯定古典艺术是最完美的，甚至认为人类的美到歌德时代已经“唱完”了。他甚至连贝多芬的音乐都接受不了，遑论怪诞！

19 世纪 50 年代，在西方美学史上发生了两起重大事件，这就是德国学者卡尔·罗森克兰茨《丑的美学》的发表(1853)和法国诗人波德莱尔《恶之花》的出版(1857)，它们标志着美学观念的根本转折，为怪诞美学地位的确立开辟了更宽广的前景。

---

① T. 克莱默：《E. T. A. 霍夫曼笔下的怪诞》，慕尼黑，1970 年，第 120 页。

19世纪末美国美学家桑塔耶那写了一本著作，叫《美感》，其中有一节专谈怪诞，篇幅不长，但立论中肯，且言简意赅。他认为“怪诞是有形非形，混乱不清，仿佛畸形的东西”。“这是改变一个理想典型，夸大它的某一因素，或者使它同其他典型结合起来所产生的一种有趣的效果。这种效果的真正优点正如一切虚构的优点那样，在于重新创造，造成一种自然所没有但想必可以产生的新事物。”这种新事物“背离了自然的可能性，而不是背离了内在的可能性。然而，正是内在的可能性构成这些创造的真正魅力”。最后作者指出：“正如出色的机智是新的真理，出色的怪诞也是新的美。”① 从这几句引语中，桑塔耶那回答了这样几个问题：1. 何谓怪诞；2. 怪诞就其实质而言并不违背自然的真实；3. 怪诞是一种创造，并具有魅力；4. 怪诞也是一种美的形态。比起雨果的意见来，这些观点显然更具理论性和科学性，尤其是作者没有再把怪诞放到丑的概念中去，而是把它视为自然所没有而又不违背自然的“新的美”，这不愧是卓见。不过桑氏毕竟没有充分见到现代心理学浸润文学艺术以后出现的奇观。所以他的分析从现代眼光去观察也还是不够的。

雨果在《〈克伦威尔〉序言》中曾提到，关于怪诞可以写出一本书来。这一断言过了130年后终于应验：1957年著名德国学者沃尔夫冈·凯瑟终于写出了一本专门论述怪诞的著作。这部著作与上述诸著作的主要区别之点是，它包容了20世纪的文学艺术经验和有关的学术成果，特别是弗洛伊德精神分析学的成果，重视潜意识在创作中的作用，试图将怪诞作为文学艺术创作中的一种基本方式来看待，并赋予超时空的特性。书中作者对怪诞下的定义，归纳起来有以下四点：

1. 怪诞乃异化之世界；
2. 怪诞乃“它”之创造；
3. 怪诞之创造是与荒诞的一种游戏；
4. 怪诞之创造旨在驱魔与招魔。② 其中的第二点指的是怪诞的形态。这个中性的“它”指的是怪诞系一种不伦不类、非驴非马的东西。第三、四

---

① 桑塔耶那：《美感》，北京：中国社会科学出版社1982年版，第175—176页。

② W.凯瑟：《怪诞论》，德文版，1957年，第136—139、36页。

点可以看做是“它”的具体化,指出这种非驴非马是魔幻性的,是荒诞的一种手段。四点的中心是第一点,它指出了怪诞形成的精神和心理因素,它的社会历史背景,即在一个“异化”世界里,世界被物所统治,人成了机器的奴隶,丧失了自我,“处处感到对陌生世界的恐怖”[1],因而在这个世界里,飞机变成了巨龙,坦克变成了怪兽,它给人带来噩梦,导致精神癫狂。凯瑟从心理动机出发,认为怪诞所展现的是一个癫狂的世界。癫狂的遭遇是怪诞的基本经验之一。可见,凯瑟是在非理性的深层美学范畴内来确定怪诞的价值取向的。这里凯瑟与2400年前的柏拉图发生了呼应。柏拉图在他的《费得罗斯篇》中认为,艺术天才与精神癫狂是一对孪生子,甚至“人间所有伟大业绩都基于这种癫狂”。

无独有偶,当代瑞士著名作家,可以说当代国际文坛上写怪诞最出色的高手迪伦马特也认为:创作是“一瞬间的癫狂”。因此他非常强调“即兴奇想”,对怪诞推崇备至,认为这是“一种风格的极致”,“是思想诙谐和敏锐的表现”,尽管“它是令人不舒服的,但却是必要的”。但迪伦马特强调他的怪诞与浪漫派那种唤起悚惧和奇异的感觉的怪诞(如通过鬼魂的出现)是不同的,他的怪诞是以创造喜剧的“间离”为其唯一功能的。一如阿里斯托芬、斯威夫特[2]。迪氏毕竟是创作家,他的作品证明了怪诞对于他确实是重要的。无怪乎有人惊叹他在表现世界的荒唐和混乱时能以“无比丰富的想象,随时创造出新奇怪诞的情境和人物”[3]。更有人认为,怪诞之于迪伦马特,一如“陌生化效果”之于布莱希特。

至此,怪诞这个流浪儿,终于从旁门左道走进了美学殿堂,成为美学范畴中的一个构成元素。可能还会有人对它不习惯,但要把它逐出殿堂大概是不可能了。特别是近三十年来,国际学术界关于“不规则美”的讨论,形成了一种“非对称性”的哲学思路,这一思路甚至导致了认为对称性规则在自然中占优势的传统观念的动摇。这项学术成果赋予怪诞所从属的所谓

---

① W. 凯瑟:《怪诞论》,德文版,1957年,第136—139、36页。

② 迪伦马特:《喜剧解》,见《迪伦马特戏剧论文、演讲集》,苏黎世,阿尔歇出版社1966年版,第136—137页。

③ 1963年1月11日《纽约时报书评周刊·劝世剧》,转引自《老妇还乡》译后记,黄雨石译,北京:作家出版社1964年版。

“可怕的美”以科学的品格和新的审美价值判断。

怪诞乃是智慧的创造,是一种有效的艺术表现手段,如运用得当,它可以增加作品的艺术表现力和色彩。当然,艺术是个非常复杂的精神现象,它的生成具有诸多因素,所谓“精神癫狂”只是其中的一种。如果把它普遍化、绝对化,那么有许多现象就会解释不通。作家、艺术家的精神气质和素养是千差万别的,事实上没有一种人人适用的艺术风格或表现方法。每个人都必须根据自己的特点行事。重要的是允许作家有自由选择的充分权利。

原载《文艺研究》1994 年第 4 期

野性的艺术——巴洛克

与“怪”的美学特征相联系的巴洛克,曾是欧洲近代文学艺术史上一个重要现象,从16世纪末至18世纪前期,至少存在了一个半世纪,而它的盛期经历了整个17世纪;不仅表现于建筑、雕塑、绘画等造型艺术领域,而且见之于文学、戏剧、音乐、舞蹈乃至家庭陈设等门类。这是一股不可抗拒的现代力量的精神涌动,一股巨大的文艺思潮,一种广泛的审美风尚。它与强大的古典主义相对峙,共同雄踞了一个时代。但由于古典主义,特别是法国的古典主义为官方所钦定,一直处于正宗地位,其“寿命”还要长些。而巴洛克,虽然它的建筑物作为皇宫、教堂和别墅在欧罗巴大地上不断矗立而起,它的雕塑和绘画也在各地登堂入室,但它作为一个艺术史的概念,作为一种表现风格和美学特征,在近代欧洲文学艺术史上却受到长期的贬抑而得不到承认,因而处于“在野”地位。甚至许多在其他方面不乏真知灼见的大学者,对它也失去了眼力。如著名美学家鲍桑葵的《美学史》对巴洛克就没有给予应有的地位。另一位美学家克罗齐甚至宣称:“艺术绝对不能成为巴洛克的,凡属巴洛克的都是非艺术。”①

然而,正因为巴洛克艺术是“野生”的,它比正统的古典主义具有更强大的生命“基因”,19世纪初,它自己的身影不见了,但它直接激发了浪漫主义的创作。20世纪初,它的“基因”更在现代主义,特别是表现主义创作中孕育,产生了许多带有巴洛克面相的文学、艺术作品。于是巴洛克这支文艺史中几乎被遗忘了的血脉又重新被人记起。随着时间的推移,她不仅很快为自己取得了合法的身份,而且她的声誉与影响与日俱增:越来越多的研究者从她手里领到了教授的头衔,她的越来越多的与她相像又比她英俊、漂亮

① 转引自《文艺研究》1990年第2期,第130页。

的“子孙”广受青睐……

然而,人类认识一个真理的过程多么艰难而缓慢。尽管巴洛克的翻身在欧洲已有一个世纪,但是人所共知,一旦走出她的故土,她就又成了“陌生人”了! 君不见,直到20世纪80年代,这一史实在我国学者编写的有关史书中仍得不到反映。例如,1979年经修改后再版的我国唯一的一本权威性的《欧洲文学史》(杨周翰等主编),关于巴洛克连一句话都没有提及;在朱光潜先生晚年编写的那部难能可贵的《西方美学史》里也没有安排任何章节对之加以论述。尤为令人惊讶的是,80年代编写出版的《中国大百科全书·外国文学卷》竟然连个“巴洛克”的词条都没有! 不是说我国的外国文学研究者不具备这方面的知识,相反,有的学者如杨周翰教授在个别交谈时,对这方面话题还相当感兴趣,而且还在某些培训班授过课。只是由于编写上述史书时的特定历史环境制约,人们宁愿避而不谈,而顾不上对科学态度的尊重了。但无论如何,这一现状与目前我国外国文学研究的正常形势是极不相称的。因此近几年来笔者不得不挤出一定的时间来关注巴洛克的问题,并以这篇拙文与同行们共勉。

她怎样拿到了“身份证”

巴洛克是一个艺术史概念,也是一种风格的名称,属于诗学和美学的范畴。她的原文一说来自中世纪拉丁语 barooco,荒谬的意思;一说来自葡萄牙语 barroc,或西班牙语 barroec,意谓“小石子”或“不规则的椭圆形珍珠”,所以最初表现在钻石艺术中;一说来自德文 brochenperle,“破碎的珍珠”。各种语源都表达同一个意思:非正规的艺术。她在17、18世纪的意大利讽刺文学中以“古怪可笑的奇想”出现。法国古典主义者给予这个词以普遍性定义:古怪的、浮夸的、可笑的、不自然的。狄德罗主持编纂的、1758年出版的大百科全书也把她解释为“夸张和古怪”,因而把她看做是对文艺复兴风格的一种反拨。所以德文最初使用这个词时,在其后面加了一个贬义性的后缀 Barockisch(幼稚可笑之意)。甚至直到1885年德国权威性的迈耶大百科全书除了 barucca 外,依然袭用意语“假发”parrucca 作为这个概念的出处。

但随着艺术史研究的进展，巴洛克这个词还是逐步得到了澄清，虽然相当缓慢。1840 年，瑞士艺术史家 J. 簿卡特首次把巴洛克作为艺术史的概念加以使用，不过仍然是贬义的。直到 1855 年，他在《西赛罗》一书中，依然认为巴洛克是“文艺复兴的旁支”，使其变成“粗野的方言”[①]，因而是“文艺复兴的一种堕落”[②]。然而，文艺运动自身的发展，推动了艺术和美学研究方法和角度的根本改变。就在 19 世纪 80 年代，现代文学、艺术流派纷纷破门而出的时候，有两位艺术史家的研究取得了突破性成就，一位是德国艺术史家古力特，他根据巴洛克艺术及其晚期的变异形态“罗珂珂”在意、法、德存在的历史事实作为独立的风格概念来看待，但他却把那个时代人们对巴洛克的接受与文艺复兴割裂开来，似乎二者有高低贵贱之分。倒是另一位他的同时代人、簿卡特的学生 H. 沃尔夫林迈出了决定性的一步，他于 1888 年发表的《文艺复兴与巴洛克》的重要论著中，看到了作为艺术风格的巴洛克与文艺复兴的连续性，指出巴洛克不仅不是文艺复兴的堕落，恰恰相反，她是文艺复兴创造精神的继续（着重号为笔者所加）。同时在尼采艺术“二元论”[③]的影响下，他把巴洛克的形式分类引申到一般的生活领域。没有人对他的观点提出异议或反驳，相反，普遍受到好评。至此，巴洛克，这位充满活力而口碑不佳的“女郎”，终于被正了名，拿到了合法的“身份证”。

不过，这一过程还仅仅发生在书斋里，而且只局限于艺术领域。

巴洛克离开书斋，走出课堂，走向广阔的原野，那是在第一次大战爆发期间和之后。在 20 世纪第二个十年，以德国为中心的欧洲文学界紧接美术之后，也爆发了表现主义运动。表现主义者充满时代激情；他们对于社会危机的焦虑和呐喊，在这呐喊中他们对于诗歌的那种偏爱和狂热，使他们重新感受到巴洛克的存在和产生巴洛克的时代。正如青年诗人克拉布特说：

---

① 见 12 卷本德文版《艺术大辞典》第 2 卷，艾尔兰根，卡尔 · 米勒出版社 1994 年版，第 8 页。

② 见德文版大百科全书《勃洛克豪斯》中的“巴洛克”词条。

③ 出自尼采的美学论著《悲剧的诞生》（1871），作者从分析古希腊悲剧中得出结论，认为文艺创作有两个艺术来源，分别由两个神话人物管辖，即太阳神阿波罗，司梦和造型艺术领域；酒神狄奥尼索斯，司舞蹈、音乐等情绪性较强的艺术领域。

“我读阿·格吕菲乌斯的十四行诗……发现了我们的时代。”[①]当时的青年学者 F. 施特利希于 1916 年发表的长文《17 世纪的抒情风格》,使大家清楚地对比出表现主义与巴洛克这两个不同时代的诗风的亲缘性。从此,越来越多的人开始知道,巴洛克不仅存在于建筑和美术中,而且也广泛存在于文学中。不久,20 年代初,在表现主义运动的尾声中,一连三本由施特利希[②]和 W. 乌努斯选编的巴洛克诗集相继出版。至 20 年代末,已涌现出一批巴洛克的研究者。他们多是同一辈的年轻人,直接投身于表现主义文学运动,有的还兼搞创作。颇为耐人寻味的是,原民主德国大诗人贝歇尔二战后钻研了五年巴洛克以后,得出这样的结论:“巨大的希望寄予另一种风格”[③],即巴洛克风格。如今,巴洛克的研究队伍更加壮大了,健在的教授级学者,仅在德国就有几十位,权威的如哥廷根大学的 A. 薛诺、W. 巴尔纳等。此外,在德国有巴洛克的中心图书馆即沃尔夫毕特图书馆[④],是德国的五大图书馆之一;在德国哥廷根大学文学系也设有专门的巴洛克藏书馆。此外国际巴洛克文学学会每两年都要举行一次国际研讨会。可以说,今天的巴洛克不仅洗去了昔日的污垢,而且已经成了在欧洲和部分美洲国家广受青睐的俊俏的“女郎”了。

她在梳妆台前

艺术的本性是自由的,任何限制它的努力都会影响甚至扼杀它的生机,阻碍它的发展。然而以往的历代统治者,为了自身的利益,都竭力干预文艺的存在和发展,按自己的意愿和需要,设定它的存在模式和发展轨道。文艺复兴时代,随着新兴资产阶级的人文主义运动冲破中世纪的宗教禁锢,文艺在古希腊罗马艺术精神的激励下确实获得了复兴和繁荣,这种繁荣同时也

---

① 见 P. 拉贝:《表现主义与巴洛克》,译文载《国外文学》1993 年第 4 期。

② F. 施特利希(Fritz Strich,1882—1963),德国文学史家,他的这篇著作载《巴洛克文献》德文版,1965 年,第 229—259 页。

③ 见 P. 拉贝:《表现主义与巴洛克》,译文载《国外文学》1993 年第 4 期。

④ 称为奥古斯特公爵图书馆,位于德国中部小城沃尔夫毕特,为 17 世纪布朗施韦克—沃尔夫毕特公国的公爵、作家奥古斯特手创。

孕育着多种发展的可能性，但此后的统治者只想择取其中不含叛逆因素的、符合“理性”要求的典雅、高贵、庄严的美学风范，即所谓“高贵的单纯、静穆的宏大”①，作为永恒不变的美学正宗，甚至以皇权的政令制定出种种艺术法则和美学信条。法国的路易十四国王就作过这种努力，并导致了后来在欧洲文化艺术领域程度不同地统治了二百来年的“古典主义”或“新古典主义”②。然而，按照统治阶级的这种主观意志来规范和“继承”文艺复兴艺术，实际上是歪曲和捆绑了文艺复兴。须知，文艺复兴时代是个“产生巨人”的时代，充满创造活力的时代。文艺复兴艺术精神的最本质的一点是它的创造精神，即它的“野性基因”，不拘一格地发展是它的自发趋向，你要用“理性”去捆绑它，是捆绑不住的，正如席勒所概括的：“理性要求统一，自然要求多样。”③事实上，文艺复兴正是沿着这两条路子发展的，一条是“理性”的（即人为的）“统一”轨道，一条是“野性”的（即“自然”的）“多样”方向；前者导致日趋衰微，后者导向永恒的发展。

从历史上看，任何一个时代的艺术风格都不是单一的，而是庞杂的，即使在有某一种风格占主导地位的情况下。例如文艺复兴时期，虽然古典（这里指古代，即古希腊罗马时代）风格是主导的，但与之并存的就有诸多非古典的流派或旁支，而且每个阶段都有顶尖儿的大作家为其代表，如早期的就有但丁，中期的则有拉伯雷，晚期的更有莎士比亚。而莎士比亚也有人把他看做巴洛克文学的始作俑者，就像米开朗琪罗被视为美术中的“巴洛克之父”一样。因为莎氏不仅肆无忌惮地在戏剧中引进了大量俚俗粗语，无视古典文学关于语言明净、典雅、简洁的原则；他也悍然不顾古典戏剧关于喜剧与悲剧界限的严格规定，放胆地在悲剧中掺入喜剧因素，喜剧中掺入悲剧因素，使其不少剧作几乎成了“不伦不类”的悲喜剧。无怪乎开始阶段莎翁被冷落了一个多世纪！

莎翁之所以敢这样做，倒并非出于他的孤胆。在他出生之前，即16世纪上半叶，造型艺术领域已开始不唯古典是尚，巴洛克已初露端倪；莎氏出

---

① 18世纪德国美学家温克尔曼对古典主义美学特征的概括。

② 历史地看，古典主义也起过积极作用，主要在它的初期和中期，在文学艺术领域都产生过一批值得一提的作家、艺术家及其作品。不足取的在于它的“主义”即永恒不变的信条。

③ 见席勒的《美育书简》第四节，本文引用的是对原文要义的概括。

生以后，即16世纪中后期，文学中的巴洛克亦相继露头。而与此平行的还有一个较大的“旁门左道”，即“矫饰主义”（Manierismus，一译“风格主义”、“夸饰主义”，约1520—1600年，文学晚一些，约为1560—1660年，也有人认为1520—1650年）。有人认为，矫饰主义是文艺复兴与巴洛克之间的过渡时期，这时期凡一切与古典风格相对立的倾向都称为矫饰主义。也有人认为矫饰主义是巴洛克的早期形态，或者说它是这一时期巴洛克本身所包含的各种形式中的极端的一种。但另有一种意见认为巴洛克作为一个时代应有自己的风格形象，因此不赞成把巴洛克与矫饰主义之间的明确界限加以混淆，就像不能把她与她的晚期变体罗珂珂相混淆一样。二者的主要标志在巴洛克是“想象”，而在矫饰主义则是“决疑”。这个决疑的表情是危机和世界恐惧的一种表现，而巴洛克的想象则是表现在对一种新的宗教和社会政治制度的追求；它的语言艺术不是冷僻的古董，而是在实际生活中广泛生效的器具。

如果说巴洛克与矫饰主义之间的关系尚难定论，那么巴洛克与文艺复兴之间的关系则令人乐观得多。这首先要归功于前面提及的那群表现主义学者，他们从不同的知识背景出发对二者的关系作了深入的研究，获得了较为一致的答案。例如R.阿莱温从社会历史和社会结构着眼，K.基埃托尔从17世纪的文学创作作为社会现象出发，G.米勒则从修辞学作为巴洛克特征的基础入手，先后于1926年至1929年发表论文，进一步论证了沃尔夫林提出的上述见解，即巴洛克与文艺复兴之间的关系是继承和发展的关系，而不是对立的矛盾。例如：巴洛克文学中常有的伤感情绪，早在文艺复兴时期就扎下根了。而文艺复兴时期的享乐欲则为巴洛克诗人作了先导；巴洛克文学中那种破碎的生活感情在文艺复兴作品中并不鲜见，而文艺复兴开始的第一位写“二元对立”的十四行诗的大师就是彼特拉克。这些观点，确实为先前沃尔夫林的论点提供了有力的论据。

她在艺术中的风采

巴洛克的黄金时代是17世纪。作为一种精神创造活力的表现，她是与那种固定不变的传统习惯力量和事物的对立而出现的。17世纪的欧洲，经过文艺复兴以来几个世纪人文主义的鼓吹，中世纪的禁欲主义已被打破，又经过宗教改革以来一系列神学上的论争，哲学上的探讨，种种科学上的论证，促使了人们思想的活跃和观念的变化，只要提一下这些闪光的名字，就会知道这个时代发生了什么：培根、笛卡儿、莱布尼茨、伽利略、开普勒、牛顿……与这一迅猛发展的文明趋向相反的是巨大的破坏力量，即战争的频仍——特别是1618年至1648年的“三十年战争”——也致使社会的动荡、思想的混乱。这对立两极的碰撞导致了这一动感极强的巴洛克文学艺术的诞生。无疑，这当中也有审美意识流变的原因。

在为巴洛克正了名以后再来看17世纪，就会痛悔我们过去忽略了什么。那是一个惊人的艺术文化奇观，它在各个审美领域都有非凡的表现，其主要策源地仍然是文艺复兴的故乡意大利，广泛流行于南欧和中欧。各方面都产生了一批巨匠及其作品，如建筑中的贝尔尼尼、波隆美尼、瓜里尼，绘画中的卡拉瓦乔、伦勃朗、鲁本斯，音乐中的蒙特威尔第、巴赫、亨德尔，文学中的弥尔顿、维加、格里默尔豪森，等等。以成就论，按传统的看法，建筑是它最宏伟的丰碑，特别是米开朗琪罗和贝尔尼尼的共同杰作——罗马梵蒂冈的圣彼得大教堂，堪称巴洛克建筑之最。巴洛克的建筑天才们致力于把一切艺术种类和成分集于建筑一身：文学的题材、戏剧的效果、音乐的节奏与音律；华美的雕塑、绚丽的绘画、涡旋的线条，使它们服从于一个统一的构思，从而使整个建筑物构成一个富丽堂皇、灵动欲飞的综合艺术品。圣彼德大教堂就充分体现了这一特点。几代艺术大师两百年的接力性精心营造，才成就了这一艺术杰作。最精彩的部分是米开朗琪罗为其设计、建造的精美华丽的穹顶和贝尔尼尼完成的内部装饰与大门前的椭圆形广场。贝尔尼尼生活在巴洛克时代的盛期（1598—1680），他的这两大手笔具有更典型的巴洛克特征。他充分发挥了浪漫主义的想象、创造的激情和宗教的情感，把建筑与技术、技术与艺术神奇地糅合成无与伦比的浑然一体，使之成为既是祭神的圣殿，又是一件恢宏的艺术雕塑品。其体量的宏大感与空间的深度感以及那扑朔迷离、富丽堂皇的装饰美都让人叹为观止，尤其是广场回廊的构思与穹顶下华盖的设计不啻是“神来之笔”：前者既从宗教层面上象征上帝张开双臂怀抱他的善男信女，又从艺术表现上把教堂与之联成一体，从而达到神学与美学的巧妙结合；后者则竭尽巴洛克热衷的综合之能事，对展示巴洛克建筑的装饰美起到了画龙点睛之妙用。

17世纪的意大利巴洛克艺术在建筑领域所创造的辉煌连古典主义的守护神及其新法则的钦定者、法国路易十四国王也不能不为之心动，他主持修建的著名的凡尔赛宫成了巴洛克建筑的代表作之一，其中的镜廊尤其充满巴洛克的气氛，甚至与皇宫融为一体的宏大花园也是巴洛克式的。上述风格的建筑在意大利的其他地方，在奥地利、德国、波兰、捷克、匈牙利、西班牙、葡萄牙等国也屡见不鲜，如威尼斯的圣玛丽亚教堂、奥地利的萨尔茨堡大教堂和迈尔克修道院、德国安得列亚斯修道院、德累斯顿妇女教堂和茨温格宫；维也纳的美泉宫、德国维尔兹堡王宫、路德维希斯堡王宫……其中一部分已被联合国教科文组织列入人类遗产名录。

雕塑方面除了米开朗琪罗的《垂死的奴隶》和《被缚的奴隶》等以外，像布鲁诺的《阿波罗》、《圣台莱萨的幻觉》和《亚培尔东娜》等都有强烈的运动感和戏剧性。至于贝尔尼尼，他的代表作如大理石雕塑《大卫》、《圣台莱莎的狂喜》、《阿波罗与达芙妮》等在表现这方面的特点上尤为娴熟和卓越，堪称巴洛克的典范。

绘画方面的杰出代表，早期的除了卡拉瓦乔外，值得一提的还有提香、丁托列托、沃罗内斯，成熟期的就是弗兰德[①]人鲁本斯和荷兰人伦勃朗以及鲁本斯的同胞凡·戴克了。他们是巴洛克高峰期的里程碑。鲁本斯的《洛基波之女被劫》这幅名作，其主人公那丰满的体态与鲜亮的肤色以及剧烈、紧张的动势，是巴洛克绘画艺术的典型特征，给人以鲜明强烈的印象，也可以说这种特征是鲁本斯所创造的。伦勃朗善于刻画人物内心的紧张和色彩明暗对比的鲜明，是巴洛克的绘画艺术最值得骄傲的手笔。

巴洛克在音乐中也获得强烈的表现。它是欧洲歌剧的催生者，故有"歌剧时代"之称；它使协奏曲获得迅猛的发展，故又有"协奏曲时代"的美誉；它使和声获得很大的丰富，所以赢来"自由和声时代"的赞语；它尤使复调音乐的创作获得极大的成就……歌剧的开山祖、意大利人卡西尼、蒙特威尔第，特别是德国的巴赫、亨德尔等都是巴洛克音乐的光辉代表。在推动器乐的改革中，巴洛克使乐器变被动为主动，即是乐器由原来被使用的工具，

---

① 弗兰德是个历史地名，包括今天的荷兰西南部、比利时西北部和法国北部一带。

变成每件乐器都竞相参与演出的主体。

甚至舞蹈也按巴洛克的原则进行了改革,如突破偶数和对称编队的惯例,建立起奇数的不对称编队以及造型雕塑化的原则,等等。巴洛克的舞蹈直到今天仍有市场,而且获得复兴。

她在文学中的富有

从总体看,欧洲巴洛克文学的兴起比艺术领域要晚三五十年。由于各国情况不尽相同,这里只选几个主要国家,略加叙述。

意大利 意大利是巴洛克的老根,巴洛克文学首先从这里分蘖生枝是容易理解的。由于巴洛克文学的特点之一是修辞学色彩很强,而这时期的意大利文学恰恰继承了文艺复兴以来古典文学重视修辞学研究这一倾向,并加以发扬。这时新发现的亚里士多德的诗学已经有了拉丁文译本,并出版了希腊原文。在清理亚氏诗学的过程中,出现并发展了反亚里士多德诗学原理的倾向,它反映在当时的史诗创作中,其最早的信息来自阿里奥斯特,他的代表作《罗兰的疯狂》表现出对平民的同情、对贵族的讽刺,流露出叛逆的情绪;在诗风方面也对古典传统表现出不驯:离奇变幻的情节,心理刻画的复杂,感情的强烈以及抒情与叙事交错,悲喜剧情境的运用等。早期的主要代表是塔索,这是无论精神上、美学上都带有叛逆色彩的诗人,有人把他与塞万提斯和拉辛并称为罗马语系巴洛克文学"三巨头"①(歌德曾写出名剧《塔索》,至今仍上演不衰)。他以反宗教改革的立场写十字军东征中基督教的胜利(这正是巴洛克的思想特点之一)。他的作品不重情节,而喜欢表现手法的多变和新颖;强调想象,爱好惊异;时而慷慨悲歌,时而浓浓抒情;不时穿插文字游戏、笑料、隐喻等,这样的不拘一格,显然已经背离古典主义了,因此被认为他奏出了巴洛克文学的序曲。

成熟期的代表作家是G.马利诺,他是"马利诺诗体"的创造者。除大量的短诗外,代表性叙事长诗是《阿多尼斯》,写同名主人公与维纳斯的爱

---

① 当代德国文学史家H.哈茨菲尔德的观点,见G.霍夫迈斯特:《德国和欧洲的巴洛克文学》,斯图加特,迈茨勒出版社1987年版,第13页。

情故事,离奇曲折。他的作品追求华丽诗风,讲究修辞和词藻,好用插曲、隐喻、对偶,喜欢夸张,在巴洛克文学中较为典型。

意大利的戏剧这时期获得蓬勃的发展,首先是随着巴洛克音乐的勃兴,歌剧已经诞生,喜剧得到繁荣。它们不再囿于宫廷,开始走向民间:罗马、佛罗伦萨、威尼斯、那不勒斯等文化名城都办起了剧院;罗马于 1637 年创建了巴尔贝里尼剧院。威尼斯则开办了第一家歌剧院,而且在巴洛克豪华审美风尚的熏染下,发展了华丽歌剧。那不勒斯则以上演悲歌剧见长。此外,古希腊的音乐悲剧也得到恢复,人们以严格的宣叙调风格上演。这时的音乐单人剧是歌剧的一种特殊形式,备受人们的喜爱。由于巴洛克偏爱综合的艺术,舞台上可以看到多种审美成分的交融。

西班牙 西班牙早期巴洛克文学的精神因素是禁欲主义、宗教狂热和人生易逝观念,基本经验是理想与现实的对立,现象与存在的冲突,人生如梦的慨叹。因此在西班牙巴洛克文学的早期作品中有明显的失望和感伤情绪,主要表现在那些获得复兴的早期宫廷文学作品中。这类作品在形式上还常有矫饰化的特点。

西班牙巴洛克文学的早期代表主要有两位:格瓦拉和塞万提斯。格瓦拉是西班牙第一位享誉国际的作家。他站在宫廷的保守立场上,坚持反宗教改革的伦理观,倾向于基督教宿命论哲学。但他坚持人文主义信念,所以他不惧怕宫廷的批评。而在创作风格上他是属于巴洛克的。他的《乡村生活的奖赏》(长篇小说)在后世备受好评,多半是它的艺术风格在起作用。塞万提斯的《堂吉诃德》诞生于文艺复兴的后期,作为现代现实主义小说的典范,它把西班牙的文艺复兴文学推到了顶峰。但这部杰作的基本审美特征是属于巴洛克的,因为它是以宗教道德的价值观与幻想性的骑士小说相对照的手段来揭示历史故事的真实性的,并且用了最精彩的"滑稽模仿"的讽刺技巧来达到对中世纪的骑士精神进行否定,因此它开了西班牙巴洛克文学的先河。

发展到鼎盛期的西班牙巴洛克文学可以说蔚为壮观,无论诗歌、小说、戏剧都有杰出的代表,这里需要提及的至少有五位作家。诗人以贡戈拉·伊·阿尔戈特最有代表性。他是"贡戈拉诗风"的创始人。其诗才首先为塞万提斯所发现。他的诗体是在古罗马和意大利的文化泉源的基础上建立起来的独立风格,颇有影响,包括卡尔德隆。但也有人反对,如奥维德派和彼得拉克派就把他视为传统派加以排斥。但反对派只看到他的作品晦涩难懂的一面,却没有看到它在美学上的新变及其影响。他的创作以1613年的叙事长诗《孤独》最为出众(拟写四部,只完成一小半)。他通过丰富而奇特的想象,尤其异质想象的联合为特征,大量使用夸张、比喻、怪词汇和手法,以达到超越真实的变形,同时喜欢对偶的句式、冷僻的典故和博学的知识,确实造成晦涩难懂的倾向。曾与另一位巴洛克文学大家克维多发生有名的争论。由于古典主义的影响,19世纪贡戈拉诗风又受到冷落。但到了20世纪,随着现代主义思潮的兴起及其与巴洛克之间的"血缘"关系,贡戈拉受到重新评价。

巴洛克在叙事文学中呈现出另一种面貌,除了《堂吉诃德》式的滑稽模仿性的骑士小说外,还有一种更具特征的体裁:流浪汉小说(Der Pikaroroman,或Schemelroman)。它突破一般巴洛克文学所蕴涵的反宗教改革精神,把目光投向社会下层,通过出身低微的卑贱者或"小人物"作为"反英雄"的主人公,用他们的眼光来观察社会,进而揭发黑暗的社会现实,揭示现象的虚假性与存在的真实性之间的冲突。这类小说中的流浪汉在社会的眼中不啻是无赖汉:他们行为粗鄙,语言粗俗;往往貌似愚钝,但不乏狡猾与智巧;在流浪过程中受尽上流社会的嘲笑与捉弄,但绝不便宜他们,看准机会,暗设巧计,给他们狠狠一蜇。所以这类小说也叫"机智小说",它有很强的颠覆意识,与主流社会的价值观处处对立,直至巴洛克本身的浮华。在艺术表现方法上它也不随俗,摒弃写实,采用譬喻、逆喻(即矛盾修辞法)、悖谬、反题、修辞性的文字游戏等。这一倾向后来在意大利人德萨罗和佩雷格里尼等人那里得到继承和完善。

标志西班牙流浪汉小说最高成就的主要作家有两位:克维多·伊·比列加斯和格拉西安·伊·莫拉莱斯。两人都出身贵族,但生活道路却不平坦,或者因政治诬陷入狱(克维多),或者因教会迫害被流放(格拉西安),他们既被逐出了上流社会,唯一的抗议方式和手段只有写作了。而且写作的方法也不遵循社会规范,而是"无所不用其极"。克维多的阅历很广,所以作品的题材广泛,一生写诗甚多,但最有名的却是他的自叙体长篇小说《流浪汉的榜样,无赖们的借鉴,骗子堂巴勃罗斯传》。主人公是小偷和巫女的儿子，在流浪中受尽侮辱、嘲弄与劫掠，甚至入狱，而他也不时伺机以狡诈欺骗等手段相还。作者用了各种表现手法——象征、譬喻、怪诞、暗讽等来表现这光怪陆离的社会生活场景。他的好多书名都带有这种俏皮和辛辣的特点，如他的思想理论著作《所有魔鬼的演说词》，政治和宗教的文章合集《上帝的政策，基督的政府，魔鬼的专权》以及《颓废的世界，1613 年至 1620 年间的梦话和 15 天的大事记》。他的作品多带悲愤，有时也不免悲观。这种情绪在格拉西安的作品中也时有流露，悲叹人世的易逝性。格拉西安也是哲学家，所以作品常宣扬训世之道。他最重要的作品是一部寓言小说，叫《多嘴的人》，分三部于 1651 年至 1657 年完成，通过主人公一生的三个阶段，表现两种不同的人生观，并将所谓文明社会与原始社会相对照，针砭前者的黑暗无道，赞美后者的单纯干净，富有哲理意味。他与克维多在文学史上并称为“概念派”。

西班牙的巴洛克文学在戏剧方面的成就堪称欧洲之冠。它号称“世界戏剧”，是以“悲喜剧”(Comedia)的形式为特征的。西班牙语 Comedia 与德语的 Komödie 相同，它是由两个词义构成的，即 Tragik(悲剧性)和 Komik(滑稽性)，根据当代悲喜剧大师迪伦马特的定义，它是以滑稽的形式来表现悲剧的内容。如果说，莎士比亚打破悲剧和喜剧的界线还只是局部的，那么半个世纪以后在西班牙人的手里这一界线就被彻底打破了！而且这种悲喜剧是由多种文学成分综合而成的！

西班牙巴洛克戏剧的代表人物也是两个：维加·伊·卡尔皮奥和卡尔德隆·德·拉·巴尔卡，两人代表两种倾向：维加以“人民戏剧”的代表著称，是西班牙民族戏剧的奠基者。他深受人文主义和神权思想熏陶，蔑视社会习俗，行为不羁。他反对戏剧脱离现实，远离时代，主张戏剧应为提高道德而存在，观众应包括一切阶层。在艺术上他强调想象和创新，反对古典主义的陈规俗套，要求戏剧符合当代观众的审美要求。曾著《当代写作喜剧的新艺术》，堪称巴洛克的戏剧纲领，影响深远。他一生写有 1800 出戏(一说 1500 出)，完整者有 462 出，所涉及的题材极为广泛。此外，他的小说和诗歌创作也为西班牙文学增了辉，无怪乎被誉为“天才中的凤凰”。

卡尔德隆是被国王任命的宫廷诗人，又是神甫。一生写有 120 出喜剧，76 出宗教短剧。著名的有《人生是梦》、《精灵夫人》、《萨拉梅亚的镇长》、

《最迷人的是爱情》等。他的剧作结构精巧,语言讲究,抒情性浓,同时哲理性、说教性也更强。比起维加,他的作品巴洛克色彩更鲜明,因为他的伦理观更具巴洛克的特点,如"人生是梦"、"世界是戏剧"、"人生短促"、"存在与现象是矛盾的"等等都是巴洛克的典型观点。

德国 德国的巴洛克文学明显地存在两种类型,这两种类型又恰好是两种体裁、两个阶段、两种文化渊源的分界线。在第一阶段(约1615—1645),首先突入巴洛克的是诗歌。这时期的诗人们以文艺复兴的人文主义精神为典范,把高雅文学——在当时即宫廷文学作为追求目标,为此竭力突破民间文学和市民文学的形式和风格,使自己的创作走上高档的轨道。第一个成功者是马丁·欧庇茨,他强调诗人的社会地位和责任,反对外来词汇,提倡创作的想象自由。他于1624年出版的《德意志诗论》和诗集从理论和实践上揭开了德国巴洛克文学的序幕。他的《战争灾难中的慰诗》写得凄楚动人。当时只要有大学和拉丁学校的地方,巴洛克的文学、戏剧活动都很活跃,因为这时期市民的社会地位有了更多的上升的机遇,而一般的宫廷和贵族也愿意赞助和奖掖创作,所以自由作家的早期形式已开始出现。而随着耶稣教会的巴洛克文学的流行,乡村的民间文学也繁荣起来,这为成批作家的涌现和成功准备了条件。于是紧接着欧庇茨之后,A. 格吕菲乌斯、P. 弗莱明、P. V. 蔡森、D. C. V. 罗恩施坦很快脱颖而出,把德国巴洛克的诗歌推向高潮。高潮阶段即第二阶段(约1645—1670),最杰出的诗人是格吕菲乌斯,他的诗作感情真实,抒情浓郁(这在德国巴洛克诗歌中具有普遍性)。《1636,祖国之泪》是他不朽的名作。他的人物心理比较接近世俗生活。他所关注的人物命运是混乱生活中的不稳定性,它们像游戏中的球那样被抛来掷去。他的作品所呈示的世界图像是自然的、感官的,又是暗示的,并要求在尘世的苦难中进行拯救的祈祷。在他的笔下,尘世事物一般并不存在固有价值,人只有通过耐心吸收空虚生活中的无常变化方能获得永恒的神圣,通过内在的稳定性去对付外在的不稳定性。

像格吕菲乌斯、欧庇茨、弗莱明这些诗人,过去文学史家们未能看到他们在文学精神的变革中的意义,单纯地称他们为"主观表现者"。殊不知这是修辞学传统的创造性继承和新的文学流派的萌生。因此现在他们被称为"前个性主义"情感的创作,是一种超个人的"我"的创作,它没有经历心理学意义上的发展,没有直接描写战争的恐怖,无论是欧庇茨的《爱情经历》,还是格吕菲乌斯的《祖国之泪》都体现出一种"严格的、正常的基本结构,而又没有失去个性因素"①。

在第二阶段,当德国巴洛克诗歌达到高潮的时候,叙事文学中出现了一匹"黑马"——出身既卑下又无学历的 H. J. C. V. 格里美尔斯豪森,他以一部石破天惊的小说《西木卜里齐斯木斯》(一译《痴儿历险记》,这个书名兼人名之怪本身就是巴洛克的)领了德国巴洛克文学的"最高音",甚至使整个欧洲"小说达到了文艺复兴时期宏伟的巴洛克文学的顶峰"②。作者 12 岁即被异国军队掳去服劳役,后在战争中以不同的士兵身份颠沛流离,目睹无数士兵的暴行和罪恶,进而看到世界的混乱和无道。他的这部情节曲折生动的小说即融入了自己的经历。作者让主人公以自叙的"我"的角度来观察世界,他以泼辣的、幽默的、讽刺的笔调,描写"我"——一个流浪的"痴儿"怎样在恶劣的生存环境中受尽世人的欺凌和嘲弄,而这个外痴内智的主角又怎样用智斗的手段进行自卫。但由于这个世界的"教唆"变得"越来越坏",最后他以隐居了之。小说脱胎于德国话本而又大大超越了它。在逆境中自学成才的格里美尔斯豪森,凭着他非凡的智慧和丰富的想象力,挣脱等级的羁绊和创作的成规,并从德国的、罗马的文学渊源中吸取一切富有活力的因素,利用巴洛克时代的一切动机,创造出迥异于上述知识型、学者型巴洛克的"反型",一种非宫廷、"非文学"的崭新的文学新品种,使德国 17 世纪的巴洛克文学呈现出"双重风格"的景观。

英国 英国巴洛克文学最高成就的代表作家是 J. 弥尔顿、班扬和斯托恩。弥尔顿受了意大利史诗很深的影响,因而不遵循古典主义那种"得体"的美学理想,而倾向于豪华的审美趣味,因而写出了综合型的艺术作品。人们认为他笔下的撒旦是个巨大的巴洛克形象,这个人物是个复杂的"性格组合",有如莎翁笔下的麦克白、伊阿古、理查三世、爱得蒙。有人认为,弥尔顿的作品与格吕菲乌斯有相近的地方,即都有地狱、天空、天堂;与卡尔德

① 当代德国学者 C. 维德曼的看法,见 G. 霍夫迈斯特:《德国和欧洲的巴洛克文学》,第 58—59 页。

② 见美国文学史家吉列斯比:《欧洲小说的演化》,北京:三联书店 1987 年版,第 101 页。

隆接近的地方是主人公都失去了天堂。

班扬笔下公认的巴洛克作品是他的代表作《天路历程》，主人公背负着十字架，离开故乡“毁灭之城”去“天国之城”，途经“绝望的泥潭”，又遇“肮脏的名利场”，走进“怀疑的城堡”，爬过“困难山”、越过“安逸”平原，来到黑水横流的“死亡河谷”……作者奇特的想象和生动的描绘，破常示异，令人耳目一新。这部作品既是清教徒精神最纯粹的表达，又是最近的英国基督教宇宙的幻觉在上天、人间、地狱形成的统一，它要求个别的人走灵魂健康之途。对基督教的忠诚，艺术上不遵循古典主义的陈规，这些都是巴洛克的属性。

斯特恩是个怪杰，他写了一部奇书《项狄传》，共九部，主人公没有生平，写到第六部他依然是个幼童。全书没有情节贯穿，全凭信笔所至，永不结束（“商第式”），充满怪诞、破折号、断句、白页、黑页、虎皮图解、时序颠倒、偶然事件、内心活动、即兴奇想、非逻辑、下意识……在当时纯属“非文学”，堪称意识流文学的始作俑者。书中人物愚钝滑稽，却天真可爱，富有同情心和正义感。观察敏锐、机警，用笔幽默、机智、辛辣，不乏思想火花，故马克思亦称受此书影响，伏尔泰称其为“英国的拉伯雷第二”。后世不少一流作家都受到他的积极影响。

她有自己的哲学信条吗

巴洛克看起来是一种艺术风格和美学风范，但作为文艺复兴以后出现的一种新现象，显然有其深刻的、复杂的历史社会背景。十六七世纪是人文主义在欧洲普遍觉醒的世纪，随着宗教改革运动的发生，自然科学和人文科学领域的一系列论争，传统的价值观念发生动摇，这必然在人们的思想上引起震动。某种意义上可以说，巴洛克的出现，是动荡时代人的精神颤动的产物，也可以说，巴洛克的美学革命是时代新旧观念的转换在文学艺术上的反映。因此谈论巴洛克的特征，必须结合它的意识形态背景加以探讨。

（一）巴洛克的哲学前提

1. 世界常动不宁，一切尘世生活变化不定是它的基本经验。一个“动”

字可以概括它的世界观核心。无怪乎有人说:“古希腊人的理性主义是建立在静态世界观的基础上的,而巴洛克的理性主义则是以动态的宇宙观为前提的。”①这就破坏了文艺复兴时期宗教理想与人文主义、自然主义与理想主义之间的协调感。这种破坏对于美学变革无疑是一种推动。

2. 二元对立的平衡观。在巴洛克那里,世界一切事物是由两个性质相反的元素的对立保持平衡的,这种平衡必须形成彼此间的一种张力,这种张力仿佛是互相的一种较劲:你提一个命题,我就来一个反命题;你喜欢高个,我就偏喜欢矮个,如此等等。

(二) 巴洛克的人生观

1. 人生如梦。世界易逝,人生无常,这是巴洛克的普遍生存感受,所以卡尔德隆说“人生就是梦”这句话很有代表性。在他们眼里“世界是戏剧”,“人生是舞台”。常流露出宿命论的悲观主义情绪。

2. 寻找感性世界。崇尚感官,追求享受是巴洛克的基本处世态度。这显然是文艺复兴以来冲破中世纪禁欲主义的禁锢带来的现象,是人文主义的胜利在文学艺术创作中的表现。自然也不无消极成分。

(三) 巴洛克的宗教观

巴洛克是与天主教靠得很紧的,因此对历史上起过进步作用的欧洲16世纪的宗教改革运动持对立立场,反映了它政治上的保守性。这就不免让人费解了:那么强调世界的“动”态的巴洛克,这里却保持不“动”了! 这是不是它的二元对立的哲学观使然呢?

(四) 巴洛克的艺术观

1. 理论上它是反亚里士多德的。亚氏的诗学理论是欧洲古典主义文学的权威性的典范。巴洛克的诗学理论,无论是奥庇茨的《德意志诗论》,还是维加的《喜剧新艺术》,都在不同程度地与亚氏唱反调。

2. 在与现实的关系上,巴洛克比起文艺复兴的古典主义文艺更接近现

① 见 W. 弗莱明:《艺术与观念》,西安:陕西人民美术出版社 1992 年版,第 526 页。

实。欧洲古典文学的题材基本上是三大类:古代神话和传说;历史事件和人物;中世纪骑士及其生活。普通平民或“下等人”是被禁止充当作品主人公的。巴洛克则大量“起用”当代生活中的人物和事件,即使采用神话和历史,也有更多的人间烟火味;采用骑士则出于讽刺和“滑稽模仿”。甚至悍然让那些“社会渣滓”,那些痞子式的“流浪汉”充当大部头作品的主人公,而且让他们充当现存秩序的捣蛋鬼! 这是前所未有的。

3. 在表现方法上,巴洛克是重想象的,经常有别出心裁的奇想。它背离了古典主义重模仿的老路,走出了自己的新路子,这条路子曲曲折折一直延伸到现代,说明想象才是艺术的本质。事实上巴洛克的那些重头代表作多是出自那些想象力丰富的艺术奇才之手。

她怎样追求自己的美

巴洛克的美学追求简约到最后,可以用两个字来概括:变形。它拒绝与客观世界的具体事物的原貌保持一致。但从宏观看,它也许更符合客观世界的真实,因为宇宙万物确实每时每刻都在变化。艺术家主要是凭感觉把握世界的。巴洛克时代人类的宇宙观已经由“地心说”扩大到“日心说”,巴洛克的“动态”观比文艺复兴的静态观具有更多的科学依据。再者,巴洛克是想象型的艺术,是非理性的幻想,变形乃出于智者的喜剧情趣。在变形美学的主宰下,巴洛克文学艺术呈现出多姿多彩的审美特征,现择其要者概括如下。

第一,是对动势的追求。文学艺术各个门类的作品概不例外:巴洛克有一句名言,也是它的一个美学原则:“立着的时候,也要看出他(它)是在动。”于是教堂墙壁上呈现波纹状,仿佛波浪在涌动;柱子上使用涡旋形曲线,以示物体正在向上升腾;穹顶内的天花板上绘画的或陶制的天使正在飞翔;刚刚追上达芙妮的阿波罗(贝尔尼尼名雕《阿波罗与达芙妮》),仿佛能听到他正在气喘吁吁;音乐中骚动的旋律正在向空间上方缭绕;鲁本斯的“劫女”画只见劫者正向室外猛跑,被劫者则拼命往回挣扎;文学中流浪汉们居无定所,四处为家;旧的写作模式正在散架,“非文学”的新结构正在拼建……

第二,是追求惊异效果。这也十分突出和普遍。这是变形美学或“动态”美学的一个重要招数。巴洛克晚期,德国作家和批评家博德默在与他的前辈、古典主义的守护神高特舍德论战的时候,他的著作就以“论诗中的惊奇”为题,用来反驳对方的《批判的诗学》。为了实现惊异的审美效果,怪诞是巴洛克常用的手段。德莱顿的名剧《阿尔比安和阿尔比亚纳斯》中出现这样的怪诞场面:“墨丘利坐在一辆由乌鸦拉着的车上从天而降。”有时通过酷烈的画面令人发指或惊骇(这在绘画、戏剧中尤为常见);有时则通过奇特的比喻让人耳目一新或如梦初醒;也有通过悖谬让人发呆或反省,诸如此类。

第三,追求反差效果。这是两个相反因素的极端构成的平衡所产生的一种审美效应。它的背景是巴洛克的二元对立的哲学观。两个相反因素参与审美生成,其关键是双方必须都是“极端”,不能一个“极强”,一个“较弱”;一个“极凶恶”,一个“较善良”,那样就不是“势均力敌”,因而形不成张力,也就产生不了美的效应。这种两极反差的审美构成在巴洛克的各类艺术中都屡见不鲜,尤其在造型艺术中,例如在绘画构图中:穿衣者与裸体者共处;人生欢乐与死亡恐怖同现;人与神的形象并置;“圣爱与俗爱”(提香)的场面互相对照……这种两极对立原则在建筑中主要表现于空间结构的不同成分之间和各种装饰的要素之间。例如巨大的建筑体与肩负它的石雕人像那不堪忍受的表情的对照;有的庙宇正面两个重叠的人字山墙中,一个完整、一个断裂的对照,还有光滑材料与粗糙材料的泾渭分明等。在戏剧中卑贱者与高贵者的较量;懦弱者与强暴者的遭遇;卑贱者外表的愚钝与内心的机智的反差;其精神的绝望与现实的豪华的对立;感情的浮嚣与神秘的灼炽的冲突……音乐主要表现于当时兴起的协奏曲和合唱曲中,有时是两种对比音响的交替出现:强声部与弱声部、高音部与低音部、歌声与乐声、轻柔声与嘹亮声、独唱与齐唱、独唱与混声合唱;有时是不同音调同时出现:连续音调与不连续音调、大和弦与由对位法所构成的多音调,等等。这些空间反衬因素的运用,使16世纪的意大利合唱艺术和协奏曲获得巨大的活力和发展,导致G.加卜里埃利创作出《神圣交响曲》这样的杰作。复调音乐的发展也得益于这种二元对立观念。

第四,对综合艺术的浓厚兴趣。在巴洛克艺术家或者在他们所效劳的王公贵族的观念中,对艺术有着囊括一切的无限欲望,一切艺术界线都可以抹掉,一切艺术语言都可以聚合成一种艺术,即综合艺术。这在建筑中十分突出,它把雕塑、绘画、陈设等都集于一身,墙上、顶上、内部空间弄得满满当当、琳琅满目、华丽非凡;它又与前庭(一般是花坛)和后园(很大的花园,包括设计考究的湖、河、草坪、花畦和树木等)连成一气,并表达一个思想或意境,比如凡尔赛宫,其创意就是要把天和地、人与神交融在一起,构成一种复调效应。仿凡尔赛而建的维也纳的美泉宫、慕尼黑的纽芬堡宫都有类似的情形。戏剧也是善于综合的,西班牙的所谓"世界戏剧"就像"马赛克"那样成了"多彩的戏剧",它将文学形式的多种成分综合在一起(就在这样的综合努力中,喜剧和悲剧的严格界限被它打破了,产生了独树一帜的悲喜剧)。这种"世界戏剧"把戏剧的概念大大拓宽了,它打破了时间和空间的观念,不仅不同身份的人可以同台,而且不同时代和国别的人也可以同台。

第五,人物偏爱"反英雄"。这多半见之于文学,尤其是流浪汉小说。这些人物不仅出身低微,相貌奇特,行为乖张,语言不择,心理很少发展,有的生理上也不见成长,从外表看,不是傻瓜蛋,就是无赖汉。但他们智力不凡,可谓"表里不一"。这是巴洛克追求"非文学"因素的产物,执意要与传统文学对着干。在传统的古典文学那里,尤其是史诗,主人公不是高大的帝王将相,就是智勇双全的骑士侠客,即使像后来的德国"教育小说"(或"成长小说"),其主人公也是"身心健康"、合乎社会道德、伦理规范的"君子"。

以上是巴洛克在美学追求中较为突出,又较为常见的几个特点,如要求全面,显然还可以再举出一些,如对抒情的倚重、修辞的讲究、夸张的拿手、主题的多义性、精神的内向性,部分作品的神秘性,结尾的可续性等等。由于它们在各个门类表现不一,就不拟细述了。

原载《文艺研究》1997 年第 4 期

西方现代文艺中的巴洛克基因

现代生物学和生命科学的最大成果之一是发现了基因及其在生命延续中的关键作用,而现存的野生生物是经过了无数世代的"物竞天择"才得以保存下来的,说明其野性基因的活力格外强大。文学作为人的思维和情感活动的一种方式,作为人的审美过程和产物,它的延续、变化和发展,也显现了其生命的存在,或者说也是有"基因"在其中起作用的。纵观历史上各个时代的文学,每个时代的文学都以某种审美形态出现,它们中的多数都形成一种属于那个时代的文学主潮,它不仅被读者普遍接受,并且被官方的文学史家所肯定,因而被写进了历史。但除此以外,往往也还有另一种形态的文学存在,只因其性格和长相与主流文学相左甚至大相径庭而不被多数人赏识,更不受文学史青睐,它们甚至就像"私生子"那样被人弃置一旁,成了"野生"的物种! 这种文学属于德国学者奥伊尔巴哈在其名著《模仿论》中所概括的"圣经方式",其主要特征是倾向于主观表现,与长期统治欧洲的"荷马方式",即以"模仿论"为审美特征的主流文学或正宗文学在声势、规模和地位上都形成鲜明对照。其中势力较强大、个性较鲜明的当推 17 世纪盛行于中欧(包括当代地缘政治概念中的东欧)和南欧一带的巴洛克文学。它不仅被正宗文学史,而且也被正宗艺术史排斥了 200 年! 但它的幽灵一直在欧洲游荡着。终于,从 20 世纪初开始,它还是找到了它的附体,因而重新"复活"了。

春江水暖鸭先知

一种新的现象的出现往往都不是偶然的,它在孕育过程中必有某种先兆透露出来,首先被某些敏感的作家、艺术家所察觉,可谓"春江水暖鸭先知”。事实上早在表现主义运动爆发的半个世纪之前，当现代主义还在母腹中躁动的时候，它就露出端倪了：人们首先在现代主义文学的始作俑者波德莱尔那标志着现代美学革命的不寻常作品里发现了它：“波德莱尔在一种巴洛克式的光辉照耀下把他的主题置于行文里。在这里，我们可以看出波德莱尔理论上的敏锐。他把本来存在的主题之间的联系弄得朦胧晦涩。但这些晦涩的段落每每能由他的书信澄清，不必求助于某种顺序就可以清楚地看到上述写于1859年的段落与十年前写的一段奇特的文字之间的联系。”①这是一股时代性的美学思潮，其传递最先信息的“春燕”绝不会只探访个别作家或文艺门类。就在波德莱尔那部惊世骇俗的《恶之花》问世不久，在19世纪六七十年代，易卜生的、与他其他名作大异其趣的石破天惊之作《彼尔·钦特》(1867)也诞生了！他让一个既是孽子又是孝子、只知个人寻欢作乐、不顾道德责任的青年游历世界，最后一无所获回到奄奄一息的母亲身边，这可以说是最早采用流浪汉题材写的现代型戏剧。与此同时，在主要以线条和色彩对传统绘画表现不驯的“印象派”同人中就有人的家屋飞进了巴洛克的春燕，那就是以画女人体著称的雷诺阿。他画的女人体摒除了任何宗教的或神话的因素，而焕发着鲜活的肉欲的世俗气息，这令人想起17世纪那个追求享乐的时代，看见雷诺阿在与那时的鲁本斯对话②。1890年左右，法国在“新艺术”运动中一度出现那火焰般的植物形装饰，这分明是巴洛克鉴赏兴趣的复活。在这之后，当大多数欧洲雕塑家仍热衷于新古典主义的时候，罗丹那狂热艺术有如长空雁叫，强烈的感情与戏剧性的紧张使他那些富有动感的华丽作品得到浪漫的表现，被人称为“新巴洛克”③。差不多同时，比罗丹几乎小两辈的后起之秀毕加索也从巴洛克艺术中获得创作动机，他那幅里程碑式的立体主义开山之作《亚威农少女》的题材是鲁本斯《帕里斯的裁决》一画的出神入化，稍加比较就会发现：《少女》画面上的左侧三个少女与《裁决》的形式相仿；而右侧的两个则与《裁决》中的帕里斯与墨丘利的位置近似。

---

① W.本雅明：《发达资本主义时代的抒情诗人》，北京：三联书店1989年版，第93—94页。

② 热尔曼·巴赞：《艺术史》，上海：上海人民美术出版社1989年版，第490页。

③ 同上书，第477页。

文学、艺术创作中的这隐隐雷声显然激发和推动了理论的研究，首先是艺术史研究的突破。其中起决定作用的是瑞士学者沃尔夫林。他是瑞士著名艺术史家布卡尔特的学生。布卡尔特对巴洛克的研究亦有贡献，主要表现在他确定了“巴洛克”这一术语，但可惜他最终未能摆脱传统偏见，未能从正面肯定它的积极意义和存在价值。而沃尔夫林则认为，世界上不存在一种永恒不变的美学法则，文艺复兴的永恒性并不表现在它向后人提供了一种可以让人永远仿效的艺术教条或审美规范，而表现在它的艺术创造精神。他从这一着眼点入手，经过对巴洛克和文艺复兴艺术的深入研究和比较后指出：从本质上而不是从形式上看，恰恰是巴洛克继承了文艺复兴的创造精神（着重点为笔者所加）。这一切中肯綮的结论，驳倒了认为巴洛克是“文艺复兴的反动”的固有偏见和误解，从而为这一欧洲文艺史上重要的“在野派”正了名，也为人们观察一切文艺现象确定了一种价值取向，因而为20世纪文艺的发展在理论上作了前导。它至少启发了后来的文学史家们将这一艺术史的研究方法用于文学研究，导致了对17世纪巴洛克文学的重新评价。

表现主义诗歌发现了自己的血亲

在20世纪现代主义思潮的诸多流派中，规模最大、影响也较深远的流派当推表现主义。它不仅是一个美学革命运动，也是一个社会反抗运动，可以说是一种时代的动荡在文学艺术上的反映。就时代特点这一现象而言，与巴洛克盛行的17世纪也有一定的相似性。正如对重新评价巴洛克作出重要贡献的德国文学史家理查德·阿莱文直到晚年仍认为：“巴洛克的发掘正遇上一个由于战争与革命、饥饿与贫困震撼社会、激荡心灵的时代，17世纪战争的灾难（特别是发生于1618—1648年的国际性的‘卅年战争’——引者），对人世的控诉、哲学上的冥思苦索以及宗教上的狂热在这一时代显得并不陌生。”①两个时代的矛盾与不安在人们心理上造成的危机

① 保尔·拉贝：《表现主义与巴洛克》，译文见《国外文学》1993年第4期，丽抒译，第101页。

感与灾难感，自然容易在情绪上引起共鸣，并在创作上发生呼应。

两个不同的时代，一个神的统治已经动摇，人文主义正在深入，人的自我意识开始觉醒；一个在粉碎了封建专制统治并宣判了"上帝死亡"之后，却又沦为现代金属机器和社会官僚机器的奴隶而日益"异化"成非人。所以这两个时代的知识精英们都企图通过文学艺术作品对人自身的地位和尊严发出呼唤，要求还人以本性。巴洛克诗人的口号是："人啊，还其本吧！"表现主义的口号则是"哦，人啊！"因此，一位名叫恩斯特·施塔特勒的表现主义诗人，在其《箴言》一诗中，就引用了巴洛克诗人阿·西莱西乌斯《天使似的漫游人》中的那句名言"人啊，还其本吧！"作为《箴言》的结尾。这一思想和情绪在表现主义时期具有普遍性。表现主义戏剧代表性作家格·恺撒就曾提出塑造"大写的人"的主张，作为建设未来美好社会的途径。

17 世纪巴洛克时代，人们的人生观与审美观是一致的，即享乐主义，包括追求肉欲的满足，这从视觉艺术如鲁本斯的绘画中就一目了然，不少巴洛克早期的宫廷诗也不乏这种倾向。表现主义时期，这种现象显然不如 17 世纪那么普遍，但从某些人的创作中还是看得出这种影响。如 20 世纪初颇有名气的诗人、小说家兼戏剧家阿尔诺·霍尔茨，曾是一位巴洛克诗歌的迷醉者和创作者，他曾热情介绍过巴洛克诗作。他自己写的《达芙尼，17 世纪抒情诗肖像画》诗集（1905 年出版），正如有人指出，不啻是一部"寻欢作乐歌"。这里颇值得一提的是布莱希特，不管他与表现主义有多少区别（如在世界观方面），又有多少联系（如在审美观方面），他都是一位现代型的作家。尤其在早期，他从否定资本主义伦理道德出发，创作中流露出浓厚的享乐至上色彩。他的诗集《家训》和剧作《巴尔》的主人公，一方面热爱生活，追求幸福，另一方面却为了个人享受，无所顾忌，不讲道德，简直听凭原始本能行事（这是作者有意向官方道德、小市民的"美德"挑战）。后来在他成熟时期写的那些代表性杰作中，在那些光彩照人的主人公身上，从大胆妈妈、阿兹达克到伽利略，他们依然保留着那种旺盛的口腹之欲，那种追求肉欲和玩乐的热情。而这绝不是偶然的。后面还将提到布氏，还可以与别的内容联系起来考察他的创作中的巴洛克血缘。

从艺术风格看，巴洛克文学的一个重要特征是浓郁的抒情性。这主要表现在诗歌中：奥皮茨、格吕菲乌斯、西莱西乌斯、韦克尔林、哈尔斯德弗尔、达赫、弗来明等等，这些都堪称抒情诗大师。多灾多难的年代，造就出大量忧国忧民的作家，他们以深沉的笔触表达自己的忧患意识。其中巴洛克最重要的代表诗人格吕菲乌斯的那首《1636 年，祖国之泪》最为动人，成为 17 世纪德国诗歌的不朽名篇。巴洛克这一诗风，正好适应了表现主义诗人的爱好。他们对于抒情诗心醉神迷，以致凡是非抒情诗他们都痛恨。这一派的诗人克拉朋德，较早对巴洛克诗歌作了研究，于 1916 年编出了一本格吕菲乌斯的十四行诗和箴言诗集，他觉得，在他读了格吕菲乌斯的诗之后，“发现了我们的时代”。最耐人寻味的是在表现主义时期语言技巧最接近巴洛克的抒情诗人贝歇尔，后来在他成为共产主义者之后，特别是在他当了民主德国的文化部长之后，仍念念不忘表现主义和巴洛克诗歌，尤其是格吕菲乌斯的抒情诗。他那部 1954 年出版的、反映他战后多年来对表现主义和巴洛克研究成果的文集就是以“祖国之泪”为题的。在这部著作里他不仅为表现主义同人，还为巴洛克同行们立传。战乱频仍的巴洛克时代，那些忧国忧民的诗文，显然触发了正经历着第一次世界大战的表现主义作家们的情怀，至少表现主义作家、理论家、表现主义纲领制定者卡·埃德施密特就不例外。

无论是巴洛克或是表现主义，二者虽然都爱好抒情，但它们的创作并不是静态的，而是动态的；不是理性的，而是喧嚣的。因为二者都处于狂躁不安的时代，这不能不给它们的作品打上烙印，只是表现主义比起巴洛克有过之而无不及。艺术史家 W. 沃林格尔曾对二者作了对比：“在巴洛克含义上的煽动和在表现主义自我含义上的煽动！两条道路寻向同一个最终达不到的目标。表现主义的痉挛、过分、狂热、强行突破，在巴洛克那里已经有过感性的前奏……巴洛克是一声响亮的呼喊，表现主义则必须大喊大叫。只是在喊叫之中，个人的、过于个人的声音被湮没了，只是在喊叫之中苦涩得如同任何其他的声音，只是在喊叫之中实现了一种可以说是不起作用的团结一致，赋予一种超越个人关系的幻想。”[①]这种情况多半发生在诗歌当中，那种排山倒海似的排句，那种奔跳的、飞速的诗行，不合逻辑或不讲句法的用

① 保尔·拉贝：《表现主义与巴洛克》，译文见《国外文学》1993 年第 4 期，丽抒译，第 104 页。

语，奇特的譬喻，强烈的激情，怪诞的形象……可谓真正“创作自由”的产物。前面提及的贝歇尔就是其中有代表性的一位，以至连同样是现代派的小说家卡夫卡也不敢问津，认为与它们之间隔着“一垛高墙”。

这里需要指出的是，巴洛克在表现主义创作中的复现，对于大多数表现主义作家来说是无意的“亲和”，而不是自觉的模仿。这是个人阅读经历的潜移默化与一定时代条件相互作用的产物，可以说是巴洛克“基因”自然生成的结果。事实上，表现主义盛期在欧洲文学史上找到过自己的典范，如德国狂飙突进时期诗人伦茨，19 世纪前期德国戏剧家毕希纳、格拉贝，15 世纪几判死刑而得救的法国诗人维庸，19 世纪下半叶的法国诗人兰波以及瑞典戏剧家斯特林堡等，都不是巴洛克时期的作家。表现主义对巴洛克血缘的认同发生在第一次世界大战之后、表现主义运动行将消歇的 1920 年（上述沃林格尔那段被广为引用的话可作为标志），说明战争对这两个不同时代文学思潮的会合提供了契机。“认亲”事件的另一个佐证是 1921 年和 1922 年不约而同出版的三本巴洛克诗选，它们均由三位表现主义诗人所编。这就是 W. 乌努斯、W. 施塔姆纳和 F. 施特利希分别编的巴洛克诗选。其中施特利希还有另一个贡献，即他采用了沃尔夫林的研究方法，将艺术史中的风格概念移用于文学研究，早在 1916 年就发表了关于巴洛克文学抒情风格的重要论著，从而接通了表现主义与巴洛克之间的艺术血脉，被有的研究专家称为“划时代的文章”，[①]它对表现主义对巴洛克的接受起了极为有效的启蒙作用。

中欧的这一现象不是偶然的。20 年代在南欧，在巴洛克曾经也很发达的西班牙语世界，也出现了重新评价 17 世纪巴洛克代表诗人贡戈拉的热潮。贡戈拉（1561—1627）的诗文结构隽永，句法匀称，形象奇特，爱好夸张、比喻，典故冷僻，常流于晦涩难懂，故后来几乎被人遗忘，这时却模仿他的诗风成风。

---

① 保尔·拉贝：《表现主义与巴洛克》，译文见《国外文学》1993 年第 4 期，丽抒译，第 101 页。

流浪汉小说大行其市

但巴洛克对西方现代文学影响更深远、更持久的当推它的“流浪汉小说”。这类作品往往以社会地位卑贱的“小无赖”、“傻瓜蛋”为主人公,他们似乎全然不知什么是道德、法律、荣辱贵贱,根据自己游历过程中的所见所闻,对上层社会及其所奉行的思想观念进行无所顾忌的揶揄和触犯,表现了这些貌傻心智的社会“渣滓”、“痞子”在心理上、智慧上对贵族阶级的胜利。这股“摩罗诗力”思潮,对旧政权是有颠覆性的。它是随着人文主义的深入而不断觉醒的平民意识在文学创作上的反映,在 17 世纪前后的两百年内造成一种文学奇观,留下了一大批传世之作,如西班牙佚名的《托梅河上的小拉撒路》(一译《小赖子》,1554),塞万提斯的《堂吉诃德》(1605—1615),美国马克·吐温的《汤姆·索亚历险记》(1676),德国格里美豪森的《西木卜里齐斯穆斯》(一译《痴儿西木传》、《痴儿历险记》)(1669),法国勒萨日的《吉尔·布拉斯》(1715),英国菲尔丁的《大伟人江奈生,魏尔德传》(1743),斯特恩的《项狄传》(九部,未完,1759—1767),美国笛福的《摩尔·弗兰德斯》(1772)等。其中格里美豪森的小说尤为典型,他被《欧洲小说的演化》一书的作者吉列斯比视为“达到了文艺复兴时期宏伟的巴洛克文学的顶峰”①之作。1896 年德国创办的很有影响的杂志即以他的小说《西木卜里齐斯穆斯》为刊名。担任过这家刊物编辑的德国文学巨匠托马斯·曼后来这样称颂这部小说:“这是一座极为罕见的文学丰碑,人生丰碑。它栩栩如生地经历了三百年,今后还会继续经受考验。这是一部富有不可抗拒的魅力的小说,它丰富多彩、粗野狂放、消闲有趣,生活气息浓厚而又震撼人心,犹如我们亲临厄运,亲临死亡。它的结局是对一个流血的、掠夺的、在荒淫中沉沦的世界彻底的悔恨与厌倦。它在充满罪孽的、痛苦悲惨的广阔画卷中是永垂不朽的。”②对出自母语的巴洛克作品有这样高的评价,如果在自己的创作中不留痕迹是难以想象的。事实上,托马斯·曼确曾试图借鉴

---

① 吉列斯比:《欧洲小说的演化》,北京:三联书店,第 101 页。

② 托马斯·曼:《西木卜里齐斯穆斯》前言,斯德哥尔摩,光明出版社 1944 年版。

巴洛克的叙事风格和美学特征，创作一部有别于自己的固有风格的巴洛克式小说，为此他断断续续至少花了四十年时间最终也未能完成，即长篇小说《骗子手费里克斯·克鲁尔的自白》。小说以一个资产阶级破落户子弟为主人公，让他以回忆的方式道出他一生为追求利己与享乐而不择手段地招摇撞骗。小说的讽刺与模拟笔法可以看出作者对现代型的巴洛克风格的爱好与追求（这与他早期作品中“新浪漫主义”风格有着内在联系）。所不同的是，一般流浪汉小说的主人公是以“卑贱”的面貌出现于上流社会面前，对这个社会进行捣乱，而克鲁尔这个高级骗子手则是以“体面”的身份混迹于上流社会之中，对这个社会进行蛀蚀；前者的“舞台形象”是“粉面小丑”，后者则是“油面小生”。令人颇费琢磨的是，托马斯·曼以其大师手笔致力于这部作品的构思竟达四十余年之久而未毕（写毕的这部分也不算多），这是由于他毕竟是一位批判现实主义作家，因而对这类具有“野性基因”的艺术不能得心应手呢，还是这本身就是巴洛克文学的“商第式”风格（总是写不完或故意不写完，如英国斯特恩的《项狄传》）的体现呢？

德语文学的另一位顶级小说大师卡夫卡的创作高峰期正值表现主义运动的盛期，他的创作也跟巴洛克有缘。他仅有的三部长篇小说全都没有写完，这一直成为卡夫卡研究之谜。但如果把它与巴洛克相联系，则谜底会不会就是“商第式”的传统呢？再看他写于 1912 年的第一部长篇小说《失踪者》（又名《美国》）写的也是一个少年流浪汉的经历：他 16 岁时被家里的中年女佣诱惑，因而被父母放逐美国，一路上他经历种种惊喜与倒霉、屈辱与宠幸，最后不知去向……只是这位主人公既不是痞子、无赖，也不是小偷、骗子，而是很讨人喜欢的朴实男孩，《项狄传》的主人公除了“呆”的一面以外，也有这样的特点。顺带提一下，从卡夫卡许多作品的审美特征看，也可以追溯到巴洛克，如对怪诞的爱好（如《变形记》等），对细节的讲究（如《城堡》等），对梦境的追求（如《乡村医生》），对酷烈画面的兴趣（如《在流刑营》等），对二元对立的偏爱（如《饥饿艺术家》等）等等。

再一位德语文学大家赫尔曼·黑塞，在表现主义运动高潮期间也写过一部流浪汉长篇小说《克努尔普》（1915），它由《初春》、《怀念克努尔普》和《结局》三个系列小说组成，虽然文学史家未将其归入他的重要作品之列，但他自己却视之为最喜欢的作品之一。

公认为德国表现主义代表性小说家阿·德伯林，他的那部出版于20年代末的代表作《柏林·亚历山大广场》也被认为是一部巴洛克式的小说，主人公是一位工人，在恶劣的社会生存环境下，几经牢狱铁窗之罪，又几番“重新做人”之决心，但始终不能如愿以偿。一种矛盾的、分裂的内心总是不能使他获得统一的性格与意志。享乐的欲望与“做人”的良知互相抵消，因而无以抵御胁迫与诱惑的力量。作为一部出自具有反抗意识的作家笔下的作品，如果说它免不了有颠覆作用的话，那么就表现在它对资本主义所带来的不利于人的生存条件的强烈控诉。

20世纪头30年的布拉格文学勃兴一时，世所瞩目。与卡夫卡同乡、同庚、几乎同天命、只是用捷克文写作的作家哈谢克，他的那部传世之作《好兵帅克在第一次世界大战中的遭遇》也是一部现代流浪汉小说。他以穷人的立场和感情，以一个士兵在军中的遭遇为题材，用幽默讽刺和滑稽模仿的手法，揭露出奥匈帝国军队中种种愚蠢可笑、黑暗无道的现实，时而令人捧腹，时而令人含泪。这里提及的滑稽模仿就是巴洛克艺术的一种拿手好戏。

迄今为止，20世纪一部最典型的现代流浪汉小说当属德国作家君特·格拉斯的《铁皮鼓》。它创造了一个奇特而生动的“西木卜里齐斯穆斯”式的“反英雄”形象。主人公奥斯卡·马采拉特长到3岁、96公分时即拒绝再长，以避免与成人世界同流合污。但他的智力却正常发育而且是非分明，因此他痛恨法西斯统治，包括他身为冲锋队小队长的父亲。他身上挂着一个铁皮鼓，如同贾宝玉的“通灵宝镜”，须臾不能离开；只要发现成人世界的异常现象，他就拼命击鼓，或者大声吼唱，以致使教堂玻璃震得粉碎（这是戏拟法西斯暴行与盟军的轰炸）。由于他始终混迹于儿童世界，成人世界对他毫无防备，故可窃取成人世界种种隐私与恶行。他自己也无视伦常与公德，竟然与年龄相仿的后妈成奸，生下一个既是“弟弟”又是“儿子”的孽种！法西斯垮台后，他从事过多种职业，包括裸体模特与爵士乐队歌手，并很快发了财。但他深感无聊，宁愿顶了人家的凶案，甘心坐牢，后被强行送入疗养院监护，他却设法与世隔绝，安心写回忆录……小说充满怪诞与奇趣，悖理又顺理，既复兴了德国小说史中的“流浪汉”传统，又对传统中的“发展小说”进行戏拟。奥斯卡这个主人公既让人想起斯特恩《项狄传》中的主人公（该书写到第六卷仍不见其长大），又让人想到欧洲中世纪某些宫廷中的弄臣角色。他既敢于冒险,又精于世故,既天真朴实,又爱耍恶作剧,他地位低于人,精神上又高于人,是个双重人格或多重人格的人。作为“反英雄”的艺术形象,它生动、鲜明、个性独特,可谓光彩照人。

现代戏剧中常有巴洛克音响

20 世纪的西方戏剧与文学、艺术各门类一样,从观念到形式到风格都出现了崭新的风貌,而在变革过程中,戏剧也像上述小说、诗歌一样,在摒弃正宗的传统血脉的同时,接受了巴洛克的“野性基因”。

本世纪戏剧革新运动中一个最响亮的名字当推布莱希特(1898—1956),他既有独树一帜的理论建树,又有不同凡响的创作成就;在艺术的社会功能上坚持现实主义精神,在艺术方法上却主张不拘一格,因而其审美特征与现代主义一脉相通。始终站在下层人民立场上的布莱希特,在一心要“把戏剧赶入贫民窟”①的努力中,他将艺术的触角伸向传统中具有“人民性”的艺术形式。17 世纪前后的巴洛克就是具有这种倾向的艺术,虽然在形式与风格上,它也局部地为教会和某些王宫贵族所利用或欣赏,但在总的倾向上它对官方钦定的古典主义而言是“离经叛道”的,故长期被其排斥和抑制。20 年代,布氏的戏剧工程处于起步阶段,这时巴洛克通过历史尘埃所透露出来的光辉已被表现主义者所发现,无疑也引起布莱希特的巨大兴趣。从最初的《巴尔》(1919),特别是从他早期的成名作《三个铜子儿的歌剧》(1928,“三个铜子儿”有人译作“三分钱”、“三角钱”或“三毛钱”)起,直到三四十年代他的黄金时期所产生的那些奠基之作:《伽利略传》、《大胆妈妈和她的孩子们》、《高加索灰阑记》、《四川好人》等,他或者直接采用巴洛克作品中的题材,或者借鉴巴洛克的风格,使这一被湮没了两个多世纪的古老艺术在他笔下重放光彩。《三个铜子儿的歌剧》取材自 17 世纪至 18 世纪前期英国巴洛克戏剧家约翰·盖伊的《乞丐的歌剧》。盖伊善于以滑稽模仿的艺术手法讽刺和戏拟当时流行的田园诗和专写王公贵族的豪华歌剧,

① 布莱希特:《戏剧小工具篇》,译文见《外国现代剧作家论剧作》,北京:中国社会科学出版社 1982 年版,第 94 页。

以窃贼、强盗和狱吏为主要角色的“谣曲歌剧”即《乞丐的歌剧》旨在揭露和讽刺上层社会和下层社会同样罪恶。布莱希特沿用了盖伊的框架和结构，但改变了他的主题构思。他不把上层社会与下层社会相提并论，而把资产阶级的敛财方式与这些盗匪、窃贼、丐帮头子等社会碴滓的抢劫、偷窃、行骗的罪恶行为等量齐观，指出资本家的“体面”背后也是血腥的，“他们都是这样干的”！从而对下层群众进行政治启蒙。在艺术上，他创作了大量起“醒世”作用的机智诙谐的歌词，配以天才作曲家魏尔的活泼抒情的曲调，从而使“贫民窟”的群众只要花“三个铜子儿”就看得起、看得懂而且喜欢看。可以说布氏找到了一种西方人喜闻乐见的舞台风格，无怪乎这出戏问世七十年来久演不衰，直至去年纪念布氏百年华诞，它成为布氏剧作中在全世界被上演得最多的一部。

《大胆妈妈和她的孩子们》是布莱希特又一部直接取自巴洛克作品而大获成功的经典名著。它的摹本就是前述德国巴洛克巅峰作家格里美豪森的小说《女骗子和流浪者大胆妈妈》(1670)，写波希米亚伯爵的私生女莱波希卡在战争年代的经历：她放荡无度，却不胜得意，自我夸耀。作品表现战争导致人的堕落。布莱希特笔下的这位“大胆妈妈”则是：她充当随军商贩，一心想靠战争牟利，从而使四个子女有更好的命运，结果战争却夺走了她孩子们的全部生命，而她自己却仍不觉悟，继续充当战争的殉葬品。作者想通过主人公的不觉悟，来启发观众的觉悟：战争是人类生存的致命威胁，同时揭示大胆妈妈的自身矛盾：母性与利欲的不能调和。舞台演出也带有巴洛克的音响：大胆妈妈那冷漠的、怪腔怪调的喊叫式唱法不时给舞台制造着令人“陌生”的“不谐和音”。

在另一部名剧《高加索灰阑记》里，作者用了个流浪汉式的无赖当法官，令人提心吊胆：他那有伤大雅的坐相与做派把法官的尊严扫荡殆尽。但是他恰恰具有一种作为法官最本质的品性：不买权势者的账，关键时刻把公道还给卑贱者。这样一来他又恢复了法官的真正尊严。真可谓：说他正时恐他歪，看他歪时却是正。这个巴洛克式人物，作为艺术形象真是妙不可言。

在《伽利略传》中的伽利略和《四川好人》中的沈黛身上，我们看到了善与恶对峙的人格结构：前者“既是伟大的科学家，又是社会罪犯”(布莱希特语);后者经过社会生活实践得出结论:单善单恶难做人,既善又恶才可行。布氏的这类人物描写固然基于他对马克思这一论断的接受:任何时代的统治思想都是统治阶级的思想;他认为在代表贵族、资产阶级利益的思想观念覆盖全社会的情况下,人人都在这只大染缸里受到污染,因而是不可能有真正的好人包括完美的科学家的,但这种一半对一半的人格结构与巴洛克爱好的"二元对立"的思维模式和审美趣味是有缘的。

布莱希特早期作品的语言也受巴洛克影响。这一点显然被英国著名戏剧评论家、《荒诞派戏剧》一书的作者和这个流派的起名者马丁·艾斯林所觉察。1993 年当他在我国中央戏剧学院演讲时,有听众问到这一点,艾斯林回答说:"巴洛克语言最主要的含义,是这些语言是非常华丽高贵的,表演动作粗犷有力。后来布莱希特的教育剧表现出另一种倾向,就是讲究语言的准确、冷静。"①

布莱希特的戏剧理论被人提及最多的是这个理论的核心论点"陌生化效果",它的美学追求是"惊异感",这是西方现代文学艺术中一个相当普遍的审美特征。但早在巴洛克时代,"惊异感"就已成为它重要的美学信条了。

提到"惊异感"就不能不提"怪诞",因为怪诞是造成惊异感的重要手段。德语世界的另一位戏剧巨擘、比布莱希特小一辈的瑞士戏剧家迪伦马特就是一个"怪诞迷"。有人指出:"怪诞……构成迪伦马特戏剧的基本结构,一如布莱希特之于间离法(即'陌生化效果'——引者)然。"②迪氏认为"怪诞是一种风格的极致",是"创造距离"(即造成"陌生化")的有效手段③。他形容的怪诞是:"有如炮弹射入天空",等到它掉到地上时,"造成一个滑稽可笑的喇叭口"④。而怪诞的灵感来自"即兴奇想"。这正是巴洛克的审美情趣。

怪诞在迪伦马特那里,有情节的怪诞,场面的怪诞,人物形象的怪

---

① 见《戏剧》杂志 1993 年第 4 期,第 12 页。

② R. 格林:《迪伦马特作品中的滑稽与怪诞》,载评论集《令人不舒服的迪伦马特》,巴塞尔,1962 年。

③ 迪伦马特:《喜剧解》,载《戏剧评论演讲集》,第欧根尼出版社 1985 年版,第 24 页。

④ 同上书,第 21 页。

诞……就个别作品而论,《天使来到巴比伦》当是怪诞的奇趣最多的一部。此外迪伦马特还提倡“世界戏剧”,追求时空的广大、自由,所以在《天使来到巴比伦》这部喜剧中,那位宰相有“八千岁”。他还提倡“多彩的戏剧”,主张多种艺术成分的杂糅。“世界戏剧”、“多彩戏剧”的概念也是巴洛克时代出现过的,即强调戏剧对时空的最大限度的包容性,强调多种艺术要素的综合效果。

迪伦马特反对把古今名家当偶像,认为任何名家都不应享有让人永远仿效的“不公正的特权”。但他主张把他们视为“激发者”和“对话者”。在他的这类“对话者”的名单中,他很赞赏巴洛克时代西班牙最伟大的戏剧家洛佩·德·维加(1562—1635)。他称赞从维加起就打破了“统一的风格”,使写作“成了个人的事情”①。这一开端导致现代文学艺术领域多样化局面的出现,这意味着艺术个性可以各尽所能了,这对艺术的发展显然是有利的。

迪伦马特也反对“纯”高雅的艺术,主张雅俗共赏,因此他的传统养料的源泉有两股,一股是阿里斯托芬、莎士比亚、斯威夫特、莫里哀等的讽刺精神,一股是19世纪以奈斯托洛伊为代表的奥地利“大众戏”的脉络。这些都是与巴洛克的精神相近的。

方兴未艾,随处可见巴洛克身影

巴洛克在17世纪前后的约一个半世纪里是一种广泛的审美风尚,它不仅涉及美术、建筑、音乐、文学、戏剧,而且波及几乎所有的文化领域。在20世纪的复兴中,它也同样在各个领域显示了活力,而且方兴未艾,甚至声势日猛。在文学领域,耐人寻味的是,就像托马斯·曼晚年对巴洛克情有独钟一样,他的同时代同胞、共产党人贝歇尔,在远离表现主义和巴洛克三十多个春秋之后,晚年也对巴洛克重新兴奋起来,二战后经过好几年的研究,最

① 迪伦马特:《戏剧问题》,载《戏剧评论演讲集》,拙译见《戏剧美学卷》,沈阳:春风文艺出版社、辽宁教育出版社1989年版,第52页。

后得出结论:“巨大的希望寄予另一种风格。”①目前在德国,巴洛克文学研究之风很盛,不仅有一大批专家、学者和全国性的研究团体,而且有庞大的图书馆室。位于德国中部毕特沃尔夫市的奥古斯特公爵图书馆就是巴洛克文献中心,已成为德国五大图书馆之一。好景不仅在欧洲,在美洲情况同样引人注意。美国的诺贝尔文学奖得主 S. 贝娄就是一个巴洛克的爱好者,他善于用自嘲和幽默笔调描写“反英雄”人物的种种悲喜剧。他的成名就是通过一部流浪汉体的长篇小说《奥吉 · 玛琪历险记》(1953)得以实现的。直到 80 年代,这类作品在美国仍受青睐:美国作家威廉 · 肯尼迪写了一部以流浪汉为题材的小说《斑鸠菊》,开始出版遇到困难,后经贝娄努力,出版后竟很畅销,并获得普利策奖。南美洲是西班牙语区,情况自然不会冷清,因为西班牙语文学拥有强大的巴洛克传统。遐迩闻名的阿根廷作家博尔赫斯就曾以巴洛克风格试笔。1980 年 5 月他在接受美国的一位节目主持人采访时,对方问他有没有写过一部小说,写到无人衰老,其中一位看得出来是荷马? 他回答说:“呵,是的,在那篇小说里有一个人活得实在太久了,他忘了他的荷马,忘了他的希腊语。我记得那篇小说的题目叫《凡人》,但那是用巴洛克风格写成的。”②

巴洛克的最辉煌成就当是建筑。在这一领域 20 世纪自然不乏巴洛克基因催生出的新品种,尤其是下半世纪以来,就笔者所见,坐落在原西柏林的爱乐音乐厅就是一件杰作。它诞生于 1963 年,为著名建筑家汉斯 · 沙龙所设计。他大胆运用“不对称”原理,把这座建筑物建成一座不等边、不等高的八面体,各墙面的色调不一,从外部造型看,它很像一顶马戏团帐篷!其内部拥有一个 2200 座的音乐厅,长宽为 60 × 50 米,高度也不一,最高 21 米。有趣的是座位区被分割成大小不等、互相亦不对称的条条块块,其间竖立着许多半人高的、起吸音作用的不整齐圆筒。天顶上的灯具也是不规则的。整体看去,具有巴洛克建筑所强调的动势以及装饰性和综合性等特点。这座建筑物由于其大胆、新颖的构思,激发观者的奇想,不愧是一座新巴洛

① 保尔 · 拉贝:《表现主义与巴洛克》,译文见《国外文学》1993 年第 4 期,丽抒译,第 106 页。

② 据 1983 年 3 月 20 日《文论报》:《黄昏徐徐降临》。

克建筑杰作，成为柏林一处新景点。

有名的巴西国会大厦的设计者、世界级的巴西建筑大师奥斯卡·尼迈耶也是一位致力于新巴洛克探索的艺术家，矗立在圣保罗的拉美纪念图书馆即出自他的手笔。1988年他与美国《进步建筑》杂志谈话时，谈到过自己这方面的看法和经历："我们正在创造与巴西的古老建筑有很大关系的一种建筑：一种较自由的巴洛克式、更适合我们气候条件的建筑；一种尽可能寻求使用技术的建筑。"他还说："我刚开始搞建筑的一段时间，他们批评我的作品太巴洛克了，说它太过火或近于技术化。"①现在巴洛克建筑的受宠，从最近中德联合发行的以建筑为题材的邮票也可以看出来：德国首枚在中国发行的邮票票面上的图像是德国维尔茨堡的巴洛克式王宫，而不是德国人引以为傲的哥特式的科隆大教堂！

在音乐领域，巴洛克的复兴也是20世纪的事，主要是在二战以后。巴洛克音乐的几位代表者蒙特威尔第、巴赫、亨德尔的名字，就像绘画领域伦勃朗、鲁本斯的名字一样，辉煌无比，日甚一日；以这些人的名字命名的乐队、合唱队日益增多；演奏、演唱和播放这些人的作品的频度也与日俱增。近几十年来人们复兴巴洛克音乐的努力主要表现在对巴洛克音乐固有精神和风格的发掘和追求。几年前(1993)英国乐坛为纪念亨德尔伟大合唱曲《弥赛亚》首演250周年所举办的演出就很能说明问题。《弥赛亚》是亨德尔的巅峰之作。但长期以来，由于人们对巴洛克音乐的人文精神即世俗精神缺乏了解而简单地把《弥赛亚》理解为宗教音乐(因为它以《圣经》内容为歌词)，演唱时处理得十分庄严而虔诚。合唱队因而越大越好，由上百人逐渐增加到上千人，最多达四千人之众！后来发现亨德尔本人组织演唱这首乐曲时，乐队一般都不到四十人；合唱队则不过十七八人。故从60年代初开始，人们开始把乐队、合唱队的人数各减少到四十人以下，以致到1993年的伦敦隆重纪念演出时，演奏、演唱都不超过三十人，而且使用了巴洛克时代的古乐器，在英国巴洛克独奏家乐团伴奏下，由指挥家加德纳的蒙特威尔第合唱团演唱，最大限度地恢复了巴洛克时代的原貌。而且对作品的演唱、演奏风格也作了重新处理，节奏明快、活泼，表现清晰、细腻，洋溢着旺盛的

---

① 见《新建筑》杂志1993年第1期，第50页。

生命活力和朝气。[①]

舞蹈也不例外。在现代舞的革新运动中，人们也从欧洲历史文化传统中找回了自己的“根”，这个“根”就是巴洛克舞蹈[②]。年轻的法国巴洛克舞蹈团就是这样产生的。这个团的舞蹈以巴洛克的美学要求为编舞原则：不讲对称而讲对比，强调造型的雕塑性与舞蹈的流动性，要求动作与表情的多变性、细腻性与装饰性。这个团1994年曾由该团团长兼编导弗朗索瓦·拉菲纳率领来中国演出，让中国观众一睹其风采，领略了巴洛克艺术的强大生命力。

巴洛克艺术何以有这样强大的生命力和魅力，在被冷落和湮没两个世纪之后，依然能重新崛起，参与20世纪文学艺术各个领域的伟大变革运动，给它们注入新的活力和生机，以致成了现代艺术之“根”？答案恐怕是：它忠实于生命和自然。这里不妨引用巴赞在其《艺术史》一书中关于鲁本斯的一段评价：“生命活力渗透一切形状，给予姿态和表情以盎然生机：鲁本斯的任何一幅画都是一连串相互联系的运动，盘旋和斜穿空间，那动力似乎超越了画框的限制；那里巴洛克式和‘疾驰的’敞开的构图之原型，给予宇宙世界的永恒运动以短暂的一瞥。”[③]

深谙艺术奥秘的吴冠中先生曾在一篇文章中写有这么一段话：“古代美术中蕴藏着现代艺术造型的发展基因，挖掘这些基因，温故启新，是继承传统，更属再创作。”[④]这是经验之谈。本文就以他的这段话作为收尾吧。

原载《文艺研究》2000年第3期

---

① 这一节参考了王纪宴的《巴洛克精神的新生》一文，载《文艺报》1994年1月29日第6版。

② 1994年来华演出的法国巴洛克（当时被译作“巴洛高”）芭蕾舞团团长弗朗索瓦·拉菲纳的话的意思。

③ 热尔曼·巴赞：《艺术史》，上海：上海人民美术出版社1989年版，第388页。

④ 吴冠中：《古韵新腔》，载《中国文化报》1998年12月17日第4版。

西方现代文学的大走向

这里讲的“现代文学”指的是以现代主义文学为前导的近一个多世纪以来的文学。诚然,每个时代都有它的“现代”,我们这里所说的现代又从何时算起呢?具体的界定是有难度的,不过我们可以找到一个大致的界限。按我的理解,西方现代文学是从对传统文学进行变革时开始,也就是从浪漫主义运动时就开始了。浪漫主义运动中有一支“异军”,即德国的浪漫派,首先从它那里发出了20世纪文学的先声,我称之为“现代主义在母腹中的躁动”。美国的爱伦·坡、霍桑所强调的“主观”、“内在”,与德国浪漫派有相通的地方。这些都发生在19世纪上半叶。稍后一些,德国的罗森兰克兰兹写了本理论著作《丑的美学》,将传统的审美标准完全给颠倒过来了!过去西方人共同遵循的审美标准首先是亚里士多德的“模仿论”诗学理论,再就是17世纪以来的欧洲古典主义美学律条:理性啦,崇高啦,庄严啦,谐调啦,高贵啦,匀称啦,优雅啦,等等。罗氏写的则把它们统统给颠覆了!这是1853年的事。四年后,即1857年,法国诗人波德莱尔在诗歌创作实践中将下层人民的生活、向来“不齿于人”的人如小偷、乞丐、妓女等等的阴暗生活写入作品,题为《恶之花》出版,这在欧洲文学史上也是个破天荒的大事件。如果将德国浪漫派文学比作现代主义文学在母腹中的躁动,那么,《丑的美学》与《恶之花》这两部作品的诞生则标志着现代文学已经有产儿呱呱坠地了。但这股思潮最终形成大的声势还是在那个世纪的80年代,一连发生了如下几个标志性事件:首先就是法国的莫里亚斯1986年在《费加罗报》上发表文章,用了“象征主义”这一名称(之前的象征主义创作都是名不正言不顺进行的,因此理直气壮地以宣言的形式发表这样的文章是需要勇气的)。另一事件发生在美术界,也在1886年:塞尚、凡·高等后期印象派画家举办了一次重在表现内在情绪的画展,这次画展标志着美术界现代主义的起步。三是 1884 年，建筑界的艺术大师们在布尔塞尔举行了会议，名为“新艺术运动”，这次会议被公认为是建筑界向现代主义迈进的标志。四是 1887 年，戏剧界的安托昂（法国）针对长期占统治地位的宫廷剧院建造了一座“自由剧场”，这座剧场在形式、规模、布景特别是理念等很多方面都与宫廷剧院大相径庭，打破了宫廷剧院的贵族气派和易卜生的“佳构剧”模式，推倒了“第四堵墙”，被认为是戏剧界向现代主义进军的信号。五是 1994 年，音乐界的法国钢琴家德彪西创作了一首《〈牧神的午后〉序曲》，这首曲子被认为是“敲开 20 世纪音乐大门”的开山祖。这一系列事件意味着人们的审美意识发生了质的飞跃：瀑布式地从传统跃入到了“现代”。

这之后就产生了一系列“现代”意义上的流派，像象征主义、未来主义、表现主义、达达主义、意识流、超现实主义、后象征主义等。30 年代初，由于法西斯势力的崛起，这些流派曾一度消歇（因为好多艺术家都投身于政治运动了），二战后，这一艺术变革的能量才又重新释放出来，而且变革的力度更猛，出现了一些“反戏剧”的戏剧（如法国的“荒诞派”戏剧）、“反小说”的小说（如法国的“新小说派”小说）和“反诗歌”的诗歌（如德国的“具体派”诗歌）等。它们都在 40 年代末至 50 年代末这十来年内横空出世。此外五六十年代在美国还先后出现了“垮掉的一代”诗歌和“黑色幽默”小说。这时期拉美地区发轫于 20 年代的魔幻现实主义也蓬勃崛起（值得一提的是，战后这些流派的名称都不是作家自己起的，而是一些学者专家命名的）。除了黑色幽默和魔幻现实主义，战后兴起的流派美学上更具颠覆性，可以归入“后现代”的潮流。“后现代”整体上的起步当以 1968 年欧洲的学生运动为标志，在音乐、美术、建筑、电影等领域均有不同的表现。我认为它大致呈现出两个截然相反的倾向：一是走向深奥、艰涩，更具先锋实验性质。像瑞士出生的法国建筑家柯布西埃在法国建造的朗香教堂，墙上面有几个窟窿，屋顶像盖着一床翻卷着的厚棉被，看起来与教堂毫不相干；悉尼歌剧院也是后现代建筑的代表作，传统建筑中最基本的要素——顶与墙之间的界限被彻底抹掉了。后现代的另一个倾向是泛大众化倾向，它不仅形式通俗，内容也切近大众生活，让大家感到热辣、刺激。而且这里的大众不再是被动的受众，而是创作主体（包括演唱）的一部分，台上台下互动、阅读与批评融为一体。60 年代末，东、西德两边的学者几乎同时推出了“接受美学”

的理论不是偶然的，我认为这是平民意识的觉醒在美学上的反映。我曾借用“五四”时期革命家用过的题目“庶民的胜利”写文章专门探讨过这一问题。中国改革开放前也一直提倡大众化，但那时候的“大众化”是自上而下灌输的，唤不起读者和观众像现在这样的自发的热情。比如现在的卡拉OK、摇滚音乐，不管你有没有练过唱，哪怕五音不全，都可以拿着话筒，唱得“死去活来”，台上台下打成一片。这在我们那个时代是不曾有过的。当然，也有人说，这样一来“我们没有文化了！”（汉斯·马耶尔语）我不同意这种观点。一代人有一代人的文化。因为文化形态和样式也是随着时代而不断更新的。“大众化”之后不是没有文化，而是老一代人对新一代文化不敏感了，隔膜了，已感受不到当代文化新魅力了！因为固有的文化观念、审美信息在我们脑子里已经饱和了，新的东西因此很难进得去。我认为文学专家、美学专家都应警惕这一问题，避免年龄渐长而产生排他性。像黑格尔这样的大家，他对古典主义艺术赞美有加，却对当时正在兴起的浪漫派艺术不敢领教，比如音乐。他甚至听到像贝多芬这样雄浑绝妙的浪漫派乐曲感觉“像疯子在井边跳舞”，难以接受。作为一个欣赏者这样说当然无可厚非，但作为一个美学家就有失偏颇。我年轻时候也很喜欢音乐，但现在的流行歌曲基本不会唱，唱不像，也学不会，不过我尊重这一音乐形式。因为我高兴看到普通老百姓开始真正拥有自己的文化。因此“后现代”的这种精神，即平民意识的增强还是值得肯定的。这表现在建筑里就是人性化诉求的强调。如现在所说的“诗意栖居”就很人性，故具有“后现代”意识的建筑师都批评现代主义的建筑过于冷冰冰，传统中的有益部分抛弃得过多等等，而提出城市规划和建筑“要以人为中心”的口号。“后现代”在文学上的另一个重要表现是它的多元意识及与之有关的宽容精神。你看现代主义兴起的时候流派林立，而且每个流派都打出一面旗帜，发表一道纲领，或提出一些主张，都强调唯我正确，都想称霸。但“后现代”兴起的时候，这种现象就基本不见了。刚才提及的那些流派的名称都是教授、学者们给起的。这时期的作家、艺术家们显得散淡多了，他们似乎只想表达自己，却并不标榜什么。而这正是“后现代”的精神：每个个人的存在都以尊重他人的存在为前提。

以上我们讲了19世纪现代主义兴起以来的大致趋向。下面再来谈谈，与传统文学相较,现代文学到底在哪些方面发生了革命性变化。根据我的视野和知识所及,我想归纳为下面五个方面来谈。

第一,哲学与文学紧密交融,甚至"联姻"。

在欧洲,文学与哲学在古代的区分不是很严格的,谈哲学一般就包括文学和美学。所以直到现在欧洲的许多大学在授予文学学位的时候,用的是哲学系的名义。但在古代,哲学和文学随着时间的推移还是渐渐在分开。从理论上讲,两千四百多年前亚里士多德写出的《诗学》,就标志着文学与哲学的分道扬镳,之后是越分越独立,以至成为两门独立的学科。18 世纪的启蒙运动后,出现了将文学与哲学重新融合的趋势,狄德罗就提出了这一要求,他说:"诗人应该是哲学家。"(这里的诗人是广义的,其实就是泛指文学家)19 世纪的丹麦哲学家克尔恺郭尔(1813—1855),是存在主义哲学的创始人。他集哲学家、文学家、美学家三种身份于一身,把哲学、文学、美学熔于一炉,创作了不少传世作品:如《恐惧与战栗》、《非此即彼》、《恐惧的概念》、《绝症》、《勾引者的日记》等。《勾引者的日记》是典型的将文学、哲学、美学"三合一的作品,表面上看它讲的是一位年轻人勾引朋友的女友并使之成为自己的未婚妻这一过程,深入看则是隐喻哲学如何"勾引"文学并试图与之联姻这一过程。继克尔恺郭尔之后是德国哲学家尼采(1844—1900),他是颠覆传统价值、宣布"上帝死了"的第一人。在《查拉图斯特拉如是说》一书中,他借古波斯拜火教创始人之口,通过瑰丽语言和一系列精彩警句来表达自己崭新的哲学观点。这也是一部"三合一"的名作。捷克的昆德拉说:"尼采使哲学与文学接近,穆齐尔则使小说与哲学接近。"这一判断很是中肯。海德格尔也是德国现代大哲学家,是《存在与时间》的作者,思想博大而深刻。他提倡"思与诗"的结合,很有时代性。法国的萨特是离我们最近的存在主义哲学家。与克尔恺郭尔的基督教存在主义有所不同,萨特是无神论者。他也是竭力融合文学与哲学的一个,自己创作了不少小说、戏剧来图解其哲学思想,如《恶心》、《禁闭》、《苍蝇》、《死无葬身之地》、《肮脏的手》、《恭敬的妓女》等。

以上提到的都是哲学对文学的追求。同时,文学对哲学也仰望不已。刚才提到的世界一流奥地利小说家穆齐尔就说:"人们需要哲学就像人们需要宗教一样。"加谬的文学成就比萨特高,是真正的文学家,他说:"伟大的文学家也是伟大的哲学家。”大戏剧家布莱希特有好几部戏剧代表作都致力于哲理性和辩证法的追求，在其重要理论著作《娱乐剧还是教育剧》中他明确指出：“戏剧成哲学家们的事了。”[①]曾经获诺贝尔文学奖的意大利表现主义戏剧家皮兰德娄，是名著《六个寻找作者的剧中人》的作者，他在谈到一批作家的时候曾这样说：“他们之所以写剧本，是因为感到一种深刻的精神上的需要……更确切地说，这是一些富有哲学意味的作家，不幸的是我就是这样一个作家。”美术界也有这样的现象，德国表现主义画家奥托·米勒有句名言：“有朝一日要为哲学家建造天堂。”这意味着艺术作品也要讲求哲学的品位。

再来看看作家们如何将哲学融入他们的创作。T. S. 艾略特创作出长诗《荒原》后有人问他：是否将人类的思想写成真空了，他回答说：《荒原》只是我思想的一个牢骚而已。问题并不在于是不是牢骚，而在于这个“牢骚”是不是来自哲学思维。从文学作品中反映出最多哲学思想的作家当属卡夫卡。这也是其作品意义深远的原因之一。卡夫卡的长篇小说《城堡》的故事是一个悲喜剧，很有象征意味。主人公 K. 急需一份证件，奋斗一生也没有人给他，等他奄奄一息不需要时反而送到他手中了！这岂不叫人啼笑皆非？那种“目标虽有，道路却无”的彷徨和慨叹贯穿在他的许多作品中。卡夫卡的很多作品都有很强的哲学意味，限于篇幅这里就不去一一解释了。

第二，审美视角的内向转移。

在欧洲，自亚里士多德在《诗学》中提出了“模仿论”，后来它有效地统治了欧洲文学达一千七百年之久，古典主义、现实主义都是遵循这一美学理论的。这一学说直接将生活与美等同起来，以至 19 世纪的别林斯基更提出了“美即生活”的论断。不过从 19 世纪下半叶开始，象征主义、表现主义、意识流等等相继出现，人们不再遵循客观现实来创作，因为“现实已经存在那里了，再去复制它有什么意义呢?”（表现主义代表性观点）另外，以前人们认为世界是可以把握的，后来觉得很难把握，世界是不可知的，同一个世界在不同人的眼里是不可能相同的。现代主义思潮兴起后，作家更强调主观的、内在的情感。浪漫派诗人诺瓦里斯就认为：“内心决定世界”；爱

① 参见《布莱希特论戏剧》，北京：中国戏剧出版社 1992 年版，第 71 页。

伦·坡也强调作品应表现个人的感情、情绪；霍桑的创作很注重“内在的真实”；而象征派的口号则是要“表现最高的真实”，实际上就是指内在的真实；表现主义认为文艺作品就是“内在需要的外在表现”；卡夫卡呢？他说：“一切皆源于我刻画内心生活的愿望”，“创作是内心世界向外部世界的巨大推进”；乔伊斯说得更具体：“只写头脑里的东西是不行的，还要写血液里的东西。”这里就是指要写内心深处的东西，潜意识里的东西；现代美术的奠基者康定斯基说：“当科学、宗教、道德在人们心中的地位发生动摇时，人们便将注意力从外在转向了内心。”在舞蹈界，人们认为“舞蹈应该揭开人们心灵的外衣”，“舞蹈是心灵的图解”，它表现的是“内在的人”。（中国古代文论也曾有过从人物的知觉、情感等主观方面来表现人物的说法，叫做“内观”）所有这些可以说已经完全颠覆了传统的真实观，即“准确描绘不等于真实”。这可以说是现代主义的纲领性口号。审美视角的这一转移，大大扩展了对人类自身的“内宇宙”——人的内在世界的认识。我们现在对人的自身的认识还是很有限的。比如“梦”是怎么回事？弗洛伊德给了解释，但解释清楚了么？没有。又如“爱情”，为什么有时一对男女看起来很般配，但就是爱不起来；有时则相反，两个人很不般配，却爱得如痴如醉。还有“特异功能”，它现在被说成是“伪科学”！伪科学当然存在，但如果把所有科学暂时不能解释的现象都说成是“伪科学”，说不定有一天自己反倒成了伪科学。人类历史才几千年，近代科学从伽利略算起才四百多年！宇宙间还有无数不解之谜等待我们去认识和研究。有些事情现在不认识，以后可能就认识了。认识本身就是一个漫长的过程，包括人对自身的认识。显然，审美视角的内转强化了“文学是人学”这一意识。以前我们经常将文学与历史、政治等同起来。事实上，各门学科都有它独特的任务，比如历史学家关注的是事件的结果，而文学家看重的是事件的过程，而过程是丰富而复杂的。文学的任务就是要表现人在事件过程中所激起的情感和人性本身的无限丰富性和复杂性。现代主义文学的内向化倾向、主观意识的增强以及对人自身的关注，不仅折射了千变万化的外部世界，也大大强化了文学的分析功能，而且扩展了写作的空间。

第三，想象向神话回归。

神话在古代不论中外都有。神话的前提是想象，这是人类艺术起始时的特征。迄今为止它走了一个“想象—模仿—想象”的 S 形过程。我们说现代文学向神话回归,并不是说它要回到古代神话的相同境遇里,而是对古代神话原始出发点的再肯定,是按否定之否定形式的上旋。用萨特的话说:“我们倒更愿意说它回归一种传统。”这种传统就是想象或神话的传统。所以法国文论家加洛蒂在评论卡夫卡的作品时说:“从 1912 年的《判决》开始,他不再简单地描绘他身上发生的事情,而是创作真正的作品即神话了。”“在他的巨著里,他执拗地避免直接描写他的内心生活:他只是表现激起他想象的东西,他的愿望所碰到的障碍。”日本批评家内多伊认为:从 16 世纪起,文学 = 人生。但“20 世纪,文学与人生之间,已不再拥有独占关系”:“人们越来越意识到文学与神话的关系。”我国郭沫若凭着他的诗人之敏感,也意识到“20 世纪是神话的世界再生的时代,是童话世界再生的时代”。

如果说古代神话反映了人对自然力的崇拜与亲近,现代神话则反映了人对异己力量的恐惧与梦魇。如果说,古代神话是人的想象在外宇宙的天马行空,现代神话则是人的想象在“内宇宙”的自由驰骋。另外,现代主义重主观、重想象的特点似乎与浪漫主义文学有些相像,但浪漫主义的想象并不破坏客体,是在遵循习俗的基本道德准则、基本人文理念、基本社会秩序和自然本体的前提下进行想象的;现代主义文学的想象则要破坏客体,它更像梦里出现的形形色色不可名状的东西,是一种千奇百怪的幻象。因此二者有本质的区别。有人说:“现代主义与浪漫主义是一脉相承的。”这句话需要分析,不然容易把二者混为一谈。有的美学家把文艺史上的创作方法概括为“浪漫主义、古典主义、现实主义”的时候就犯了这个毛病。作者忽略了一个主义——泛表现主义,同时又赘生出一个主义——古典主义,因为古典主义与现实主义在美学上并没有本质的区别:二者都以“模仿论”为基础。

第四,艺术风格的多元格局。

在中外文艺史上,一个时代有一个时代的审美风尚,在这种风尚下,文学艺术的各个领域形成一些相应的艺术形式和风格。在欧洲中世纪的末期,出现了“哥特”式的审美风尚,引领了 300 年风骚,而后让位给文艺复兴,也是 300 年。之后更替的节奏就“提速”了:古典主义 200 年;与之对峙的“巴洛克”加“洛珂珂”共150年；浪漫主义30年；批判现实主义也是30年；自然主义只有十来年；象征主义、未来主义、表现主义、超现实主义等，作为思潮和流派也都是七八十来年左右；达达主义高潮只有三年。后来更是越来越短，二战后的先锋性流派都不到十年！于是统一的风格已经不复存在。现代作家的信条都以重复为耻：既不重复前人的，也不重复他人的，甚至也不重复自己的。这是说得通的，因为重复乃是匠人的习性，创造才是艺术家的本色。享誉世界的瑞士著名剧作家迪伦马特就说：“任何古代名家和现代大家都不应享有让人永远仿效的不公正的特权。他们只能作为我们的对话者和激发者。”艺术风格的多元格局，标志着人类天性的回归。席勒在《审美教育书简》中有这么一句话：“理性要求统一，自然要求多样。”这就是说，统治者为了便于管理，统一艺术法则和美学规范当然是符合理想的。但按人的自然愿望而言，他是希望多样的。这令人想起日本作家川端康成说过的那句话：“宗教的时代已经过去，文艺的时代正在到来。”宗教要求绝对的统一和服从，而文艺的本来面貌是开放的，百花竞艳才是真正的文艺时代。另一位日本评论家中岛梓说：现代文学的发展意味着“绝对性的丧失，多样性的扩展”。总之，多样而不是统一才是整个艺术生存的特征和常态。事实上，多流派、多形式、多风格、多手段共存共荣，至少在西方世界已成为艺术生态的常态。也许有人会问：这种局面能持久吗？其他艺术门类的理论家们先后也都探讨过这个问题，并认为：艺术风格的多元并存和先锋实验在我们能看到的相当长的时间内都将是一个不可逆转的现实。

第五，艺术表现手段的变革。

（对此本书另有专题论述，故略）

本文题目很大，笔者仅仅是抛砖引玉，以吸引更多的同行来修正、补充或批评，以求得日益完善。

2007年在华中师范大学外语学院等地的演讲，原载《世界文学评论》2007年第2期

西方当代文学表现手段的革新

西方的现代主义艺术思潮，若从1886年的象征主义宣言算起，迄今已整整一个世纪了。这一个世纪以来，现代主义文艺运动以“先锋派”为主力军，向欧洲文艺的传统审美观和艺术形式发起了猛烈而持久的冲击，而作为传统文艺形式的主要代表现实主义在严峻的挑战面前不得不与现代主义“平分秋色”，并自发地进行了自身“机能”的革新，与现代主义互相吸收，又互相渗透，从而使20世纪以来，特别是二次大战以后的西方文学，无论思想理论、美学原则、艺术形式和风格都发生了巨大的变化，这变化与19世纪以前相比可以说是划时代的。本文就试图着重在体现艺术风格的艺术表现手段方面，对战后西方文学作一番初步的梳理，勾勒一个粗略的轮廓。

1. 思想主题的譬喻性。这是一个世纪以来，哲学广泛渗入文学而引起的艺术表现方法上的变化的结果。象征和譬喻包括寓言是普遍被采用的手段。以倡导这一表现法而名世的象征主义流派自不必说，有些不属于这一流派的大作家如卡夫卡、布莱希特等也都很突出。卡夫卡认为当作家就意味着“善于譬喻”，所以他说他的作品“仅仅是图像”（即象征），其短篇小说《法的门前》堪称典型。德国杰出的戏剧革新家布莱希特不仅在创作实践中“善于譬喻”，如《四川好人》等，而且理论上也这样主张，其美学代表作《戏剧小工具篇》中曾多处谈到这一点。在当代文学中，这一倾向更为普遍，不仅后现代主义的一些流派如“荒诞派戏剧”等很少例外，就是在一般作家的作品中也不鲜见。例如英国著名作家戈尔丁的代表作《蝇王》，其中的“蝇子”就是象征“人性恶”的。瑞士著名戏剧家兼小说家马克斯·弗里施的代表剧作《比德曼和纵火犯》，通过一客店老板对纵火犯的一味迁就、退让，终于酿成大祸的故事，来譬喻对战争势力或任何社会的恶势力不能迁就姑息的道理。

2. 表现手段的“间离”主张。即把人们熟悉的经验陌生化，引起人们从另一个角度重新来认识这经验。通常使用的手段是怪诞、夸张、变形、悖理、假定性等等。这在现代主义作家笔下是屡见不鲜的。它在布莱希特那里叫做“陌生化效果”。但如今这种“间离法”或“陌生化效果”已广泛地见之于当代一些重要作家的作品之中。如奥地利血统的英国作家卡奈蒂的《迷惘》、哥伦比亚作家马尔克斯的《百年孤独》、联邦德国作家格拉斯的《铁皮鼓》等都是较为典型的例子。后者的主人公是个长到三岁就不再长的“矮怪物”，凭着他的特殊身份可以观察到成人世界的许多隐私。有时使用“易地”手段，也是达到“间离”的一种方法，如把人“赶”到一个荒岛上，让他(们)脱离人的社会整体，割断其与社会的一切联系，经过这一严峻现实的拷打，这些人就有可能恢复人性的原样。如果说上述《蝇王》是象征“人性恶”的，那么前苏联的拉夫列尼约夫的《第四十一》就是让人试炼“人性善”的：在一场恶战后，一位红军女战士和一位“白匪”军官与自己的部队失去联络，在一场暴风雨中漂流到一个荒岛上，两人被迫构成一个社会。在共同烤衣服的过程中，女红军发现对方“那对蓝眼睛”的魅力，她心动了……这时她的部队发现了她，要渡船来救她。此时她的阶级性醒了！她举起枪来，把对方打死。谁都会想象，如果她的部队没有发现她，这一对男女会如何结局。

3. 思维方式的“非理性”。这是现代心理学的兴起并广泛进入文学的结果。自从 19 世纪末 20 世纪初弗洛伊德的精神分析学打开了人的深层意识的大门以后，探悉人的内心奥秘吸引着越来越多的作家、艺术家的兴趣。探悉的方式或手段常见的有以下几种：

(1) 意识流。这个概念的创始人威廉·詹姆斯认为这是人的意识中一个重要组成部分。意识流写法的特点是不按逻辑法则的规定，不受时空观念的牵制，摆脱因果关系的考虑，而遵照“心理时间”的概念，进行“放射性”的自由联想、回忆，或对直感、直觉的瞬间情绪进行细致入微的状描等，故事和意念跳跃、多变，而不通过有线可循的情节来串联。爱尔兰的乔伊斯、法国的普鲁斯特、英国的伍尔芙和美国的福克纳、奥地利的布洛赫等都是这一表现法的大师和奠基者，如今已成为西方作家普遍使用的、并且相当熟练的技巧。

(2) 梦幻。梦幻作为一种艺术表现手段历来屡见不鲜,但人们多半都在理性范围内使用它。梦幻的非理性的审美价值在现代首先是在尼采那里受到理论上的确认的。尼采于 1871 年写的美学论著《悲剧的诞生》中,把艺术的渊源归纳为“日神”和“酒神”为代表的两大领域,而“日神”管辖的是“幻想”领域,亦即“梦的美丽世界”。说“梦”是“一切造型艺术的前提”,“也是诗的重要部分”,是“诗人的灵感秘密”之所在。不久,梦的意义在弗洛伊德那里又得到心理学上的论证:梦乃是人的潜意识的一种活动形态。这两位思想家的观点给了表现主义运动以强大影响。从此梦境经历不仅作为一般的插曲形式进入创作,而且成了整个作品的题材或素材。于是我们看到了斯特林堡的《梦幻剧》,看到了卡夫卡很多梦境记录的小说,等等。在表现主义尾声中诞生的超现实主义更进了一步,它把梦幻作为主要的审美原则。于是出现了代斯诺斯“似睡非睡”的诗歌,布勒东“半现实,半梦”的小说,达理那奇幻怪诞的绘画,等等。表现主义和超现实主义作为流派早已不存在了,但它们的审美主张产生了深远影响。二次大战后,梦幻作为表现手段像意识流一样,广泛进入一般作家的创作之中,包括许多现实主义作家。

(3) 荒诞。荒诞是存在主义哲学的一种世界观,也是现代主义文学的一种表现形式。荒诞文学,内容和形式达到紧密的结合。在现代派中,最初是卡夫卡开了先河。卡夫卡的这一艺术特点是以细节的真实表现整体的荒诞。后来法国的荒诞派戏剧把这一形式发展到极端,达到“反戏剧”的地步,也就是把传统戏剧形式的任何构成要素都抛弃了:不要戏剧情节、故事、冲突;人物不塑造性格,使其变为木偶或机器人;语言不赋予任何意义,使其变成枯燥、乏味、空洞的符号。但一般的作家和流派吸取了荒诞文学的合理成分,加以改造,作为一种补充手段,取得了独到的艺术效果,如魔幻现实主义和“黑色幽默”的许多作品,瑞士的马克斯·弗里施、瑞典的彼德·魏斯等。荒诞手段中有一种叫“佯谬”或悖论,这在卡夫卡那里很常见。“黑色幽默”作家广泛继承了这一传统,尤其是海勒的《第二十二条军规》,瑞士的迪伦马特十分推荐这一手法,并且在自己的创作中运用自如,取得令人涕泪交迸的艺术效果。

(4) 以上这些非理性、非逻辑手法都出自悖谬思维很强的、也具有逻辑思维能力的作家们笔下。所以绝不能认为那些荒诞的、或局部使用了荒诞手段的作品是无稽的梦呓，相反，它们往往能启发人们从另一个透视角度去观察和思考问题，所以从某种意义上说，这种表面的非理性外衣里面，可能寓有更理性的因素。当然，非理性的作品往往是在“直觉”的状态下写出来的，但“冰冻三尺，非一日之寒”，“直觉”——灵感爆发的形式——状态的出现，正是意识长期被压抑的一种歪曲的涌流。

4. 主人公告别传统“英雄”，趋向“非英雄”，甚至“反英雄”。帝王将相一类的“大人物”讨嫌了，即使写到他们，作者也不赋予他们以崇高的光环；才貌出众或气概非凡的人物也不再能吸引作者的兴趣了，文艺复兴至启蒙运动作品中像哈姆莱特、威廉·麦斯特、鲁宾孙那样剑术高超、智勇双全、富有冒险或进取精神的英雄几乎绝迹了，19 世纪像包法利夫人、卡列尼娜、艾菲·卜利斯特那样美丽动人、感情丰富的女性也见不到了；现代文学作品中的人物就身份而论，多半是平凡的老百姓或“小人物”（包括知识分子）；从形象来看，多不是或不完全是按照“典型论”的原理塑造出来的，他们或者是比较有血有肉的凡夫俗子，如伯尔、贝娄笔下的人物，或者是作为一种观点或哲理的化身，如萨特和迪伦马特许多作品中的人物等。还有像某些典型的现代派作品中那样，人物更与传统“典型”绝了缘，成了恍恍惚惚的梦游人，如卡夫卡、布洛赫、里尔克小说中的人物；而在乔伊斯、伍尔芙等人的作品中，人物成了作者包容自己的经验、观点的自我意识的中心，都是所谓“表现型”人物；至于荒诞派笔下那些卑微、猥琐、低贱不堪的俗物，不过是些象征的符号。现代派文学这种人物的部分特征进入了一般的现代文学之中。

现代文学作品中的人物总起来说有两大精神特征：内向性和复杂性，在后一种情况下，“我”是分裂的，多个的，是多重人格的性格复合体，同一个人身上，既有英雄的一面，也可能有胆小鬼的一面；有聪明过人的一面，也可能有浑浑噩噩的一面。尼采、弗洛伊德这些所谓“现代人”的发现者自不必说，连马克思主义者布莱希特都持这种看法。

5. 题材强调现代性。启蒙运动以前，文学作品中的题材以古代神话、圣经故事和历史事件的比重较大。这情形在 19 世纪的批判现实主义作品中有了明显的改观。20 世纪欧洲文学中的反传统思潮对传统题材也进行了冲击。有些作家的作品即使以历史为题材,目的也是为了表现现实。为此有时在历史小说或戏剧作品中,或者让古今场景互相变换,或者加进个别现代人物。这也是一种"陌生化"的"间离法",目的是阻止读者或观众进入历史而忘掉现实。这也是布莱希特开的先河。他的长篇小说《贵族尤利乌斯·恺撒的业绩》和剧作《西蒙娜·马夏尔的梦》中历史场景和现实场景互相交织。布莱希特的这一特点在当代德语剧坛几个甚负盛名的戏剧家那里得到继承和发扬:彼德·魏斯(瑞典)、弗里施和迪伦马特。魏斯以"戏中戏"的形式把法国大革命中的历史事件带到现实中来(《马拉/萨德》);弗里施让秦始皇、拿破仑和蒋介石同上舞台(《中国长城》);迪伦马特则让古巴比伦的街头响起有轨电车的铃铛,背景上现代摩天大楼林立(《天使来到巴比伦》)。正是这位迪伦马特曾大声疾呼:"不要把舞台变成展览艺术古董的陈列馆,而忘记了活生生的现在。"

6. 结构趋向松散而复杂。传统戏剧、小说和长篇叙事诗素以环环紧扣的紧密结构为其基本要求之一。当代作品中这一原则也明显动摇了,它开始被较自由的、散漫性的结构所取代。所谓蒙太奇技巧就是导致这一趋向的一个活跃的因素。叙述角度的多变是其中又一个因素,它们往往使作品变成了断片性的拼接。戏剧中布莱特希所开创的"叙述体戏剧"已普遍流行。目前无论叙事文学作品还是戏剧作品的结构倾向于"多手段"的组合,如魏斯的长篇小说《美学的反抗》等。

7. 情节淡化甚至被取消。随着哲理成分的加重,当代的创作不再把作品的"引人入胜"作为重要的追求目标,因而编造离奇曲折的故事情节也就不再成为作家的中心任务了。这样一来,情节自然退居到次要位置。某些主张取消情节的所谓"反小说"、"反戏剧"流派,如"新小说派"、"荒诞派"等当然是极端的例子,但现代文学创作以哲理为尚,从而导致情节的淡化确实成为普遍趋向。正是顺应了这股潮流,战后欧美的譬喻剧、文献剧、寓言小说、报道体小说、纪实小说……多样化体裁在不同时期成为气候。它们的出现,确实使以情节的紧张为重要手段的创作原则受到很大冲击。如果不这样做,而又没有其他艺术高招,则作品的品位就有可能被降低,被归入"流行作品"的低档行列中,从而有可能被文学史忘却。

8. 时空被打乱。传统文学作品多半是按照时间顺序,编年史式地写成的,回忆性的“倒叙”、“插叙”虽也屡见不鲜,但作者都有清楚的交代,用不着读者费心思索;空间或地点虽不像古典主义“三一律”那样固定,但总是写得很明确,用不着读者费心琢磨。具有现代色彩的文学作品,随着现代生活节奏的加快,行文都不那么从容,古今几千年,上下亿万里,哪里还有工夫按部就班去描写!人们的思维意念像闪电、像激光,都是迸射性的,跳跃性的。尤其随着“意识流”的广泛被使用,人们的想象如“天马行空”,时空概念的界线更消失了,也可以说被高度浓缩了。奥地利小说家布洛赫的代表作《维吉尔之死》写主人公临死前不到一昼夜的生活,通过回忆、联想把他一生的经历、知识都容纳进去了,时间密度很大。亨利希·伯尔的《小丑之见》情节过程只有四小时,也包容了主人公的一生。至于乔伊斯的《尤利西斯》的时间跨度还要长,上至古希腊时代,下迄眼前,但情节的时间范围不到二十小时。这样,同一分钟内就可能有许多不同地点或时代的事件发生。所以舞台上所谓“两景同台”或“多景同台”成为可能。面对这样的写法或表现法,读者或观众就不再那么轻松了,他必须时刻聚精会神,追捕作者或人物的思路,因为现代创作不像传统创作那样把过去事件作为插曲性的补充,而是通过过去事件承担者的意识活动把过去事件变成当今的题材。因此心理的体验取代了纪年式的叙述。

9. 作者从“全能”叙述地位引退。他把叙述的职能赋予作品中的人物或主人公。例如伯尔的《小丑之见》的叙述任务是由主人公“小丑”来担任的,他作为一个被社会所践踏所损害的小人物,他眼中的“文明社会”当然是不文明的。《铁皮鼓》是以一个永远不能属于成人世界的侏儒奥斯卡的眼光来看世界的,他“青蛙”式的45度仰视角度看到的世界与常人从平视角度看见的世界是异常的。但许多现代作品却并不都是从单角度来看事物的,而是多视点透视,有时作者忽隐忽现,跳入跳出。

作家“全能”地位的放弃,这在先锋派中、后期,即二三十年代,取而代之的一般是“内心独白”或“体验讲话”这类手段,它们可以消除事件与读者之间的距离。五六十年代,作家通过打断叙述线索、变换不同视点、运用片断叙述的蒙太奇技巧,采用对话、独白等手段,重新出现在读者面前,但他的“全能”地位却不能恢复了。作家经常需要边叙述边声明:我讲的不过是现实的片断,而不是现实本身等等。

10. 风格厌繁求简，趋向素朴。传统文艺，如不追溯到远古，素以装饰为美。这反映在文学作品中，是繁复的描写：修饰性描写，抒情性描写，渲染性描写，以及环境描写，风景描写，心理描写……现代西方文学中，随着思想内容的哲理化、抽象化，风格的普遍倾向是只要“枝干”，不要“繁叶”；讲究实在，单刀直入；凡是与事物本质关系不大的描写，尽量避免；语言力避铺张；事象力求生活化，日常化。这已成为一种时代的审美风尚。无怪乎有人讲到卡夫卡的风格时，说他之所以“能出名”，只是因为他处于一个人们对于华丽辞藻和引起感情冲动的因素表示反感的时代。

1986 年以来先后在《人民文学》杂志社等单位举办的文学讲习班上的演讲，原载《文艺报》1986 年 11—12 月第 45、49、51 期

平民美学的崛起
——对一种“后现代”文化现象的考察

考察战后所谓“后现代”国际文化现象，可以发现两股明显的不同流向，一是朝高深的纯文学、艺术的本体方向探掘，一是向大众的接受热点趋附。这两种趋向并不总是同步的，尤其自70年代以来，前一种趋向似乎已呈现疲惫迹象，而后一种趋向则方兴未艾，如：“通俗小说”的迅速崛起，“波普艺术”（即大众美术）的应运而生，流行音乐特别是摇滚歌舞的风靡全球，卡拉OK、迪斯科进入千家万户……形成20世纪文化艺苑的空前奇观。加上现代的传播媒介——广播、电影、电视特别是电子制品的普及，使艺术从来没有像今天这样与如此众多的普通人的精神文化生活直接发生关系。只要看看摇滚歌星或其他大众艺术家，如钢琴家克莱德曼等表演时，广大的空间里几万观众台上台下融为一体的热烈场面，任何一个有点起码群众观点的人都不能不为之惊呼：艺术，终于从高雅的殿堂走下来了，走到了民间，走到了广场。这一现象，我认为反映了文艺运动中平民意识的广泛觉醒，它的特点是：表现对象的平民性、创作题材的当代性、艺术风格的平易性、审美手段的通俗性。这一觉醒在美学理论中也反映了出来，这就是60年代后期“接受美学”的诞生。这一学说把文学艺术的接受者放到与创作者同等重要的地位，使接受者由被动变成了主动，从而激发了他们的参与意识，进而形成了创作者或表演者与接受者之间的双向交流。

平民意识觉醒的纵向追溯

艺术是人民创造的，最初它也是属于人民的。这从我国最早的作品集《诗经》或欧洲最早的古希腊、罗马时期的神话故事都可以看出来，特别是古希腊戏剧的繁盛时期,一次演出,观众几万人,也在露天剧场,那盛况也不亚于今天摇滚音乐会的盛况。但是,随着私有制的巩固与发展,艺术的享用权逐渐为少数统治者所控制和垄断。在欧洲,尤其是中世纪,由于宗教观念的褊狭和教会势力的禁锢,文艺更加疏远普通老百姓。文艺复兴以后,虽然教会和封建势力开始受到怀疑和打击,但欧洲范围的封建君主专制制度仍维持了好几个世纪。有的封建帝王似乎也很"关心"文艺,例如 17 世纪法国"太阳王"路易十四。然而,帝王们关心文艺,与其说是为了文艺的发展和普及,毋宁说是为了使文艺更加适合于他们自己的需要。就以路易十四为例,他甚至亲自过问古典主义艺术条规的制定。但这些清规戒律的贯彻,只能使文艺创作的路子更窄,因而更加脱离一般人民,而适合他们自己的审美要求和艺术主张。于是,文艺越来越人为地变得"高雅",同时也就越来越脱离了人间烟火,本来是一种有活力的创作方法的古典主义因此而逐步走向僵化。因为按照规定,题材必须是神话传说、圣经故事,人物必须是英雄骑士、帝王将相或天上神仙,甚至艺术技巧也要作相应规定,比如写戏必须遵循"三一律",写诗必须按严格的格律,叙事作品也必须用韵文体。不消说,技巧也必须作相应的变化,例如歌唱必须用假嗓子,即"共鸣"发声法,绘画必须用线条,等等。总之,不经过专业训练你休想掌握它。艺术就这样成了少数贵族阶级或上流社会的奢侈品和专利品,而对于大多平民百姓来说则成为望尘莫及的"仙桃"。

不过,就像任何时代都有两种文化存在一样,欧洲从文艺复兴以来,随着资本主义的发展和资产阶级作为新兴阶级的崛起,民主主义性质的文化也迅速发展,文学艺术中的平民意识也日益萌发,觉醒的先驱者或者为平民(开始为市民)在文艺作品中应有的地位而悍然向贵族阶级发难,或者以适合于平民审美趣味的艺术形式和风格去满足平民的需要。较早出现的这类先驱者当推 14 世纪的意大利人薄伽丘,他的代表作《十日谈》不仅人文观念与正统文学大相径庭,大胆冲破教会禁欲主义桎梏,把男女私情当做人的自然愿望来描写和赞颂,而且首次采用了短篇小说这种体裁,以满足平民读者的要求。在文艺复兴时期,英国的莎士比亚也是正统艺术秩序的破坏者。他不遵循关于喜剧和悲剧概念的严格区分,而将两种因素加以糅合,写出了别具一格的悲喜剧。其目的是为了尊重艺术的客观要求,以符合更多观众的愿望。莎翁为此曾付出了代价,差不多被维护正统的权威们冷落了一个世纪。同时代的另一位戏剧大师、西班牙的洛佩·得·维伽也是一位尊重现实甚于尊重陈规的作家,他为了充分表现时代的新内容和新精神,满足观众的喜好,在创作中突破古典戏剧那种严格的律条,写得自然、绚丽而通俗。

17 世纪,在古典主义最盛行、而且最具官方色彩的法国,杰出的戏剧天才莫里哀坚持服从时代的需要,经常不顾古典主义的戒律和围攻,推出让平民观众大快人心的喜剧作品。他甚至悍然违背古典主义关于不许采用"下等人"作为戏剧主人公的禁令,用一个仆人作主人公,创作了讽刺喜剧《司卡班的诡计》,描写了卑贱者的机巧和高贵者的愚蠢,给贵族阶级和上流社会以辛辣的讽刺和嘲弄,难怪法国的古典主义权威理论家波瓦洛赞赏莫里哀刻画人物性格的本领时,批评他"太爱平民"。如果说莫里哀对下层人民即"平民"的爱主要出于自发的同情,那么一个世纪以后,这种同情就成熟为一种阶级意识了,从而酿成了著名的启蒙运动。启蒙运动标志着新兴资产阶级或曰市民阶级作为一个阶级的崛起。市民阶级在当时也属于平民阶级,因为这个概念是相对于贵族阶级而言的,而在启蒙运动先驱者们那里,更下层的平民也受到了关注。

启蒙运动思潮在文学艺术创作中的表现最初是从英国作家李洛的剧作《伦敦商人》中反映出来的。该剧作者有意"不写帝王的悲伤",而偏写一个小人物——学徒——的悲剧;有意排除古典戏剧韵文体,而大胆地使用散文体,因此这个剧无论在人文观念上还是美学思想上都开了启蒙运动的先河。接着,启蒙运动主将、思想家和作家莱辛、狄德罗等更为自觉、更为猛烈地向古典主义发难,他们坚决反对古典主义关于悲剧不准写平民、喜剧不准写贵族的律条,从理论上和创作实践上为平民进入文学艺术鸣锣开道,为现实主义奠定了基础。莱辛的两部戏剧杰作《萨拉·萨姆沙小姐》和《爱密莉娅·迦洛蒂》毅然用普通市民即平民作主人公,在德国文学史上第一次把王公贵族赶下了舞台。莱辛指出:"王公们和英雄们的名字可以赋予一部戏剧以光华与威严,可它们感动不了人。而环绕我们的和在我们中间的那些与我们最接近的人的不幸,自然会最深刻地打动我们的心灵。如果我们同情一个国王,那就不是我们把他当做国王,而是把他当做一个人来同情。"[①]13 年后,莱辛的另一位伟大同胞席勒也写了一部以平民为主人公的不朽悲剧《阴谋与爱情》,这也是启蒙运动的平民主义美学对古典主义的一个重大挑战。

启蒙运动的另一位著名战将、法国的狄德罗也是一位创作与理论统兼的作家。创作上他提倡写"市民的,家庭的",以与古典主义所崇尚的"贵族的,宫廷的"相对立;他竭力反对古典主义文艺那种虚伪矫饰的陈腐美学,大声疾呼:"要真实! 要自然!"为了真实和自然,他主张宁可容许"粗野"。为了表现平民的生活,日常的生活,他甚至力劝作家"住到乡下去,住到茅棚里去,访问左邻右舍,最好是瞧一瞧他们的床铺、饮食、房屋、衣服等等"[②]。这在当时可谓"空谷足音"。

这种眼睛向下的态度不仅见之于上述这些名家的笔下,而且也见之于某些一般作家和民间文学作品之中。例如 16 世纪初问世的德国民间笑话集《奥伦施皮格》,主人公是个愚钝的农民,他置身于统治阶级中的不利情势下,常常急中生智,出奇制胜,使那些原想捉弄他的"上等人"丑态百出,狼狈不堪。17 世纪德国有一部有名的巴洛克风格的怪诞小说(又叫流浪汉小说)《西木卜里齐斯穆斯》(今译《痴儿奇遇记》,格林默豪森作),写一个纯朴无知的主人公从小到大的生活遭遇和冒险故事,写得朴素、自然、幽默,毫无流行的古典主义气息。这时期德国还有一个名叫格吕菲乌斯的作家,既写诗,又写戏,在莱辛还没有诞生的时候,就已经把市民生活写入了悲剧。

同样的情况也发生在文艺复兴的策源地意大利。继薄伽丘之后,阿里奥斯特也于 1528 年写了讽刺喜剧《列娜》和《巫术师》,它们都以普通男女的爱情和家庭生活为题材,用民间的俗语写成,剧中平民与贵族的地位颠了个倒。在英伦三岛,莎士比亚也不乏后继者和发扬者。在 17、18 世纪,这里产生了一种描写平凡人们悲欢离合的"伤感剧",法国人称为"泪剧"。它打破了古典主义戏剧的清规戒律,不再写贵族社会的悲剧事件,也不重复古典喜剧那种谑浪笑傲,而是写一种被赋予了道德内容的严肃剧,实际上是一种

---

① 见莱辛:《汉堡剧评》第 14 篇,1769 年 6 月 16 日。

② 见朱光潜:《文艺论文辑译》,载《世界文学》1962 年第 1、2 期,第 226 页。

以市民为主体的正剧。由于它突破了韵文体的传统格式，可以说是话剧形式形成的先声。英国这时期兴起的小说，也背弃了王公和贵族而转向中下层人物，具有浓郁的世俗的烟火味。因此，这时期的英国文学，成了德国启蒙运动革新派作家的榜样。

但以法国为中心的古典主义在欧洲文学艺术中有着根深蒂固的影响，虽经上述冲击，其根基并未发生根本上的动摇，这就孕育了一场对它来说更大的反抗运动，即浪漫主义运动。它兴起于19世纪头30年，涉及文艺的各个领域，首先是文学、戏剧、音乐、美术等部门，拜伦、雪莱、雨果、贝多芬、舒曼、柏辽兹、勃拉姆斯、德拉克洛瓦等都是他们中有代表性的人物。他们无论在理论上还是创作上都实行与古典主义更彻底的决裂，从而为文艺创作的相对自由和进一步世俗化开辟了道路。在这一战役中发挥了最大威力的是戏剧，其主攻手是法国的雨果。雨果的《〈克伦威尔〉序言》是讨伐古典主义的檄文，而他的剧作《欧那尼》则是划时代的浪漫主义丰碑。这以后，可以说古典主义元气大伤。

对于古典主义来说，整个19世纪都是一个“动乱”的世纪。紧接浪漫主义之后，现实主义大潮滚滚而来。现实主义作家们把那些戴着光环的神仙、英雄和“大人物”或者赶出艺术的殿堂，或者置于被批判的地位，而让某些为古典主义者所不齿的“小人物”，甚至那些“被污辱与被损害”者进入自己的视野，而且把那些为古典主义所忌讳的社会丑恶现象揭发了出来。与此相适应，艺术形式和美学观念也发生了重要的变化：诗歌格律的严格性放宽了，尤其是叙事文学和戏剧作品干脆抛弃了韵文体，而普遍采用较接近于日常用语的散文体。从此，文学艺术纷纷走出宫廷，走出沙龙，走出高雅的场所。以奈斯特洛伊为代表的奥地利“大众戏”就是这样应运而生的。在俄国，深受普通老百姓赞赏的奥斯特洛夫斯基的“社会讽刺喜剧”也破门而出。德国诞生了“第一个无产阶级诗人”维尔特，英国则涌现了适合工人阅读的“宪章派诗歌”，等等。古典主义越来越远离生活，远离人民大众，声势日减。不过其习惯势力仍很顽强，每遇到那些“不驯”现象，仍要出来较量一番，以维护其正统的威严。如1849年，法国现实主义画家库尔贝的名画《奥尔南的午休》问世时，就遭到古典主义的嘲笑和官方沙龙的拒绝。无独有偶，同年，上述奥斯特洛夫斯基的戏剧也遇到皇家剧院的拒绝，甚至横遭沙皇尼古拉一世的明令禁止。十余年后，即60年代前期，法国印象派绘画之父马奈的《野外的早餐》和《奥林匹亚》两幅画作又因世俗化倾向和违背古典主义的美学规范而为官方沙龙所不容。但古典主义的这类举动很快成了历史的笑柄。这些作为古典主义异端出现的作品绝非对艺术的亵渎或背叛，而恰恰是艺术自身生命力活跃的显露，是艺术发展的必然产物，它们也是人类审美意识变迁的反映，所以很快成为一股思潮和流派。如今，法国印象派绘画不仅为世界各大艺术博物馆所珍藏，而且在卢浮宫的姐妹馆"奥塞"博物馆（即近代艺术博物馆）里成为观众最拥挤的展馆。

法国印象派的群芳刚刚凋谢，巴黎这个现代文化的策源地，更是新事迭出：以塞尚和凡·高、高更为代表的后印象派的出现，诗歌中象征主义宣言的发表，戏剧中以安托昂为代表的"自由剧场"的诞生……其中"自由剧场"的建立与本文主题有密切关系，它是与宫廷剧院或官方剧场分庭抗礼的产物，并揭开了现代戏剧的序幕，它也成为今天"小剧场"的始作俑者。当时虽备受歧视，但如今它的"子孙"在全世界"繁殖"开来。其意义不仅在于摒弃豪华的剧场和上流社会的观众，面向平民百姓，而且更在于它对戏剧本体的革新。这主要表现在它推倒了"第四堵墙"，使台上台下直接交流，吸引观众参与戏剧的创作过程，从而改变了人们的戏剧观念。一个世纪以来的戏剧革新家们在探索戏剧美学的变革中，虽然有过这样那样的主张，但从未有过要把这堵"墙"重新竖起的要求，相反，它的概念和理论不断被丰富和扩大，尤其是六七十年代兴起于欧洲的"简朴戏剧"（一译"贫困戏剧"）即是明显的一例。这种形式的戏剧不要求有正式的剧场，像样的灯光，齐全的道具、服装和布景，只要有少量的演员和一定的场地，不论教室、仓库、凉亭甚至露天的街头都可演出。

现代主义在20世纪的发展，打破了以往时代某一种形式或风格独尊的局面，形成了多种风格并存的格局，这为各层次的接受者的自由选择创造了条件，客观上有利于平民文学的发展。与此同时，无产阶级文学的兴起，更把大众作为它的宗旨，这对平民意识的觉醒是个巨大的推动。20年代德国的布莱希特和皮斯卡托等人一方面把戏剧用来服务于政治启蒙，一方面致力于平民美学的创建。尤其是布莱希特，晚年仍不倦地探悉时代的审美信息，研究"怎样的娱乐才适合我们"，主张把"戏剧赶入贫民窟"。20世纪前半叶德国诗人魏纳特也是一位平民意识很强的作家,他继承了19世纪“德国第一个无产阶级诗人”(恩格斯语)韦尔特的风格,为了使普通工人能听懂,他把诗尽量写得通俗易懂。那时候这样的作家在其他国家也不乏其例。

由于现代主义实验色彩很强,不少作品不易为普通读者、观众所掌握和欣赏,所以受到战后兴起的“后现代主义”的反拨。“后现代”是个复杂的概念,它在文学艺术的不同门类中有不同的界定和含义,但作为一种文化现象,它的人文观念更贴近平民,它的审美观念更趋向市场。至此,文艺终于不再为少数人所独享,而为广大平民百姓所共有。从这个角度看,作为“后现代”文化思潮一部分的平民美学的崛起,乃是一个值得肯定的现象,它是人类进步文化思想发展的产物,因此与毛泽东力倡的大众化方向在精神实质上是相通的。

平民美学的几个值得重视的特点

在追求艺术的平民化过程中,从创作主体方面讲,有这么几个值得重视的现象。

第一,接受者至上。有的艺术家把读者或观众奉为“上帝”。“上帝”在这里不仅仅是个商业概念,而且也是美学概念。作为美学概念,作者或表演者希望接受者“能喜欢”,并要求与接受者的直接交流。笔者1991年在德国慕尼黑曾访问过一位“后现代”的学者和作家,名叫波里蒂基。他写诗,也写小说,曾出版了一部很厚的长篇小说《了了了》,其中每隔几十页就留12页空白。我问这是什么意思?他说这是留给读者去写的。他认为,每件事或每个观点,各个人的看法是不一样的。我只能写出我一个人的看法。作者的这种做法得失如何另当别论,但他这种试图吸引读者参与的努力,这种要求交流的尝试是值得肯定的。目前国际剧坛上“小剧场”相当流行,国内也不例外,它在上海甚至成了话剧的主要演出形式。之所以如此,原因盖在于它的剧场效果好:观众面前的舞台消失了,与演员近在咫尺,不仅能清楚地观看演员表演,听演员说话,甚至能感觉到演员的呼吸,有时甚至演员直接就置身于观众之中,因而自然就增加了亲近感和真实感。

第二,注意捕捉新的审美信息。确定了读者和观众至上的信念以后,距离目标还不到一半,更重要的是用什么方法和手段去争取你的服务对象或作品接受者,也就是用什么样的艺术去适应和满足他们的审美需求。在审美领域,人的天性是“喜新厌旧”的。因为美是随着时间而流动、而消耗的。雨果说得好:再美的东西,“同样的印象老是重复,时间一久也会使人生厌”①。这时你在原来认为不美的东西里可能会发现其中某些美的质素。好比萝卜、白菜与山珍海味共桌,起初你会对前者摇头,一俟山珍海味吃腻了,萝卜、白菜又会使你重开食欲。如果拿现代人的穿戴作比拟,恐怕更能说明问题。总之,一成不变的美的标准是不存在的。一个艺术家能否成为一代名家,除了把握生活这一关以外,关键就是是否善于捕捉到适合当代人审美心理的信息,总体上把握时代的美的流向。布莱希特的成功,部分原因可以归结到他的这一特点。例如,他发现19世纪以来人们对于叙事文学表现出更多的爱好,于是他决心在戏剧中加入叙事因素,创立了“叙述体戏剧”新形式,从而开一代新风。瑞士戏剧家迪伦马特也从今天的时代特点出发,感觉到我们的时代具有荒谬性和可笑性,认为用传统的悲剧形式来表现已不合适,主张采用悲喜剧的形式,即用喜剧手法表现悲剧主题,获得了巨大的成功。我国沈阳话剧团近年来根据国内观众爱听流行歌曲、爱看复合内容的戏剧的特点,将流行歌曲掺入话剧,以增强审美效果。例如该团演出的《搭错车》一剧就是以台湾电影插曲《酒干倘卖无》为主曲加上其他大家熟悉的通俗歌曲组合而成的,结果广受欢迎,甚至六过长江,演出总数达1500多场,创新中国成立以来我国话剧演出场次最高纪录。目前正在走红的作家王朔适应很多读者对重大主题或“宏大叙事”的疏离、对娱乐性的要求日益增强的趋向,以日常生活为题材,并以调侃的笔调或叫“咖啡色的幽默”来表现,因而抓住了当前读者的审美心理。

第三,走出学院的课堂。这里讲的是理论、规律与创作实践的关系问题,就是说,当一种新的、不符合原来的理论原则的文艺形式或风格出现的时候,理论尊重现象,还是现象屈从理论?一般来说,理论是能够促进创作

---

① 雨果:《〈克伦威尔〉序》,见蒋孔阳主编:《十九世纪西方美学名著选·英法美卷》,上海:复旦大学出版社1990年版,第378页。

的，尤其当一种新的理论刚诞生的时候，如西方美学中，尼采的悲剧美学、弗洛伊德的精神分析学、柏格森的生命哲学等等，但它们也是有一定寿命的。当固有的艺术法则和审美规范已经不能适应发展了的生活现实的时候，创作就会宁肯尊重实践而抛弃那过时了的理论径自前行，就像生产力最终要突破生产关系的束缚径自向前发展、经济基础最终要动摇上层建筑那样。一个世纪以来的先锋主义运动走的就是这样一条路。布莱希特说，不能从已有的现成作品中推导出一些原则来要求今天的和明天的作品，那样做也是形式主义。[①] 理论与创作的关系，是认识与实践的关系，先有创作、有现象，而后才有理论、规律、法则一类的东西。而当生活内容发生重要变化时，创作就会不顾理论的威严，突破理论的规范，反过来又丰富理论的新内容。西方有许多现代作家明确宣称，创作是不需要科学的（即文艺学或文艺理论），用迪伦马特的话说：写作是不能讲礼貌的，否则连边界都通不过去。[②] 但往往在这样的时候，总有那么一些学院主义或本本主义的理论家非常自觉地、非常激烈地充当旧理论的捍卫者，从而引起激烈的论战。结果呢，总是艺术实践者即作家艺术家取得胜利。在欧洲，这样的争论，从文艺复兴以来，据我看大的有三次。第一次，以 18 世纪初期和中期的莱辛、狄德罗为代表的启蒙运动作家与古典主义卫道者的论争；第二次，19 世纪初期至 19 世纪中期以雨果为代表的浪漫主义文学家、以德拉克洛瓦为代表的浪漫主义美术家和以柏辽兹为代表的浪漫主义音乐家继续同这三个领域里的古典主义代表人物的论争；第三次，20 世纪 30 年代左翼作家内部分别以布莱希特与卢卡契为代表的论争，争论的实质，是发展的现实主义观与僵化的“新古典主义”的分歧，因为后者是以 19 世纪的批判现实主义为最高典范和永恒不变的法则来衡量和抵制 20 世纪的文艺新现象的。以旧规范来要求新现象，这正是古典主义的特征，一种以不变应万变的思维模式。这是一场大理论家与大创作家和艺术革新家之间的较量。卢卡契主观上忠诚于马列主义是无可怀疑的，但我认为卢卡契只是在马列主义经典作家的艺术视野之内

---

① 布莱希特：《表现主义论争》，拙译见《文学自由谈》1986 年第 6 期。

② 迪伦马特：《戏剧问题》，拙译见《现代西方艺术美学文选 · 戏剧美学卷》，沈阳：春风文艺出版社 1989 年版。

辛辛苦苦地阐述马克思主义,而布莱希特却着力于在这些经典作家的艺术视野之外,也就是根据发展了的现实,踏踏实实地探索马克思主义,结果他发展了马克思主义美学,即能动的现实主义理论。这两位马克思主义者的论争对于我们具有非常深刻的启示意义,它提醒文艺理论工作者不能老是吃那些别人咀嚼过的东西,而要时刻注意新的实际,总结新鲜的经验,经常为我们的理论增添新活力。现在我们正面临着上面提及的所谓"后现代文化现象",它那么贴近现实,那么接近群众,我们如何给予价值评估呢?如何给予美学观照呢?按照学院里那些固有的本本来对待恐怕是不行的,如用"俗文化"或"商品文化"一言以蔽之也是困难的,因为那样概括不了它所包含的新的人文观念——即平民意识广泛觉醒的含义。就笔者而言,目前尚无把握对它下个明确的结论,只是把自己的思路公之于众,以引起更多的人来关心这个问题。笔者以为,这是我们理论工作者的一项任务,恐怕需要结合更大的文化背景来考虑,比如当前的国际形势在走向缓和,人类的全球意识在增强等等。

原载《上海小说》1992 年第 1 期

德意志文学的现代精神

这里讲的“现代精神”是指一种富有活力和前瞻性的、能推动时代进步的人文精神。笔者从事德语国家文学（以下通称德意志文学）研究多年，认为它颇富有这种精神。

众所周知，德意志民族是一个富有智慧的民族，德意志文化的土壤上产生的文学是非同凡响的文学。尽管由于德意志民族长期四分五裂，使她的文学在文艺复兴时期不像欧洲其他文学大国诸如英国、法国、意大利那样光芒四射，但随着时间的推移，这个民族的第一流知识精英越来越意识到，在这个鄙陋的国度，他们——正如恩格斯所说——不可能在政治领域有所作为，于是他们的智慧都朝文学或文化方面转移了！她的文学充满睿智，寓意深刻，风格独特，从17世纪起，它就开始放出异彩，令人刮目相看了！从此以后的各个重要历史时期的古典文学也经常投射出属于“现代”的信息。

大家知道，17世纪在法国是重复前人的古典主义风头正盛并取得统治地位的世纪；但在德国，当然更有意大利和西班牙，则是“怪异”的美学新风尚“巴洛克”横空出世的世纪。巴洛克不仅在建筑和美术，而且在音乐、小说、诗歌、戏剧、舞蹈乃至家庭陈设、室内装饰等广泛领域都有强烈的表现。德国和德语国家是巴洛克文学艺术十分繁荣的国度，以至像音乐中的巴赫、小说中的格里美尔豪森都分别是欧洲巴洛克音乐和小说的顶尖级代表。德国的维尔兹堡王宫、德累斯顿的茨温格王宫、奥地利多瑙河畔的迈尔克修道院、维也纳的卡尔大教堂以及萨尔茨堡大教堂等都是欧洲十分有名的巴洛克建筑代表作。尽管直到19世纪中叶，欧洲的文学、艺术史家们一直看不到因而也不承认“巴洛克”蓬勃的艺术创造精神及其巨大的美学价值。但20世纪初，随着德国表现主义运动的兴起，表现主义诗人们一下子就从“巴洛克”那里认出了自己的血亲。以写表现主义诗歌成名、后来成了民主德国文化部长的著名诗人贝歇尔，他的名诗《公元1937，祖国之泪》明显是与巴洛克时代的头号诗人格吕菲乌斯的代表作《公元1636，祖国之泪》相唱和的，直到晚年，尽管“巴洛克”这个词汇在他所生活的国度是被禁用的，但这位大诗人仍念念有词，说未来文学的希望“寄托于另一种风格”。人们认为这是他对表现主义及其祖籍巴洛克的追忆。20世纪欧洲戏剧的领军人物布莱希特，无论从题材还是艺术风格甚至思想意识和人生观都可以看出，他从巴洛克的小说和戏剧那里接受了大量的遗产。小说家德伯林的《柏林——亚历山大广场》及其追随者格拉斯的《铁皮鼓》等都是巴洛克“流浪汉小说”的现代版。布莱希特笔下的“法官”阿兹达克和格拉斯笔下的击鼓手马采拉特都是17世纪特有的“反英雄”形象。再看建筑。到过柏林的朋友们可能都知道，勃兰登堡门附近有一座造型奇特的建筑，这就是建于1963年的鼎鼎有名的Phillamonie，我们叫爱乐音乐厅。这是运用不等边和不对称的美学原理建造的一座现代巴洛克建筑。不管建筑师的初衷是什么，客观上他是在为伟大的巴洛克音乐的奠基者、并在20世纪被推崇为“音乐之父”的巴赫建造的一座宏伟的纪念碑；这也是巴洛克建筑和巴洛克音乐在20世纪开始复兴的一个双重标志。以上这几个例子足以说明，巴洛克强大的野性基因在20世纪，在现代主义的思潮中复活了！当然复兴的不仅仅是巴洛克的外在形式和风格，更重要的是它巨大的原创精神和勇气。在我看来，像西班牙高迪设计的米拉公寓、法国科布西埃设计的朗香教堂、丹麦伍重设计的悉尼歌剧院、意大利皮亚诺与英国罗杰斯合作设计的蓬皮杜艺术文化中心、美国弗兰克·盖里设计的西班牙古根海姆博物馆、瑞士赫尔措格与德国得·布龙联合设计的北京“鸟巢”体育场等等这些“怪怪的”建筑以及毕加索、米罗、达理等人的绘画，都是巴洛克精神的发扬及其美学原则的“变奏”。可以说不懂得巴洛克的哲学思想及其美学特征，就不能真正领悟现代、“后现代”许多文学艺术作品的美学奥秘及其精神血缘。

兴起于18世纪中叶的欧洲启蒙运动，德国诚然不像法国那么兴盛，但以莱辛为代表的德国启蒙运动以及与其精神相通的德国“狂飙突进”运动有力地汇入了欧洲的反封建思潮，对推翻欧洲专制王朝起了不可低估的作用；在思想层面上，“狂飙突进”留下的火种点燃了20世纪初的德国表现主义思想反抗运动。而这两个运动的文学和美学成果，在20世纪依然令人感到新鲜。18世纪末、19世纪初是德国古典文学高峰时期。大家知道，自文艺复兴起，欧洲文艺界普遍崇尚 Antik，即古希腊罗马文艺和文化，后来甚至走向极端，导致唯古典是尚的"古典主义"，变成僵化的教条。虽然德国也有许多人追随古典主义，如高特雪特等，然而这时期德国文学的最精华部分，或者说最大代表如莱辛、赫尔德，特别是歌德和席勒，他们虽然也非常崇尚古代文学，但他们把它看做学习的典范，而不是模仿的对象，更重要的是他们坚持自己的原创精神。否则歌德就用不着花60年的漫长时光去写《浮士德》了！而席勒那些才华横溢的作品，许多都是火山爆发式的产物，绝对不是按照什么模式能够仿制得了的。正因为如此，这些伟人视野广阔，能站在时代的"制高点"，发表一系列跨越几个世纪的远见卓识。《浮士德》中那个"人造人"欧夫良，简直就是21世纪的"克隆人"的绝妙写照！其他如歌德提出的"世界文学"的展望，真正在我们的时代实现了；他在《威廉麦斯特的漫游时代》中塑造的"世界公民"形象也成为现代人追慕的对象。甚至他一直受到责难的反对暴力革命的思想和政治态度，在越来越多的现代知识精英中已成为正面的思想。难怪作为"现代派"代表性作家的卡夫卡，不但不反对这位传统德国文学的最大代表，反而把他看做"人类最高代表之一"，在一封信中说他阅读歌德作品时，"浑身都在兴奋激动"。因为他在歌德那里看到的首先是他的"持久性的艺术"。他甚至认为由于歌德语言之强大而"延缓了德意志语言的发展"[①]。卡夫卡对歌德的态度使我们领悟到，为什么直到20世纪的20年代，在我们这里还会出现"维特热"的现象。席勒这位第一流的时代天才，他在许多方面与歌德的观点一致，他们都已经觉察到正在兴起的工业化所带来的某些负面影响；在人的精神素质的提高和精神人格的完善方面，他们都进行了深入的思考。如果说歌德在这方面的突出贡献是通过他的代表作《浮士德》塑造了一个不受时空局限的"完人"形象，那么，席勒在这方面的杰出贡献则是通过他的美学论著，首先是《美育书简》，此书以其深厚的人文情怀和丰富的美学思想，在塑造人的精神人格和审美情操方面无疑具有特殊的作用。席勒的美育思想早在20世纪20—30年代就受到我国著名教育家、北大校长蔡元培的高度重视。80

① 参阅拙著《现代艺术的探险者》，广州：花城出版社1986年版，第169—170页。

年代以来，经历了不断革命尤其是“文化大革命”的中国知识界和教育界，对于席勒的美育主张更引起强烈的共鸣，在课堂中普遍增设了美育课程。无怪乎2005年在纪念席勒逝世200周年的时候，仅北京就有三个部门不约而同地举行了纪念大会或学术研讨会。即使在“后现代”的视域中，席勒也是避不开的一个对象。这里引用一段哈贝马斯在其《论席勒的〈美育书简〉》中那段被人们经常引用的话：“这些书简成为现代性的审美批判的一部纲领性文献。席勒用康德哲学的概念来分析自身内部已经分裂的现代性，并设计了一套审美乌托邦，赋予艺术一种全面的社会革命作用。”①

差不多与德国古典文学同时兴起的欧洲浪漫主义运动，在西欧、南欧、东欧无论人文诉求或是美学追求都是真正的时代思潮，唯独德国浪漫派与众不同，它在这两方面的表现都是超前的，即它最早发现蓬勃兴起的工业化与自然的悖逆，从而造成人文生态的破坏。美学上它固然与其他国家的浪漫派都强调主观，但别人的主观原则上都不破坏客体，即未突破理性的范畴和“模仿论”美学的防线，而它则已开始突入“非理性”的边界而与“表现论”美学挂钩了！这就是为什么德国浪漫派长期以来受到非议，被戴上种种诸如“病态的”、“消极的”，甚至“反动的”帽子。直到20世纪现代主义思潮到达的地方，人们才开始认清，原来德国浪漫派是早到的亲家！德国浪漫派纲领性理论家F.施莱格尔堪称传递20世纪审美信息的报春的燕子。而作为后期浪漫派的不幸诗人荷尔德林被认为是“通向现代主义的桥梁”！这里还必须提一下19世纪二三十年代在德国文坛像彗星一样闪过的一位早夭的天才作家毕希纳，他当时不属于什么派，但他创作的剧作《沃依采克》为20世纪的表现主义运动开了先河！而20世纪上半叶的奥地利杰出作曲家阿尔伯特·贝尔格根据《沃依采克》谱写的同名歌剧，在现代音乐史上被认为是表现主义音乐的巅峰之作！

德意志文学或德语文学总是这样生机勃勃，这样富有预见性，常常开风气之先，这一传统直到20世纪依然不变。当卡夫卡洞见到现代文明发展的悖谬性质，察觉到人类生存境况的异化趋势，他以忘我的写作向人类敲起警钟，发出警告。但响应者寥寥。也许是无神论存在主义哲学的兴起推动了

① 见《哈贝马斯精粹》，曹卫东译，南京大学出版社2004年版，第409页。

人们的现代思维,也许是战争的教训催化了人们的悟性,二战后人们很快听懂了他的警告,从此他也"从文学外走到了文学内",并领了半个多世纪的风骚,至今方兴未艾。卡夫卡的同时代人,即上面已提及的表现主义运动后期的德国小说家阿尔弗雷德·德伯林,他创作的长篇小说《山岳、海洋、巨人》,写人类肆意奴役自然最后遭到自然报复的可怕景象,为人类环保意识的觉醒着了先鞭。

在德语文学史上也有不少作家的作品涉及政治,并对某些政治未来作出预言,像19世纪的诗人海涅,像20世纪前期的亨利希·曼。但一部最有趣的政治寓言作品出自一位离我们很近的作家,这就是当代瑞士剧作家迪伦马特。他于1948年写了一部"非历史的历史剧"《罗慕路斯大帝》。同名主人公眼见他的超级帝国即西罗马帝国在几百年统治世界的过程中积累了累累罪恶。现在他要利用他的皇帝地位充当"世界正义的法官"来"宣判他的不义的祖国的灭亡"！当时看了后以为这不过是作者的一种美学虚构,一笑置之。想不到42年后,国际政治舞台上真的上演了一出活生生的《罗慕路斯大帝》！作家的寓言想象力及其准确性真是不可思议！

德语文学或德意志文学的现代精神在20世纪的德语国家得到集中的表现。奇迹尤其发生在奥地利,这个其人口只有德国十二分之一的小国,在文学版图和音乐版图上却是大国;她所拥有的世界级的现代主义文学家和现代主义音乐家都在一打左右,这一点世界上任何国家都不能望其项背。

当我们探索为什么德意志文学具有较强的现代精神或较多的跨时空的预言性质的时候,首先想到的是它的生长土壤。这是个培植世界头号音乐大国更是培植世界头号哲学大国的土壤,是孕育人文因子、繁殖文化细胞的沃土。在欧洲近代历史上两位最重要的非马克思主义哲学家兼美学家都在德国,这就是作为"客观唯心论者"的黑格尔和作为"主观唯心论者"的康德;在美学上前者代表重客观的"模仿论",后者则代表重主观的"表现论"。如果说,当黑格尔说出"人类的美到歌德时代已经唱完"的时候,意味着以他为代表的"模仿论"美学已开始式微,也就是说,他一生中所热烈赞颂的古典主义及其后来一度以"现实主义"名义被激活的"新古典主义"已经历史地、无可挽回地大势已去了,代之而起的是现代主义和后现代主义思潮的兴起,也就是说,以康德为代表的"表现论"美学主导了一个半世纪以来的西方文学主潮,而生长于19世纪的哲学家尼采(1844—1900)成了这一思潮的精神支柱。这位宣告“上帝死了”、主张“价值重估”的“偶像破坏者”在他生活的那个世纪并没有引起应有的反响,因而被称为“孤独的狼”。但当新的世纪即20世纪到来的时候,尤其在表现主义运动中,他很快成为时代的新偶像,以至被称为卡夫卡的“精神祖先”,甚至在我国也一度引起包括鲁迅、郭沫若在内的左翼作家的热捧。尽管他的某些思想曾经也被法西斯主义所利用,声誉受损。但时间很快洗去那些污秽,尼采思想重新焕发出它的生命活力,他的著作在世界范围的持续畅销可资证明。而当上个世纪行将过去的时候,作为思想家的尼采并没有随着时间而老去:他被他的同胞思想家哈贝马斯宣告为“后现代的开端”。

对德意志文学的现代精神注入过精神血液的日耳曼思想家可以指出一群,其中最值得一提的至少还有三位:叔本华、海德格尔和弗洛伊德。

德国是马克思主义的故乡。德意志文学现代精神的另一支血脉来自马克思主义美学。宣告“与资产阶级思想体系彻底决裂”的马克思主义创始人是在另一个方向上即社会革命方向上的价值重估者和偶像破坏者。19世纪下半叶以来,随着马克思主义的诞生和社会主义运动的兴起,欧洲的下层劳动阶级普遍登上了历史舞台。这有力地震撼了整个旧世界。与此相适应,新兴的马克思主义美学的一个重要内涵,是把19世纪以前被欧洲统治者在文艺作品中变成“渣滓”的劳动人民提升为作品的主人公地位,并要求反映他们的生活和他们改变自己命运的愿望。在实践马克思主义美学思想的德国作家队伍中成就最卓著的是天才戏剧家兼诗人布莱希特。他明确提出要“把戏剧赶入贫民窟”的口号,一心使自己的艺术服膺于下层劳动阶级的政治启蒙。为此他突破亚里士多德的“模仿论”美学,超越以俄国斯坦尼斯拉夫斯基为代表的“体验派”剧艺学,创立以“陌生化效果”为核心的“表现派”戏剧美学,并以其辉煌的创作成就,成为20世纪欧洲戏剧革新的领军人物。这个绝顶聪明的家伙,把辩证法运用得十分灵活:他既坚持社会主义立场和马克思主义信仰,又使他的艺术与新的时代的审美风尚相沟通,从而证明:现代主义并不是“资产阶级”的专利!而恰恰在这点上,他把马克思主义美学发展了!在所有马克思主义作家队伍中,可以说没有第二位像布莱希特那样在东西方两个不同世界同时享有盛誉。

原载《文艺报》2010年11月19日,收入本书时作了较大的修改和补充

他们共同铸造着一个大写的现代人

一

宇宙之大,亿万光年难以穷尽;星球之多,更难以尽数。但迄今所知,存在生命的还只有我们这个地球!而在地球所拥有的亿万生命中,最幸运的是人!只有人被造化赋予了最高的智慧。有了这智慧,人才成了“宇宙的精华,万物的灵长”(莎士比亚《哈姆莱特》)。因此人是最值得自我庆幸,最值得自豪,也最应该互相尊重的。然而,人类尽管有了几千年的文明发展,却并没有普遍意识到人是地球上最有尊严的生命,是对别的众多生命负有责任的生命,现在他不但对别的生命任意摧残、捕杀,而且人类中的强势群体和邪恶势力,为了自已的利益,也一样视生命为蝼蚁,任意奴役、迫害和屠戮。而曾经沦为弱势地位的人,一旦有了条件,也一样去奴役和杀害别人。难怪马克思曾经指出:迄今为止的人类社会依然处于“史前阶段”,也就是说,人类真正的历史迄今还没有开始!在这个漫长的历史阶段中,在人的身上人性与兽性并存,善与恶互见。所以历来的人类知识精英,尤其是其中的哲学家、思想家和文学家一直都在思考着、阐述着什么是真正的人?怎样才能具备完美的人格?他们心中憧憬着一个真正称得上“人”的人,一个值得大写的“人”。

在文学领域,我们今天在这里纪念和研讨的歌德和席勒就是在这方面尤其突出的作家。席勒的全部美学著作,无论谈社会,还是谈艺术,无不围绕“人”这个总主题展开。歌德的创作,正如他在谈及《伊菲杰尼在陶里斯》时强调的,写的不是哪一国的人,而是“彻头彻尾的人”。可以说,没有“人”这根轴心,没有深厚的人道主义情怀,不把人放在大写地位,则这两位政治身份、经济状况和创作风格均不尽相同的作家不可能走到一起,并且成为亲密的盟友。无疑,国家四分五裂的鄙陋现实和与此相关的糟糕不堪的国民生态是产生这一现象的根本原因。这时期的德国现状恩格斯是这样描述的:“一切都很糟糕,不满情绪笼罩了全国。没有教育,没有影响群众意识的工具,没有出版自由,没有社会舆论……一个卑鄙的、奴颜婢膝的、可怜的商人习气渗透了全体人民。一切都烂透了,动摇了,眼看就要坍塌了,简直没有一线好转的希望,因为这个民族连清除已经死亡了的制度的腐烂尸骸的力量都没有。”(《马恩全集》第 2 卷,第 633—634 页)。所以歌德在一首诗里宣言:“你们尽可为我树碑/犹如为布吕歇立碑功庆/我则解放你们于市侩罗网之中”(《温和的格言诗》Vlll)。从时间上看,则刚刚爆发的法国大革命是两位诗人结盟的直接触发剂。基于对平民阶层的同情和历史的眼光,他们对这场革命的正义性是肯定的,认为引发民众的起义,责任在王公贵族和代表他们利益的政府。但基于对生命的珍惜,他们对这场革命的手段,即血腥的暴力深为反感。直到晚年歌德还深恶痛绝地对艾克曼说:“我憎恨那些暴力颠覆的人,同样我也憎恨那些招致暴力颠覆的人。”从前一种人中他们看到了人的原始情感中的“兽性”成分,从后一种人中他们看到了“颓废”和“堕落”(席勒语)。这些都是人性中的重大缺陷,是阻碍社会发展的深层原因。这使歌德和席勒意识到提高人的精神素质的必要性和紧迫性。“人”的问题本来就是启蒙运动的中心内容。在当时德国的特殊条件下,作为作家,能够参与这一历史进程的主要手段是创作,还有就是他们的思想。两位巨人,经过了十余年的“狂飙突进”运动,他们反抗封建专制主义压抑人性、钳制自由的精神能量已基本上得到释放,并留下了珍贵的结晶,这就是歌德的小说《少年维特之烦恼》、戏剧《铁手骑士葛兹·封·伯利欣根》、诗歌《普罗米修斯》等,席勒的早期四大名剧《强盗》、《阴谋与爱情》、《唐·卡洛斯》、《斐爱斯柯》等。现在,歌德经过了十年的政务活动和将近两年的意大利艺术考察,席勒则在哲学、美学、历史领域经历了七年的学者生涯,两人那颗曾经沸腾了多年的心都已经收住了。总起来讲,前期的行为主要是在“破”,现在该是“立”的时候了。这时,以改造国民的精神人格和重建德意志文学为己任的两位巨人,早在 1786 年、1787 年分别在《伊菲杰尼在陶里斯》和《唐·卡洛斯》中已经初露端倪的两个情结很快清晰起来:一个是未来的“人”的模样,一个是未来的艺术的模样。两个模样都需要有一个精神坐标,需要一个形式的参照。为此他们不约而同地把目光转向欧洲文化的源头——古代希腊、罗马。这里曾经孕育了人类最早的自由精神和民主雏形,这里曾经创造了后来在全欧洲乃至世界发扬光大的文学和艺术。我国朱熹有两句名诗:"问渠哪得清如许,为有源头活水来。"古希腊"源头"的"活水",就是那无与伦比的艺术原创精神。其美妙之所在,诚如 18 世纪德国负有盛名的美学家温克尔曼所作的经典性概括:"高贵的单纯,静穆的伟大。"这近似我国的两句成语:"雍容华贵"、"温柔敦厚"。无论神话、史诗、戏剧、诗歌,还是建筑、雕塑、绘画,它们自由而又有节度,高雅而又不失素朴,宏伟与凝重保持平衡,热情与理性互相协调,一切都显得那么自然、健康、庄重、和谐。歌德不乏浪漫的情怀,但他又是个严谨的现实主义者。他经常用"节制"、"断念"等字眼来约束自己的行为和欲望,排除各种外在的诱惑。他甚至把他的这一宗旨,概括成一条哲理:"在限制中才能显出自由。"因此他被古代艺术所吸引,是不足为怪的,这既符合他的伦理原则,又符合他的审美取向。席勒对古希腊的向往,早在 1789 年的著名长诗《艺术家们》中就已经发表了纲领性的宣言,如:"人啊,唯有你才拥有艺术!"什么样的艺术呢?另一处他写道:"你伟大,因为你温柔敦厚。"可见歌德和席勒是把希腊的古典美看做未来人性美的蓝图的。

德国文学的古典转向也受到了同时代的德国哲学强有力的推动,这就是 18 世纪诞生的康德哲学。康德也把"人"置于他的哲学研究的中心,体现了对人道主义和理想主义的追求,而且对现代美学影响极大。他也恰恰是歌德和席勒的尊崇者。席勒往往从康德那里获得命题,加以发挥和超越。歌德对一般哲学家少有兴趣,唯独对康德推崇备至。可以说,这时期以康德为代表的德国哲学和以歌德、席勒为代表的德国文学形成一股合力,共同完成了德国文学的古典转向。

二

歌德、席勒所追求的"人",是精神结构全面、思想情感丰富、审美情操高雅、伦理道德高尚的人,是歌德通过浮士德说出的"用我的精神掌握最高和最深的道理,把人类的祸福都集中在他的胸中"的"全人"(All-Mensch)。

歌德比席勒多活了27个年头，他对“人”的思考和研究还要长久而深入，体验还要丰富和深刻，成就也更为壮观。他的许多重要作品，无论诗歌、戏剧或小说，无不涉及人的问题。尤其值得注意的是，作为唯物主义者，凡跟“人”有关的作品，他从不向壁虚构，都要把自己揉进去，融进自己的生命体验。艾克曼笔录的《歌德谈话录》中就有他这样一段话：“我写诗向来不弄虚作假。凡是我没有经历过的东西，没有迫使我非写诗不可的东西，我从来就不用写诗来表达它。我也只有在恋爱中才写情诗。”难怪我们读他的《爱欲三部曲》也好，读他的《少年维特之烦恼》也好，无不让人感受到滚烫。更难怪他曾坦言，他创作的戏剧《塔索》是他的“骨中骨，肉中肉”。明白了歌德创作的这一特点之后，我们再来看他的两部花费时间最长、用力最多的生命力作《威廉·迈斯特》和《浮士德》。

《威廉·迈斯特的学习年代》和《漫游年代》自1796年开始，到1829年完成，前后达33年，几乎占了作者的后半生。这在文学史上被称为“教育学说”的开山祖，写作过程之所以持续那么长，显然是为了塑造一个“世界公民”的化身，并借此融入更多的人生况味和智慧。书中，尤其是第二部出现得最频繁的音响是跟“节制”有关的“断念”、“舍弃”。这正是歌德自己的亲身体验，也是许多人有过的人生经验。一个人，特别是一个能力较强的人，发展空间较大，诱惑也更多。如果想要事事如愿，时间和精力肯定供不上，也可能抓了芝麻，丢了西瓜。因此你想要有成就，就必须在“鱼”和“熊掌”面前懂得割爱；你想要当官，就必须在金钱、美女面前学会“断念”。能否做到这点，这是一个人成败的关键。歌德自己在这方面堪称楷模。如果他不善于“节制”，下不了决心及时“舍弃”贵夫人的爱和宫廷的官，他就不可能实现意大利之旅，从而也就不可能实现向古典文学的战略转折。晚年如果他不懂得及时“断念”，他就经受不了痛失“黄昏恋”的打击，那就有可能使他的两部巨著永远成为未竟之业。对歌德五体投地的卡夫卡，在创作与婚姻、恋爱乃至健康之间分明也有过艰难的抉择和断念过程，他晚年写过一篇很短的小说，题目就叫“放弃吧！”，不啻是他心声的流露。中国有句名言，叫“识时务者为俊杰”。明白这些人生奥义，是成为“俊杰”的必要条件。

歌德对人的最集中、最深层的思考无疑体现在《浮士德》中。此书前后写了60年，直到作者去世前不久才完稿。这不仅在德国文学史上，甚至在世界文学史上都是一个奇迹。不是因为技术上的难产,实在是歌德把自己当成了主人公的隐形“模特儿”。“模特儿”不走完生命的全程,《浮士德》的生命是不会诞生的。所以歌德不让这个凝结了他毕生心血的精神产儿在他生前问世。歌德在这部交织着现实主义和浪漫主义的巨著里所描写的“人”,是个动态性很强、精神人格十分丰富和复杂的形象,是个“全人”的标本,实际上是个人类的隐喻,具有极高的审美价值和认识价值。如果没有毕生追求“全人”的体验,这是谁也写不出来的!从我本人的接受而言,感触最深的是以下四点。第一点是它的“太初有为”的命题。讲的是行动的重要性。这触及人的一个本质问题:实践。这在当时很是了不起。你看“书斋”那一节,浮士德从“太初有道”到“太初有言”、“有意”、“有力”,最后才琢磨出“有为”。这在相当程度上反映了歌德对这个问题的长期思考过程。这个观点甚至可以和马克思主义一个很重要的论断相沟通,马克思说过:重要的问题不在于“解释”世界,而在于“改变”世界。改变世界就必须有行动。这恐怕是已经蜚声于欧洲文坛的歌德为什么要去宫廷做官的主导动机,也是他为什么在书中要通过魔鬼千方百计把浮士德诱出书斋的主要理由。第二点,《浮士德》向我们揭示了一个巨大的真理,即人类的进取和追求是不会知足的,因而是无限的,也就是说,人类永远到达不了一个至善至美的境界。如果有一天你以为到达了这个境界,那就意味着你不再前进了,满足于现状了,因而你生命的价值就不存在了,生命的灵魂也就没有了。用哲学语言讲,人类从“必然王国”到“自由王国”永远是个过程,不可能到达终极目标。第三点,《浮士德》向我们揭示的又一个真理是:人类的发展,或个人的成长与追求是在善与恶、积极与消极的两级对立中进行的,征途不会是一帆风顺的。当我们遇到障碍、挫折甚至失败时,不要把它看做完全的坏事。只要认真面对,吃一堑,可以长一智。下一次遇到“魔鬼”时,你就增加了一分对付魔鬼的勇气和经验。第四点,一个全面发展的人不能缺少属于人本体的基本生命体验。《浮士德》第一部作者为什么要设计“葛泪卿悲剧”这一幕,而只让浮士德与葛泪卿发生一夜情?因为按照歌德的观点,男婚女嫁、生儿育女是生命存在的常态,如果一个人连异性的肉体都没有接触过,则他的精神发展是不完满的。而一个有伟大追求的人,却又不宜过多沉溺于男欢女爱之中。此外,浮士德此举所造成的后果反映了一个伟人的成就往往要以某些弱者的牺牲为代价。

席勒对完美人格的构想侧重在审美和伦理的层面,并将它们与政治学、社会学、人类学相贯通。针对当时的国内外情势,尤其是法国大革命的暴力滥用,他看到,当今的人类处于两种堕落的极端,即颓废和野蛮:处于上层的所谓文明阶级,已经失去了任何创造激情,表现出“一幅懒散和性格败坏的令人作呕的景象”,而下层阶级虽然已从长期的麻木不仁和自我欺骗中觉醒,开始要求自己的权力,却迫不及待地以不可控制的狂怒来寻求兽性的宣泄。在这种情况下,一个国家即使实现了政治、经济的革命,但因其国民内在的精神空间没有达到一定的自由度,它还是不能建立起和谐社会,让其国民获得真正自由。为此他主张从审美教育和道德驯化入手。对于前者,他提出了将“感性冲动”和“形式冲动”结合起来,使之变为“游戏冲动”的主张。如何理解这个概念呢?他举例说:“当我们怀着情欲去拥抱一个理应被鄙视的人时,我们就会痛苦地感到自然的强制;当我们敌视一个我们不得不尊敬的人时,我们又会痛苦地感到理性的强制。但是一个人既能吸引我们的欲念,又能博得我们的尊敬,情感的压力和理性的压力便同时消失,我们就开始爱他,这就是让欲念和尊敬一起游戏。”这就是说,当我们摆脱了任何内在与外在的压力去做一件自己高兴做的事情时,我们就获得了“游戏冲动”。在这基础上,席勒说:“说到底,只有当人是完全意义上的人时,他才游戏;只有当人游戏时,他才完全是人。”

但席勒同时认为,美属于感性范畴,它是溶解性的,一个人光有美的意识,他容易变得精神松弛、懈怠。所以在克尔凯郭尔的“人生三阶段”中,“审美的人”仅仅被列在第二阶段。因此席勒提出一个属于理性范畴的概念即“崇高”,因“崇高”是振奋性的,它可以超越感性的界限,平衡一味的美而导致的精神松懈。他举例说:奥德修斯在一个海岛上被女神卡莉普奈挽留了七年之久,主要沉溺于美色和情欲。而一旦崇高以导师门托尔的形象出现在他脑海里时,很快就使他回忆起自己的伟大使命,从而走上归途。这里我们还可以为席勒补充一个例子:酷爱美色的歌德,1786 年如果不是在崇高欲念的驱策下,断然与他的红颜知己“断念”,他就不可能实现对他一生来说至关重要的意大利之旅。可见,席勒用这一刚柔相济的美学思想作为他的审美教育理论是科学的,它可以引导一个人走向更高的精神境界,成为内外“温柔敦厚”的人。它与歌德的主张相得益彰,都通向一个“大写的人”。

三

志向高远,视野开阔,不受狭小地域的局限思考问题,这是歌德和席勒的共同特点。席勒早在年轻时就通过他的《强盗》主人公发出这样的豪言:“法律只会把我压缩在女人的紧身衣里,像蜗牛那样爬行……只有自由才能造就英雄和巨人。”德意志这块土地,可能正是它的分裂和鄙陋,才迫使它的顶尖级的知识精英,跃出国界,充当“世界公民”,以天下为己任,把人类的存在与前途,人性的尊严与价值,个人自由与个性的自由发展等等这些人的本体问题当做思考的核心。有人说:“在国家和文艺学方面,几乎没有一个人注意到歌德对我们的‘人的尊严’、‘个性自由发展’、‘个人自由’这样一些概念作过强大的基础性贡献。”[①]但他也因此遭到那些凡夫俗子尤其是狭隘民族主义者和狭隘爱国主义者的非议。德法两国历史上可算是世仇,曾多次交战。1806 年拿破仑发兵德国,有人就责难歌德“对法国人恨不起来”,“作为诗人没有拿起武器”等等。歌德回答说:“我心里没有仇恨,怎么能拿起武器?”并且进一步说:“对我来说,只有文明和野蛮之分才重要。法国人在世界上是最有文化教养的,我自己的文化教养大半要归功于法国人,对这样一个民族我怎么恨得起来呢?”[②]歌德对他民族文化的尊重,不仅限于欧洲国家,他对遥远的阿拉伯世界,对波斯、印度、中国等这些所谓东方世界,谈起那里的文学和文化时,总是那样兴高采烈,津津乐道,而且欣然写下《西东合集》、《中德晨昏四季》这样的不朽之作。在这方面至少有两点特别引起我的兴趣,一是歌德在谈及东方文化的时候,总是乐于发现西、东文化之间的共同点,与我们这里一谈起东西文化就强调“差别”和“碰撞”正好相反。二是在谈到异民族文化的时候,总是对那里的“人”感兴趣,如读了

---

① 卡塔琳娜·芒森:《歌德和我们的时代》,译文见拙编《歌德和席勒的现实意义》,北京:中央编译出版社 2006 年版,第 37 页。

② 见《歌德 1832—1982》,波恩,Inter Nationes 出版社 1983 年版,第 121 页。

中国的小说以后就觉得中国人感受事物的方式与德国人是相似的等等。这里值得一提的是 1831 年 3 月 22 日歌德写给苏尔皮茨· 波赛雷的那封长信,其中有这么一段话很值得摘引:"……从《创世纪》开始,我始终未能找到一个令我心悦诚服的信仰。而现在,在我的老年,我却了解到一种教派,即三教合一派。这种教派介于异教徒、犹太人和基督徒的信仰之间,即凡是能够认识到的一切最美好、最完美的事物,他们都珍惜、赞美和崇敬,而这些事物只要与神性紧密地联系在一起,就要信奉。于是,对我来说,由黑暗时代里骤然射出了令人愉悦的光芒,因为我感到,我毕生奋斗的目标正是把自己造就成三教合一论的信徒。做到这一步真真是费尽了心力,因为,一个人如果囿于自我的小天地,怎能达到认识最卓越事物的境界呢?"①这段掷地有声的剖白真实地道出了歌德对真理的执著追求和成功的秘诀。如雄鹰高翔的席勒,无疑也是拥抱全人类的"世界公民"。只要提一下他那首家喻户晓的《欢乐颂》就够了! 这首杰作通过贝多芬的谱曲如今已经响遍世界每个角落,堪称人类和平友好狂欢节的主题歌,有着永恒的普世价值。就凭这点,席勒就有资格获得最高规格的"世界公民"的荣誉证书了!

两位智者都是因为放眼世界,拥抱人类,并把人类的整体利益和长远利益当做最高的价值追求,故能站在时代的制高点观察、思考和发现问题。18世纪的欧洲,工业化的发展方兴未艾。当西欧的知识阶层普遍为之乐观的时候,德国的知识精英却皱起了眉头。这是德国浪漫派殊异于西欧浪漫派的一个重要背景。歌德和席勒在组织上不属于浪漫派,但在思潮上也有某些相通之处,比如工业化给自然生态和人文生态都带来的"不谐和音",使人类失去昔日的"田园"。尤其是工业生产越来越细的劳动分工,造成人格的分裂,人性的变异。这显然引起歌德的忧虑,所以在《温和的格言诗》中写下了这样的诗句:"我已经不再在乎成年人/我现在必须想到孙子们。"揭示工业时代的弊端构成席勒《审美教育书简》的重要内容之一。不愧是真知灼见。歌德和席勒在这问题上所持的态度和发表的观点具有前瞻性,它们触及今天的"后现代"知识精英们所批判的、自启蒙运动以来形成的所谓"现代性"问题。他们所提出的问题和发表的见解,现在读起来非但不觉得

---

① 见《歌德——1832—1882》,波恩,Inter Nationes 出版社 1983 年版,第 149 页。

过时,而且具有灼人的新鲜感和跨时空的现实意义。故哈贝马斯对席勒的《审美教育书简》作了高度的评价,认为它"赋予艺术一种全面的社会革命作用"①。因此,歌德和席勒所共同铸造的人不仅是值得"大写"的,而且是属于"现代"的。无怪乎我国最早主张把席勒的美育理论引入教育的蔡元培近年越来越受到尊重,我国大学教育近年来纷纷增设美育课程,就是最好的说明。2005 年席勒逝世 200 周年的时候,我国有许多个学术团体和高等院校争相开会纪念,这又是一个证明。

由于歌德和席勒在人的研究和创作上留下了如此丰富的、且有现代价值的遗产,在我们提倡"以人为本"的今天,纪念歌德、席勒并研究、探讨他们的思想和作品,就有着非常重要的意义。

2009 年 4 月 25 日在北京歌德—席勒国际研讨会上的主题报告,原载《文艺报》2009 年 5 月 9 日

① 《论席勒的〈审美教育书简〉》,见《哈贝马斯精粹》,曹卫东译,南京大学出版社 2004 年版,第 409 页。

论布莱希特美学思想的现代性与普世性

如果说,19 世纪的德语文学不像欧洲其他文学大国那样群星灿烂,那么到 20 世纪就不能不引人注目了:它不仅推出了亨利希·曼、托马斯·曼兄弟这样的杰出代表,把欧洲批判现实主义的大旗接到了德国;它更孕育出一批别具时代风采的、执著的现代艺术的探索者,他们就是诗歌中的里尔克、小说中的卡夫卡和戏剧中的布莱希特。诚然,这些人有着不同的世界观和艺术观,但他们的美学思想中却有着共同的因素,即现代特征。不管文学史家将对他们作何评价,有一点是确定无疑的:他们是人类审美意识向新的时代变迁的见证者和表达者,他们在艺术探索上的努力和业绩影响着一个时代。这就是为什么世界观上作为资产阶级作家的卡夫卡,其艺术一度曾被拒于社会主义国门之外,终于得到了入境的签证;而作为马克思主义的坚定信仰者的布莱希特,他的艺术在西方资本主义世界所受到的重视显然超过了他的信仰和立场所造成的障碍。这种复杂现象看来似乎不可思议,其实,我们如果能从他们的美学思想中找出共同的时代内容,则他们在不同的世界所受到的某些相同的待遇,就不难理解了。这里牵涉到现代美学的某些新特点,这些特点在非马克思主义作家、艺术家,尤其是在某些现代主义流派笔下的表现,已众所周知。但由于布莱希特是马克思主义作家,人们往往出于维护他作为马克思主义者的“纯洁性”的愿望而不愿把他的美学思想与现代美学思潮相联系。但如果否认这种联系,就不可能全面透彻地理解布莱希特艺术工程的实质;反过来,如果片面强调这种联系,进而笼统地把他与现代主义或形式主义捆在一起,又会抹杀他的艺术事业的阶级属性和美学理论的马克思主义光彩,从而在总体上看错了布莱希特,就像卢卡契所做的那样。因此,本文想就这些问题再谈论一下布莱希特。

一

布莱希特不仅是个才华横溢的作家，更是个富有创造性的艺术家，他的成就主要不是表现在前人基础上的提高，而是常规以外的独创。他的诗歌别具一格。他的戏剧——作品和理论——更是独树一帜，而且开一代新风。假如说布莱希特“是20世纪最伟大的戏剧家”①这一论断尚须时间来验证，那么，说他是“完全立足于20世纪的艺术家”②则是不会有异议的。

布莱希特的艺术活动及其对美的考察，首先是从今天的时代特点出发的。他十分重视近代科学技术的迅速发展和伟大成就，认为这是个“有着巨大发现和发明的时代”，科学的进步揭开了自然界的奥秘，揭破了许多千百年来一直被认为天经地义的神话，从而拨亮了人们的眼睛，使他们摆脱了蒙昧状态，成为掌握自然命运的“新型的人”——布莱希特常常称之为“科学之子”。他认为各个时代有各自不同的娱乐，生活在这样一个时代的人，他们的审美趣味自然也和前人不同，因此“人们开始追求科学时代的戏剧”③，作为艺术家，不能坐享其成，只去“享受我们现有的全部风格”，因为，“要把报纸上一则短讯改编成剧本形式，赫贝尔④和易卜生的技巧也显得太不够用了”⑤。布莱希特迫切感到了“发现我们自己时代特有的娱乐”⑥的必要性。他一生都在探求：“什么样的娱乐才适宜于我们。”在晚年写的重要美学论著《戏剧小工具篇》的“前言”中，作者劈头第一句就声明为了“探讨一个美学问题，它涉及一种几十年来在实践中发展起来的、特定的戏剧表现风格”。

布莱希特不是空想主义者或者空头理论家，他把这一美学理想付诸严

---

① 阿达莫夫语；见《忆布莱希特》，莱比锡，1964年，第343页。

② 赫茨菲尔德语；同上书，第129页。

③ 分别见布莱希特《戏剧小工具篇》“前言”。原文见《布莱希特文集》第16卷，苏尔坎普出版社，法兰克福（梅因河畔），1967年。以下所引布莱希特著作，除注明者外，均根据此版本。限于篇幅，不再重复。

④ 赫贝尔（Christian Friedrich Hebbel，1813—1863），19世纪德国戏剧家。

⑤ 布莱希特：《戏剧论文集》第1卷，法兰克福，1963年，第225—226页。

⑥ 见布莱希特：《戏剧小工具篇》第11节。

肃而艰巨的创作实践。他更没有因袭前人的创作方法和美学规范,而一反以往以戏剧情节为基础的戏剧性戏剧体系原则,创立了以“间离法”(一译“间离效果”或“陌生化效果”)为核心的叙述体戏剧(简称叙事剧)体系,并确立了相应的新的美学原则。“间离法”摈除了传统戏剧中以环环紧扣的戏剧情节牵动观众的感情,以唤起“恐惧或悲悯”情绪的方法,而要求演员与角色、演员与观众之间均保持距离,以免观众被所表演的事件迷醉,从而失去思考的能力和批判的眼光。目的则是让观众“介入”(但不是“忘身”于)舞台上所发生的事件,进而激起改变现实的愿望。布莱希特的间离法实际上推倒了横亘在演员与观众之间的“第四堵墙”,使观众变被动为主动,去直接干预事件,从而与古人也曾使用过的间离法有了质的区别,因为“古老的间离法完全剥夺了观众干预被反映事物的权利”。

为了辨别他的叙事剧与传统的戏剧性戏剧之间“不同的结构形式”,布莱希特曾不止一次开列过一张表,题为“两种格式”:

戏剧性形式	叙述性形式
舞台“化身”为事件	舞台叙述事件
把观众卷入活动之中	使观众变为观察者
消耗观众的能动性	唤起观众的能动性
使观众产生情感	迫使观众作出判断
使观众经历事件	让观众理解事件
把观众放到情节中去	把情节放在观众面前
用的是暗示手法	用的是说理手法
保持感情	把感情变成认识
人被当做是熟悉的对象	人是研究的对象
人是不变的	人是可变的并正变化着
表现人的本能	说明行为的动机
情节直线进行	情节“不规则地”曲线进行
情节自然地稳步展开,无跳跃性	情节有跳跃性
表现世界的本来面貌	表现世界将变成怎样①

显然,布莱希特通过这两种不同的戏剧结构形式的对照所要阐明的不仅是两种不同的表演方法,也是两种不同的美学原则。而上述叙述体的结

① 布莱希特:《娱乐剧还是教育剧?》。

构形式也就是“间离法的基本内容”。无疑,它是自成体系的一套新颖的戏剧表演理论,是个独创性的成就。

布莱希特创立“间离法”作为“科学时代”的新戏剧——叙事剧的主要表演手段,是有其深刻的认识根源的。这是布莱希特把马克思主义的认识论运用于艺术实践的产物。布莱希特从科学的巨大发展中受到启发,看到世界的“可变性”,同时,在学习马克思主义的过程中,又认识到,虽然一种“阐述人类社会本质的新兴科学在被统治者与统治者的斗争中建立起来了”①,然而对于绝大多数的人来说,“观察自然的新眼光还不能同样用来观察社会”,存在着人与人之间不平等关系的社会仍然是“一个尚停留在黑暗中的领域”。为什么呢?因为“受到了掌握政权的阶级——资产阶级的束缚”②。掌握了马克思主义后的布莱希特十分强调戏剧的教育作用,对于他,戏剧的首要任务,是对群众进行政治启蒙,即启发他们的阶级意识。布莱希特看到,在这个“黑暗”的社会领域,传统的是非观念是颠倒的,处于被剥削被奴役地位的阶级千百年来一直在习惯地因袭着统治阶级的是非观点和道德观念。这是因为:“统治阶级的思想在每一时代都是占统治地位的思想。……支配着物质生产资料的阶级,同时也支配着精神生产的资料,因此那些没有精神生产资料的人的思想,一般地是受统治阶级支配的。”③布莱希特对科学社会主义创始人所揭示的这一社会现象极为重视,在他生前未发表的一则笔记中,他把这一观点拿来作为他所阐述的现实主义概念的主要含义之一。④ 在另一篇著作中他还说:“群众并不总是知道要求真实的,当他以假为真的时候,可以几百年之久而不自觉。”⑤而那种以舞台幻觉为基础,旨在唤起情感共鸣的传统戏剧,在他看来,恰恰是适应了统治阶级的需要。因此布莱希特感觉到,传统戏剧虽然“在一定阶段曾经是一种巨大的进步,但对不断发展的表演艺术的社会功能来说,它已变得越来越是一

---

① 见布莱希特:《戏剧小工具篇》第19节。
② 同上书,第17节。
③ 见《马克思恩格斯全集》第3卷,第52页。
④ 布莱希特:《人民性与现实主义》。
⑤ 布莱希特:《论实验戏剧》。

种障碍了”①。他认为，要使戏剧真正发挥其积极的“社会功能”，有效地反映或揭示被历代剥削阶级偏见或习俗观念所蒙住的现实，就必须使用“特殊的镜子”②。这面“特殊的镜子”便是“间离法”。他写道：“戏剧必须使观众惊异，而这就要借助于技巧，把熟悉的事物变为陌生”③，以便“除却所要表现的人物和事件中被认为理所当然、众所周知、明白无误的因素，使之产生惊讶和新奇的效果”④。但陌生化不是目的，而是为了提高观众的认识，“使观众对所表演的事件采取探讨、批判的态度”，即“使人们对对象物产生陌生感的同时又认识它”。所以布莱希特的间离法可以概括成这样的公式：认识（熟悉）——不认识（陌生）——认识。第二个认识不同于第一个；前者是表象，后者则是本质。用布莱希特自己的话来说便是：“我的目的是要在我的作品中反映一个新时代的不加粉饰的图像。”

布莱希特这个欲还世界本来面目的思想及为此而创立的“间离法”，是他全部创作思想的主宰。如果考察一下他的全部诗作，便会发现它们有这样一个总的特点，即一切风格的因素都服从于冷峻的真理，为此可以牺牲韵律和正规的格律，舍弃雕琢的字句和华丽的辞藻，也没有“美好”感情的洋溢。这一切对于传统的诗歌形式来说是“陌生”的，而正是这种陌生感产生间离效果，把读者的注意力集中于诗的批判精神和敏锐的思想火花。布莱希特的小说创作也不例外。30 年代写的那两部小说：《三个铜子儿的长篇小说》和《贵族尤利乌斯·恺撒的业绩》尤为典型。前者从《三个铜子儿的歌剧》演绎而来，写的是垄断资本主义时代的社会关系和道德观念问题。在作者看来，垄断资本主义乃是现代一切社会罪恶的祸根。但在常人的眼里，资本家的经营是合乎法律、正大光明因而是无可厚非的。布莱希特根据马克思主义的剩余价值学说，认为资本家在“合法”掩护下的公开经营与盗窃并无本质区别，因此他笔下的资本家干的就是抢劫一类勾当，这种异乎寻常的现象就把人们的习俗观念“间离”了开来，迫使读者从一个新的角度去看清资本家“合法”经济活动的本质。在小说《恺撒的业绩》里。布莱希特

① 布莱希特：《论非亚里士多德戏剧》。

② 见布莱希特：《戏剧小工具篇》第 73 节。

③ 同上书，第 44 节。

④ 布莱希特：《论实验戏剧》。

则以姑且承认史书上记载的恺撒的那些“功业”为前提，而用特殊的透镜揭示了这位盖世英雄在创建这些功业过程中隐秘的个人动机和不可告人的内部倾轧。于是这位赫赫一世的恺撒大帝便暴露出了没有原则、不讲道德、见风使舵的投机家和政客的原形。

当然，布莱希特的“间离法”首先是为戏剧而创立的。我们不妨来看看他的叙事剧成熟时期写的《潘蒂拉老爷和他的男仆马蒂》(1940)吧，这是以现实生活为题材的古典式社会喜剧，写的是地主和农民的矛盾，就这点而论，并没有什么新奇的地方。但作者使用了假定性手法，让现象在特殊的光照下“曝光”，从而除去了人物的“平常”外观，使其本质得到深刻而“不寻常”的暴露。就是说，作者让他的主人公——地主潘蒂拉老爷患一种病，一种癫痫症。不发病时，他像狼一样凶恶；病发时倒像普通人一样平常，可他自己却认为像只野兽。这里的“病”，就是一种“间离”的手段，它把地主那“兽”的一面与“人”的一面加以间离，让观众看到，对于地主来说，他欺压、奴役农民时的那种“狼”的模样是一贯的、正常的，是在清醒的理智支配下干的，因而是他的本质的表现；而他那偶尔的“人”的表现，则是一种病症，因而是非正常、非本质的。这里，布莱希特似乎又重复了他 20 世纪 20 年代末写的那出《三个铜子儿的歌剧》中的命题：盗匪本来是公民。在布莱希特看来，盗匪按其本来的自然本性讲是善良的，只是人剥削人、人压迫人的社会制度才使他改变了人的本性，堕落为坏蛋。因此布莱希特在《潘蒂拉老爷和他的男仆马蒂》中所使用的间离法，不仅要启迪观众去观察个别地主的本质和罪恶，更主要的是要观众去追索把“人”变成“狼”的剥削制度的社会根源，从而激发人们改变这个不合理的社会制度的愿望。

变“熟悉”为“陌生”，变“习俗”为“异常”这一“间离法”的美学思想，不仅贯彻在布莱希特创作各领域的横面中，而且也贯穿在他创作纵向的全过程。在创立这一理论以前，从他最初的成名诗作《死兵的传说》到 20 年代的剧作《夜半鼓声》、《三个铜子儿的歌剧》等就已经表现出这一倾向。可见，“间离法”就是布莱希特所“发现”的“我们自己时代特有的娱乐”即审美趣味的基础，是他的戏剧理论的核心。

二

考察布莱希特的艺术理论和美学思想的时代性，一个不可避免的问题便是：布莱希特的艺术理论与美学思想与20世纪以来在西方涌现的种种现代主义文艺思潮有没有关系？回答是肯定的。诚然，布莱希特作为一个信仰坚定而且具有一定理论素养的马克思主义者，在基本的艺术观，即文艺的社会功能、文艺的阶级属性、文艺作品的源泉和文艺的对象等问题上，与现代主义诸流派的艺术观是有质的区别的；但在审美范畴，他与现代主义又有着很多共同点。这主要表现在下列几方面：

1. 思想内容的哲理性。19世纪末以来的现代主义文艺运动的一个明显特点，是把广泛的意识形态领域如哲学、心理学和社会学引进了文学，用抽象思维冲淡形象思维，不再追求故事情节的集中、紧张，甚至干脆取消故事情节，而用模糊多义的象征或哲理性的比喻来表达作品的思想主题。这一倾向从象征主义开始，经表现主义、超现实主义到战后的存在主义文学和荒诞派戏剧、"新小说"等，有增无已。而且这股思潮已广泛地渗透到资本主义世界的一般现当代文学和艺术之中，甚至也已经波及社会主义国家。而哲理之于布莱希特，无论从他的理论主张，还是创作中体现的倾向（以譬喻为其主要艺术特征），都占有突出的地位，构成了他的美学思想的重要内容之一，是他的"间离法"叙事剧理论的灵魂。

2. 表现手段的"间离"性。如果对现代主义文艺有所了解，就不会对布莱希特的"间离法"或"陌生化效果"感到奇怪。因为在现代主义者那里，这是一种相当普遍的表现特征。现代主义从"先锋派"起，就是以"反传统"为旗帜的，他们认为，千百年来人类社会被习俗观念笼罩着，世界的真实面貌已经看不到了。所以他们反对"摹拟"，认为那样只能反映世界表面的"覆盖层"，而主张用"表现"，即用一种特殊的艺术手段，创造一种与现实表面之间的"距离"（Distanz），以便洞察习俗观念掩盖下的真正的现实，即所谓"异化"的世界。创造"间离"效果的手法很多，有的用怪异，有的用荒诞，有的通过梦幻、魔幻、潜意识，有的通过极度夸张，有的让古今混同……总之，要令人惊异，要让人产生陌生感。卡夫卡《变形记》的独特写法已为大家所熟悉,这是运用得成功的一例。“间离法”在当代西方文艺创作中已成为相当常见的现象。“间离”和“距离”之间的亲缘关系应该是不言而喻的。

3. 人物形象的“非英雄化”。现代主义文学否定了传统文学中的英雄观念,在题材上,不再以帝王将相或统治阶级“大人物”为主人公,而以描写中下层的“普通人”或“小人物”为时尚;在审美原则上,它不赋予人物形象以“古典美”、“崇高美”的外观,或精神上、体魄上完美无缺的特征,现代主义者认为,人的性格并不是由单一的“善”或单一的“恶”构成的,而是由二元或多元的因素组成的;在表现方法上,他们反对粉饰、美化,不再重视外在真实,而强调“内在真实”,即着重表现“真实”的内心体验。因此在一些现代主义作者笔下几乎看不到一个精神境界高大完美的人物形象,常常出现的倒是一些低贱不堪的“小人物”,尤其如荒诞派、“新小说派”作品中所展现的那样。这一审美观,人们称之为“反英雄”。这股思潮显然也已普遍地浸润到当代文学中。布莱希特固然没有走到“反英雄”的极端,但他的英雄观与现代主义的某些流派是基本相通的。下面这段话可以看做他的代表性观点:“在塑造英雄人物时,要考虑到英雄人物有时也会做出别人意想不到的非英雄行为,在塑造胆小鬼时,也要考虑到他有时也是勇敢的。用是英雄还是胆小鬼一句话来概括人物性格,是很危险的。”①因此,即使是历史大人物,他也不赋予完美的英雄光环。典型的例子是《伽利略传》的同名主人公,作为一个在人类科学史上有过重大贡献的科学家,按传统的创作方法,作家有权利舍去他次要的方面,突出他主要的方面,把他塑造成一个伟人。但布莱希特没有原谅他性格中的弱点和过错,把他写成了一个“既是科学的促进者,又是社会的罪人”这样一个双重性格的人物,同《四川好人》中所塑造的“既善又恶”的人物是同一美学主张的产物。应该指出,布莱希特重视下层人物,否认完美无缺的英雄,无疑是对的,但他不承认人的复杂性格中有好坏善恶的侧重面即主导的一面,则值得商榷。

4. 题材的现代性。从欧洲文学史上看,文艺作品的题材有这样几个主要来源:希腊罗马神话和传说、圣经故事、历史事件、民间传说。启蒙运动时期,市民文学兴起以后,现实生活的题材受到重视。19 世纪的批判现实主

---

① 布莱希特:《简谈创造间离法的戏剧艺术的新技巧》。

义文学，其现实题材的倾向占了上风。到了20世纪的现代主义诸流派手里，题材的现代性问题更受到强调。迪伦马特就这样大声疾呼过：不要把剧院变成“艺术古董的展览馆”，从而忘记“活生生的现在”。[①] 布莱希特为自己确立的艺术使命——“为着斗争”——决定了在他的作品中现代题材的突出地位。有一些剧作表面上看似乎完全是历史剧，如《大胆妈妈和她的孩子们》、《伽利略传》、《公社的日子》等。但实际上它们是穿上历史外衣的现代剧。之所以这样做，作者还是基于“间离”效果的考虑：“假如我们把当代的戏当做历史戏来演，则对观众来说，他所处的环境同样会显得异乎寻常。而这就是批判的开端。”[②]

5. 鄙弃繁缛，不事修饰。布莱希特无论在他的诗歌还是戏剧作品中，都表现出一种鲜明统一的风格。即：语言简洁有力，朴实无华，淡泊冷漠，情蕴于内而不溢于外。这种文风显然是他的“间离法”的创作主张所要求的，有他个人风格的独特性。但这种风格在当时却不是个别和孤立的现象。这也是现代主义各流派普遍的创作主张和审美原则。现代主义者反对铺陈，强调表现，鄙弃繁文缛节，重视富有表现力的大笔勾勒和入木三分的有力笔触，所以要求去掉一切无助于表现的词语（如意象派），排除一切“琐细的手法”，以表达“巨大的、包容一切的感情”（如表现主义），如此等等。这一倾向在现代造型艺术和建筑中也不例外。

6. 东方热。在现代主义文艺运动中，“先锋派”革新家们（尤其是在美术界）常常把注意力转向东方，主要是非洲古埃及和黑人的雕刻，还有日本尤其是中国的绘画、戏曲和工艺品。非洲艺术的稚拙感，日本浮世绘造型简练、色彩明丽的装饰性，中国画的单线化和大色块，粗犷线条和夸张笔法，追求“气韵生动”的“神似”吸引了他们。野兽派首领马蒂斯就说过：“我的启示来自东方”，“我所效法的是中国人”。迪伦马特对中国戏曲如京剧的虚拟化和表演技巧也赞不绝口。从艺术史上看，中国艺术与西方艺术基本上遵循两种不同的艺术方法：前者主要重写意，后者主要重写实。而现代主义诸流派的基本美学原则也多是写意的。布莱希特第一次观看中国戏曲时就

---

① 迪伦马特：《戏剧问题》。

② 见布莱希特《戏剧小工具篇》第37节。

发现了它的“间离法技巧”的妙处，亦即它的写意特点，深受启发和鼓舞，这不能不说是心有灵犀一点通。他明确指出，他的叙事剧在风格上“并非什么特别新鲜的东西，它的展示式特点和对技巧的高度强调等方面，是与亚洲戏剧血缘相通的”[①]。能说明同样问题的还有布莱希特卧室中的那幅中国轴画，它二十余年如一日，经过动荡的战乱年代，辗转欧美，一直伴随主人到逝世。布莱希特对这幅画爱得如此之深，一是这是一幅写意的水墨画；二是画上那位静坐着的老叟在布莱希特看来是一位“怀疑者”的形象（这是他为该画题诗的诗题），而怀疑正是布莱希特通过他的叙事剧的“间离法”技巧所要达到的目的，也是这位艺术大师对资本主义旧世界的根本态度。布莱希特对中国文化的爱好还表现在他对中国哲学和文学的兴趣上，在这方面，他与某些现代主义作家如卡夫卡、卡奈蒂等也是类似的，所不同的是布莱希特倾向马克思主义，并对中国现代革命哲学特别是毛泽东的哲学十分重视。

现代主义诸流派的文学和艺术对于人类艺术宝库是有贡献的。它突破了传统的创作方法，发掘并创造了一些新的表现技巧，提出了一些新的和可行的美学原则，丰富了艺术表现力。可以说，现代主义诸流派的创作，在一定程度上反映了时代的审美意识。但是这些名目繁多的流派，具体主张和创作实践都各各不同，他们的作品，无论思想内容或艺术形式，也不同程度地存在着各自的缺陷和偏颇。掌握了历史唯物论和唯物辩证法的布莱希特显然与他们存在着这样或那样的不同，常常在现代主义的某些缺陷与偏颇的地方与它们区别了开来。这些区别主要表现在：

第一，在美的本质问题上。随着现代西方哲学思潮对文艺的浸润，一般的现代主义文学艺术家大多从唯心主义立场出发来看待美的本质，康定斯基提出美是“人从客体转向他们自身”，“转向无物质追求的心灵自由的实体和思想”，马蒂斯说它是“我的心灵的作品”，象征主义者也认为美“是主观所见的一种思想存在”，超现实主义者布勒东更强调美是一种“纯真的心理动力”，如此等等。布莱希特却是运用马克思主义原理，在“美是生活”命题的基础上继续前进，提出美是客观过程的显现，是自然与社会的客观存在被人类所创造而引起的变动过程的显现。因此，在他看来，美与生活的关系

---

① 布莱希特：《娱乐剧还是教育剧?》。

不是被动的，而是能动的。他说：“一切前进的事物，亦即在生产中导致社会改造的每一摆脱自然束缚的解放，人类按照新的方向所从事的一切改善他们命运的尝试，不管在文学里作为成功或者失败加以描写，都赋予我们一种胜利的或者信赖的情感，带给我们对于一切事物转变可能性的享受。”①这段充满唯物辩证法的论述，可以说是他的革命现实主义文艺观的美学基础。

第二，在文艺的社会功能问题上。19 世纪以前，文艺的社会功能是得到承认的，在启蒙运动和革命民主主义文艺家和思想家如莱辛、狄德罗、别林斯基、车尔尼雪夫斯基等人的笔下尤其受到强调。但现代主义思潮兴起以后，这一命题受到了冲击。先锋派理论家们几乎异口同声地宣称，美或人的艺术活动纯属“内在的需要”（沃林格尔），也就是出于“自我表现”的欲望。所谓“纯真的心理动力”也罢，“心灵自由的实体”也罢，都是一个意思，即否定文艺的社会作用。甚至像迪伦马特这样一个对资本主义基本持否定态度的作家，也声称他的创作“只是描画出这样一个世界，而并不想（像某些人所说的那样）提出一个什么教训”②。现代主义的这股思潮使为数不少的文学家、艺术家遁入内心，沉溺于个人的内心世界，他们的创作不大顾及读者需要，很少考虑社会效果，有一部分甚至成了形式主义的追求者。布莱希特与此相反，自从他掌握马克思主义以后，他的全部艺术实践，都在一心要把马克思的这句名言付诸实践：问题不仅在于“解释世界”，而在于“改变世界”。③ 他“为着斗争”而掌握艺术，始终把启发群众的觉悟当做自己的艺术使命，甚至在他戏剧创作成熟初期，还曾把他的戏剧叫作“教育剧”。当然，布莱希特并没有因此而忽视文艺的娱乐功能，他同时也强调教育——即知识、智慧和一切健康的思想、情感——必须寓于娱乐之中，而这娱乐的获得，还须“借助于一切足以使生产者感到开心的东西”。布莱希特强调的艺术必须“介入”社会，用我们的习惯用语来说就是“干预现实”。可见“真正的‘间离法’，其本质是斗争的”。

① 见布莱希特：《戏剧小工具篇》第 69 节。

② 迪伦马特：《戏剧问题》。

③ 《马克思恩格斯全集》第 3 卷，第 6 页。

第三，在文艺的阶级属性问题上。不少现代主义艺术家常把艺术置于阶级之上，把它看成是“摆脱了任何理智监督的”“纯粹的心理无意识主义”[①]；它反映的是“人类的普遍处境”，就是说它是不带阶级倾向的。布莱希特与此完全不同。他一方面指出文艺是某一时代的“人类共同生活”的反映，同时强调在阶级社会里，不可能有人类普遍共同的美学原则，他说：“只要社会被分裂成敌对阶级，它就不会有共同的传声筒。”[②]因为客观事实告诉他：“剧院从来就是一个阶级娱乐的场所，而这个阶级虽然在自然领域不乏科学精神，却不敢把人类关系的领域引到戏剧中来。”[③]布莱希特的态度是鲜明的：他“站在以解决人类社会中最紧迫问题为己任的那个阶级的立场上进行写作”，而且“以被损害者的名义说话”。布莱希特是个知行统一者，他身体力行，切实研究着如何能创造出一种适合于这个阶级的戏剧来。

第四，在文艺的接受对象问题上。单从艺术革新或对美的追求精神而论，布莱希特与现代主义有共同之处，但是各自的目的和方向迥然不同。现代主义作家中一部分人的艺术努力是严肃认真，而且是有成就的，如小说界的卡夫卡、普鲁斯特、乔伊斯、伍尔夫、福克纳、罗伯-葛里叶，诗歌中的波德莱尔、里尔克、T. S. 艾略特、叶芝，戏剧中的斯特林堡、皮兰德娄、魏特金德、迪伦马特、贝克特、尤奈斯库等；也有另一部分人的努力则多半倾向于形式主义的追求，如现代主义思潮中早期的“达达主义”和后来的“具体派诗歌”等。但是，即以那些有成就的作家而言，他们的作品也常常以艰深、晦涩著称，它们或者主题过于抽象，模棱多义；或者故事极为荒诞，奥秘莫测；或者时空颠来倒去，头绪纷繁；或者情节犹如乱麻，意识横流……以致像韩素音那样的外籍作家，读完一部她誉之为“非常好”的《尤利西斯》竟也花了“整整四十天”。[④] 现代主义的这种普遍性“高难度”的艺术特点，反映了这些作家“唯阳春白雪”的创作倾向，一种在某种程度上脱离群众的倾向。布莱希

① 见《超现实主义宣言》。参阅袁可嘉等编：《现代主义文学研究》（上），北京：中国社会科学出版社 1989 年版，第 481 页。译文有点出入。

② 见布莱希特：《戏剧小工具篇》第 55 节。

③ 同上书，第 31 节。

④ 1982 年韩素音在中国作协和中国对外友协为其举办的报告会上的讲话。

特无论理论上或创作上都不是这样。这里的关键是对待人民的态度。布莱希特于 1938 年在自己的笔记里写道:人民不仅完全参与历史的发展,而且直接对历史的面貌起决定作用。因此他对“人民性”下定义时,首先指出要“为广大群众所理解”,不仅“站在人民的立场上”,而且要“吸收并丰富他们的表现形式”。他在根据时代的特点,遵循人的审美趣味的发展,寻求一种“我们自己时代应有的娱乐”的时候,确是十分注意从群众的艺术活动中吸取养料,引进那些易于为群众理解接受的形式,例如他的戏剧作品中经常穿插的朗诵、歌唱、独白,演员直接与观众对话,演员自由出入角色等。在舞台设计和美术方面,布莱希特简化了布景和道具,但他广泛采用了现代技术成就,革新了声、光技术,运用电动装置,添加了电影镜头、字幕、字画,采用现代舞台造型等一系列新的技术手段。虽然布莱希特剧作中也不乏象征性、比喻性的哲理,但他的哲理与观众或读者的理解力之间并没有不可逾越的鸿沟。它们一般是单纯的,诉诸理性的,而且往往通过剧中合唱等形式加以点明。因此,布莱希特艺术革新的方向是“雅俗共赏”,是“阳春白雪”和“下里巴人”的结合,这与一般的现代主义作家有着明显的区别。

第五,在文艺的传统问题上。现代主义文艺家大多以激烈的反传统姿态出现。如果说,表现主义理论家埃德施密特那句名言,“世界存在着,再去复制它就没有意义”①,作为一种艺术主张尚无可厚非的话,那么下面的一些言论就极为偏颇和错误了,如:“把 19 世纪消灭掉!”(葛屈霍德·斯泰因,美国女作家)“我们要反对一切法则!”(柯柯施卡,奥地利画家)“把普希金、陀思妥耶夫斯基、托尔斯泰之流一股脑儿从当代的轮船上抛开……我们要从摩天大楼的高处俯视他们的渺小。”(《立体未来主义宣言》)因为他们的那些创作手法“是一无用处的点缀物”(法国“新小说派”)……而且,就实践而论,还在“荒诞派”笔下产生了“反戏剧”的剧作;在“新小说派”的书里出现了“反小说”的小说;在“具体派”的图案中我们看到了“反诗歌”的作品,美术中,几何线条在占领画布……也许部分地正是由于这种种偏颇吧,现代流派虽层出不穷,但他们的得失至今也未能取得评论家和文学史家

① 卡西米尔·埃德施密特:《论创作中的表现主义》,译文见《西方现代文论选》,上海:上海译文出版社 1983 年版,第 153 页。

们的一致结论。

布莱希特也是不因袭传统的。他认为传统形式已随着时代的变迁而过时,感到过去的那些"老法子"的"简陋与有害",因此"它的伟大时代已经过去","已经不能鼓舞任何人了",把它的"全部风格"继承下来是"不合时宜"的。但他并不因此把古人看得"渺小"得"一无用处",而是承认"他们建造了纪念碑,这些纪念碑至今还矗立着"①,并且认为古代以来的戏剧"直到今天还有很大一部分可以为我们提供娱乐"②。布莱希特的这一论点既贯彻在他的创作实践中(如他的叙事剧从古希腊戏剧中吸取了序幕、合唱、尾声等手法;从各个历史时期的戏剧中吸收了苍劲、凝重、粗犷、朴素等特点),也体现在他对古代作家的评论中(如他对文学史上具有艺术革新精神的作家像莱辛、伏尔泰、狄德罗、斯威夫特等都有很高的评价)。在这个问题上又一次体现了布莱希特的历史唯物主义态度,他把现代文艺看做是古典文艺的延伸和发展,而不像一般的现代主义者那样在两者之间似乎只看到一条无法逾越的"断裂层"。不过,布莱希特对待批判现实主义的态度不无偏激之处,虽然有时也说几句肯定的话,但总的情绪是不够尊重的,尤其对待托马斯·曼,可以说有些粗暴,显然是由于同卢卡契的争论而失去了应有的冷静。

以上就几个主要方面概述了布莱希特与现代主义审美特征的异与同。应该指出,"同"的方面是基本的,就是说,二者都是弃"摹写",重"表现",也就是"非亚里士多德"的。而现代主义的偏颇与缺陷,则在布莱希特那里得到了不同程度的纠正和克服。因此,布莱希特的艺术理论与美学思想是时代的,同时又是比较科学的。毫不奇怪,在20世纪的欧洲剧坛上影响与日俱增的不是别人,正是布莱希特。

三

国内的布莱希特研究者,以著名戏剧家黄佐临为代表,从宏观的角度,

① 布莱希特:《〈人就是人〉前言》。

② 见布莱希特:《戏剧小工具篇》第10节。

把布莱希特放在现代世界平面上来考察,认为他与斯坦尼斯拉夫斯基和梅兰芳同为现代国际三大戏剧体系的代表。佐临先生的这一概括和比较打开了我们的眼界,是很有意义的。不过,要全面了解布莱希特,似乎除了“横”的(即时代的)比较外。还须从纵的方面,即从历史的角度来作一点考察。

布莱希特以革新家的胆识和勇气,把欧洲文艺史上最有影响的亚里士多德的创作理论和美学原则当做他革新的目标;又以开拓者的抱负和毕生的艺术实践,创立了对现代艺术具有普遍意义的“非亚里士多德”的戏剧理论,作为这一成就的理论结晶就是他那被欧洲人称为“新诗学”的美学力作《戏剧小工具篇》。他大胆地将亚里士多德规定的戏剧“不采用叙述法”的定论加以推翻,而偏偏“采用叙述法”来作为“科学时代的戏剧”的新形式;以“间离法”原则来取代感情共鸣的固有手段;并宣称亚里士多德的戏剧美学业已“陈旧”、“过时”,等等。那么,布莱希特这种“非亚里士多德化”的戏剧观和美学思想有没有它的历史的合理性呢?

要回答这个问题,需要把我们的视野加以扩大,扩展到整个人类文化史,因为文化史上各领域业已发生的现象都汇集到这一规律:每个时代都有不同的审美风尚,都有那个时代的特定的基本审美形态。正如布莱希特所说:“由于人类共同生活方式的不同,各个时代的娱乐自然也是不同的。”在欧洲文化史上,无论文学、艺术还是建筑,差不多都走过了这样几个阶段的美的历程:远古石器时代是稚拙的美(简单、质朴),古希腊时期是理想的美(庄重、匀称、完美),中世纪时期是带宗教色彩的神秘的美(神奇、怪异、恐怖),文艺复兴至18世纪是理想美向现实美的过渡(世俗性与真实性),19世纪是个性美(以性格典型为最高要求),20世纪在西方现代主义那里是幻想美(奇特、朦胧、变形);在社会主义文学那里似乎是理想美与现实美的结合。总之,人类的审美意识是不停地在流动和变迁的。在一定的时代,它以一定的形态与那个时代的内容相适应,构成时代的审美风尚。但随着时代的改变,加上它自身的新陈代谢作用,到一定时候就要发生质的飞跃,以另一种形态与另一个时代相适应。这是不以人的主观意志为转移的,正如布莱希特所说:“时代是流动的……方法消耗着自己,魅力在消失。新的问题在出现，要求着新的方法。”[①]因此，也许在人类审美意识的长河中存在一个美的能量守恒定律，但似乎不存在一种传之恒久而不变的审美形态，也不存在一种永远不朽的审美法则。

从欧洲范围看，人的审美意识的发展在19世纪末至20世纪初发生了“大跨度”的飞跃，不仅诗歌、戏剧、小说，而且美术、音乐、建筑等各个文化领域都向以亚里士多德的美学理论为代表的传统审美观念发起了反叛，其步伐之齐，声势之大，犹如瀑布。世界历史上找不出第二条两个世纪的转折线像19世纪与20世纪的转折线那样如此鲜明地成为人类审美意识发展(即从亚里士多德跃向非亚里士多德)的划时代线。这样说并不意味着20世纪以后，亚里士多德的美学已经没有活力了。不是的，亚里士多德的美学依然存在，但是有一点可以肯定：它在欧洲的统治地位被打破了！

现代审美意识所爆发的这股思潮延续至今已整整一个世纪，现在的势头显然不如当年了，但并没有平息。值得重视的是这股思潮所孕育的文学、艺术和建筑等方面的产物，已陆续占据了图书馆的书架、艺术馆的陈列室、音乐厅的舞台以及剧院、电影院、课堂，特别是现代建筑，在全世界铺天盖地，在大中城市几乎占了统治地位。这一切现象都是一个时代审美意识的产物，同时，它们的存在又势必影响着这一代人和以后几代人的审美趣味。

另一个值得引起重视的现象是，现代审美意识的爆发在艺术形式上所引起的变化，在现当代一些现实主义作家艺术家的言论和实践中也明确地反映了出来。例如法国作家巴比塞就认为，传统的流行小说手法已经陈旧，因为时代精神已经渗透到人们生活的风尚习俗中来：出现了直线感，喜好简化、综合和高速发展的风尚，准确、迅速而解决问题的愿望，某种竞技般的“美国式”急躁，崇尚实效等现象。[②] 英国现代戏剧大师萧伯纳也宣称：“寓有议论的戏剧是现代戏剧，而仅有动人场面的戏剧则是过时的戏剧。”[③]这两位作家都是持现实主义立场的，但他们都认为传统的手法已经“过时”、“陈旧”。萧伯纳这里所说的“动人场面的戏剧”就是“戏剧性戏剧”，亦即

---

① 布莱希特：《人民性与现实主义》。

② 转引自钱中文：《论当前文艺理论中的现代主义思潮》，载《文学评论》1984年第1期，第9—10页。

③ 见《外国剧作家论剧作》，北京：中国社会科学出版社1982年版，第4页。

亚里士多德式的戏剧;“寓有议论的戏剧”正是布莱希特所提倡的以“激发理性的兴趣”为宗旨的叙事剧。诸如此类的例子在其他艺术门类还可以举出许多来。

这一切都说明了:人的审美趣味总是不断变化发展的,总是要求与时代同步的。如果把某一种审美形态凝固化,当做不朽的“样板”令后世人永远来效法,这种艺术教条主义是要遭人厌弃的。布莱希特的话多么切中肯綮:老是固守某一种艺术形式,本身也是一种形式主义。

时代的审美信息往往首先寻访那些美的创造者的灵感。席勒在同歌德合作期间,给歌德写过一封这样的信,说:“我感到好像有某种叙述性的幽灵突然将我攫住,这也许可以解释为由于受了您的强大的直接影响之故,但我并不认为它对戏剧性因素有什么损害,因为它或许是赋予这种散文体题材以一种诗的素质的唯一手段。”①不知是席勒受歌德影响,还是歌德受席勒启发,后来在歌德以毕生精力写的诗剧《浮士德》中,戏剧性和叙述性是结合的。这是一次大胆的,而且是成功的艺术革新的尝试。席勒在他的巨著《华伦斯坦》中作了同样的尝试。在19世纪奥地利著名戏剧家奈斯托洛伊的作品中可以看到类似的情形。这说明,布莱希特创立以叙述体戏剧为基础的非亚里士多德化的戏剧理论不仅符合时代的要求,而且也符合叙述体本身内在的发展逻辑。法国浪漫派艺术大师德拉克洛瓦说得好:“美是难遇的,但更是难保的。如同人类的习惯和观念一样,它也必然要经历无数的变态……曾经使得古老文明陶醉的某一种美的形象,已经不能令我们震惊了,我们更喜欢符合我们情感,甚至不妨说是更喜欢符合我们成见的东西。”②因此,布莱希特致力于“非亚里士多德”戏剧的缔造,不单单是出于一个杰出作家的艺术抱负,更主要的是他听到了新的时代的呼唤,而这时代正在刷新亚里士多德美学。

原载《文艺研究》1985年第3期;原题:“立足于20世纪的艺术家”

① 1797年12月1日席勒致歌德信。见《席勒文集》第2卷,莱比锡,1958年,第259页。

② 转引自杨蔼琪:《现代派美术的地位》,见《美学》第3期,上海文艺出版社。

不同的审美观压倒了相同的世界观
——论布莱希特与卢卡契之论争

20世纪30年代，德国左翼作家内部主要发生在以布莱希特为一方、卢卡契为另一方的围绕现实主义和现代主义的十年论战，是整个国际无产阶级文艺运动中的重大事件，其波澜并不随着时间的推移而消歇，相反，事隔30年后，即20世纪60年代后期，由于布莱希特关于这场论战的笔记的首次发表①，在国际上激起更巨大的反响，东西方许多国家的文艺界都纷纷发表评论，有人认为，这场论争是继1859年马克思、恩格斯同拉萨尔关于《弗兰茨·封·济金根》一剧的争论以来，马克思主义美学史上又一重要文献。②以下试分五个方面加以评述。

分歧之最深刻的根源在哪里？

众所周知，从1933年法西斯头子希特勒上台起，几乎所有的德国左翼作家都被迫流亡国外。那么，为什么这场论战恰恰在这些无家可归的德国左翼作家中发生呢？其原因是，第一，德国的革命文艺运动在20世纪二三十年代声势和阵容在欧洲是比较强大和突出的，涌现了一大批杰出的作家和理论家，他们在政治和艺术上都十分活跃；第二，德国是表现主义运动的策源地，而上述左翼作家不少跟这个运动有过千丝万缕的联系；第

---

① 1938—1941年间，布莱希特关于这场论战写了大量的争论性笔记，生前从未披露过。1966年和1967年，民主德国和联邦德国分别出版《布莱希特文艺论文集》和《布莱希特文集》，这些笔记才得以第一次问世。

② 见W. 密滕茨威：《评布莱希特与卢卡契的论争》，载《思想与形式》1967年第1期，柏林。

三，当时国际共运中最有影响的文艺批评家是经常用德语写作的匈牙利人卢卡契，20 世纪 20 年代初他曾直接担任过德国无产阶级革命作家联盟的领导。

这场论争在 20 世纪 30 年代初即已揭开序幕：1931 年和 1932 年，卢卡契先后对工人作家布莱德尔以及另一位新作家奥特瓦尔德尝试用报道体写的小说提出了批评，其中不无合理之处。但他却全盘否定了这些作家在艺术上探索新形式的积极意义。不久，他针对德国哲学家、音乐理论家 E. 布洛赫提出的总结表现主义遗产的建议，撰写了不下四万字的长文《表现主义的兴衰》，先后于 1933 年和 1934 年在苏联的《文学评论》和《国际文学》上发表，文章从政治、思想和艺术各方面对表现主义进行了全面的批判和否定。尤为严厉的是指责表现主义为法西斯主义准备了思想土壤。这次论争由于当时正值德国法西斯上台，左翼作家横遭镇压和驱逐，因而没有继续下去。1937 年至 1938 年的笔战也是卢卡契一方首先发难的，把柄是表现主义作家 G. 贝恩一度支持过纳粹政权，可见法西斯主义是表现主义的必然归宿。这样的观点在卢卡契所控制的德国流亡者统一战线组织“人民阵线”的机关刊物《发言》(*Das Wort*，在莫斯科出版)1937 年 9 月号上一发表，立刻在左翼作家内部引起了巨大的激动，双方先后有三十余人卷了进来，其中近半数都是著名的作家、文艺理论家、音乐家、美术家等，他们中的多数是马克思主义者或进步人士。在这次规模壮观的论战中，卢卡契于 1937 年以“现实主义辩”为题，又写了长达二万五千字的“压轴”性之作，发表在 1938 年 6 月出版的《发言》杂志上。这篇文章“火药味”不像《表现主义的兴衰》那样浓，政治性的内容减少了。看得出，作者想尽可能写得更有说服力些。他从文艺的政治作用、文艺的人民性、文艺把握现实的“整体性”以及文艺与遗产的继承关系等方面充分阐述现实主义的优越性。同时认为，表现主义观察事物的“直觉”方法和艺术表现的“剪接”、“组装”等技巧构成作品画面的“支离破碎”。然而资本主义现实的支离破碎只能通过艺术画面的整体性而不能通过艺术画面的破碎性来反映。而这种艺术的破碎性恰恰是资本主义社会现实破碎性的反映。卢卡契得出的最后结论是：表现主义是“反现实主义”的。这场论争，随着德国和国际法西斯势力的猖獗，战争危险的加剧，人们无心恋战，也就草草收场了。

20 世纪 30 年代，对于布莱希特，正是他的叙述体戏剧创作和理论体系臻于成熟的时期。在十年论战中，虽然卢卡契从未公开点过他的名，但布莱希特知道，矛头主要是指向他的。然而为照顾大局，他从未公开出面迎战。但这位当时流亡丹麦的严肃的马克思主义者并没有置身度外，他认真地思考着争论中提出的一系列问题，并一一记在笔记本里，从第二次论战高潮的 1937 年和 1938 年一直记到休战后的 1941 年。从笔记内容看，他显然被这场论争刺痛，但他并不想立即争个高低，而是准备让时间去做结论。而对于自己用以服务于革命的戏剧事业，他的信念丝毫没有动摇。就在这三年内，他按照自己既定的宗旨，继续创作他的叙事剧，而且获得了空前的丰收：他的重要代表作《伽利略传》、《大胆妈妈和她的孩子们》等都是这时期的产物。卢卡契呢？他作为指挥者和主攻手，固然几次大战役都没有点过布莱希特的名，但如果认为这是出于保护，那就看得太表面了，因为卢卡契作为一个继卢那察尔斯基以后，20 世纪马克思主义理论队伍中最有权威的文艺批评家和东欧左翼作家的领导者，在他浩瀚的著作里很少提及布莱希特，尤其在他 1952 年以前写的著作里几乎找不到布莱希特的名字——一个当时早已蜚声世界文坛的无产阶级大作家的名字！这一事实至少说明：卢卡契在长达三十余年的文艺批评生涯里，对布莱希特这位本阶级的同时代作家并没有肯定过什么。

回顾半个世纪前国际革命文艺界的这场风波，人们不禁产生这样的疑问：当时欧亚法西斯势力的猖獗日甚一日，战火已经在中国和西班牙点燃，全世界人民的空前灾难已岌岌可危，共产党人和左翼文化人有千条万条理由加强内部团结，并尽可能争取更多的反法西斯力量，为什么竟还有余力如此怒气冲冲地舞动笔墨，“同室操戈”？要回答这个问题无疑必须联系当时的国际背景，首先是国际共运中“第三国际”的作用，联系 1934 年至 1936 年苏联文艺界发生的一系列重大事件。但奇怪，当我们从文献中接触这件已经相当久远的往事时，却并不因时间和空间的距离而犹如隔岸观火，仿佛它的幽灵仍然在纠缠着我们的头脑。说明这场论争除了它的国际政治、文化背景等因素外，还有更为深刻的原因，即文艺运动本身和文艺内部规律的矛盾，说到底，是两种不同审美观的分歧在作祟。因为从争论双方的基本论点来看，彼此在革命文艺的一些根本问题上，诸如文艺与生活的关系，文艺与政治的关系，文艺作品与接受者的关系，内容和形式的关系等根本问题上，并没有原则的分歧。具有实质性的分歧倒是反映在论战的发难者之一A. 库莱拉《这一遗产可以休矣》的论文中，文章结尾作者向他的论敌提出了三个责问：一、要不要坚持高贵的单纯和静穆的宏伟这些古代精神？二、要不要把形式主义作为妨碍文学达到高峰的主要敌人来反对？三、要不要无条件地把人民性作为一切真正伟大艺术的根本性批评标准？三条中第一条是最根本的，因为违背了这一条而去标新立异，必然导致"形式主义"，而形式主义是与人民性的精神背道而驰的。因此否定第一条的结果必然是"反现实主义"的。而第一条规定的审美标准乃是先人亚里士多德所制定、温克尔曼所概括、而为黑格尔老人所钦定的，因而是颠扑不破的。我们看到，在布莱希特的笔记里，他主要是针对第二、三条进行思考和回答问题的，而后来他把他的理论探索和创作实践凝练为"非亚里士多德"的"新诗学"即《戏剧小工具篇》的时候，则主要是逆着第一条展开的。

显然，把上述20世纪30年代的论争归结到美学上，是一场"亚里士多德"与"非亚里士多德"之争，其最后结论将取决于两种审美意识的消长，而新旧审美意识的交替和更迭需要很长的过程，短期是不能奏效的。所以卢卡契的几次攻势都不能速战速决，而只能不了了之。

卢卡契在论战中所持的基本态度和观点如何？

作为理论家，卢卡契是长期操马克思主义枪法的，这几乎比他所有的论敌都略胜一筹，因而他等于占据了一个有利的"制高点"。然而马克思主义本身并没有赋予每个操持者以决胜权。关键在于操持者是否真的懂得这支"枪"的性能和本质。从这个意义上讲，卢卡契尽管算得上是操马克思主义枪法的老手，但未必是好手，至少在与布莱希特的论争中，表明他的枪法不够准确，具体地讲是偏离了历史唯物论和唯物辩证法的"准星"。

首先，卢卡契全盘否定"先锋派"是不符合20世纪西方文艺运动的实际的。20世纪30年代，当卢卡契在左翼内部一次又一次向"先锋派"发动攻势时，都是以势不两立的姿态出现的。他那两篇重头文章《表现主义的兴衰》和《现实主义辩》不仅以摧毁性的火力企图将“先锋派”的主要流派之一表现主义从政治上、艺术上一棍子打死，而且把现实主义以外的所有其他流派如象征主义、未来主义、超现实主义，甚至自然主义和印象派等统统捆在一起，扣上“反现实主义”的大帽子，大有“格杀勿论”的味道。卢卡契这里缺乏应有的马克思主义活的灵魂——具体问题具体分析的精神。诚然，现代诸流派的崛起不免泥沙俱下，糟粕不少。因此笔者并不认为卢卡契对现代派的批评都是妄加之罪；笔者不以为然的是他对各流派不分青红皂白“一锅煮”的做法，以及他对有的重要流派如表现主义（它涉及很多自己的同志）一笔骂倒的态度。例如，他说表现主义不仅“具有特别的反现实主义倾向”，而且“充满着这一时期的所有反动偏见，这些偏见使他们更易接受形形色色的反革命口号”。卢卡契这些所谓“反革命口号”指的是什么呢？——“抽象和平主义、非暴力思想、资产阶级的抽象批评、无政府主义幻想等等”。卢卡契还借他人之口骂表现主义艺术“是资产阶级艺术的死之舞蹈”，说它自以为表现的“事物的本质”是“腐烂之质”，等等。[1] 若不是出于偏见，这样偏激的话是不可能出自一个马克思主义学者之口的。众所周知，表现主义是欧洲现代主义诸流派中重要的一员，除了卢卡契批评得对的某些缺点外，它并不是一无是处的。因此需要具体分析。和一般其他流派一样，它是一个没有明确的组织纲领而只有共同艺术倾向和审美主张的流派。从政治态度讲，其成员无疑是庞杂的，左、中、右都有；从深浅不同地卷入这一运动的人来看，既有 G. 贝恩、S. 盖奥尔格那样的右翼诗人，有埃德施密特、品图斯和卡夫卡、魏德金德那样的持中间立场的理论家、小说家和戏剧家，更有贝歇尔、西格斯、沃尔夫、莱昂哈尔德、弗兰克、魏斯柯普夫和韦尔弗尔、德伯林、特拉克尔、凯塞尔等一大批左翼或激进的作家、艺术家和理论家。当然布莱希特、艾斯林等人早年也受过表现主义的熏陶，就看做同情者吧，这一批左翼和激进人物那时都是血气方刚的青年，有强烈的反抗资本主义的激情，当时思想上确实有混乱的地方，但发展倾向是好的，因为他们都有追求真理、要求革命的愿望。因此卢卡契把非主流的“混乱”当做这些

① 卢卡契：《现实主义辩》，译文见《卢卡契文学论文集》2，北京：中国社会科学出版社 1981 年版。

人的艺术的“世界观的基础”，是不公允的，应该说他们的艺术的世界观基础是“反抗”。正因为有这个基础，加上他们追求真理、要求革命的主观愿望，这些人的前六名后来都成了无产阶级革命家和德共党员，在民主德国大多还是重要领导人，如加上布莱希特，他们构成了德国现代无产阶级文学的基本面貌；后一批人至少在法西斯专政时期都经受住了考验。右翼中确实有像贝恩那样的个别人一度倒向了法西斯政权，但一两年后他就动摇了，而且先后被开除出纳粹控制的医师协会（1935）和作家协会（1938），甚至写作也被禁止。退一步说，即使他成了个法西斯死硬分子，那又能说明什么呢？偌大的一个没有统一组织的文艺队伍，有百分之几十的人投向共产党或进步力量，只有百分之几的人投靠了反动势力，为什么没有从前一种普遍性现象中找到合乎情理的逻辑，而恰恰把这后一种个别的例外当做结论，即把法西斯主义当做它必然的归宿呢？

表现主义的“狂飙”（有些表现主义者把他们的运动与18世纪70年代的德国“狂飙突进”运动相联系）几乎席卷了欧洲文化艺术的各个领域。1982年我国曾举办过德国表现主义绘画展览，初接触这类艺术的观众，在感觉“新、奇、怪”之余，品尝出“味儿”或领略出“奥秘”来的也还不在少数。如果稍稍越出德国范围，那么爱好美术的观众一定忘不了那位挪威大画家蒙克，尤其忘不了他那幅名画《呐喊》吧？艺术鉴赏者大概也会对奥地利的那位绘画大师柯柯施卡发生兴趣，会从他那幅名作《暴风中的新娘》中回味无穷。须知这两位巨匠都是表现主义者！音乐爱好者大概都知道被西方人推崇为20世纪最大的两位音乐家是谁；他们恰恰是两位表现主义者：勋伯格和斯特拉文斯基。前者所创造的十二音系在很大程度上丰富了音乐的表现功能；他不仅在和声上，而且在主题上、旋律上、动机上都革新了前人的乐律，使他的作品极为简洁又极富表现力。斯特拉文斯基把节奏从固有的要求节拍前后一致的桎梏中解放出来，使他的节奏给人一种推动感和兴奋感；他惊人地发掘出一整套常规乐器上潜在的新音响；他使用了变化多端的各种和弦，而且大量而自由地使用不谐和音，几乎把传统的作曲法翻了个新。再看建筑，现代建筑的开创者“包豪斯”学派就是在表现主义高潮中诞生的。这个学派的主要代表格罗皮乌斯所设计的“包豪斯”建筑学院教学楼，今天看起来固然平凡不过，但它奠定了现代建筑的新风格。如今，不管你愿意还是不愿意，这种新型的现代建筑在全世界如雨后春笋，正与人们的生活发生着密切的关系。试问：人类在20世纪所进行的这种种艺术创造和革新，都是毫无意义的胡闹吗？这种“胡闹”用一顶“形式主义”的帽子一扣就能解决吗？

表现主义运动只存在了14年（1910—1924），但它在各个领域所从事的艺术革新的努力和成就是不可低估的，它所提出的一些新的美学原则也是有探讨价值的。不管如何，表现主义的艺术实践和审美原则对20世纪的欧美文学甚至东方文学产生了深远的影响。今天的西方文学艺术普遍打上了它的烙印。世界第一流的作家艺术家往往从它那里汲取艺术养料，获得新的活力。随便举几个例子吧：在表现主义尾声中出生的联邦德国早夭的作家波歇尔特，第一个借鉴表现主义手法写成的剧本《大门外面》1947年一问世就一鸣惊人。另一位也是在表现主义尾声中诞生的，我国读者和观众相当熟悉的瑞士作家迪伦马特，他的戏剧和绘画的别具一格的艺术渊源也是与表现主义相联系的。甚至还可以在中国找到见证人。例如我国现代文学奠基者之一郭沫若曾经谈道，说他早年在写诗的爆发期所接受的影响中“有当时流行的新罗曼派和德国新起的所谓表现派”。而“特别是表现派那种支离灭裂的表现，在我的支离灭裂的头脑里，的确得到了它的最适宜的培养基”。因此在他译完了《浮士德》第一部之后，对于表现派作为“标语”的歌德那句“由内而外”的话“更感觉着骨肉般亲热”。[1] 看完郭沫若这些坦诚的自述，再回顾一下他当时提倡的创作主张：“直觉”，[2]再重温一下他的《天狗》等诗，则这位杰出文豪与表现主义的那种“共感”[3]是清楚不过的。需要指出的是郭沫若是在日本受到表现主义思潮的冲荡的。以上几个事例充分说明：表现主义当时确实像“狂飙”那样震撼了西方，也波及了东方。而今，作为流派它已不存在了，但它的艺术“细胞”仍有活力，它们广泛地“扩散”到当代的文学中。试想，如果表现主义被彻底否定，现代和当代的德国文学史将怎样写呢？恐怕连欧洲的现代文学史也会显得寂寥，色彩嫌

---

① 郭沫若：《创造十年》。
② 郭沫若1920年2月16日致宗白华的信。
③ 郭沫若：《自然与艺术——对于表现派的共感》。

少嫌淡的吧？郭沫若上面的话是作为教训讲的，他说后来"费了不小的努力"才"摆脱"了"表现派的影响"。然而，众所周知，决定郭沫若成为中国现代诗歌开拓者的，是在"表现派的影响"下所写的那些诗呢，还是"摆脱它"以后所写的那些诗呢？艺术这东西是非常奇妙的，有时是很难用言语说清楚的。20 世纪 50 年代，贝歇尔偶尔看到了几本当年表现主义的刊物《行动》，他觉得十分陌生。然而他在批评一些诗的缺点的同时，却被万戈迪斯的一首诗的奇异的艺术力量攫住，贝歇尔以惊讶的语气写道："在他的诗句的字里行间，迸发着特别的事件和感受。""这令人牢牢记住的、断断续续的、有时是开玩笑式的嘟嘟囔囔的声音，宣扬了一种奇异的情绪——时代的情绪。"[①]哦，如果不是这诗中有一种特有的魅力，还有什么能在这位老诗人、老共产党员和老革命家的内心中唤起他年轻时代对缪斯那种特有的恋情呢？

大潮涌来的时候，许多人不能自已，跃跃欲试，争当弄潮儿。曾几何时，大潮一退，慨叹上当者有之，评头品足者有之。但另一位表现主义运动过来人列昂哈尔德的两句话极有启发价值。1947 年他写道："今天如果有谁还按照表现主义那样来写作，那他一定是个十足的白痴。谁在当时没有这样做的，那他一定没有彻底而深刻地感受过自己的时代。"[②]

时代在前进，人们也在追求真理中进步，一批在表现主义运动中目标还不明确的"先锋派"，后来成了真正的先锋战士，他们的社会实践和艺术实践以及政治水平都跨越了表现主义那个阶段。20 世纪 30 年代在左翼作家内部，继续从事艺术革新，并主张总结和继承表现主义运动中的某些新鲜经验的人是有的（也是合理的），但完全像表现主义那样来创作的"白痴"恐怕找不出了。那么在这个时候，兴师动众地来清算他们的表现主义的过去，仿佛这是他们身上永远抹不掉的"原罪"，算这样的老账的必要性何在呢？"社会主义现实主义"的诞生和发展，难道不是靠它自身的特性和竞争能力，而是靠排斥别的流派而获得的吗？

---

① 贝歇尔：《诗的原理》，译文见《现代文艺理论译丛》第 4 辑，人民文学出版社，第 123 页。

② 莱昂哈尔德：《自述》，译文同上书，第 122 页。

其次,笼统地把布莱希特看做表现主义者是欠妥的。诚然,布莱希特是在德国表现主义盛行时期走上文坛的,表现主义的思想和艺术特征在他一生的创作中都留下了烙印。但是,这里需要强调的是,布莱希特就是在他的早期,即在他成为马克思主义者之前,就是一个显示了鲜明的独特个性的作家。他没有一般表现主义者那种不切实际的幻想,没有那种非理性的激情,他不赞成表现主义"人是善良的"一类抽象人道主义的说教。他的最早一部诗集《家训》单从文学意义上讲就是与表现主义论战的。书中可以看出,他在接受某些表现派如魏德金德、象征派如兰波等的影响的同时,更以简洁、明确而有力的语言,摒弃表现主义的某些艺术弊端:歇斯底里的喊叫、概念模糊、轮廓不清、语言晦涩……1919 年至 1921 年他常在《人民意志报》上著文批评表现派作品"宣扬一种没有人性的人",责难表现派作家托勒、鲁比纳等人鼓吹抽象的唯心主义倾向,指出他们的人物形象有公式化、概念化毛病。在他的两个剧本:《巴尔》(1918)和《黑夜鼓声》(1920)中,作者通过两个剧中形形色色的社会渣滓的表现,揭示资本主义制度是滋生罪恶的根源。20 世纪 20 年代末《三个铜子儿的歌剧》把这一主题表现得更为强烈,不过把他的主要人物改为专以行乞、抢劫起家的资本家,并指出"所有现代的企业家都是这样干的"。剧本指出了资产阶级本身就是罪恶,否认了它跟精神文明与道德有任何关系的可能性,驳斥了某些表现主义作家主张依靠某种抽象的"善"来改良社会的幻想。后来在与卢卡契论争中,布莱希特明确声明:"我不是表现主义者。"①并说:"对于许多人来说,回忆'表现主义'就想起自由放任的情绪。我自己当时的工作也是反对'自我表现'的。"②他认为表现主义"这个流派在某种程度上是充满矛盾的,不统一的,混乱的(它甚至把诸如此类的东西当做原则)。它充满着抗议(主要是软弱无力的抗议)。它的抗议是针对艺术表现方法的",但"抗议的呼声很高而不明确"。③ 他还说表现主义作家那种"不能自已"的"烦恼骚然"情绪,表

---

① 布莱希特:《表现主义论争》。拙译见《现代主义文学研究》(下),北京:中国社会科学出版社 1989 年版,第 951 页。

② 布莱希特:《现实主义理论之形式主义性质》。同上书,第 962 页。

③ 布莱希特:《表现主义论争》。同上书,第 951 页。

明“他们仅仅从‘文法’中解放出来,而不是从资本主义下解放出来”。他说今天许多人之所以不高兴看到表现主义被彻底砍倒,那是因为“有人会力图坚持适合于地主阶级的描写方法”①。这句话不免偏激,但它也道出了布莱希特自己对卢卡契彻底否定表现主义之所以持抵触情绪的理由。

最后,布莱希特对卢卡契的反驳是深刻有力的。卢卡契在全盘否定表现主义的时候,对一切形式上的努力都扣以“形式主义”的帽子。1932 年,他在批评奥特凡尔德尝试用新闻体创作的时候,也把布莱希特尝试的叙事剧作为“形式主义”的攻击目标,或者说,他批评那些无名小作家,本来就是“项庄舞剑,意在沛公”。这引起布莱希特很大的不安,并导致他的剧作在他生前在苏联一直遭受冷遇。诚然,表现主义运动中,一部分人确是存在形式主义倾向的,如 S. 盖奥尔格等,这方面布莱希特也是反对的。还有一部分人,甚至包括部分左翼成员,一味“反传统”,唯“新”是求,艺术上很粗糙。这种现象连当时的卡夫卡都很反感,他挖苦道:“他们今天的美,是为了明天的可笑。”②布莱希特也指出这是“脱离实际”的,因为这些“先锋……跑得很远,远得大军都看不见,因而跟不上”③。但也有像卡夫卡、乔伊斯、斯特林堡、奥尼尔特别是布莱希特这样一些进行严肃、认真而有价值的探索者。如果卢卡契稍许有点耐心和宽容,采取分析态度的话,那么这个问题上的分歧就不会存在。然而卢卡契缺乏一个新兴阶级理论家在文化艺术上应有的抱负。他把奴隶制时代后期产生的亚里士多德美学奉为万古不变的律条,认为“净化论是美学中具有普遍意义的学说”,它“必须成为艺术创作一个不断重新接受的主题”。④ 根据这一美学信条,在实践上他把现实主义作为文学的正宗,把 19 世纪的资产阶级批判现实主义视为文学的高峰,而巴尔扎克和托尔斯泰则处于这一高峰的绝顶,被他树为两个“样板”,借以衡

---

① 布莱希特:《现实主义理论之形式主义性质》。拙译见《现代主义文学研究》(下),北京:中国社会科学出版社 1989 年版,第 962 页。

② G. 雅诺施:《卡夫卡谈话录》。译文参见《卡夫卡对我说》,长春:时代文艺出版社 1991 年版,第 38 页。

③ 布莱希特:《现实主义理论之形式主义性质》。拙译见《现代主义文学研究》(下),北京:中国社会科学出版社 1989 年版,第 960 页。

④ 卢卡契:《美学的特性》(上)。

量、检验此后的文学,合之者“伟大”,忤之者“衰退”。他不顾现实主义概念的历史限定性,理论上规定它为“一切文学的基础”,实践上却以写实主义的风格为皈依,凡是不符合这种风格的,哪怕不同凡响地表现了现实,也斥之为“形式主义”。同是内心独白,在托马斯·曼是“技巧”,在乔伊斯则是“颓废”;同是鬼气森森,在19世纪是“伟大的现实主义作家”(如对E.T.A.霍夫曼的评论),在20世纪则是“非艺术,甚至是反艺术的”(如对“先锋派”的评论)。于是,卢卡契的现实主义模式成了一道无情的闸门,把20世纪以后的“非亚里士多德”审美规范的文学统统排除在外。这里牵涉到一个哲学命题:文艺的理论或规律是怎么产生的?是先有理论或规律,还是先有创作而后才有理论?全部文学艺术历史的事实都支持后者。作为一个号称懂得了唯物辩证法的马克思主义者,而且是无产阶级文艺运动的一个领导者,对于新的现实所提出的新问题,或者说对于20世纪所出现的这样巨大而复杂的文学艺术新现象岂能掉头不顾或大帽子一扣就算了事?这就无怪乎布莱希特用了尖刻的语言称卢卡契是“艺术法官”。

围绕现实主义问题,布莱希特以唯物辩证法的思想武器,集中在以下三个问题上精辟而有力地驳斥了卢卡契的僵化教条。

第一,什么是“现实主义”?布莱希特给现实主义下的定义是:“揭示社会的错综复杂的因果关系;揭露社会占统治的观点不过是统治者的观点;站在以解决人类社会最紧迫问题为己任的那个阶级的立场上写作;强调发展的因素;使事物呈现为具体,又概括为抽象。”这五点的前三点指的是内容,第五点是形式,第四点是观察内容和形式的原则。布莱希特和卢卡契关于现实主义的争论焦点主要集中在后两点,尤其第五点——形式问题上。布莱希特认为,现实主义的含义应该是随着时代的发展而变化的,因此,形式是多种多样的。他说:“如果我们想要生气勃勃的、战斗性的、被现实完全抓住又充分把握现实的、真正大众化的文学,我们就必须与急速发展的现实步调一致。”因此,“面对改变着现实的人民,我们不可拘守那些‘行之有素’的叙事规则,备受推崇的文学典范,永恒不变的美学法则”。他认为,由于时代是发展变化的,现实也不断在改变。而“要改变现实,则表现方式必须改变”。只要从表现现实并为现实斗争服务出发,那就“要使用一切手段,不管旧的还是新的,行之有素的,还是未经尝试的,来源于艺术的,还是来源于其他的，只要艺术化地把现实交到人们手里就行”。因此，判断一部作品是不是现实主义的，“我们只能根据每一部具体作品，把它对生活的表现与被它所表现的生活本身相比较”，而不是与某一部现成的，被称为“现实主义”的别的作品相比较。布莱希特反对把现实主义仅仅当做形式上的事情，反对把现实主义与写实主义等同起来，认为这样做会使现实主义“绝育”。他打了个比方说：“要是我们今天的小说家屡屡听到：‘我们的老奶奶可不是这样叙述的’，这会使我们大惑不解。就算这位老太太是现实主义者，假设我们也同样是现实主义者，那么我们就非同我们的祖母一样讲法不可？”[①]他进一步指出：“如果我们只接受死者的形式，那就意味着没有一个活者是现实主义者了。”[②]在这里，布莱希特把“形式主义”的帽子奉还给卢卡契；如果不顾那“不断改善着的社会环境所不断提出的新的要求，坚持旧的传统形式也是形式主义”[③]。他尤其强调指出，要“防止一种批评的形式主义”。所以布莱希特大声疾呼：“不要只准许艺术手段的发展只到1900年为止，从此就不准再发展了。”[④]布莱希特的这些见解尖锐而深刻，表现了艺术战略家的眼光。

第二，“先锋派”的艺术可以吸收吗？前面已经提到，20世纪30年代的论战，是从卢卡契反对青年作家布莱德尔、奥特瓦尔德尝试采用某些现代手法开始的。晚年卢卡契承认了个别现代主义作家如卡夫卡等创造了“有意味的艺术”。但在20世纪30年代，在吸收“先锋派”艺术方面是不允许有讨论余地的。与卢卡契的态度相反，布莱希特对这个问题的回答是肯定的。他的总原则是：“一切阻碍我们穷究社会因果关系的形式必须抛弃，一切有利于我们穷究社会因果关系的形式必须拿来。”[⑤]他认为这是一个真正现实主义者应有的态度。在他看来，表现主义运动不应仅仅被看做是一个“恼人事件”，是一次“出轨”，从而“贴一张标签了事”，“对一个好学而务实的

---

① 布莱希特：《表现主义论争要注意实效》。拙择见《现代主义文学研究》（下），北京：中国社会科学出版社1989年版，第955页。

② 布莱希特：《人民性和现实主义》，同上书，第957页。

③ 布莱希特：《表现主义论争》，同上书，第951页。

④ 布莱希特：《表现主义论争要注意实效》，同上书，第955页。

⑤ 布莱希特：《表现主义论争》，同上书，第952页。

现实主义者来说,这里有许多可学的东西”。具体地说,他认为“先锋派”创作中出现的“内心独白”、“蒙太奇”以及“同时记录、大胆抽象、快速组合”等等人类根据新的时代内容创造出来的、行之有效的新技法,都是值得重视和吸收的。例如乔伊斯所创造的“内心独白”绝不是某些人以“肤浅”的眼光看到的那样,它“是一种十分难于运用的技术性手段”,没有一定的“匠心独运”是不行的,我们队伍中不是也有的作家使用“内心独白”很成功吗?如图霍尔斯基的剧作我们对他的评价就很高。布莱希特提到,像表现主义作家恺撒、施泰恩海姆、托勒、戈林等人那里“都有可供现实主义者收获的东西”。他认为学习这些人的艺术比起学习巴尔扎克和托尔斯泰来要容易得多,因为后者“所处理的是另一些任务”。这一席经验谈熔铸着布莱希特成功的秘诀:视野高远、广采博纳。这也是一切有作为的艺术家的共同特点。纵观当代国际第一流的现实主义作家、艺术家,他们的成就中,几乎都或多或少地包含着先锋派艺术的养料。例如:联邦德国作家伯尔,意大利作家莫拉维亚,美国作家贝娄、杜斯·帕索斯,哥伦比亚作家加西亚·马尔克斯,墨西哥大画家西盖罗斯,意大利艺术巨匠古图索,法国名画家富热隆,智利艺术大师万徒勒里……现实主义艺术本身的这一发展趋向是不利于卢卡契的。今天在我们这里,有的论者强调“内容和形式是不可剥离的”,拒绝对现代艺术形式的借鉴,这样的看法未免太无视当代世界文艺运动的实际了。

第三,艺术允许不允许实验?从人类艺术发展的宏观角度看,20世纪欧洲文学艺术领域的“先锋主义”运动是人类一次大规模的艺术实验。如果我们排除那大量的、但并不代表主流的平庸或赶时髦的作家和作品,就会看到一批执著的艺术探险者和殉难者:卡夫卡为了达到“至高的艺术境界”,抛弃了婚姻,毁掉了健康;乔伊斯为了探索新的表现手段,忍受着贫穷的煎熬、出版界的长期拒绝、政府的禁止,甚至遭受官司的打击;现在我们又看到:布莱希特为探索既适应时代风尚,又适合于无产阶级需要的戏剧风格和马克思主义美学的新体系,付出了多么艰辛的劳动,又承受着多么巨大的压力。对于布莱希特来说,吸收和运用新的表现方法和技巧并不意味着任意模仿或照搬,他主张通过实验途径,在具体创作实践中加以切实解决。他认为与其“禁止文学运用当代人所获得的技法”，不如“用蜜蜂那样的孜孜不倦的科学精神去探索：如何在具体创作实践中使这样的新技法与艺术相适应”。“这样就要经历一些实验阶段。”（他曾著《论实验戏剧》一文，对这一问题详加阐述）既然是实验，失败是难免的，甚至多数都不能如愿。因此，布莱希特不无感慨地说：“在艺术实践中……作品的失败是多么容易，因为要它成功是多么地难！”为此他提醒“我们的形而上学论者们，必须注意这一点”。对于这些“形而上学论者”来说，自然科学的实验哪怕失败五百次也是值得赞扬的，而艺术实验只要一次失败，就得受到口诛笔伐！在他们心目中，艺术压根儿就不需要有什么实验，否则就是在走歪门邪道。这恐怕是导致公式化、概念化，有时甚至弄得艺术园地百花凋零的重要原因。那么对于失败，布莱希特是怎样看的呢？他是以一个新兴阶级的进取精神和革命者的探索态度来对待这一问题的，他指出：“失败是必须承认的，但不应从失败中得出结论说，再也不应进行什么斗争了。”[①]因为“我们将这样地来鼓励发明创造的勇气”。因此布莱希特理直气壮地指出，我们这样做这样说不是在“抛弃理论”，而是“在建设理论，我们阻止一种仅仅从描述和解释现存艺术作品中产生的理论，从这些艺术作品中抽出一些纯形式的准则，去指导还有待于创作的作品”[②]。布莱希特的这番话说得入木三分，对于那些不了解创作甘苦而轻易进行干涉的“形而上学论者们”不啻是一帖清凉剂。

卢卡契无疑也是马克思主义批评家，他的许多理论，包括20世纪30年代论争中的某些意见也是正确的。但在审美领域，他的许多观点缺乏时代感和现实感，他基本上是旧艺术的鉴赏家和守护者，而不是新形式的开拓者。他毫不考虑他所崇尚的19世纪的艺术对于20世纪的人的审美心理是否还有百分之百的吸引力，却一味强加给别人；他也不考虑那么多同时代作家、艺术家在形式上的探索和努力是否也有值得尊重的地方，却一概予以否定。这种形而上学的教条主义学风，搞创作的人是最腻味的。布莱希特则

① 布莱希特：《现实主义理论之形式主义性质》。拙译见《现代主义文学研究》（下），北京：中国社会科学出版社1989年版，第963页。

② 布莱希特：《表现主义论争要注意实效》。同上书，第957页。

是遵循无产阶级的战略方向来看待艺术问题的，他指出：新兴的上升阶级所指明的艺术发展道路“不是回头路”。不是要它“跟好的旧事物相连接，而是跟‘坏’的新事物相连接。不是把技巧削减，而是要把它扩充”。所以布莱希特在笔记中对卢卡契的文艺批评写下了总结性的看法：尽管卢卡契的文章有那么丰富的知识，阐述的原则也大多是健康的，但他总“给人这样的印象：他所关切的仅仅是欣赏，而不是斗争、出路，不是前进”①。

布莱希特的美学思想与时代同步

艺术作为上层建筑的一部分，是一定时代的经济基础的反映，并以一定的形式或审美形态与那个时代的内容相适应。尽管人的审美要求由于民族、地域与文化素养等因素的不同而呈现出千差万别，但它们总是以某种相对统一的趋向随着不同的时代而变迁。因此，每一个时代，都有某种特定的审美风尚和审美特征。这种审美风尚一旦形成，时代就将淘汰一批旧的审美观念的维护者，同时推举出一批新的审美观念的表达者（这“淘汰”与“推举”之间往往是一个剧烈斗争的过程）。一个作家能够跻身世界大作家之林，原因之一，往往是他的作品不仅反映了民族的特点，同时也体现了时代的精神和审美要求。

20世纪是科学技术加速度发展的世纪，也是社会的阶级关系发生巨大变化并且爆发了“十月革命”和两次世界大战的惊天动地的世纪，与此相适应，也是人类的审美意识发生了大跨度的划时代变化的世纪。可以说，美学史上还没有出现过两个相邻的世纪各自所代表的审美观念如此泾渭分明！布莱希特作为一个世界性的大作家，其引人注目之处，是他的戏剧理论和美学思想除了其明确的阶级性以外，还有其鲜明的时代性。而卢卡契否定布莱希特的艺术探索之所以是错误的，就在于他看不到或不承认这种带有时代特征的审美观乃是一种合理的存在，它不是以任何个人的意志为转移的。

布莱希特首先是从今天科学技术的迅猛发展受到启发，捕捉到时代的

---

① 布莱希特有关盖奥尔格·卢卡契的文章（这篇文章在布莱希特的笔记里没有标题）。拙译见《现代主义文学研究》（下），北京：中国社会科学出版社1989年版，第959页。

审美信息的。他认为,在这个有着巨大发现和发明的“科学时代”,随着一个个大自然的奥秘被揭开,许多原来人们不认识的“黑暗领域”被打开了,从而大大扩大了人们的眼界,使他们看到了世界是“可变的”。于是精神状态发生变化,成为掌握自然命运的“新型的人”或“科学之子”。这样的人,他们的娱乐(即审美趣味)也是和前人大不一样的。于是,“人们开始追求科学时代的戏剧”①。因此,布莱希特感觉到,作为艺术家,仅仅“享受”前人的“全部风格”是“不合时宜”的,而且也“太不够用了”。因此他着眼于“发现我们自己时代应有的娱乐”。在布莱希特看来,新的时代存在着、产生着美的新内容,然而迄今我们还没有完全发现它们,因此他认为,在今天已经证明我们比前人更有能力获得这种美的时候,“难道我们不应该怀疑自己还根本没有发现这种特殊的娱乐”②吗?布莱希特的这些论述反映了他作为伟大艺术家的识见。确实,新的时代内容孕育着新的美感。布莱希特的美学思想是马克思主义世界观运用于文艺实践的产物,也可以说是一个马克思主义者对于美的新的信息、新的特征的感受和捕捉的产物,正如他所说:“我们的大部分享受是从别的源泉汲取来的,而不是由喷涌在我们面前的源泉汲取来的。”③

那么,布莱希特通过观察和实践发现了哪些新时代的美(娱乐)的内容呢?作为马克思主义者,布莱希特是个阶级论者,他对于被压迫人民的解放怀着极大的信心和兴奋之情,他认为新时代的美首先体现在“解放的欢乐”之中。具体来说,即“一切进步,在生产中导致社会改造的每一摆脱自然束缚的解放,人类按照新的方向所从事的一切改善他们命运的尝试,在文学里不管作为成功或者失败来描写,都赋予我们一种胜利的或亲切的感情,使我们享受到对万物都可改变而感到的喜悦”④。《高加索灰阑记》中两个农庄共庆那块有争议的谷地友好解决的场面以及“贱民”阿兹达克当了法官为平民主持公道、申冤解气等情景,确实让人享受到这样的欢乐和喜悦。

---

① 布莱希特:《戏剧小工具篇》“前言”。译文见《外国现代剧作家论剧作》,张黎译,北京:中国社会科学出版社 1982 年版。下同。

② 布莱希特:《戏剧小工具篇》第 11 节。

③ 同上书,第 12 节。

④ 同上书,第 69 节。

在布莱希特看来,随着科学奥秘一个又一个被揭开,人们越来越从愚昧、迷信和宿命观念中解放出来,求知欲越来越强。因此,新时代美的又一个重要内容存在于求知欲之中。他认为,"探究事物的爱好"是一种愉快,一种美,因为"这是一种要掌握世界的愿望"。所以,"让当代这一具有伟大发现和发明的时代从文学作品中得到享受,这是必要的"[①]。也许出于这样的必要,他向我们贡献了《伽利略传》等杰作。当然,掌握世界的愿望不仅限于自然界,无疑也包括人类社会。所以布莱希特在激发观众的求知欲方面,如何启发人们"穷究社会的因果关系",脑筋显然动得更多,不仅戏剧创作,甚至他的小说、诗歌也不例外。例如他的名诗《一个读书工人的疑问》等。

布莱希特发现的第三种美的新内容蕴涵在辩证哲理之中。布莱希特认为,旧戏剧、也就是戏剧性戏剧只是让观众被动地接受、感受甚至忍受舞台上表演的一切,现代的叙事剧则可以通过"间离法"激发观众能动地进行思考的兴趣,而辩证逻辑的思维尤其令人愉快。他说:"科学时代的戏剧能使辩证法成为享受。"[②]为此,布莱希特写了好几篇关于辩证戏剧的文章。他甚至说:"戏剧成了哲学家的事情了……也就是说,戏剧被哲理化了,含有教诲意义了。"[③]晚年他干脆把他的叙述剧称为"辩证戏剧"。这一"哲理化"倾向普遍地体现在他的创作中,最常见的是譬喻或象征意味,这已被公认为布莱希特艺术的主要特征之一。如他的叙事剧《例外与常规》、《圆脑袋与尖脑袋》、《四川好人》、《大胆妈妈和她的孩子们》、《潘蒂拉老爷和他的男仆马蒂》、《高加索灰阑记》等莫不如此。布莱希特明确主张:叙事剧的"事件必须陌生化,事件的表现越简明越好,因此最适宜的形式莫过于譬喻了"。苏联学者金格尔曼认为:譬喻是间离的首要因素。"譬喻使布莱希特的艺术成为强烈、简练而避免了精描细画。"[④]因此,我们常看到布莱希特的

---

① 布莱希特:《娱乐剧还是教育剧》。译文有改动,译文参见《布莱希特论戏剧》,丁扬忠译,北京:中国戏剧出版社 1990 年版,第 75 页。

② 布莱希特:《戏剧小工具篇》第 77 节。

③ 布莱希特:《娱乐剧还是教育剧》。译文见《布莱希特论戏剧》,同上书,第 73 页。

④ 金格尔曼:《论布莱希特戏剧》,译文见中国社会科学出版社 1984 年版,第 73 页。译文有改动。

有些剧作中人物没有姓名,地点也不指明,目的是为了突出象征性,为此布莱希特还要求演员表演事件和人物时要注意概括性和普遍性,以便使它们"最终必须适合更多的事物,而不是只适合发生的事物"①。那么他是怎样把"辩证法变成了享受"的呢?不妨把《大胆妈妈和她的孩子们》咀嚼一下,是不难嚼出味儿来的。这个剧的表面主题显然是:不义的战争带给小人物的只能是灾难;小人物想要在战争中牟利只能毁灭。但如果从哲学上加以概括,那么剧的主题又似乎是女主人公身上的善与恶的矛盾:作为"妈妈",母性(善)要求她养好四个孩子。为了孩子她不惜冒险随军经商,而作为随军女商贩,牟利欲(恶)又要求她献出四个孩子。于是这个戏的辩证法主题的情趣是:"大胆"女商贩卡瑟琳是"大胆妈妈"卡瑟琳的死敌;它的画外音是:母性与随军生意不能共存。布莱希特的"辩证逻辑"在他的名剧《四川好人》中表现得还要生动和深刻:沈黛想和大家共同过好日子,不惜用靠屈辱的营生赚来的钱救助世人,但世人却把她当做摇钱树,弄得她活不下去。她迫不得已换了一副"表哥"的面孔,以心狠手辣处世,日子又好过了。剧本揭示的辩证逻辑是发人深省的:在人吃人的私有制社会里,"弱肉强食"是基本法则,一个人单靠"善"能够自立吗?

布莱希特发现的第四种美的新内容来源于现代社会关系和现代的生活内容的变革之中。随着劳动阶级纷纷登上历史舞台,千百年来被旧的戏剧舞台排斥的或歪曲的劳动者在改变自己非人命运的同时,也改变着自己的形象。他们要求在舞台上取得应有的地位。于是"科学时代的戏剧被赶入贫民窟",以便让那些"创造大量财富,然而却难以维持生活的广大群众","在这种戏剧中借助自己的严重问题开展有益的娱乐",而戏剧也将"借助一切足以使生产者感到开心的东西",以向他们提供"新式的娱乐"。② 与此同时,随着科学技术的飞速发展和社会化大生产的出现,人类的生产活动和改造自然的规模空前扩大,社会"能够享受它的壮观景象"。同时人类生活的国际联系日益加强,活动内容日益广泛、丰富和复杂,使艺术或美的源泉更加深广:"石油、通货膨胀、战争、社会科学、家庭、宗教、小麦、牲畜买卖都

① 布莱希特:《戏剧小工具篇》第65节。
② 布莱希特:《戏剧小工具篇》第23、24节。

成了戏剧表现的对象。”于是形式的疆界被突破，社论也可以搬上舞台，甚至也可以不要舞台，短小精悍的“轻骑兵”大街小巷皆可存身——只要群众能得到娱乐，即美的享受。

现代化的物质条件所带来的舞台技术和舞台美术的革新，也使布莱希特发现了美的新内容，它们体现在这些技术条件之中：灯光装置的不断改进和完备，幻灯、电影和字幕的广泛采用，道具与音响工具的不断改进，布置吊装与拆卸的机械化和转台的运用等，都给叙事剧形式的完美创造了有利条件。布莱希特说：“通过科学技术上的成就，已经使舞台能够给戏剧演出穿插进叙述性的因素……利用幻灯，通过电动装置使舞台更有变换能力。还运用电影，凡此一切都使舞台装备更臻完美。”布莱希特认为，世界的有机性日益加强，纽约今天发生的事情与柏林、莫斯科同一天发生的事情是有密切关系的，而这种空间的广远与时间的契合性通过叙事剧形式利用现代的技术条件是可以表现的，而旧的戏剧形式则不可能。布莱希特十分重视电影的出现，尤其注意电影的“蒙太奇”剪接技术，这对叙事剧形式的建立是个有力的促进。因此他十分赞赏同时代德国小说家德伯林的这句话：和戏剧结构形式的作用相反，人们可以把叙事性作品用剪刀剪成一块块，每一块照样具有生命力。“我作为艺术家不利用一些科学就没有办法。”

他民族艺术的启发和借鉴也是布莱希特美学思想的重要来源之一。世界上各民族的艺术从来都是在互相交流、影响中互为促进的。有些时候，此时此地的艺术在这里已显得陈旧，而对于别的民族却显得新颖。布莱希特是一个真正的“好学而务实的现实主义者”。他向往东方特别是中国的艺术是人所共知的，20 世纪 30 年代中期，正当他潜心探索叙事剧的“间离法”表演技巧时，途中有机会观赏到中国京剧的表演，为之倾倒。他发现中国戏曲运用虚拟的表演技法正是他所追求的陌生化的间离法，观众欣赏演员精湛表演的同时，又可观察和思考舞台上陈述的事件。其他如舞台布景和道具的写意化、象征性特点也符合他的理想。以后他陆续写了《论中国戏曲的间离法技巧》等多篇论著，对中国戏曲艺术加以总结，以充实和丰富他的“间离法”理论。这在他的《四川好人》和《高加索灰阑记》等剧中是明显不过的。布莱希特也受到欧洲 19 世纪小说艺术发展的启发，他注意到“20 世纪的资产阶级小说发展了相当多的‘戏剧性的因素’”，那么今天的戏剧为什么不能发展成叙述性的形式呢？布莱希特追溯到古希腊的戏剧，从中吸取了序幕、合唱、尾声等形式，运用于自己的叙事剧表演方法中。他也采纳欧洲文艺复兴和启蒙运动时期的戏剧经验，学习它们苍劲有力与稳定凝重的特点。他甚至还从中世纪戏剧中吸取了朴素而有力的方法以及叙事的、粗犷的、非个人的因素。总之，作为一代新风的开拓者，布莱希特所形成的富有时代感的艺术观和美学思想不仅新颖独特，而且还呈现出它的丰富性和多样性，表现了这位艺术大师广采博纳的精神。

如果说，布莱希特在他的代表性美学著作《戏剧小工具篇》中提醒我们要“怀疑自己还根本没有发现我们自己时代应有的娱乐”，是为了要我们去“发现”或捕捉新时代的美的信息的话，那么在同一著作中他要求“探讨一下，什么样的娱乐才适宜于我们”，则是表明他要建立一套新的、符合时代需要的艺术形式和美学原则了。我们看到，他是朝着与亚里士多德相反的方向去努力的。亚里士多德在其《诗学》中阐述的主要戏剧理论是“净化论”，它以唤起“恐惧或悲悯”为主要审美原则，根据这一原则建立的戏剧是以环环紧扣的紧张的戏剧情节为基础的“戏剧性戏剧”。与此相反，布莱希特毕生的创作实践，始终都在致力于破除这一行之有素的感情共鸣说，建立一种以激发理智为最高要求的“叙述体戏剧”，手段是“间离法”或“陌生化效果”，即在艺术表现上要把熟悉当陌生，把常规当例外，让人们在惊异中引起思考。为此他要求推倒一个世纪以前自然主义戏剧运动在舞台与观众之间竖起的“第四堵墙”，主张演员不要“进入角色”，不要与观众“打成一片”，总之要消除舞台幻觉。——他在走一条“非亚里士多德化”的道路。

这是一条美学上“反传统”的道路。就是在这条道路上，我们看到布莱希特与卢卡契又遭遇了！在这一场合，双方有一个共同点，就是双方都把亚里士多德的“净化论”作为普遍的美学原则加以反对或坚持，而且都不仅限于悲剧或喜剧。卢卡契认为，“‘净化’是一个伟大的示范性过程”，这过程在任何艺术作品中都是以同样方式进行的。因此在他看来，一部作品的“最内在的本质”就是它的结构，这在任何时代都是一样的，不可改变的。他在《历史小说》中宣称，无论在莎士比亚的笔下，还是在古希腊人的笔下，伟大艺术的原则都是一样的。在评论马卡连柯的《通向生活之路》中，卢卡契对“净化论”阐述得更为详尽，指出社会主义社会对“净化论”这一遗产不仅从美学上，而且从伦理上都是必须予以重视的，因为文艺作品中所引起的“净化”事件存在于人的道德危机之中，人可以在文艺作品中发现他在现实生活中未曾发现过的“羞耻”。因此他认为，“‘净化’涉及人的本质”[1]。由此看来，卢卡契不是把改变社会及其建立在私有制基础上的经济结构作为改变人的前提，而是把个人放在抽象的“善”与“恶”的“内省”经验中，这是唯心主义的辩证法范畴。无怪乎晚年卢卡契感到有必要进行一番解释：为什么他在阐述“净化论”时，总是谈论“生活的批判”，而不是“社会的批判”，似乎多少有些意识到在这问题上离开了唯物辩证法。

与卢卡契相反，在布莱希特看来，亚里士多德的“净化论”是一个“神秘过程”。因为它根据传统的心理事件，把问题诉诸个人的“内心空间”，机械地要人们“认识你自己”，而不是首先“认识社会关系”。因此它不能作为任何艺术作品结构的基础。事实上，布莱希特正是为了反其道而行之，才别出心裁地创造了“间离法”，以阻止人们“迷醉”于戏剧情节，被动地变成舞台事件或人物的俘虏，继续接受那些谬误的传统观念的熏陶；而叫人们保持警觉，随时以批判的眼光来对待舞台上展示的事件，摆脱习俗观念的束缚，认识社会的可变性，进而起来推翻反动阶级的统治。但布莱希特的“间离法”，不单单建立在“距离”上，而且也建立在“距离”与“共鸣”的辩证关系中。

在围绕亚里士多德这一“遭遇战”中，第二个回合表现在如何取得对现实的反映上。卢卡契提出了“典型化”的理论，想把它作为社会主义现实主义的灵魂。然而，他始终看不到也提不出社会主义现实主义与资产阶级现实主义之间“典型化”的本质区别。他给“现实主义者们”规定的“双重任务”是：第一，“思想上揭示这种（现实）关系”，并且塑造形象；第二，“取消抽象”。[2] 这里卢卡契又不知不觉地犯了个形而上学或机械唯物论的错误：他把内容和形式的关系弄颠倒了，他先设计好形式，而在形式方面被他排除在外的技法，诸如蒙太奇、譬喻、陌生化、纪实体、打破情节和打乱时空顺序等又何其多。而布莱希特首先要问的则是现实，那千变万化、不断发展的现

---

① 卢卡契：《美学的特性》下册，柏林，1963 年版，第 868 页。

② 卢卡契：《现实主义问题》，柏林，1955 年版，第 221 页。

实，一切形式或艺术手段都为现实——在当时首先是阶级斗争的现实所决定和利用的。布莱希特在这里又表现了他的唯物辩证法的立场。

“非亚里士多德化”的主张非自20世纪始，但20世纪它形成一股相当大的思潮。这是人类审美意识变迁的结果，表明时代在刷新亚里士多德美学。因此我们朝着这个方向继续走去，仍在“新、奇、怪”的领域，即文学艺术中的现代主义者们热衷于探寻的领域也发现了布莱希特的足迹，从而看到了布莱希特的美学思想与现代主义的某些共同特征，尤其在“新”和“奇”上，如果进一步观察，还可以叙述得更具体些。例如：思想内容的哲理倾向，表现手段的间离主张，人物形象的“非英雄化”，对现代题材的强调，对弃繁从简的兴趣，对东方艺术的爱好，等等。如果把这些特点概括为一种写作方法，那么它们属于“表现法”，它自20世纪以来在西方普遍流行，而且在不断向更高范围扩展。这一事实说明，布莱希特所捕捉的上述审美信息，是适应了现代人的审美心理的。这也说明，他已充分注意到20世纪的人的审美思维与19世纪以前的人已有了显著的不同。

无论作家还是批评家，及时捕捉时代的审美信息，研究审美风尚的新特点，注意人类审美意识变化的趋向，这是至关重要的问题。然而卢卡契与布莱希特相反，他恰恰无视这一问题。这不能不说是他的文艺批评和美学理论工作的一个失误。导致这一结果的原因之一是他在遗产问题上的片面性认识。诚然，历史的发展是有连续性的，任何时候拒绝遗产的继承都是错误的。在这一点上，布莱希特反对当时的左翼理论家阿多诺和马库斯的做法，这两人的“反传统”是从轻视遗产出发的。但布莱希特也不赞成卢卡契的态度，后者把遗产强调到与创新对立，而且仅仅是把巴尔扎克、托尔斯泰和托马斯·曼这一批判现实主义的传统当做“形式的模式”，强令今人削足适履。布莱希特被传统吸引的范围更宽，他更重视古希腊雅典民主制时期政治讽刺喜剧家阿里斯托芬和资产阶级上升时期那些富有奇想或讽刺意味的作家如莎士比亚、拉伯雷、斯威夫特、狄德罗、莱辛、伏尔泰以及中国和拉丁美洲的古代文化艺术。他认为这条线索的艺术对于表现现代生活可供借鉴的东西更多。卢卡契对于斯威夫特等人也不反对，不过对他们的评价比较空洞。他们没有构成卢卡契艺术鉴赏和审美思维的渊源。至于异域文化在卢卡契那里是没有地位的。然而这一切都还不是引起布莱希特在这个问题上对卢卡契疑忌的根本原因,根本原因是卢卡契把遗产问题与政治问题混为一谈,就像他把表现主义与法西斯的上台相联系一样。卢卡契认为:“为遗产的斗争是反法西斯主义的最重要的意识形态任务之一。”[①]这一原则成为20世纪30年代现实主义的基本前提,对不同意见的左翼作家造成不小的压力。

卢卡契对批判现实主义文学的绝对化显然使布莱希特失却冷静,使他对这个文学流派的评价不够公允。虽然他也声称他“很赞赏”巴尔扎克、托尔斯泰等人,因为“他们在处理另一些任务时”是成功的,因此“也可以向他们学习”。但他在肯定这些作家时,总令人感到抽象。尤其对卢卡契竭力推荐的德国最大的批判现实主义作家托马斯·曼简直有些粗暴。这当然跟托马斯·曼前前后后的某些政治表现有关。据民主德国文艺批评家密滕茨威披露:早在20世纪20年代布莱希特就把曼看做“是资产阶级那些矫揉造作、语言空洞、并且毫无用处的书籍生产者中一个有成就的典型”,而且言辞刻薄地宣称:“我公开承认,与其要我理解《魔山》[②]……毋宁我自己掏钱来禁止某些书的产生。”[③]原来在这之前,托马斯·曼曾致函凯塞林公爵(也是作家),要求“德国保守主义充实精神生活”,以此与当时革命青年作家对立。后来在筹建“自由德国委员会”问题上,曼采取拖延和拆台的态度。尤其是1943年曼曾写信给一起流亡在美国的布莱希特,说他把“摧毁那个容克、军人和大企业家联合的罪恶势力”的一切希望都放在“真正的、纯洁的德国革命上”[④]。而差不多同时,曼在致美国外交部副部长贝勒的信中却又宣称:像他这样的人物在战后的德国不应该卷入繁乱的建设工作,云云。这使布莱希特感到愤怒。然而,像托马斯·曼这样的作家正是卢卡契“人民阵线”政策思想中的中心人物。而在布莱希特看来,这恰恰是卢卡契统战工作的失误。

---

① 卢卡契:《命运的转折》,柏林,1956年版,第69页。

② 《魔山》,托马斯·曼于20年代完成的第二部名作。

③ 见论文集《与卢卡契的对话与分歧》,莱比锡,1975年版,第180—181页。

④ 托马斯·曼:《1937—1945年书信集》。

布莱希特的美学思想与新兴阶级共脉搏

布莱希特的时代观念包含两个内容:一是"由科学所决定的""人类共同生活"的联系日益紧密;二是新兴阶级即工人阶级及其他劳动群众开始成为时代的主人。这构成布莱希特美学思想的另一重要特征:鲜明的大众性。

细心的读者一定会注意到,布莱希特作品都不以上层阶级人物为正面主人公,他们出现时都被撕去"尊贵"的面纱,令其暴露出狰狞、丑恶的面目,而一切精神上高尚的人物都是下层的老百姓。作者是让"被损害者"的眼光来观察这个世界秩序的颠倒现象的。在古今文艺作品里,反映社会的不公,表示对被侮辱与被损害者的同情者,不胜枚举。但是布莱希特懂得,推翻旧世界是必须以启蒙、教育为前提的,自己的艺术如果能为此目的发挥作用,那么它比笔下洒泪要有意义得多。在这个意义上,我们毫不夸张地说:资产阶级的叛逆者布莱希特是被压迫阶级的代言人,是以自己的笔为武器参与改变世界的实践家。

布莱希特自觉将马克思主义文艺理论运用于艺术实践和理论建树。他一生都在贯彻马克思的这一思想:问题不仅在于解释世界,而且在于改变世界。他的全部文学艺术活动和努力都旨在让人民认识"世界是可变的",从而起来推翻这个不合理的旧世界。如何认识呢?他认为启发群众阶级觉悟的最大障碍,是千百年来剥削阶级传统观念的束缚,也就是马克思所揭示的:"统治阶级的思想在每一个时代都是占统治地位的思想。"①这句名言可以说是布莱希特的座右铭,因此他把它作为现实主义定义的主要含义之一。他独树一帜的"间离法"正是为此目的而呕心沥血创立的有效手段。

布莱希特看到,"剧院从来都是一个阶级的娱乐场所,这个阶级在自然领域是不乏科学精神的,然而却不敢将人类关系的领域引进戏剧中来"。因此,少数无产者仍然在用"旧式的娱乐"来调剂他们那不幸的生活。② 针

① 见《马克思恩格斯全集》第3卷,北京:人民出版社1995年版,第52页。

② 布莱希特:《戏剧小工具篇》第31节。

对这种不正常的现状，布莱希特认为，我们要以“被损害者的名义来说话”。[1] 他提出，“立即把我们科学时代的戏剧赶入贫民窟，在那里它将公开地把自己委身给创造大量财富，却难以维持生活的广大群众，以便让他们在这种戏剧里针对他们的严重问题，开展有益的娱乐”[2]。如何把戏剧“赶入贫民窟”呢？这里涉及的不仅是内容方面的问题，而且还涉及形式的革新和创造问题，也就是如何满足“贫民”即广大劳动群众的欣赏能力和审美趣味的问题。他指出，“我们要向人民说话，就必须为人民理解”[3]。因此“在许多方面我们必须学会发现他们需要什么，怎样需要”。布莱希特认为，“科学时代的戏剧”要获得“蓬勃的发展”，要靠这些劳动群众来推动。在社会生活和生产劳动中，“一切足以使生产者感到开心的东西”都是他们“娱乐的源泉”。例如：解决问题过程中得来的智慧，出于对被压迫者的同情而激发的“有益的愤怒”，对于人性尊严的尊重，有生命力的社会性事物的产生，甚至连江河咆哮时的壮观景象都能给劳动者带来“必要的娱乐”即美感。

由于布莱希特是从无产阶级革命斗争的需要出发的，这一根本立场决定了他的艺术理论的通俗性和美学思想的大众性。如果说，表现法是我们观察布莱希特美学思想与现代主义共同性的基本着眼点，那么大众性构成布莱希特美学思想与现代主义审美情趣的基本歧异点。现代主义在突破旧的审美原则、开拓新的审美途径、丰富艺术表现手段方面具有不可忽视的成就。但现代主义各流派就其主要艺术理论纲领而言，他们没有超越资产阶级思想体系，没有看到新兴阶级的兴起及其历史作用，否认艺术的社会功能，对待传统怀有虚无主义的偏激情绪，他们没有推倒艺术的唯心主义哲学前提，往往把艺术创作看做纯主观的“自我表现”或“纯真的心理动力”，也很少与劳动群众的需要相联系。因此他们的作品往往是纯粹的“阳春白雪”，与接受对象之间存在着相当大的距离。例如，T. S. 艾略特的《荒原》、詹姆斯·乔伊斯的《尤利西斯》、罗伯特·穆齐尔的《没有个性的人》等这些

---

① 布莱希特：《娱乐剧还是教育剧》。译文见《布莱希特论戏剧》，北京：中国戏剧出版社 1990 年版，第 76 页。

② 布莱希特：《戏剧小工具篇》第 23 节。

③ 布莱希特：《人民性与现实主义》。

堪称现代主义第一流作家的代表性作品都存在这一倾向。他们也许没有脱离时代,但他们一定程度上脱离了群众。在上述种种缺陷上,布莱希特给予了马克思主义的光照,使他自己的戏剧理论与美学思想既具有时代色彩,又避免了上述弊端。经过长期的实践探索,他从各时期的古代艺术中吸取了对现代人的审美心理仍有吸引力的因素,又从现代的民间艺术中采纳了某些群众喜闻乐见的形式,他的创作基本上做到了"阳春白雪"和"下里巴人"的辩证统一,或者说雅俗共赏的效果。不能说他在这方面已经达到十全十美了,但他的出发点和为此努力的方向是对头的。

在大众化问题上,布莱希特与卢卡契也发生了冲突。布莱希特不按19世纪的现实主义模式行事,而偏要在它之外寻找既"合乎时宜"又适合人民大众的"娱乐"形式,这在卢卡契看来是"离经叛道"的行为,是"形式主义"的游戏,因而是与"人民性"的精神背道而驰的。布莱希特认为,人民性(Volkstum)不能只当做形式上的事情,它与现实主义是同属于一个范畴的,因此对大众化(Volkstümlichkeit)他也提出了五个标准:广大群众易懂;接受并丰富他们的表现形式;坚定地与他们站在同一立场上;代表人民中能担任领导的最先进部分,这样就使另一部分有可能看得懂;继承与发扬传统;将现在担任领导的那部分人的成就告诉给正在争取领导权的那部分人民。① 布莱希特指出,要大众化,形式只能越来越多,而不能越来越少;越来越新,而不能总是"仿效老法子"。他特别强调,"新兴阶级"给我们指出的道路"不是回头路,它不是跟好的旧事物相连接,而是跟'坏'的新事物相连接。不是把技巧削减,而是要把它扩充。人重新变为人,其途径不是脱离群众,而是深入群众"②。已故德共主席威廉·皮克对布莱希特这种面向群众的态度,给予了很高的评价:"他不仅是现代德国最伟大的戏剧家,同时也是普通劳动人民的喉舌和教师。"著名德国文艺批评家汉斯·马耶尔也指出:"布莱希特是个富有'平民性'的作家。在这一论争中,卢卡契唯19世纪现

① 布莱希特:《人民性与现实主义》。

② 布莱希特:《盖奥尔格·卢卡契》(笔记。题目和书名号为苏尔坎普出版社《布莱希特文集》编者所加),下同。

实主义是尊,脱离时代,也脱离群众,无怪乎人们称之为僵化的新古典主义。"①

卢卡契为什么在布莱希特面前止步

人类对于美的认识也像对真理的认识一样,往往是从少数人开始的。在这方面,学问的多寡,资历的深浅并不起决定作用。有时相反,学问小、资历浅的人反而充满着对美、对真理的渴望和追求,而学问多、资历深的人则自以为已"阅尽人间春色",在新事物面前麻木起来,这大概就是所谓知识老化或思想僵化吧。——卢卡契是不是也属于这后一类人呢?

卢卡契与布莱希特在20世纪30年代的那场纷争,当时可能烽烟滚滚,金鼓齐鸣,一时难分胜负。现在,经过了半个世纪的时间沉淀,我们从远距离去看,粗线条的轮廓则是清楚的:真理在布莱希特一边。这也是国外很多学者的共同看法。但也有个别学者,以"坐山观虎斗"的态度,罗列大量材料,此亦一是非,彼亦一是非,各打五十大板:这个理论素养高深,那个理论"十分肤浅";这个强调遗产过分,那个反对遗产走极端……然而,从实质上看,难道不是这样:一个拒绝按老模子来生产某一种格式的,而且是老式的产品,一个则要根本阻止生产没有见过,但富有时代感、多样化的新产品;一个是无产阶级作家队伍中仅有的艺术开拓者,他以自己大量的创作实绩和理论建树来实现他的伟大艺术抱负,为本阶级的文艺园地增添了新花色、新品种,也为这个园地的存在和发展探索了新路子,积累了新经验,一个在无产阶级队伍中也不愧是杰出的理论批评家,但他丰富的理论知识却缺乏新鲜感,没有能为他毕生为之宣传的"社会主义现实主义"提供新的表现手段;一个坚信自己是马克思主义者,他敢于在经典作家的艺术视野之外,探悉20世纪的审美信息,为发展马克思主义美学作出了切实的贡献,一个更认为自己是马克思主义者,但他只能在经典作家的艺术视野之内,来诠释马克思主义。如今,时间老人似乎也作了评判:40年代后,卢卡契开始悄悄认

---

① 赛·伊斯特万:《从"伟大的现实主义"到现实主义》,(匈)《文学史通报》1980年第2期,李孝风译,下同。

输，他在原来的阵地上步步后撤，先是承认布莱希特的“伟大”，后是修正自己关于先锋派的僵硬看法，甚至要把卡夫卡“列入现实主义作家的家族”①。从另一条平行线上，也可以看到卢卡契的输局：苏联和东欧社会主义国家在对现代主义的文学艺术抵制和封锁了10年、20年之后，也不同程度地采取“开放”政策。布莱希特呢？生前和死后他在国际上的名声与影响与日俱增，他的论争笔记的发表更激起巨大反响，进一步提高了他作为马克思主义者的形象。

卢卡契在这场论争中的失败有他的主观原因，也有客观原因。从客观原因说，发动这场论争，未必出自卢卡契的初衷，只是他的理论权威和官方身份使他扮演了这么一个发难者和指挥者的角色。匈牙利文艺批评家赛尔达海伊·依斯特万曾以丰富的第一手材料，对卢卡契的学术思想发展做过详细的调查和研究。根据他1980年在《文史学通报》第2期上发表的文章称，卢卡契是倡导“自治艺术”而反对“鼓动艺术”的（但他对“鼓动艺术”采取“一刀切”的简单化的方法是不对的）。1932年以前，卢卡契曾认为现实主义是一种风格，因此用其他非现实主义的离奇、梦幻等手法创作的作品也可能是“伟大的”。1932年4月23日联共发表关于《重建文学艺术组织的决议》，解散了所有无产阶级文艺组织，19世纪现实主义风格有成为官方钦定的倾向。此后卢卡契便改变观点，把现实主义作为一种方法来使用，从此“伟大的艺术”便只有独此现实主义一家了！20世纪40年代初，卢卡契曾一度被捕。此后他的现实主义定义又有反复。以前他常挂在嘴边的“伟大的现实主义”中的“伟大的”这一定语不见了。1945年他发表《马克思主义美学导言》一文宣称：“马克思那种现实主义观点是完全可以与诗人最放纵不羁的幻想和平共处的。”1948年又发生决定性的转折，从这年起，他在论文集《现实主义问题》中，又规定“现实主义本身不是风格，而是每一种真正伟大文学的共同基础”，现实主义成为“基本的美学问题”。因此这本集子里讲的又都是“伟大的现实主义”，但在前言中却“虚晃一枪”，说“现实主义并没有风格上的限制”。如此等等。

从主观因素说，可以归因于卢卡契世界观本身的矛盾。他和布莱希特

① 卢卡契：《批判现实主义的现实意义》，德文版，第534页。

一样,都是从资产阶级家庭背叛到无产阶级队伍中来的,但他比布莱希特年龄大十几岁,他原来的资产阶级世界观基础更深,没有彻底转变,就过早地在革命队伍中担负了重要职务,所以很快犯错误,受到列宁的批评。此后,他理想中深藏着的资产阶级民主主义专政的阴魂久久不退,他把资产阶级现实主义风格理想化,绝对化,便是这种政治思想在文艺上的反映,他从唯心主义转到唯物主义却没有断根,机械唯物论、“非白即黑”的形而上学论时有表现。此外,他受无产阶级文化派极“左”思潮的影响也未能得到彻底克服,他在学术思想上有时表现出绝对化,批判运动中表现出以势压人的作风,都可以看做这些病根的作祟。

卢卡契第二个主观弱点表现在他的审美趣味的狭隘。他的评论很少涉及电影、诗歌、绘画和雕塑,他的注意力集中在小说方面,曾著有规模颇大的《小说理论》。美国评论家 F. 詹姆逊作过论证,认为叙事文学构成卢卡契文艺理论的中心内容。卢卡契对于 19 世纪小说的研究是卓有成就的,这方面可以说少有人能与之匹敌。然而,19 世纪文学艺术达到高峰不仅仅有现实主义的小说,在音乐方面肯定没有第二人堪与浪漫主义风格的贝多芬抗衡,在绘画方面恐怕也很难有人能与浪漫派首领德拉克洛瓦竞雄。作为一位美学家把这样一些重要的、标志着一个时代的艺术现象排除在他的视野之外,这至少说明了他的理论带有以个人审美趣味为转移的偏向,同时又受到他的鉴赏力趋于片面的局限。这种偏向和局限势必导致他的艺术视野的狭小。联系当时无产阶级正与资产阶级反动势力进行着“血与火的战斗”,作为马克思主义理论家,自己所倾注的热情却很少与本阶级在这一领域的奋斗目标相关。无怪乎国外有的社会主义国家的评论家指责道:“卢卡契对于那些停留在‘革命民主主义’思想领域的作家的兴趣远远超过对那些与其本阶级彻底决裂的作家的兴趣。”①卢卡契思想和理论上的这一弱点,布莱希特是看得很准确的,他一针见血地指出:“在卢卡契的文章中总还隐藏着投降、倒退的成分,乌托邦和理想主义的成分(他一定会克服它们),所

① W. 密滕茨威:《布莱希特与卢卡契的论战》,见民主德国《内容与形式》1967 年第 1 期,第 243 页。

以他的论文尽管包含那么多有价值的知识，却总不能尽满人意……”①

卢卡契的又一个弱点，是他从书本到书本，缺乏自己的创作实践，又不重视别的同时代作家的创作实践，不能体验创作的甘苦，这使他的理论缺乏新鲜感和活力，带有某种学院味。布莱希特则摆脱了因袭的负担，胸怀阶级之志，立足于创作实践，同时尽量吸收他人的长处。他的理论是他从长期的艰苦探索和创作经验中总结出来的，也可以说是以大量的代价换来的，因此是他自己的血肉的结晶，它们丰富了人类的艺术宝库，并且大大发展了马克思主义美学。卢卡契的艺术偏见使他忽视了这样一个简单的真理：马克思主义美学的发展不是靠搬用那些书本中的现成公式或律条所能奏效的，它的发展主要是依靠像布莱希特那样的艺术探索者和实践家。然而卢卡契在很长时间内对布莱希特的艺术追求和成就视若异端。这里让我们借用一下卢卡契的朋友豪塞尔对他的评价：“卢卡契作为艺术哲学家和美学家，其重要性是巨大的”，但当他“把某个人看成重要的艺术家或诗人时，其判断几乎经常是错误的。”②看来，卢卡契当年没有卷入表现主义运动与其说是他的幸运，毋宁说是他的憾事，至少他“没有彻底而深刻地感受过自己的时代”。也就是说对于这场巨大而复杂的文艺运动的长处和短处的“个中之味”，他都缺乏体尝。为什么他对论敌发的箭镞甚多，而中的者甚少？盖因他不是“旧营垒”的“过来人”，在很大程度上缺乏发言权。

风暴年代的真理追求者的真诚随时经受着考验，时间的河流往往很快就洗清事物的真伪。卢卡契最后承认布莱希特的伟大，但始终不理解他。

这两位政治上的同志，矛盾始于20世纪20年代末，30年代初双方都接受了马克思主义的暴力革命学说，完成了与资产阶级的彻底决裂。但经过20世纪30年代的几次论争，关系更趋紧张，尤其在后一次论争中，布莱希特甚至致函《发言》杂志主编W.布莱德尔，抱怨卢卡契以“资产阶级颓废主义”标签把他打入瓮中。1941年，两人在莫斯科见了面，鉴于世界大战的战火已经点燃，第一个社会主义国家正处于严重关头，两位巨人握手言和。在

① 布莱希特：《盖奥尔格·卢卡契》。拙译见《现代主义文学研究》（下），北京：中国社会科学出版社1989年版，第959页。

② 见赛·伊斯特万：《从“伟大的现实主义”到现实主义》，载（匈）《文学史通报》1980年第2期。

1947年和1948年的布莱希特日记中，不止一次地看到“读卢卡契”这类字样的记载。卢卡契的态度也缓和了，1953年他在《德国近代文学史略》中终于提到布莱希特的名字，说他的创作是“一种有趣的、富有智慧的形式实验”。1963年在这本书的英文版前言中承认二次大战后才熟悉布莱希特的“伟大著作”，只是环境不允许把这一新的认识写下来。卢卡契毕竟是个马克思主义者，他的态度之诚恳是无可置疑的。晚年他想将他的理论从某种僵化的桎梏中挣脱出来的企图和努力也是看得出来的。然而晚矣！他的审美观念已经定了型，要想改变，谈何容易。1956年布莱希特逝世时卢卡契为他作的悼词完全反映了他并没有理解无产阶级艺术革新家和《戏剧小工具篇》的作者布莱希特：

> ……他的企图是要改造群众，即他的作品的观众和听众，而这是亚里士多德的“感情净化论”的最深刻的真谛。按照莱辛的正确理解，它是鼓舞观众提高道德水平的娴熟技巧。由于布莱希特想要实现并在他最好作品中已经实现了这一点，所以布莱希特是一个真正的戏剧家。他是继易卜生、契诃夫、萧伯纳之后，以现实的内容，用一种从这些内容中所生长起来的形式为我们的时代提出了这一“永恒”问题的作家。①

这真是南其辕而北其辙了。布莱希特若地下有灵岂不啼笑皆非！死者几乎用了毕生的精力从事叙事剧创作和理论探索，正是为了打破亚里士多德的“感情净化论”，作为他的理论结晶的《戏剧小工具篇》和其他著作，曾详尽地阐明了这一点。可见卢卡契就是“有条件”时也没有认真阅读布莱希特的著作，至少没有正确理解它们的精神实质。因而他始终没有，也不可能承认布莱希特在美学上对社会主义文学所作出的杰出贡献，更不能认识布莱希特在马克思主义美学史上的地位。因此说来不无讽刺意味：一个在总体上不愧为马克思主义的杰出理论家和美学家，恰恰在一个最富有创造性的马克思主义艺术天才面前止步了；他笃信传统美学的色盲症使他完全忽略了一个同时代、同语言的杰出的世界性大作家。而失去这个作家意味着失去一个时代。这对卢卡契的美学理论不能不说是个重大的缺陷。

---

① 见《与卢卡契的对话与分歧》，莱比锡，1975年版，第161页。

这一多少带点戏剧性的现象不禁使我想起近代德国文化史上另两位巨人。一位是歌德，这位其感受力过人的绝顶聪明的美的创造者，也是个音乐爱好者和鉴赏家，他对 18 世纪 50 年代以前，也就是在他出生以前的以巴赫、亨德尔为代表的巴洛克音乐以及此后的以海顿、格鲁克、莫扎特等人为代表的古典派音乐有着很深的爱好，但他却不欣赏 19 世纪初涌现的一批具有崭新风貌的音乐大师如舒伯特、韦伯、柏辽兹、帕格尼尼等，他们突破了古典派的传统风格，开创了新的浪漫主义音乐的一代新风。受过法国大革命精神洗礼的革命民主主义者贝多芬成为这一新风格最勇猛、成就最卓著的代表者。从我们今天的眼光看，浪漫派音乐比古典派表现力丰富多了。但歌德与贝多芬尽管有友谊往来，却把这位"交响乐之父"与别的浪漫派音乐家当做"新技术家"等闲小看，甚至把贝多芬称为"在井口上手舞足蹈的疯子"。

另一位是代表德意志古典哲学伟大时代的黑格尔，他对人类美的王国的耕耘、探寻和表述几乎是无与伦比的，尤其在古希腊文艺和德国古典文学领域。然而，他也因感情进入太深而不能自拔，似乎也患了"唯古典文艺是美"的职业性色盲症。他竟断言说，人类的美到歌德时代已经"表达尽"了，"歌唱完"了。"更美的艺术无论现在和将来都不可能有。"听听他的陈述吧："没有荷马、索福克勒斯、但丁、阿里奥斯托或者莎士比亚会在我们的时代出现。如此伟大地歌唱过的，如此自由地表达过的，已经表达尽了；这一切材料和观察理解的方式已经歌唱完了。只有现今是新鲜的，其他一切都已黯然失色。"①因此，黑格尔对 19 世纪初兴起的浪漫派和批判现实主义文学艺术都持贬抑态度。

这两位站在两个世纪之交的门槛上，在某种意义上说是旧时代美的化身的巨擘，都对他们刚刚经历过的美饱尝之后"高山仰止"，五体投地，而对刚刚出现或尚未出现的美傲慢无礼，一概否定。然而，历史老人却偏偏那么公正，未等他们的话音消失，就奉献出贝多芬、德拉克洛瓦和巴尔扎克这样一些更新、更高的美的代表者，来证明武断者的短视与褊狭。卢卡契始终没

① 转引自俞晴：《艺术与时代》，见《美学》第 3 辑，上海：上海文艺出版社 1981 年版，第 186 页。

有摆脱黑格尔的幽灵，当他把19世纪的批判现实主义的小说推上“绝顶”的时候，又把黑格尔那句“更美的艺术无论现在和将来都不可能有”的断语奉为金科玉律，他只是补充一句“但是有更高的艺术”。请注意，他说的是“更高”而不是“更美”，说明卢卡契始终不相信新的时代会有更美的艺术的。

歌德、黑格尔、卢卡契——这些了不起的美的探索者和表达者，尽管他们都是人类少有的天才，但一旦他们的思想对某一种美的形态表示了倾慕并投注了热情之后，他们原来极为灵敏的大脑就长起茧来，对别的形态的美产生排他性。因此他们一一都在新的美的发掘者面前止步了。这是不是一条规律呢？或者说，是不是一条历史的教训呢？

原载《外国美学》1987年第3期，原题“从两种不同的审美观看布莱希特与卢卡契之论争”

欧洲近代文学史上革新派与古典派的三大论争

纵览文艺发展的历史，会看到各个时代活跃在文坛、艺坛上的大致是这么两类人：一类致力于在前人基础上的提高、完善，一类则着眼于在常规以外的探索、开拓。前一类人往往按这样的逻辑结束他的艺术生命或学术使命：他以自己创造性的努力对某一时代的美的形态作了一番充实、修整，从而树立了自己的权威以后，他自己的头脑似乎就被这种形态的美的信息量所饱和，因而再也摄入不了任何别的美的信息。于是他就把这种美的形态封闭起来进行种种规范，作为美的最高典范和永恒不变的法则让后人仿效和遵从。这一类人在近代的欧洲被称为"学院派"（因为法国自文艺复兴以来有个官办的法兰西艺术学院，被选入这个学院就等于艺术法官）。后一类人则看到世界的无限性，确信艺术创造和探索的多种可能性，因而承认美的流动的长河中没有什么永恒不变的法则；他也看到前人垒起的高峰的辉煌，但没有把这辉煌视为他前进的畏途，相反，它激发他产生一种超越高峰的激情和力量，因而他同时也看到前人的不足和缺陷与新的时代特点形成的差别日益醒目。这两类人或者由于不同的文艺观和审美观，或者由于不同的文化心态，常常引起直接或间接的摩擦和论争——不是前者向后者发难，就是后者向前者挑战。但总的看，以前一种情形为多。这种论争，从文学艺术史上看，往往有先进与守旧之间的对立的性质，因而必然有胜有负的不同结局。但如果一种论争，只要是出于观点的不同，而不是出于门户的私见，则这种论争客观上都会对文艺的发展起推动作用，它们留下的有关文献，也会给后人以启迪，并丰富着文艺理论的宝库。

本文就试图将欧洲文艺复兴以来几次较大的论争，包括 30 年代布莱希特与卢卡契之间的那场有名的论争串连起来重演一下，进而寻找它们之间的“同构点”,也就是看看它们之间有没有规律性的东西,如果有,那么我认为对我们认识当今文艺理论和美学观点中的一些分歧是会有参考意义的。

19 世纪以前的论争,在欧洲“近代”的开端即文艺复兴时期主要是新与旧的论争。但此后当人们把文艺复兴的美学规范确定为“主义”以后,直到现代主义兴起,论争就一直围绕古典主义进行。古典主义从 17 世纪首先在法国兴起和确立以后,在欧洲统治了整整两个多世纪,是一股很大的文艺思潮和审美风尚,戏剧、诗歌、造型艺术、建筑等无不受它的影响。文艺复兴的巨人们,为了“托古改制”,召唤古代的“幽灵”,想以公元前希腊罗马时代的艺术繁荣对照中世纪的禁欲主义,以便唤起人们反抗当时教会统治的黑暗,倡扬人文主义思想,其出发点是积极的、革命的。当时的出发点不过是想借用这个“幽灵”的外衣穿一下,借以吓唬眼前的敌对势力,文艺复兴的文学艺术巨匠们实际上并没有把古希腊文艺偶像化,无条件地顶礼膜拜,莎士比亚、薄伽丘、拉伯雷、弥尔顿以及艺术中的米开朗琪罗、达·芬奇、拉斐尔等人的名字便是富有说服力的证明。但不料这个古代的“幽灵”到了 17 世纪却受到了法国统治者的青睐,让它在法国“定居”下来:30 年代法国宰相黎塞留和 60 年代法国国王路易十四都把古典主义作家、艺术家奉为座上客。在最高统治者的直接干预下,经过一些诗人、学者的努力,古典主义确立了一系列的清规戒律,从思想内容到语言到风格都作了种种规定,它要求突出“理性”原则,即符合贵族阶级道德观念和思想风范;题材必须是古代神话故事、英雄传说、历史事件等,人物必须是帝王将相、公侯贵族、神话英雄,决不许平民充当主角;它要求人物举止要典雅,描写要“逼真”、“自然”(符合统治者的审美趣味和行为准则的即“自然”);风格要“宁静”、“得体”、“高贵”;语言必须简洁、洗练,各种体裁必须有自己的规范,例如戏剧必须遵循“三一律”的原则,悲剧和喜剧各自必须有严格的规定,不得写悲喜剧等等。古典主义者认为,这种种规定,都是美的永恒不变的绝对法则,必须传之永远。很明显,这种艺术法则和美学信条完全是封建专制主义统治的产物。但作为一个时代的审美风范,毕竟有许多天才为之消耗了毕生的智慧,所以古典主义在创作实践上也取得了可观的成就,出了一批在文学艺术史上将永远不会消失的名字和作品,如文学中的高乃依、拉辛、莫里哀(他是有一定叛逆意识的戏剧家)等和理论家布瓦洛等,艺术中的大卫、安格尔等,音乐中的海顿、莫扎特等，建筑中产生了巴黎万神庙、凯旋门、柏林宫廷剧院、华盛顿美国国会大厦等杰作。其中有的作家艺术家及其作品还宣传了人文主义思想，反映了法国大革命的精神。另外在不同的国家、不同的作家笔下情况也不一样，例如在德国，在歌德与席勒十年合作时期，他们也提倡向古希腊学习，但他们强调的是古代的人文主义理想而不是硬搬形式（虽然他们也讲究形式）。因此，恰恰在这十年期间，德国文学达到空前的繁荣。所以，学古人没有错，看你怎么学。古典主义作为一种写作方法，它本身也没有罪过（现在有的作家如瑞士的迪伦马特、英国的普里斯特利、德国的基普哈特等有时利用"三一律"原则也写出了优秀作品）；有过的是某些所谓"学院派"的古典主义权威，他们一味迎合宫廷贵族和上流社会的需要和趣味，不顾时代的发展，人们思想观念和审美意识的变迁，唯古典主义是尊，不许别人越雷池半步，违者必受查禁、攻击、排斥或嘲弄，因此它严重束缚和压制了文艺创作的发展，同时，这样做也使古典主义本身受到损害，使它变成没有生命力的形式主义。而这样，它势必同还在崛起的、充满活力的新兴资产阶级或市民阶级的要求（平民化、世俗化）发生越来越大的矛盾。因此古典主义理所当然地遭到代表这个新兴阶级锐气的启蒙运动战将们的反抗。

参加与古典主义斗争第一个回合的第一位斗士是来自古典主义故乡的法国人狄德罗，这是个既搞理论，又搞创作的思想家和作家。他肯定高乃依、拉辛等人的成就，但反对法国戏剧继续沿着为宫廷贵族服务的古典主义路子走，而主张看市民戏剧，即采用现实题材，使用日常语言，写普通市民的生活，以取代贵族大人物；写家庭，以取代宫廷。他反对古典主义的清规戒律、矫揉造作，强调自然，甚至宁可要点"粗野"。他甚至力劝作家们深入劳动人民的生活中去，要他们"住到乡下去，住到茅棚里去，访问左邻右舍，最好去瞧一瞧他们的床铺、饮食、房屋、衣服等等"①。这使我们联想到布莱希特在其代表性美学著作《戏剧小工具篇》中要求"走进贫民窟"的呼声，这在当时是十分难能可贵的。在古典主义戏剧还十分强大的情况下，狄德罗的创作实践和理论主张，动摇了古典主义的一统天下，扭转了法国戏剧凝固僵

① 见《朱光潜美学文集》第4卷，上海：上海文艺出版社1984年版，第277页。

化的局面,“把戏剧由古典型和封建性转到话剧型和市民性”①。同时推动了德国市民剧运动的兴起,而这一势头的进一步发展,又为易卜生型的现实主义问题剧开辟了道路。

启蒙运动中同古典主义论战的另一个阵地是德国,主将是莱辛。在莱辛之前,启蒙运动初期,有过一个具有人文主义思想的理论家和作家,叫高特舍德,他为振兴德国文化,著书立说,著作等身,树立了很高威望。但是他有个职业性的弱点:学究气较重,比较脱离实际,所以进入不惑之年以后,就无力突破德国那特有的坚固风习的重围,失去了应有的时代感。因此他徒有好多的愿望,却找不到正确的方法,比如,他想借他山之石来攻玉,却看不准这“玉”即对象,他只看到法国古典主义的辉煌,却发现不了它正在失去光泽,而他的对手——先是“苏黎世派”的波特默和布莱丁格,接着是莱辛,却从另一个邻国——英国文学中看到了方向:英国文学不但有既有现实主义精神,又带有浪漫主义倾向的莎士比亚,而且还有正在兴起的市民戏剧;它也许没有法国古典主义那种辉煌,但是它比后者更有活力,因而更有前途。然而,呼吸不到时代气息的高特舍德不顾日耳曼民族文学自中世纪以来感情色彩较重、想象偏于奇特的传统,硬要把比较符合拉丁民族那种讲究规则、推重理性的古典主义搬到德国来推行,为清除障碍,他主动出击,挑起论争;他一会儿攻击有神奇怪诞色彩的、意大利阿里奥斯托的《罗兰的疯狂》,一会儿攻击波特默翻译的、英国弥尔顿的《失乐园》,一会儿对莎士比亚不遵循古典主义表示轻蔑,自然,他的火力不会放过波特默的《论诗中的惊奇》这部著作,它与高特舍德那部步布瓦洛的后尘写出的《批判的诗学》是对立的。这三个几乎是同庚的论敌的论争,经过几个回合,以原来威望更高的高特舍德的败北而告终。他周围的拥护者们纷纷离他而去。但他在德国的影响及其形成的势力并未随着个别代表人物的失势而消失。所以,当莱辛在德国文坛崭露头角以后,仍不放过对高特舍德的批判。他指出,是骄傲和僵化阻碍了高特舍德取得更大的成就。莱辛在理论上同时进行着两条战线的斗争,一条是,通过写作《拉奥孔》在美学上阐明诗与画的不同界线,廓清包括苏黎世派和温克尔曼在内的不少人把诗与画混为一谈的错误观

---

① 见《朱光潜美学文集》第4卷,上海:上海文艺出版社1984年版,第280页。

点;另一条是,通过《汉堡剧评》,批判古典主义,推荐莎士比亚,为提倡现实主义,建立民族的市民戏剧鸣锣开道。莱辛的另一个伟大贡献是创作,与布莱希特一样,他的创作理论的实践,他的市民悲剧《爱米莉雅·伽洛蒂》和《萨拉·萨姆逊》以及市民喜剧《明娜·封·巴尔海姆》等在德国文学史上是划时代的杰作,它们第一次把古典主义作为正面人物的王公贵族赶下了舞台,让普通老百姓或曰市民成为舞台的主人公,这是战胜古典主义最有力的武器,莱辛因此为近代德国的新兴文学埋下了第一块坚实的基石。

启蒙运动与古典主义较量的初步胜利,为欧洲文学从古典主义过渡到浪漫主义架起了桥梁。19 世纪初,当浪漫主义崛起时,更是伴随着同古典主义争吵的大喊大叫。发难者总是古典主义者。浪漫主义运动出来应战的主将雨果还是来自古典主义的故乡——法国。论战延续了半个多世纪,从浪漫主义、现实主义直到印象主义。整个 19 世纪可以说都是艺术上动乱的世纪,对于古典主义来说真是祸不单行。由于浪漫主义的创作思想和审美趣味与古典主义的距离,比起启蒙运动与古典主义的距离还要大,所以这场论战更为激烈。序幕大概是从 1819 年浪漫派画家席里柯在沙龙展出、后来成为他的名画的《梅陀萨之筏》拉开的。这幅与古典主义信条大相径庭的杰作,立即受到 20 岁的德拉克洛瓦的喝彩,但它却激起了古典主义的卫士、当时学院派的首领安格尔的愤怒,他骂道:"我不要这样的'梅陀萨'! 我不要在解剖场上耀武扬威的天才!他们画的不是人,是死尸。他们就喜欢畸形,就喜欢恐怖。不,我不要这个!艺术应当美,艺术应当教人美。"其实,有哪个艺术家不认为自己是在创造美呢? 只是,时代不同了,因此美的观念和衡量的标准也改变了。古典主义者想以"不变应万变",他的肝火将是发不完的。

古典主义的堡垒在戏剧,所以它与浪漫主义的决战也就在戏剧方面表现出来,这就是 1830 年雨果名剧《欧那妮》的上演。由于该剧从剧情到表现手法处处与古典主义反其道而行之,触犯了古典主义观众的习惯口味,激起一片倒彩和怒骂。但它也启发了观众的思考,随着浪漫主义运动的发展,观众的审美趣味逐渐发生变化。八年以后,当再度上演《欧那妮》时,场上一片喝彩。在第一次上演《欧那妮》之前,1827 年,雨果写了剧本《克伦威尔》及其序言,这篇序被看做是浪漫主义运动的宣言,也是讨伐古典主义的檄文。序言中猛烈抨击古典主义的清规戒律,认为它只要求描写"崇高文雅"而不准写"丑怪粗野",这是违背自然法则的。他强调,自然中的一切都可成为艺术的题材。在《短曲与民谣集》序中,雨果指责古典主义者"把车辙当做了道路"。他指出,"诗人只应该有一个模范,那就是自然;只应该有一个领导,那就是真理"。

在浪漫主义与古典主义的论战中,主要是现实主义的司汤达也站在浪漫主义一边,参与抨击古典主义,撰写了著名的《拉辛与莎士比亚》一书。在该书第三章即"浪漫主义"一章中,他劈头就写道:"浪漫主义是为人民提供文学作品的艺术。这种文学作品符合当前人民的习惯和信仰,所以它们可能给人民以最大的愉快,古典主义恰好相反,古典主义提供的文学是给他们的祖先以最大愉快的。"

经过这场决战,可以说古典主义在戏剧领域重整不起旗鼓了。但是在其他领域,比如绘画领域,其势力仍很强大。古典主义代表安格尔与浪漫主义首领德拉克洛瓦的论争仍在马拉松式地进行;不仅表现在对待浪漫派作品的问题上,而且还表现在对待其他流派的作品上,于是发生了现实主义画家库尔贝和印象派画家马奈的遭遇。前者于 1849 年展出了他的《奥尔南的午休》一画,受到古典主义观众的嘲笑,安格尔讥笑它为"不可救药"的"打油诗","一文不值"。四年后,库尔贝又展出他的《浴女》,拿破仑三世气得用马鞭猛抽油画。再过十年,1863 年,印象派的第一幅名画、马奈的《草地上的早餐》问世,又引起一场轩然大波,由于画面上几个画家与一个裸体的模特儿坐在一起,批评家们对之嗤之以鼻,骂作者不知羞耻,"蠢才","广告画家"等。又过两年,1865 年,马奈的另一幅代表作《奥林匹亚》即《维纳斯》展出,又得到同样的待遇。1874 年,贫穷的印象派同仁们举办了一次集体的画展,它立即被人们骂为"一座疯人院分号",甚至是"艺术上的无知暴徒与政治上的暴徒串通一气"。为什么这些作品的绚丽色彩和明亮的光线唤不起这些行家里手的快感呢?原来他们的审美趣味早已被古典主义强调线条与构图的信条定型了!无怪乎,同一幅《奥尔南的午休》,德拉克洛瓦看了立即向作者发出欢呼,称他是"真正的革新家",而安格尔却那样疾恶如仇!库尔贝的大逆不道在哪里?除了内容以外,他不过少了些古典绘画那种众神的仙气,而增添了些人间的烟火味或世俗感与现实感。艺术的内容新鲜了,技法增加了,更便于为普通人观赏和接受了,这有什么不好呢?但偏偏有人反对！从这里我们可以理解,什么叫文化专制主义。人们可以自慰的是,仅仅过了一个世纪,曾经被安格尔们咒入地狱的那些作品,都成了不朽的无价之宝,在神圣的卢浮宫姐妹宫奥赛博物馆里,牢牢占据着自己的位子。而那些讥笑过、诅咒过它们的人,除了安格尔,堪与媲美者,而今安在?

然而,19 世纪以前那两场大论战的幽灵是不会随着论战的过去而走进历史的,它仍在 20 世纪游荡,它决不会让我们安宁,因为不安宁乃是宇宙的法则,地球的常态。只要文艺继续向前发展,它在一定时期内,总要使一部分人的传统价值观念和审美习惯受到破坏,使原来的理论受到挑战,因此而引起争论。20 世纪以来,随着现代主义的兴起,传统的艺术方法和审美规范受到极大的震撼,互相间的摩擦和争吵从来就没有停止过。30 年代,发生在布莱希特与卢卡契之间的两派之争,我认为就是国际文坛上的这种争论在左翼作家队伍内部的集中反映。现在的问题是,这场论争也是革新派与古典派之间的矛盾引起的吗?或者说,还是上两次论争的历史延续吗?我的回答是倾向于肯定的,而且认为这是革新派与古典派三百年历史大论战的尾声。

第一,从上述两次论争看,古典主义者和维护古典主义的学院派的特点之一是,尊重前人远甚于今人。他们总是对前人高山仰止,习惯于在前人成就的基础上,推导出一套理论、规律,建立一种统一的艺术律条和美学法则,要求今人和后人永远遵从和仿效。好像“美”就到这里为止了。这种美学思想和文化观念的陈旧性与封闭性是显而易见的。殊不知,再美的对象,它所蕴藏的美的能量总是有限度的,这种能量必将随着时间的推移而日渐消耗并减少。卢卡契的现实主义概念及其美学理论是以 19 世纪批判现实主义的成就为基础的。人家“言必称希腊”,他则言必称巴尔扎克、托尔斯泰。巴和托无疑是十分伟大的。但再伟大,也不能取代后人的创造。何况伟大的作家历史上还大有人在:莎士比亚、歌德、但丁、塞万提斯……他们都是备受后世作家,包括现代作家所尊崇的“对话者”(迪伦马特语)。但卢卡契是以 19 世纪的批判现实主义文学为坐标,以巴尔扎克、托尔斯泰为最高典范来为现实主义下定义的。这就把现实主义定型化、模式化了,对于批判现实主义本身的研究来说，它是有其独到之处的，但用这样的理论来指导今天的创作，那不啻是叫20世纪的人去穿19世纪的鞋，真可谓“削足适履”。所以布莱希特大声疾呼：“请不要只准许艺术手段的发展只到1900年为止，此后就不准再发展了”①，并且指出：只固守某种已有的形式，那也是形式主义②。这话切中肯綮。这种形式主义同古典主义本质上是没有两样的。事实上卢卡契有的战友如库莱拉在争论中正是把古典主义美学原则作为武器来使用的；他在责难所谓“反现实主义”者的三条罪状时，借用温克尔曼概括古希腊文艺的那两句名言质问道：“古希腊文艺那种‘高贵的单纯与静穆的伟大’……我们都那么看的吗？”③

第二，卢卡契与布莱希特之争，实质问题不是要不要现实主义，而是现实主义要不要发展？是随着时代的新内容、新特点去发展，还是在原来的狭义概念上，即以写实主义为其审美特征的概念范畴内去发展？或者说，准许不准许现实主义可以有多种风格？对于一个具有创新精神的作家来说，回答无疑是前者。这也是符合马克思主义的历史唯物论观点的。布莱希特就作了前一种回答。他指出：时代是流动的……方法消耗着自己，魅力在消失，新的问题在出现，要求着新的方法。这就是说，由于时代内容的不同，反映每个时代的美的形态也必然不同，这表现在创作中，作品的形式和风格必然起变化。这方面争论的焦点是如何对待现代主义的问题；现实主义与现代主义是可以互相吸收的，还是水火不相容的？卢卡契与布莱希特彼此又作了相反的回答。卢卡契认为，现代主义（那时主要围绕表现主义）是“反现实主义”的，“颓废”的，因而是有害的。布莱希特则认为，优秀的现代主义作品，甚至包括像乔伊斯的《尤利西斯》也是现实主义的。这就打破了“模仿论”美学对现实主义的垄断。这一观点与二十多年后法国的加洛蒂提出的“无边的现实主义”实质上是相通的。谁的回答对呢？我认为布莱希特对。因为判断对、错的标准，是看哪一种观点和主张更有利于促进文艺

---

① 布莱希特：《表现主义论争要注意实效》，拙译见《现代主义文学研究》，北京：中国社会科学出版社1989年版，第955页。

② 布莱希特：《表现主义论争》，同上书，第951页。

③ 见苏黎世：《表现主义——围绕一场文学运动的斗争》德文版，阿尔歇出版社1987年版，第282页。

运动的发展。自从现代主义兴起以来，事实上在浪漫主义与现实主义之外形成了第三种审美形态的文艺，我称之为“泛表现主义”。这标志着现代诗学和美学的重大发展，它使20世纪的艺苑呈现出空前多彩的奇观，并引起现实主义自身的变革，使其焕发了生机，增添了活力。这是无可辩驳的事实。当然，现实主义和现代主义属于两个不同的美学范畴，各自都有不同的质的规定性，在这个意义上说，二者都是有“边”的。现代主义作为一个时代的产物，它以现代的人文观念为其哲学前提，以“表现论”美学为其审美特征。这是一种新型的文艺，是人类智慧和思维发展的一个伟大成果和重要标志。如果对现代主义一笔否定，那就意味着要把卡夫卡、普鲁斯特、乔伊斯、T. S. 艾略特、波特莱尔、里尔克、伍尔芙、福克纳等人的作品从图书馆里抽掉；把塞尚、凡·高、高更、马蒂斯、毕加索、达利、康定斯基等人的绘画从各地博物馆中撤掉；把德彪西、勋伯格、斯特拉文斯基、贝尔格、理查·施特劳斯、格什温等人的乐曲从千万盒磁带中毁掉；特别是要把已在全世界铺天盖地的现代型的高楼大厦（须知，它们正是现代主义运动的产物）从地球上统统拔掉，那么20世纪的世界将变得多么单调而老旧，20世纪的人类又将用什么去建造美学里程碑来区别以往的时代，并作为智慧的遗产留给下个世纪的子孙呢？

第三，理论与创作孰先孰后、孰主孰次的问题。理论与创作的关系，一如理论与实践的关系，创作是第一性的。所以瑞士著名作家迪伦马特说：“不是先有亚里士多德理论，而后才有古希腊悲剧，而是先有古希腊悲剧，而后才有亚里士多德理论。”①富有创作经验的前苏联作家爱伦堡也认为：理论从来不会越过成就，它总是跟在它们的后头；美学论著不是前言，而是后记。这话不愧是经验之谈。布莱希特首先是个创作家和舞台实践家，又是个致力于理论建设的艺术家，他的理论都不是从概念或定义出发，而是从自己和别人的创作实践中总结出来的。然而卢卡契则以为理论指导创作是天经地义的，而且停留在另一个时代，停留在“模仿论”美学占统治地位的时代，以模仿论作为审美价值判断的标准来衡量已经起了质的飞跃的创作

---

① 迪伦马特：《戏剧问题》，拙译见《现代西方艺术美学文选·戏剧美学卷》，沈阳：春风文艺出版社1989年版。

实际,衡量以“表现论”为审美特征的作品,岂不是牛头不对马嘴!这样的理论当然是指导不了现代人的创作的,因为它已领导不了时代潮流。理论能够指导创作只有在某些时候,在一定时期内是能够奏效的,那就是当一种新的理论带着时代的朝气应运而生的时候。例如弗洛伊德的精神分析学、尼采的悲剧美学、海德格尔和萨特的存在哲学等。但就是这些理论的时效也不是没有限度的。

第四,如何发展马克思主义美学。对待马克思主义从来都存在着这样两种不同的态度:一种是只停留在马克思主义经典作家的艺术视野之内来阐述马克思主义,一种则致力于在这些经典作家的艺术视野之外来探索马克思主义。卢卡契与布莱希特在这个问题上的态度又是相反的。就马克思主义理论的知识而言,卢卡契无疑要渊博得多。但知识或理论如果不能在实践中——在这里是创作中——激起反响,那便是死的知识,这种理论便是教条主义、本本主义的理论。事实上卢卡契的美学理论著作就带有某种书卷气,他用以支撑他的理论建筑的基础的知识不但显得陈旧(主要是19世纪以前的,很少联系当前创作),而且也反映了他的文艺兴趣和知识的狭窄(他只注意小说,很少涉及戏剧、诗歌、美术、音乐、舞蹈、电影等门类)。显然,这对于一个美学理论家来说不能不说是个缺陷。布莱希特在这方面的长处很明显,他是戏剧、诗歌、小说的创作家和舞台实践家,他十分重视时代的发展及其新的特点,善于捕捉时代的新的审美信息,注意探索我们时代人类共同的审美趣味,所以他的作品和理论富有时代感和新鲜感,因而能引起全世界的反响,成为人类共同的文化财富,也为马克思主义美学增添了新的活力。

第五,“艺术法官”的误区。文学艺术创作是一种最奥妙的思维活动,它跟作家艺术家本身的生活阅历、见解、气质等等有着密切的关系。作家只有在内在与外在充分自由的情况下才能进入最佳的竞技状态。作家选择什么题材,采用什么方法、形式、技巧,那是作家个人的事情。特别是20世纪以来,文艺家普遍主体意识增强,十分强调自己的个性,不尚前人或他人的创作成规。偏颇不能说没有。但卢卡契全面否定现代流派,并指责当代作家特别是左翼队伍内部的同人肯定现代流派(主要是表现主义)某些积极的成分,显然是不合适的。至于他以德国无产阶级作家同盟的领导身份秉承“第三国际”的“旨意”对上述左翼作家进行发难,造成一种攻势,甚至给对方扣上政治帽子,把表现主义与法西斯主义相联系,对被批评一方施加政治压力,更属“左”的行为。这就难怪连没有公开出面迎战的布莱希特都责备卢卡契是“艺术法官”了。创作方法和文艺思想问题使用宣判性的“法官”手段显然是不能奏效的,也是于文艺的发展不利的。如果说在 18 世纪的法国古典主义时期,这种“艺术法官”凭着他手中握有的为皇家所钦定的各种艺术的清规戒律,可以毫无顾忌、毫无阻拦地行使他的“法官”权力(因为那是专制主义时代),那么到 20 世纪,在文艺形式和风格已普遍呈现多样化并得到广泛确认的时代,这种“艺术法官”式的做法显然就不合时宜了。

总结欧洲文学史上革新派与古典派的几次论争,不难发现它们之间确有些共同的规律和特点,这对我们观察和对待现实中的某些论争显然是有参考价值的。

原载《文艺研究》1994 年第 4 期

含泪的笑
——论迪伦马特的戏剧美学特征

一种艺术，让你发笑，却不让你开心，而要你付出代价：沉重或痛苦，进而迫使你去思考，去回味；回味中又让你得到报偿。这种艺术实在是一种高超的艺术，而且是一种高级的艺术。享誉世界的当代瑞士戏剧家弗里德利希·迪伦马特(1921—1990)就是一位精于此道的杰出艺术家。

一位俄国诗人说过：没有痛苦成不了诗人，没有风暴像什么海洋。瑞士这个美丽安宁的“和平的绿洲”，长期以来与世无争，故文学上无法跟与她毗邻并语言相通的两个国家——德国和奥地利——相抗衡，有世界影响的人物寥若晨星。但瑞士毕竟是个欧洲国家，而且位于欧洲的中心，又是个多语种国家，不仅德意志文化，整个欧洲文化她都可以共享。因此，从文化背景上说，产生大作家也是可能的。这就不奇怪，二战以后，迪伦马特和马克斯·弗里施如一对耀眼的“双子星座”出现在欧洲的星空，而迪伦马特成了20世纪“继布莱希特之后最重要的德语戏剧天才”①。除了时代的因素外，自然要归结为个人的原因。学生时代的迪伦马特，作为文学系的学生，却又有着绘画的天赋，他同时又选学了艺术史和哲学，而这些学科都是以世界首先是欧洲为视野和范畴的。祖父是政治家(国会议员)，而父亲是牧师，却爱好历史。这种种人文的、审美的复杂要素熔铸在一起，成就了这样一位极富原创力的、内蕴丰富的、独树一帜的艺术家。

① 德国著名作家、教授、批评家瓦尔特·延斯语。

戏剧“是一种美学的虚构”

迪伦马特成长在欧洲现代主义文艺思潮方兴未艾之时，他的艺术观和审美观明显受到这股思潮的浸润。现代主义文学艺术的一个最基本的审美特征是，从客观转向主观，从而抛弃了自亚里士多德以来一直盛行于欧洲的“模仿论”美学，而崇尚“表现论”美学。在迪伦马特的名剧之一《流星》中，他借一个剧中人之口宣称：“他显然以一种极不寻常的方式表达着主观。”他自己也直言：“任何艺术作品都是主观的。”[①]主观意味着弃写实而重想象，正如他自己说的，“没有想象构不成戏剧”。人类的艺术最初就是从想象开始的，无论中外，你看那无数天马行空的艺术形象无不在无限时空里自由翱翔。后来在天上玩腻了，才又回到地上来，渐渐形成写实主义的风尚。但久而久之人们又发现，“现实已经存在那里了，再去复制它有什么意思！”于是又往想象回归。这是西方现代文艺思潮的一个根本性的美学转向。因此迪伦马特认为，任何艺术都“是一种美学的虚构”[②]。这句话可谓至理名言，它道出了艺术的本质。艺术就其最原初的性状而言是娱乐的。故德国杰出戏剧家布莱希特在其代表性美学著作《戏剧小工具篇》中劈头第一句即是：戏剧“的目的是为了娱乐”[③]（但这并不排斥“寓教于乐”的道理）。对此，迪伦马特用“美学虚构”的说法也表达了同样的意思。他在哲学上是个“不可知论”者，认为世界是个非常庞杂的大杂烩，是个看不透的“紧挨着灾祸的谜”[④]。所以他认为，和其他艺术一样，戏剧“是一个创造出来的世界”，它反映不了现实，它只是“呈示”一种现实，一个作者心目中的“世界图像”。他说：“我不相信通过戏剧能够再现现实”，“我写戏不是在表现现实，而是

① 迪伦马特：《关于艺术与现实55条》，见《文本与评论》迪伦马特卷（二），H. L. 阿诺德编，文本与评论出版社，慕尼黑，1977年，第20页。

② 见拙译《戏剧问题》，迪伦马特著，载《西方现代艺术美学文选·戏剧美学卷》，春风文艺出版社、辽宁教育出版社1989年版，第63页。

③ 见《布莱希特论戏剧》，中国戏剧出版社1992年版，第5页。

④ 见拙译：《戏剧问题》，迪伦马特著，载《西方现代艺术美学文选·戏剧美学卷》，第70页。

向观众呈示一种现实。……是表演世界。”[①]“虚构”性地“表演世界”，这就决定了迪伦马特戏剧风格的基本特征：娱乐性。从欧洲戏剧的源流去追溯，这跟19世纪奥地利戏剧家奈斯特洛伊的艺术风格有直接的关系。迪伦马特对奈斯特洛伊那种闹剧性的夸张和大众性的通俗很是着迷。在《老妇还乡》的“后记”中他甚至这样说：“人们如果按照大众戏的路子来排我的戏，把我当作奈斯特洛伊风格的自觉追求者，那他极有可能取得成功。”所以他说：“作为戏剧家的我来说，幽默是不言而喻的，没有幽默根本无法写戏；一出戏要是没有笑的东西，这样的戏我是忍受不了的。”[②]无怪乎，在中国青年艺术剧院上演迪氏《天使来到巴比伦》的时候，北京的著名导演王贵说：“这个戏可以概括为两个字：好玩儿。”

但如果认为迪伦马特的戏仅仅让人笑笑而已，那就大错了！下面将会谈及。

创作出于“一瞬间的癫狂”

想象——这里指的是主观想象，并不是20世纪才有的现象，远的不说，在欧洲近代文学史上，18世纪末、19世纪初兴起的浪漫主义就成为这种创作方法的主要倾向了。然而，浪漫主义的想象与现代主义的想象不是一回事，本质的区别在于：前者还是尊重客体的，而后者则是要破坏客体的；一个在想象中所呈现的依然是合乎理性的模样，一个所呈现的是非理性的幻象。这在迪伦马特那里多半属于后一种情况。他认为，“任何创作都是凭某一瞬间的癫狂”。在一次媒体访谈中他曾这样描述他的写作过程：“我所写的东西看起来是绝对癫狂的、幻想的事情，并且突然间我能把每一件这种幻想的事情还原为某种可以体验的东西。”具体过程是怎样的呢？那就是把材料“捣碎、搅拌、发酵”，使其“变成另一种形态的东西”。“我所经历和我身上所发生的一切就好像落回到黑暗里，然后经过一番变化，以一个陌生的形

① 迪伦马特：《同比奈克的谈话》。见《舞台上的经点作家》，第欧根尼出版社，苏黎世，1996年，第115页。

② 迪伦马特：《弗兰克五世》“说明”。见拙译《迪伦马特喜剧选》，人民文学出版社1981年版，第435页。

象重新出现，在这个形象里很久以后我才重新认出自己来。”[①]这段话不禁令人想起当年卡夫卡自述他创作《判决》时的情形：他在一个夜晚六小时“一气呵成”这篇小说，但经过一个多月他校对这篇小说时，他才重新弄清作品中的人物关系。这就是西方现代文学中颇为流行的“直觉论”的写作方法，并且有克罗齐、柏格森等人在理论上的支持。迪伦马特经常提及的所谓“突如其来”的“即兴奇想”即是直觉论的另一种说法。

由于相信直觉的真实品格，而每一位作家对同一种事物的直觉感受是不一样的，所以如果还像过去那样用一种统一的理论原则来指导创作就行不通了。因此迪伦马特对固有的或现成的诗学理论采取拒绝态度。他直言不讳地说：“艺术家是不需要科学（即文艺理论）的。科学从某种现存的东西中推导出它的法则，否则它就不是科学。但这样得出的法则对于艺术家来说是毫无价值的，尽管它们是对的。但艺术家不能接受任何他自己没有发现的法则；如果他没有发现某条法则，而科学已经发现了它，那么科学也帮不了他的忙。”[②]这里涉及一个重大的理论问题：理论和创作，究竟何者起主导作用？理论和创作的关系，是理性和实践的关系。因此创作是第一性的，而理论是第二性的。正如迪伦马特所说：“不是先有亚里士多德定律才有古希腊悲剧，而是先有古希腊悲剧而后才有亚里士多德定律。”故在推动文艺发展过程中，创作始终是最活跃的、而且是决定性的因素，就像生产力在推动社会发展过程中的作用一样。纵观人类文学艺术发展史，每当某一种文学艺术形态处于停滞状态的时候，总是创作石破天惊，横空出世，不顾一切地突破传统的美学规范，以“非文学”、“非艺术”的面貌等待着世界的承认。迪伦马特深谙这一点，他说：“剧作家必须用一切准许的和不准许的手段进行战斗……在戏剧艺术中，讲礼貌的人是不能通行无阻的，连边界都跨不过去。”[③]这句话的意思是，要破除偶像观念，不去理会甚至要敢于冒犯已有的理论原则，听凭“癫狂”的写作状态的驱使，只顾设法驾驭并征服素材。在这种情况下，哪怕古代名家或现代大家，他们“都不应享有让人永远

① 1980 年 12 月 26 日迪伦马特与《世界报》记者的谈话，见同日该报副刊《星期周刊》《一个黑暗中虚构世界的人》。

② 《戏剧问题》，第 44 页。

③ 《迪伦马特文集》29 卷集，第 24 卷，阿尔歇出版社，苏黎世，1980 年，第 56 页。

仿效的不公正特权"[1]。这样一来,"谈论戏剧就成了与文艺学较量的一种尝试"。因此,虽然迪伦马特也致力于理论的建树,甚至有人认为:几乎没有一个作家像迪伦马特那样,在创作的同时如此紧张地致力于理论。但如果你从总体上观察,就不难发现,迪伦马特的理论方向恰恰在于破除那个固有的观念,即:理论是指导创作的。他说:"法则不过是创造的副产品,而创造本身才是艺术的唯一职守。"[2]基于这样的信念,迪伦马特不承认有什么永恒不变的美学法则,否认"有一个永远适用的、每个戏剧家都必须向它看齐的坐标系"[3]。他认为,自17世纪的巴洛克时代起,这种"人人必须向它看齐的坐标系"就渐渐地不再有了,"写作成了个人的事情",就是说不受任何写作规范的约束,变成充分自由了。而一旦创作达到这种境界,那么任何奇迹都可能出现:"艺术可以成为一切它所愿意的东西,只要它保持无拘无束就是。"[4]

无拘无束,这对于固有理论的守护者来说,不啻是"无法无天"的同义语!但这是现代艺术家的普遍观点。对于现代艺术家来说,艺无定法,他们不喜欢把自己固定在某一种"法"即风格上。所以迪伦马特反对人家把他归入什么流派,也不主张通过舞台来宣传什么观点,倒愿意把舞台当作"一种乐器","通过演奏来认识它的性能"[5]。难怪当有人问中国导演林兆华他是哪个流派的时候,他回答说:"任何流派对我都没有约束,同时我对任何流派都没有抗药性。"这后一句也可以"链接"迪伦马特的观点:即当他谈到任何名家都不应享有让人仿效的不公正特权的时候,也主张把他们当作自己的"对话者"和"激发者"。

以"哄然大笑"面对世界的无奈

第二次世界大战中人类大规模互相残杀的经历,对战后崛起的一代作

---

① 迪伦马特:《戏剧论文、演讲集》,阿尔歇出版社,苏黎世,1967年,第146页。
② 《迪伦马特文集》29卷集,第24卷,第56页。
③ 《戏剧问题》,第45页。
④ 《迪伦马特文集》29卷集,第24卷,第69页。
⑤ 《戏剧问题》,第44页。

家、艺术家产生深刻的影响,大大加深了他们对世界的荒诞意识和危机意识,其哲学上的表现是以萨特和加缪为代表的存在主义思潮,美学上的表现是以贝克特和尤奈斯库为代表的荒诞派戏剧以及美国“黑色幽默”小说。迪伦马特的世界观和艺术观都接受了这股思潮的深刻影响,在他的戏剧美学上打上了鲜明的烙印。

导致迪伦马特这一美学思想形成的契机是原子弹的爆炸。他认为,人类到了原子弹时代,一切都变得滑稽可笑、荒诞不经了!原子弹爆炸时形成的那朵蘑菇云多么壮丽奇美,然而它是与尸横遍野融为一体的!你看,“只见那云朵冉冉升起,自行扩大开来,像太阳一样完美无瑕,此刻大规模屠杀与美合而为一。原子弹自从人们把它制造出来以后,人们就不再能表现它了。在它面前任何艺术作为人的一种创造都失灵了,因为它本身就是一种人的创造。两面镜子互相映照着,镜子之中始终空空如也。”①残酷的悲剧现实却与巨大的美结合在一起,如果这只是个别事件,那还可以避开它,问题是,在迪伦马特看来,整个世界都是“既美丽又罪恶”的(他的剧作《密西西比先生的婚姻》中的女主人公,那个“既美丽又有罪”的妓女安娜塔西娅即是象征这个世界的)。那么面对这个荒谬、怪诞而又无法改变的世界,就只有用哄然大笑来消解苦涩的无奈了。因此迪伦马特认为,今天的世界“只剩下喜剧还适合于我们”②。

因为,“悲剧,它作为严格的艺术种类是以一个有形的世界为前提的”,也就是“以罪过、困苦、过失、疏忽和责任为前提的”。席勒写悲剧之所以可能,因为它“是以一个清晰可见的世界,即一种真正的‘国家活动’为前提的,就像希腊悲剧那样。艺术中的清晰可见性即是概览性”。然而“今天的世界已经变得太庞杂、太混乱、太残酷、太机械了”,因而“今天的国家已经变成无法概览的、匿名的、官僚化的了”。“今天出现在我们面前的这个世界却很难用席勒的历史剧的形式来把握了,原因仅仅是因为我们看不到悲剧性的英雄。从希特勒和斯大林身上创造不出华伦斯坦”,因为“华伦斯坦的权力还是一种清晰可见的权力”。而“他们的权力是如此之大,以致他们

---

① 迪伦马特:《戏剧问题》,第67—68页。

② 同上书,第69页。

自己不过是偶然的任意取代这种权力的外部表现形式罢了”。不难理解，“在我们这个世纪的闹剧中，在这个白种人最后一轮的轮舞中没有罪人，也不再有责任承担者了。所有的人都可以不负任何责任，也没有人想负责任，真是没有任何人都行。一切都被卷走了，不知挂在哪个栅篱上。我们是集体负罪，集体躺在父辈和祖辈的罪状上”。在迪伦马特看来，我们这个“怪诞”的世界“是一种非形象的形象，一种没有脸孔的世界的脸孔”。它“显得压根儿就毫无意义”。因此，我们这个时代需要喜剧，用迪伦马特的话来说：“喜剧乃是绝望的表达。”[①]迪伦马特在哲学层面上论述他的喜剧概念产生的时代背景，是颇为深刻独到的。[②]

在欧洲，喜剧有娱乐性喜剧，有讽刺性喜剧，还有悲喜剧。迪伦马特的喜剧概念属于讽刺性的悲喜剧。不要以为，迪伦马特对令人忧虑而又不可改变的现实感到绝望就“世事管他娘”，什么也不干了。殊不知，他还有另一种态度：不投降！他认为，对于被一种风气所席卷的现实（比如人人向钱看；比如谁都知道汽车多了污染环境，但人人都在拼命生产或争购汽车，等等），涉及一切人的现实，只有一切人联合起来才能制止，任何个人想与之抗衡的努力，都必然失败。[③] 但人们不应该因此而向它投降，尽管失败，也要“顶住”它。他认为，虽然整体世界一个人是无法驾驭的，但个人世界你是可以把握的。他说，就像《格列佛游记》中的主人公面对巨人们那样，“表现这种勇敢的人始终还是可能的”[④]。迪伦马特自己也许就属于这种“勇敢的人”：他自称从小就“是个好斗的孩子”，而且从祖父那里早就知道，写作可以成为斗争的一种形式。这决定了迪伦马特的戏剧风格，或者说戏剧美学的一个重要特点：讽刺性。他说，昏庸的现实统治者们任凭你怎样批评警告，他都无动于衷，只有一样他最害怕：“作家的讥讽”。因此他从欧洲文学史上接受的“对话者”是这样一个系列：阿里斯托芬、拉伯雷、莎士比亚、莫里哀、斯威夫特、塞万提斯、奈斯特洛伊、魏德金德。这是一个讽刺系列。他

---

① 以上多处引语均见迪伦马特《戏剧问题》，第66—69页。

② 同上书，66页。

③ 迪伦马特：《物理学家》“后记”21条。见拙译《老妇还乡》，人民文学出版社2002年版，第391页。

④ 迪伦马特：《戏剧问题》，第70页。

尤其从阿里斯托芬那里接受了针对当前现实的进攻性讽刺的特点。他除了关注现实中常见的那些残酷的、畸形的、怪诞的种种罪恶现象以外，尤其关注对人类造成致命威胁的世界性危机：金钱魔怪势力猖獗、强权争霸势力横行以及不顾后果的科学发明等等。难怪有人认为，他用怪诞手法对不可改变的世界的讥讽和哄然大笑发自更为深刻的判断，因为他总是严肃地对待世界。我们从他的成名作《罗慕路斯大帝》，特别是他的代表作《老妇还乡》和《物理学家》等剧中，可以明显看出这一特点。

“喜”的形式，“悲”的主题

形式和内容的关系问题从来是作家艺术家首先必须面对的问题。喜剧这一形式在欧洲戏剧史上至少有三种类型：娱乐性喜剧（Das Lustspiel）、讽刺性喜剧（Die Komoedie）和悲喜剧（Die Tragi-Komoedie）。迪伦马特的喜剧概念有个发展过程，最后定型为悲喜剧，虽然他自己始终都用 Komoedie 这个德文词。但迪伦马特的悲喜剧样式与我国传统的悲喜剧样式大相径庭。我们的悲喜剧常见的是凄凄惨惨最后来个皆大欢喜的结局，是两种性质不同的内容的拼接。它也不像莎士比亚的悲喜剧：喜剧中有悲剧因素，悲剧中有喜剧因素——虽然他也受到过莎士比亚不守规范的“激发”。迪伦马特的悲喜剧是形式与内容的“二元论”，即形式是喜剧性的，内容则相反，是悲剧性的。用他自己的话说：“情节是滑稽的，人物形象则相反，常常不仅是‘非滑稽的’，而且是悲剧性的。”[①]因此我们称之为用“喜”的形式演“悲”的主题。

“悲剧性的”人物形象在迪伦马特那里是被限定的，那都是些对“强大”而不可改变的现实“不投降”而硬“顶”而失败的英雄，是些“明知山有虎，偏向虎山行”的硬汉子（这点与海明威笔下的人物不无相似之处）；他们或者像《物理学家》中的主人公莫比乌斯，为了拯救人类免于核武器的毁灭，不惜抛妻弃子，葬送自己的辉煌前程；或者像《老妇还乡》中的主人公伊尔，面

① 迪伦马特：《再洗礼派》“后记”。见《迪伦马特喜剧集》第 3 集，阿尔歇出版社，苏黎世，1970 年，第 180 页。

对乡亲们在金钱引诱面前个个道德沦丧,他宁愿以生命赎回自己的过错,维护自己的人格尊严;或者像小说《隧道》中的列车员,在大难临头之际,依然镇定自若,坚守岗位,忠于职守……他们表现了西绪弗斯式的悲壮。

然而,这些人物的悲剧处境和结局,不是通过沉重的悲剧情节去表现,而是通过热热闹闹的喜剧情节去表现的。因为按照迪伦马特的观点,"悲剧克服距离"(Dstanz),[①]那就是说,悲剧会在观众中"引起悲悯和恐惧"(这是亚里士多德《诗学》中有关悲剧理论的核心观点)。但迪伦马特认为,现在"一种悲剧所赖以存在的肢体齐全的人类共同体的整体已经是属于过去的时代了",今天的人类爆炸成了亿万齑粉,机器世界的膨胀,祖国变成了国家,民族变成了群众,祖国之爱变成了对公司的忠诚,今天的国家不再是克雷翁(古希腊传说中的底比斯国王)时代的国家,"今天的国家已经变成无法概览的、匿名的、官僚化的了"[②]。而那种通过单个人的死亡来再现整体的和谐的古代悲剧是"以可见的、形象的世界为前提的"。迪伦马特这里讲的实际上是人类世界的"异化"过程,它渐渐地摧毁了悲剧存在的前提,使"人类共同体"变成了各顾各的散体,以致住在同一座公寓里的人死了其邻居都未必知道。因此今天的悲剧事件只不过是整体滑稽世界的一个插曲。在这样的情况下,"喜剧"发生效应了,因为"喜剧创造距离"。在保持距离的情况下再来看世界,则世界的滑稽性与荒谬性就更清楚了。因此"距离"可以说是另一种视角的同义语,它与布莱希特的"模生化效果"不无相似之处。但二者不可相提并论。布莱希特要求观众冷静看戏,并要求演员不进入角色,以消除舞台幻觉。迪伦马特则要让观众看热闹辉映下的悲情,他并不完全否定舞台幻觉。[③]

那么,如何取得"距离"呢?——"即兴奇想"(Einfall)!迪伦马特说:"喜剧用以创造距离的手段是'即兴奇想'。"所谓"即兴奇想",按照他从阿里斯托芬那里借用来的说法是,那是一些突如其来的想法,"犹如炮弹射入世界,掀起一个漏斗型的弹坑,遂使眼前的现象变得滑稽可笑,但因此也变

---

① 迪伦马特:《戏剧问题》,第68页。下面的"喜剧创造距离"亦见此处。

② 同上书,第67页。

③ 这是笔者从他的作品和理论中得出的总体看法。

得清晰可见"[①]。这里"滑稽可笑"是"关键词"。滑稽可笑可以有种种形象和情境。迪伦马特最爱好的形象和情境是"怪诞",认为那是"一种风格的极致,一种突然出现的形象化的东西;正因为如此,它能够抓住时代的、当前的问题"。又说,它"是一种感性的表达","是思想诙谐和敏锐的表现。……它是令人不舒服的,然而是必要的"[②]。西方有的评论家认为:"怪诞……构成迪伦马特戏剧的基本结构,一如间离法构成布莱希特戏剧的基本结构。"[③]迪伦马特自己也强调:假如用"怪诞"来看待我的戏剧,那就抓到点子上了。

怪诞作为一种艺术风格和审美形态,其表现是多种多样的,有情节的怪诞,情理的怪诞,结构的怪诞,逻辑的怪诞,形象的怪诞,语言的怪诞;它或者表现为两极反差,或者表现为事理离奇,或者表现为逻辑悖谬,或者表现为生理畸形,或者表现为形象狰狞,或者表现为行为乖张,或者表现为画面酷烈……这种创作现象古已有之,但不普遍。直到17世纪的巴洛克时代,才被广泛运用,但被古典主义所否定,而为其后的浪漫主义所继承,更为20世纪的表现主义所发扬。艺术史上直到19世纪下半叶才开始被承认。美学理论中较早给予肯定的是美国美学家桑塔耶那,他在1896年出版的《美感》一书中对"怪诞"作了这样的表述:怪诞"这种效果的真正优点,正如一切虚构的优点那样,在于重新创造,造成一件自然所没有但想必可以产生的新事物。我们称这些创造是滑稽和怪诞的,因为我们认为它们背离了自然的可能性,而不是背离了内在的可能性。正是内在的可能性构成这些创造的真正魅力"。又说:"正如出色的机智是新的真理,出色的怪诞也是新的美。"[④]20世纪50年代,德国美学家W.凯瑟出版了专著《怪诞论》,标志着怪诞作为一种审美形态正式步入了正宗美学的殿堂。[⑤] 因此迪伦马特对怪

---

① 迪伦马特:《戏剧问题》,第69页。

② 迪伦马特:《喜剧解》,见《迪伦马特论戏剧·评论演讲集》,第欧根尼出版社,苏黎世,1996年,第25页。

③ R.格林:《迪伦马特作品中的滑稽与怪诞》,见评论集《令人不舒服的迪伦马特》,巴塞尔,1962年,第91页。

④ 桑塔耶那:《美感》,中国社会科学出版社1982年版,第175—176页。

⑤ 关于怪诞这一审美形态可参阅拙著《论怪诞》一文,载《文艺研究》1993年第3期。

诞的痴迷,不过是20世纪审美风尚中的一个现象,是不足为奇的。重要的是看他在创作中运用怪诞时他的“即兴奇想”是否足够丰富,他的机智幽默是否足够出色。

迪伦马特的代表作《老妇还乡》中就有许多场绝妙的怪诞场面。例如:当全镇的“乡亲们”都心照不宣地接受了回乡复仇的老妇的巨额贿赂以后,肇事者男主人公伊尔经受了一连几天的死亡的精神围攻,灵魂在炼狱中得到升华,决心以死来赎回自己的罪过。这时他干脆对自己的家人,即卷入这场集体受贿谋杀运动的妻子儿女也“幽他一默”:全家人出去兜兜风。于是:妻子穿上靠出卖自己的丈夫换来的貂皮大衣;儿子驾着靠出卖自己的父亲换来的小汽车;女儿拿着网球拍,一身时髦穿戴,一起高高兴兴“逛新城”了!看着这种“绞刑架下的幽默”①谁能不笑着掉泪?

伊尔超越了死亡,也就宽恕了一切,在进冥府前想带走人间一点值得留恋的东西,于是在树林里幽会他的旧情人,即那个已经要了他的命的老富婆克莱尔。可老富婆哪里会领情呢?所以当他偶尔碰到她的腿的时候,发现她的腿又硬又冷。富婆告诉他:这是一次飞机坠毁劫后余生后装的假腿!接着伊尔又碰到她的胳膊,同样又冷又硬,老太婆干脆说:“是的,我的全身都是用象牙装配起来的!”腔调比她身上的象牙还要又冷又硬!这个似乎合乎情理又十分乖张的滑稽场面怎不叫人哭笑不得!

“乡亲们”要公开宣判伊尔的死刑了,却始终竭力掩盖他们的司马昭之心。于是,在“一致通过”接受克莱尔“捐助”的市民大会上,市长领着大家信誓旦旦地高呼:“……这不是为了钱!而是为了主持公道”,“为了良心”!这个场面与第一幕中“乡亲们”闻讯伊尔要逃亡澳大利亚,纷纷去车站“送行”的场面是一样的:火车来了,伊尔却抬不起腿了。这时这支“欢送”的队伍用非常亲切而诚恳的口气整齐地劝说“上呀,快上呀!……”

在作者的成名作《罗慕路斯大帝》中,宫廷中鸡群乱跑,鸡蛋满地,极像个农家大院(景象反常);剧末,日耳曼军队首领进入宫廷,刚宣布罗马皇帝

---

① “绞刑架下的幽默”,“黑色幽默”的譬喻性解释:相传有一个囚犯要上绞刑架了,绞刑架周围早就被围观的人们挤得水泄不通。囚犯最后来到时,见这么多的人在等着看他的热闹,不禁哈哈大笑!说:“你们哪,没有我什么也干不成!”

“退休”，又“扑通”一下跪下，要求失败者“救救我”……（情理反常）；该剧第二幕，当皇帝的驸马从敌营中逃回向他急报，他一把扯掉他的假头套，展示他被敌人剥去头皮的血淋淋的头颅……（画面惨烈）。在怪诞迭出的《天使来到巴比伦》中，被打倒的国王趴在地上，当新国王的踏凳（场面滑稽）；乞丐阿基凭着他高超的乞讨艺术，乞得了大量的钱币，却又大把大把地往幼发拉底河抛撒，说是“为了减轻世界对财富的负担”（动机高尚，但行为乖张）；幼发拉底桥下传来咿咿呀呀像乌鸦般的声音，那是一群麻风病人在洗澡（声音的怪异）；该剧的舞台背景，既有古巴比伦的破街陋巷，又有现代纽约式的摩天大厦（强烈的反差）。在另一部名剧《流星》中，主人公施威特分明已经死了，并已开过追悼会，却又突然出现在他忘不了的别人的画室中，自称是从覆盖在他身上的鲜花底下逃出来了（故事无稽，但幽默）！《物理学家》中的女主人公、疯人院院长出身名门，智商很高，态度和蔼，却是身材矮小、终身未婚，又是驼背，而且是特拉斯的特务，并且引导别人杀人（形象怪诞）。在迪伦马特的小说中也不乏怪诞，如短篇小说《隧道》中的主人公，发现运行在隧道中的火车越来越倾斜，最后干脆垂直向地心冲击，他经过死亡恐怖的折磨，最后变成对死亡的追求，只见他脸上容光焕发，眼睛直瞪，嘴巴张得大大，贪婪地吸饮着眼前那无穷的黑暗（行为反常）。……类似的例子不胜枚举。迪伦马特正是通过这类丰富而奇特的想象，使他的剧作多姿多彩，生动有趣。

戏剧创作“不能避免悖谬”

在现代文学（包括戏剧）中，随着哲学广泛地渗入文学，出现了一个重要现象，即某些哲学概念变成了美学术语和艺术表现手段，例如：荒诞；例如：悖谬。[①] 它们在文学创作中的存在和实践，大大丰富了现代诗学理论。

迪伦马特就是一个对悖谬在现实中的存在有深刻的领悟，并在创作中有成功的尝试的艺术家。他认为现实是以悖谬的形式出现的，甚至说：“我

---

① 悖谬，原文来自拉丁语，英语是 paradox，德语是 das Paradoxon，哲学上译为悖论，物理学中译为佯谬，笔者在文学、诗学和美学中均用“悖谬”，以与其他学科相区别。

们的思维没有悖谬似乎就不够用了。”[①]在《物理学家》的“21条说明”中，就有5条谈及悖谬问题，其中心意思是，搞戏剧创作也像搞物理学和逻辑学一样，“不能避免悖谬”[②]。

悖谬，即一件事物的两种现象、两种说法、两种表述的自相矛盾或互相抵消；它看起来荒谬而实际上却是真实的，通常用“似非而是”来概括，一如逻辑学中的“二律背反”。我国古代文论中有一种叫做“说非若是，说是若非”的说法，即是此意。这在西方现代文学甚至拉美的魔幻现实主义文学中都使用得相当普遍。迪伦马特对它特别痴迷，而且用得十分成功。在他的早期作品中，鉴于历来的军队都是以打败别人为目的，他笔下的将领却用30万军队去“打输”一场战争。历来的帝王都以“打江山，坐江山”为己任，他笔下的那位罗慕路斯大帝却以“宣判”称霸世界的祖国的灭亡为己任。《天使来到巴比伦》中那位名叫内布卡德内察尔国王，正野心勃勃地宣称要“统治世界”的时候，他的白痴儿子从他面前走过，他立刻“扑通”一下跌坐了下去。《流星》的主人公获得了诺贝尔奖，到达荣誉的顶峰，但他却不堪声名所累，急欲早早死去。……

在他的两部代表作《物理学家》与《老妇还乡》中，这种悖谬思维运用得还要多。前者如主题：物理学家的发明本来是造福于人类的，但结果却构成对人类生存的威胁。再看结构，主人公躲进疯人院，本来是为了避免他的危险发明被人利用的结局，他的努力恰恰导致了这一结局；再看剧情：物理学家原来是疯的，而驼背女院长则最清醒；但到结尾，物理学家是最清醒的，而女院长却疯狂了起来。再看逻辑：物理学家们作为精神病患者杀害护士，在法律上是无罪的，但他们事实上是清醒者，属蓄意杀人，因而是有罪的。但不：三位护士都是盯梢他们的特务，杀死护士属正当的自卫——非也：护士已是分别爱上了物理学家的情人，杀害护士至少道义上说是有罪的——且慢：不忍痛把护士牺牲，就要忍看全人类遭殃……如此等等。《老妇还乡》中也是用了赋格曲式的两条逻辑旋律线的彼此升降与消长。先看主题：经济繁荣了，道德却下降了。再看逻辑：女主人公当年被抛弃，受屈辱，无奈之

① 迪伦马特：《戏剧问题》，第69页。

② 见拙译《老妇还乡》，第390—391页。

下,远走他乡,如今人家有钱有势,回乡讨回公道,岂非情理之中?——慢着:在这件事上,男主人公固然有罪,但远未构成死罪,须知,罚不当罪亦是罪啊!——听着:她"用一个人的生命,换来全城的繁荣",有何不值得?——谬也:我们这里"是个有人道主义传统的城市",岂能如此残忍?!……(这种引起情绪来回摆动的悖谬,有人称之为"滑动悖谬"①)再看情节:复仇老太婆年轻时就不是一个好女人,后来凭恃金钱势力更堕落成一个没有道德底线的杀人犯;而伊尔,他在仇杀者发动的"围猎"式袭击中震醒了自己的有罪意识,并愿意用自己的生命赎回自己的罪过,从而在全城"乡亲们"道德堕落面前成了唯一"顶住现实"的"勇敢的人",形象上获得了一种"庄严的气派"!再看表里反差:在车站"送行"那一场:如前面提及,众"乡亲"眼看伊尔瘫软上不了车,却亲切地鼓励他:"上呀,快上呀!"而心里却齐喊:"拽住他,千万拽住他!"同样,在市民大会上,大家高呼"不是为了钱",心里喊的却"正是为了钱"!这可真是一种"独特的尖刻而俏皮的讽刺手法"②,对于人被金钱奴役的这一固有的"人性的弱点"表现了极强的攻击性。

悖谬是取得"黑色幽默"悲喜剧戏剧效果的重要表现手段,故在西方现代文学中备受青睐,一些有代表性的现代大家诸如卡夫卡、穆齐尔、加西亚·马尔克斯、昆德拉等等都很看好这一艺术手段。我国新锐剧作家过士行从迪伦马特的这一秘诀中得到启悟,走上了戏剧创作道路,并连连得手。上世纪80年代中期徐晓钟导演的《桑树坪纪事》一剧也采用了"喜"与"悲"的悖谬手法:公社干部想吃牛肉,并看中了桑树坪那头年青壮实的公牛,下令牵去宰杀。村民们心痛无比,只得给公牛披红挂绿,敲锣打鼓送它上路。这里,气氛越热闹,心情越悲苦,幽默的"黑色"程度越加浓重。不过悖谬这一手法需要智慧能量的巨量付出,君不见约瑟夫·海勒的《第22条军规》构思了八年之久!但迪伦马特对于此道显然驾轻就熟,他能以"无比丰富的想象随时创造出新奇怪诞的情境和人物"③。

---

① G.诺伊曼:《倒转与转移——论卡夫卡的滑动反论》,见拙编《论卡夫卡》,中国社会科学出版社1988年版,第541页。

② 《在欧洲的十字路口上》,见1963年2月21日前苏联《文学报》。

③ 《劝世剧》,见1963年1月11日《纽约时报书评周刊》。

关于迪伦马特的戏剧美学显然可以写一本书,作为一篇文章只能说个大概。迪伦马特还有不少其他戏剧美学思想和观点,例如他对现代题材的强调,对平民角色的重视,对“多彩戏剧”的提倡,对“世界戏剧”的推崇,对人物“多观点”的主张等等,都不得不省略了!在行将收尾的时候,还是让笔者选几段外国评论家的看法,作为本文的“尾巴”吧。

“迪伦马特不宣布任何原则,而是揭去原则的假面具。他同所有问题打交道,而又不拘泥于它们。他在悬崖的边沿戏耍走动,掀去那藏在大话后面的陈词滥调。他有一股子大胆的气概,像歌德所说,没有这种气概任何天才都是不可想象的。他有一种令人不舒服的思想和观点,没有这种观点戏剧永远没有力量和生气。”①

“迪伦马特喜欢强调、夸张、滑稽、怪诞,同时又写得极为豪放、健康、充满活力。”“人们看到这个瑞士人总是把考虑周到的效果、精心计算好的招数、调皮捣蛋的轻浮和纯真的欢乐放在最主要的地位。他把轻浮和欢乐同时放在火山爆发口,所取得的惊讶和震动,远远胜于在地球表层上。”②

“在我眼中,迪伦马特是一个对未来世界极其重要的先驱者,是的,我预料人们总有一天会把他看作当今活跃在欧洲大陆上一位最重要的作家……他从加缪和萨特的死胡同里寻觅出一条脱身之路。他利用了存在主义的一切传统方法,如人类自我迷惑的非真实构想等,然后却是以一种富有直感的、神秘的乐观主义加以表达……他是20世纪文学最杰出的人物之一,一位艺术家,在他身上汇聚着他那个时代若干最重要的思潮。”③

原载《同济大学学报》(社科版)2005年第2期,2010年5月修改于北京

---

① M. Ch. 费勒的评论(可惜未能记下出处)。

② W. 雅考卜斯:《瓦尔瑟与迪伦马特》,M. 许贝尔出版社,苏黎世,1969年,第120、114页。

③ 〔英〕C. 威尔逊:《做梦的力量,文学和想象》,见《迪伦马特评论集》,第欧根尼出版社,苏黎世,1980年,第381页。

艺术探险的“尖头兵”
——高行健的戏剧理论与创作掠影

大军的行进必须有一支尖头兵或侦察队在前面探路。艺术的发展也少不了这种探路的“尖兵”。只是这种“探路者”在古代往往是不自觉的,而现代则变得越来越自觉了。所谓“先锋派”,对艺术形式的革新而言,就可以看做“探路者”的同义语。实验意识是他们反传统的基本出发点。因此20世纪的“先锋主义”(或曰“现代主义”)运动,宏观地看,不啻是人类在文艺领域的大规模实验活动。既然是实验,失败是难免的,而且往往是大量的,正如美国美学家桑塔耶那所说:“一千种创新里九百九十九种都是无才的制作,只有一种是天才的产物。因为在美的追求中,正如在真的追求中一样,有无数的途径通向失败,只有一条道路通向成功。”①如果我们对这段话不作机械的理解,那么它至少向我们揭示了这样的真理:在艺术探索的道路上,个别人的成功意味着有许多人未能成功;一个人的局部成就也往往意味着他付出了巨大的代价。杰出的德国戏剧革新家布莱希特最懂得个中甘苦,他说:“作品的失败是如此容易,因为要它成功是多么地难。”②

近年来在我国剧坛崭露头角的剧作家高行健就是这样一个既自觉又勇敢的现代戏剧艺术的探索者和“尖头兵”。这是个既致力于创作实践,又热心于理论探索的作家。他自己说得很中肯,也很谦虚:“我在艺术上不过刚做了点试验。”③对于他在戏剧事业上已做的这场“试验”的得失,只有把他

---

① 桑塔耶那:《美感》,北京:中国社会科学出版社1982年版,第176页。

② 布莱希特:《现实主义理论之形式主义性质》。拙译见《现代主义文学研究》(下),北京:中国社会科学出版社1989年版,第963页。

③ 高行健:《用自己感知世界的方式来写作》,载《新剧本》1986年第3期。

放在上述视野之内进行审察，才会使问题明晰起来，这样，也就可以看清楚他在中国现代戏剧史上的地位了。

他被戏剧危机感驱策着

一个满足现状的人大概是不会生“图谋不轨”之念、动“标新立异”之举的。但是对一个富有创作活力的艺术家来说，“现状”永远挽留不住他，因为他前面有无限长的阶梯，每个梯级都是吸引他的目标。

那么，我国目前的戏剧——准确地说是话剧——能使高行健满足吗？回答是否定的。因为他至少在两个层面上看到了我们的戏剧所面临的危机：一个是戏剧本身观念的老化与手法的陈旧；一个是戏剧面临着两个咄咄逼人的“新贵”——电影与电视的巨大挑战。

我国的话剧是20世纪初由欧洲引进的，严格地讲也是一种“舶来品”。但它被“拿来”后，大多选择现实生活或有现实意义的事件为题材，立即与中国革命的现实结合了，发挥了反帝反封建的战斗作用。它与几乎同时被引进的电影都在三四十年代达到了第一次繁荣，显然因为二者都适应了中国革命的需要。其次从形式上讲，三四十年代在国际范围内是写实主义重新抬头的时期，这种具有生活逼真感的戏剧对于一向以虚拟表现为传统审美口味的中国戏剧(曲)观众来说，无疑有一种新鲜感，就像同时被引进的油画一下吸引住历来以“神似”为审美要求的中国绘画爱好者的浓厚兴趣一样。五六十年代，西方的后现代主义崛起，写实主义又不再被崇拜，但它在社会主义国家包括中国仍很走红，人们自然不会想到戏剧有什么危机。直到那时，提到国外的现代戏剧，人们还只知道有易卜生、萧伯纳，有斯坦尼斯拉夫斯基，却不知道有贝克特、迪伦马特、阿尔托甚至布莱希特，以致著名戏剧家黄佐临导演一出布氏的名剧却“遭到一生中最大的失败”，因为观众寥寥无几。

但恰恰从那时候起，在“反修”声浪中，一批供“批判”的“反面教材”如《等待戈多》、《老妇还乡》等被介绍进来，客观上打开了人们的眼界，于是现代戏剧观念开始在中国戏剧家中孕育起来！十余年后，即70年代末，这种现代戏剧观念很快开始萌动了！首先在上海表现出来。在北京，可以说高行健是探风气之先的第一人！他最先在易卜生名下打了个问号。易卜生的戏剧以社会道德为中心主题，以语言为形式生命，这在高行健看来“是一种已经古老了的观念”，而且易卜生那种戏剧，艺术上“已经达到登峰造极的地步，后人想要超越，只能自讨苦吃”。看到高峰而不“高山仰止”，知道必须扬弃，这是一种卓识。事物一旦发展到顶峰，如果不予以及时的扬弃，那就意味着停滞，意味着危机的开始。高行健还是得益于这种识见，使他在“入迷”于斯坦尼斯拉夫斯基的“高峰”之际，一旦遇到布莱希特，能够豁然开朗，及时跳了出来，并从此“领悟到戏剧这门艺术的法则也还可以重新另立”。于是布莱希特对他“日后多年来在戏剧艺术上的追求起了决定性的作用”①。从斯坦尼斯拉夫斯基到布莱希特，注意力重心的这一转移，不是一般艺术趣味的改变，它意味着高行健对新的艺术思潮的领悟和时代的审美信息的敏感，意味着他在这两个年龄仅差一个辈分的艺术家之间看到的不是两个流派或两种艺术风格之间的差异，而是两个审美范畴之间的区别，是一条新与旧之间的划时代的分界线。正是在这里，高行健甩开了我们；正是在这里，他高过了我们。

但也正是在这个甩开我们、高过我们的地方，高行健产生了他的危机感——实际上这是一种“超前意识”使然。易卜生、斯坦尼斯拉夫斯基，一个在戏剧文学方面，一个在表演理论方面，都堪称亚里士多德美学方向上的高峰。然而，绝大多数的人在“高峰”上看到的不是扬弃，而是永恒。于是这两位大师成为人们无休止“朝圣”的圣地，亚里士多德的“摹仿论”和“净化论”成了他们手中的“圣经”。然而从世界范围看，“上帝”都已经“死”去一个多世纪了！艺术中的偶像早已被推倒，亚里士多德美学的独尊地位早已被动摇，所谓“摹仿论”、“净化论”、“典型论”、“冲突论”……的壁垒也早已被突破。20世纪是一个多样化的世纪，是一个艺术上真正“百花齐放”的世纪，只是由于我们国家长期处于闭关锁国状态，中外文化交流在近、现代很少有畅通的时候，各种流派、风格互相竞争又互相尊重、互相渗透的文化心态还不具备。开放的国门打开后，中外文化交流日益频繁起来，但人们对艺术真理的认识和接受不像对科学技术的真理那么容易。因为后者的进步

① 高行健:《我与布莱希特》,载《当代文艺思潮》1986年第4期。

是绝对的，而且可以借助于器械来测定，通过生产实践来检验；前者则要遇到纵向审美惰性的牵制，受到民族文化发展层次的级差的制约。因此，现代的或时代的审美意识的普遍觉醒需要一个较长的过程。当现代的艺术经验已经向人们提示，艺术有无数的路子可走；当少数艺术“尖头兵”已经探悉到现代的审美信息，看到戏剧除了我们已经熟识了的易卜生、斯坦尼斯拉夫斯基那样的模式以外，还有布莱希特、阿尔托、格罗多夫斯基等人那“另一种样子”的时候，多数人还依然陶醉在易卜生的“佳构”和斯坦尼斯拉夫斯基的“舞台幻觉”里，并固守着他们的艺术法则如金科玉律。这就造成戏剧观念的老化局面。如果说电影、电视这一对“新贵”对戏剧构成的威胁未必能导致戏剧的灭亡，那么戏剧本体机能的衰老倘得不到及时的抢救，那是要致命的。高行健的危机感即由此而来，这是作家的时代感和艺术使命感驱策的结果。

但危机本身未必是坏事。危机可以导致毁灭，也可以催人奋起。高行健就是这样走到现代戏剧的前台来的。

摆脱危机的道路

艺术革新谈何容易！曾经有多少人为它呕心沥血一辈子，成绩卓然者几何？甚至一无成就者亦不鲜见。原因是多方面的。革新一种艺术除了需要艺术家强烈的责任感和使命感外，还须有广阔的视野，渊博的知识，鲜明的时代意识；他的审美感知已为旧的审美信息量所饱和，而对新的、时代的审美信息却极为敏锐；他不是因了某种外在因素的驱使而作三心二意的尝试，而是被一种自发的内驱力推动着的追求；他不是个小吵小闹始终摆脱不了因袭负担的“小家子”，而是全面装备了现代意识的“时代之子”。作为一个艺术家，他竖看历史，眼前摆着本民族历代积累而成的大量遗产；他横看世界，是各民族汇集一起的丰富经验。是要“竖”的，还是要“横”的？要竖的——能全部包下？要横的——能统统“拿来”？没有主旨，他会无所适从；缺乏眼力，他会取舍失当。那么，高行健是如何对待的呢？

高行健是个有艺术抱负的艺术家。作为我国最高外语学府的一个法语系毕业生，他对外国，首先对欧洲的现代戏剧的要领是相当通晓的；作为一个用汉语写作的作家，他对祖国那独具一格的传统戏剧（曲）的秘诀是颇为领悟的。但对于外国的经验他不是简单地照搬，对于本国的遗产他也不是盲目地继承，他的雄心是在广采博纳的基础上建立一种自己的、独立的戏剧学原理。这种戏剧学原理首先在观念上是现代的，也就是与国际上流行的最新的戏剧观念与理论有一种同构的、合拍的关系，在美学上是本源的，即以戏剧那与生俱来的最本质的特性为唯一归依。

什么是戏剧最本质的特性或固有的属性呢？高行健的回答是：表演。这是他认真比较了东西方戏剧的差异后得出的结论。因此他把戏剧革新的"坐标系"确立在东方，首先是中国。因为欧洲的戏剧长期以来，至少从古希腊以来是以语言为基本构成的。虽然20世纪以来这一陈规已被打破，例如德国表现主义戏剧家魏德金德的戏剧革新的主要目标之一就是减少戏剧的文学成分即语言的作用，后来迪伦马特也想朝这方向继续努力。但从整体上看，欧洲戏剧迄今仍未完全摆脱以语言为基础的基本面貌。而东方戏剧，无论中国和印度的戏曲、日本的能乐和歌舞伎以及流行于南洋群岛的梭罗、爪哇、巴厘一带的民间戏剧等都诉诸表演，并且将唱、念、做、打熔于一炉。高行健看重的这种综合艺术在很大程度上是依靠演员的技能实现的。因而这种技能在剧情之外，具有相对独立的审美价值，就是说，观众可以撇开剧情，光听唱、念，也可以光看做、打。这样，一出戏就拥有多种审美功能，其接受者也就有较多的选择自由，而不必像观看西方的传统戏剧那样，必须全神贯注于剧情的发展。高行健认定表演是戏剧的本质和核心，这是他从"戏剧是什么"的反证"戏剧不是什么"中得出的：戏剧不是舞台，戏剧不是布景，戏剧不是道具，戏剧不是服装，最后只剩下了人，唯独戏剧不可以不见人。只有有了人，有了人的动作，才有戏剧的可能。而其他一切都是次要的，都可以舍弃。这可真是抓到"点子"上了。早在30年代，阿尔托从东方戏剧受到启发，预见到一种建立在强烈形体动作基础上的戏剧可能性。如今这种戏剧在国外被更多的人付诸实践。今年五月，为纪念19世纪德国戏剧家毕希纳尔逝世150周年，联邦德国派来一名导演为北京人艺排了一台毕希纳尔的戏剧代表作《沃依采克》，这台戏除了演员之外几乎没有其他一切："舞台"三边坐的都是观众，只有一边是留给演员的座位。演员赤手空拳，连各自穿的衣服都是日常的，只依靠自己的形体动作进行表演。舞台上,或者说平地上除了一把椅子“贫困”到什么也没有。这可以说是“纯表演”的戏剧了。但它有很强的表现力。

当然高行健要的还不是这种“纯表演”的戏剧,他追求的是一种“多视像”的“综合艺术”。如果说,上述戏剧的要领他是从反证中推论出来的,那么他所向往的这种综合戏剧则是从实地考察中得来的,具体说他在考察了我国南方长江流域许多民间的和少数民族的戏剧之后,更看到了中国戏某些原始形态的东西今天仍有魅力,因而发现“前人并没有把事情做完”,我们还可以“拣回”“戏剧流传过程中所丢失了的魅力”;它还有很大的潜力可挖,至少它可以将音乐、舞蹈、相声、杂技、武打、魔术、木偶、面具、哑剧等包纳进来,以取得“多视像交响”的舞台效果。1985 年,他在考察了长江中游后推出的《野人》就是这一观点的最有说服力的佐证。

高行健的艺术探索是在现代观念的观照下进行的,他首先摒弃“模仿论”的写实主义美学原则。“模仿论”为 2400 年前的希腊人亚里士多德所提倡,后来渐渐占了欧洲文学艺术的统治地位(约有一千七百年之久)。但自 19 世纪现代主义思潮兴起后,它遭到猛烈冲击,经过一个世纪来的动荡,写实主义美学作为一个正统的大流派在不同地区仍有一定市场,但作为一种主潮,它已经历史地过去了!认识不到这一历史的大趋向,就把握不了现代的审美嬗变。在这一点上,高行健受到布莱希特的启发,发现中国传统戏剧(曲)和绘画的审美特征与西方的现代艺术新潮的同构现象,即不求“形似”而求“神似”的虚拟化倾向,时空十分自由,叙述体的结构形式,没有“墙”的阻隔等。因此我们的传统艺术成了现代西方人追慕的对象!这使高行健看到,我们的传统戏曲,甚至许多地方的民间戏“从观念到形式都有现代戏剧的萌芽”①。这不啻是哲人的洞见!偏僻地区民间娱乐形式往往被看做历史的文化残迹,正好与“现代”背反的东西。然而,正是这没有被历史及时带走的东西,常常牵动着人们的记忆,激发着现代人的兴趣。高行健这样兴致勃勃地、自豪地描述体现我国戏曲中的没有“墙”的、可交流性的长处:电影演员们“听不到观众的欷歔叹息,更听不到观众的掌声,戏剧

① 高行健:《对一种现代戏剧的追求——香港戏剧讨论会发言稿》,1987 年 3 月 27 日写成。

演员在创作过程中的那份愉悦他们就享受不到”,“活人与活人之间的这种活生生的交流,艺术创作中没有比这更动人心弦的了”①。强调审美主体与接受者的互相交流,是国内外现、当代文学中出现的新的审美风尚之一,这可以说是时代的平民化意识和新的民主观念在现代人类文化思想上的反映,它也是导致战后在欧洲兴起的接受美学产生的最深广的时代背景。高行健对剧场性的追求和这番描述,反映了他对时代的审美风尚有着强烈的感受。

西方现代主义的不少表现手段都是历史上存在过而被现实主义潮流排挤在一旁的东西的发扬光大。高行健的上述见解,表明他正站在时代的“制高点”上,获得了全方位的视野,从而使他看到了摆脱危机的道路,明确了立足继承和发扬本国及东方戏剧的长处的前提下进行艺术革新的方向。于是他提出了一个响亮的口号:“化西方。”②

“化西方”,这是个气魄宏大,又有远见卓识的战略性观点。在发展我国的文化艺术方面,“洋为中用”的原则是从来没有人公开反对过的,但在贯彻的实践中常有偏颇,而且多半是些“战术性”的考虑。例如话剧这门洋戏剧,过去也提过“民族化”的口号,但这口号的主旨是以“洋”为本,以“我”为用,而高行健“化西方”则相反,是以“我”为本,以“洋”为用。这样话剧就需要动“大手术”,进行一番大改造,就是说,它的以“话”为主就要改为以唱、念、做、打为主,这岂止是改革?分明是一场革命。

然而,“以我为主”并不意味着简单地、直接地统统以我国的传统戏曲为主。诚然,我国传统戏曲中那些与现代的戏剧观念相沟通的成分必然是会得到尊重的,但我国传统戏曲也有某些老化的成分,比如程式化等就必须具体对待。而高行健像许多现代艺术的探索者一样,是不拘一格的。高行健自己说:“艺术创作就意味着标新立异,重复前人的形式和手法同重复自己一样是令人乏味的。”③如果说他对我国传统戏曲的审美特征作了热情肯定的话,那么这在很大程度上是出于对时代的审美风尚的理性认识,而不是

① 高行健:《谈剧场性》,载《随笔》1983年第2期。

② 高行健:《对一种现代戏剧的追求——香港戏剧讨论会发言稿》,1987年3月27日写成。

③ 同上。

出于偏爱。高行健说:“不想重复西方传统戏剧的格式,也不愿受东方戏剧传统的束缚。”[①]高行健不满意于西方戏剧的地方,除了前面提到的以外,还有它的“导演专制”制,这种制度势必导致压制和束缚剧作者与演员乃至舞台美术工作者的主动性和创造性的发挥,是不利于戏剧发展的。因此它理所当然地越来越受到当代西方某些主体意识和剧场意识比较强的戏剧家如瑞士的迪伦马特、法国的丹奈等的怀疑和挑战。前者几乎每个舞台剧作都有一篇相当长的序或跋,从布景到表演都作了详细的规定,每一幕之前还有具体的说明,有的如《物理学家》除了长篇序言外,最后还规定二十一条要点,如此等等。这简直有点要对导演实行“专制”的味道了,不过高行健虽然看到了“导演专制”的弊端,却并不想采取这样“强硬”的“反措施”。他渴望并“谋求”的是“剧作与导演在新的认识上的通力合作”[②]。这与其说是愿望和主张,毋宁说是他的经验谈,他与他的“老搭档”、另一位著名戏剧革新家林兆华的亲密合作不就是这方面的典范吗?至于实验性很强的当代西方戏剧,如法国的“荒诞派”,奥地利的汉德克等都以“反戏剧”为目标。高行健赞赏他们的探索精神,但这种“反戏剧”本身他是不领教的。对于我国和东方传统戏剧除继承那些具有“现代萌芽”的特征,剔除那些僵化、刻板的成分以外,必须掺进现代科学技术所带来的物质条件,诸如“用程序控制的灯光、音响设备、自动升降和旋转的多平台的舞台,活动的天梯与吊杆,乃至可以移动的观众席位”等。“然而旧观念一旦被重新认识,在拥有现代技术手段的剧场里,就可以翻出许多新鲜的花样,又重新丰富了对戏剧这门艺术规律的认识。”[③]

总起来说:从东方,首先中国的传统戏剧出发,拣回来丢失了的“魅力”,挖掘潜在的审美功能,融化西方戏剧的优秀成分和革新的成果,创造一种“多视像”的“综合艺术”,这是高行健为突破戏剧危机的攻坚目标。这里涉及的是形式上的问题,高行健用了现代的审美观念加以观照。艺术形式的功能,很大程度上是作为思想内容的载体而存在的,因而它必然要受到

① 高行健:《对一种现代戏剧的追求》,1987 年 3 月 27 日写成。

② 同上。

③ 高行健:《谈剧场性》,载《随笔》1983 年第 2 期。

思想内容所涵盖的观念的制约。随着人类思维的发展,现代哲学迅速兴起,呈现在人类面前的世界的模样变得更复杂、深奥了,这就是为什么越来越多的人感到光用传统的"写实"方法来把握世界远远不够了!因为世界需要通过多种视角进行观察,于是有了象征方法、寓言方法、变形方法、梦幻方法、意识流方法、荒诞方法……而每种方法笔下的世界都有其真实和合理的一面。艺术总是带有这种主观色彩,按照某一种特定模式来写作或表演,是"反映"不了世界的多样性和深奥性的,哪怕只是世界的一个切面,甚至切块。肩负起时代使命的高行健,显然没有忽视文学艺术中的这一大的趋势:哲学与美学的互相渗透与观照。1986 年 3 月,他写了《用自己感知世界的方式来创作》[①]一文就表明了这一点。文中他指出,创作不是要对"这个已经被人们反反复复琢磨过了的世界"作一番所谓"终极真理"的思辨,而是不过想通过自己对这个世界的感知"再作一番描述"而已。因此现实主义的概念在他们的美学观念里要宽泛得多,认为"承认写作方法多端变化和一部作品多层次的含义,恐怕也是一种现实主义态度"。并"主张变着方法来写,在一部作品中,也不妨多一点内容"[②]。这些观念可以代表高行健美学思想的总纲领,其要点是:第一,艺术是离不开现实的,这一点与正统现实主义者没有分歧;第二,"描述"现实的手段是"多端"的,因而赋予现实主义以现代的观念,于是与正统现实主义划清了界线,而与时代保持了同步。

理论探索与创作实践紧密结合

凡是有抱负、有成就的艺术家大多既是理论的倡导者或探索者,又是创作的实践者。就以现代领域而论,美术中的康定斯基,建筑中的格罗庇乌斯,诗歌中的 T. S. 艾略特——哦,还是举戏剧中的例子吧,布莱希特、斯特林堡、奥尼尔、托勒、迪伦马特、尤奈斯库、桑顿·怀尔德等等都是杰出的典范。高行健也属于这一类型的戏剧家,虽然他目前的成就还不能与上述这些大师相比,但在国内,把理论与创作实践这样紧密结合的戏剧革新家是屈

---

① 高行健:《用自己感知世界的方式来写作》,载《新剧本》1986 年第 3 期。

② 同上。

指可数的。

《绝对信号》是首次震动首都舞台并使之发生“倾斜”的最有力的“信号”。因为它第一次以实验性的小剧场形式出现，彻底推倒了“第四堵墙”，并把意识流和内心独白带到舞台上，打破了时空的局限。但这个戏的语言指向是形而下的，也就是它的内容所涉及的社会生活与传统现实主义是一脉相承的，因此从总体上看，我说它是“半写实、半表现”的，或者说半“现代”、半传统的。然而这种“对半开”的形式在当时是完全必要的，因为当一种新的审美意识还没有普遍觉醒的时候，你向“现代”的步子迈得过大，是要摔跟头的。因此，高行健这谨慎的第一步是迈得对的，也是成功的，演出破百场大关，便是有力的证明。

紧接着写成的又一出无场次戏《车站》在突破旧的戏剧观念方面步子迈得更大了，这是一出带有荒诞色彩的、譬喻性的抽象戏，剧情十分简单，谈不上有什么冲突，也不像《绝对信号》那样，人物各有较鲜明的个性，它围绕只够构成一个戏剧小品的事件——等公共汽车——描写一种“众生相”。近看，你可以看到人在等非正点车时的两难心境：继续等吧，恐怕车仍迟迟不来；走吧，又恐不久车却来了。远看，你可听到一个声音：“莫等闲，白了少年头。”前一种心境为多数人所共有，故能引起共鸣；后一种声音是为多数人们疏忽了的，故能启发猛醒。等车一等竟达十年，固属无稽，但经历过六七十年代的人们，谁不感到真实？因此它的基调是积极的。但这个戏对于作者的戏剧探索来说似乎还处于过渡阶段，它还缺乏东方色调，有明显的外来痕迹，因而还不是作者在尔后不久戏剧观基本定型后所渴求的那种理想的戏剧。

1984年对于高行健是重要的一年，这一年他花了四五个月的时间，跋山涉水，行程三万里，从长江上游走到中游，对我国腹地的生态环境和民间戏剧进行实地考察，从而突入了一个新的创作题材的重要领域，同时从流行于这一带的丰富民间娱乐形式中看到我国戏剧的某些原始形态的渊源，例如古代那些迎神驱魔的“傩舞”、“魔怪舞蹁跹”的旱魃舞以及其他面具表演等，从而使他的创作灵感受到很大的启发，加上这时他的理论思考也趋于成熟了。于是，一部真正“高行健式”的大型舞台剧诞生了：《野人》，这正是作者所梦寐以求的，熔唱、念、做、打于一炉的，“多视像”或者“多声部”的现代剧，一部自觉按布莱希特的叙述体戏剧原理写成的“多主题”的作品，经与导演林兆华的“通力合作”，获得了很大成功。

但高行健没有因此而止步，探索者的视野是无边的，他的“职业病”是“忌重复”：既不重复他人成功的范例，也不重蹈自己走过的足迹，用他自己的话说，“重复前人的形式和手法同重复自己的同样乏味”①。他带着自己的思考应国际同行们的邀请赴西欧考察了将近一年，大大增加了对现代艺术的感性认识，进行了必要的横向借鉴，进一步完善了自己原来的观点，同时经过近两年的酝酿和构思，于 1986 年创作了又一出新剧——《彼岸》。这是迄今为止高行健所创作的实验性较强的戏，因此，不像前面提到的几个戏那样立即引起反响。但作者并不是要把我们的思维带到形而上的“彼岸”去，他只不过采用了一种意象性的手段，构筑了一幅存在于我们周围的人生图像，它让我们透过那层飞动的薄雾，看到一群群和一个个似曾相识的身影；在哗哗的趟水声中，听到一阵阵和一声声似曾熟悉的声音。有时我们不免惊诧，那身影好像就是我们自己的映像，那声音好像就是我们自己说话的回响——唉，总是“好像”，“好像”，那图像总也不肯让我们一目了然。然而，作者的艺术巧计不正是着意创造这么一幅似真似假、虚虚实实的图像吗？不正是要我们去追踪和捕捉那些若即若离的意象，从而唤起我们灵魂的回响吗？换句话说，作者不是有意通过“陌生化技巧”使作品取得这种审美效应的吗？当然，像《彼岸》这样的剧作，对于那些文化层次较低、或缺乏现代审美思维的人来说，恐怕不大容易接受。不过，高行健这个剧本，主要目的恐怕不是要争取读者和观众，而是——据他自己强调——为了训练演员。训练演员本来是导演的任务。如前所述，高行健是不满西方话剧界占统治地位的“导演专制”制的。但他这一训练演员的企图不是为了要向导演“夺权”，或与导演分庭抗礼，相反，是完全为了弥合与导演之间的鸿沟，以便更好地“通力合作”。

高行健还写过几个小品类的“折子戏”，如《模仿者》、《躲雨》、《行路难》、《喀巴拉山口》等，它们都带有鲜明的实验色彩。如《喀巴拉山口》就是为了试验在同一平台上表现不同的空间（地上和八千米高空的飞机上）和

① 高行健：《谈现代戏剧手段》，载《随笔》1983 年第 1 期。

时间的可能性。这些“轻武器”虽然不可能像《野人》那样产生“多视像”或“多声部”的舞台效果,但它们在高行健的笔下并不因为是“试产品”而缺乏先天的魅力,不,它们同样是灵感莅临时的创造的产物,也具有相当高的审美价值,例如《躲雨》就博得了国内外的好评。

现代的艺术探索者往往通过作品本身来进行理论宣传,在戏剧领域,较早的有梅特林克的《闯入者》等,稍后有布莱希特的《例外与常规》等,较近的有汉德克(奥)的《谩骂观众》等。尤其是后者,连动作都没有,四个演员排成一排,直接面对观众不停说话,所谓“说话”实际上是一个劲地“骂”,主要骂观众的戏剧观念如何陈旧,以激起对方的激动,迫使他们重新思考和讨论原来的戏剧观。高行健也写出了一个类似的小戏《独白》,是个独角戏,它不是简单地步人后尘,而具有独特的构思。它虽然一角到底,而且系统宣讲作者的戏剧观点,但却不显得单调、乏味。作者巧妙地有时让角色走会儿神,讲起人生甘苦来,因而使观众的兴趣得到调剂。

假如把剧作家分为试验型和生产型这样两大类的话,那么高行健无疑属于前者。他“生产”(创作)的产品,都是试验的产物,或者说都是为了试验的需要而诞生的。因此它们既具有实践意义,又具有现实意义。而二者的统一就是文化价值。

探险家的勇气

科学实验和科学考察需要勇气,需要探险精神,这已是人们的常识了。艺术探索和实验也需要这样的品格吗?这对于许多人可能还是个疑问,甚至会作出否定的回答。但我却给予明确的、肯定的回答,而且认为,在某种意义上说,艺术实验比科学实验需要更坚强的信念和毅力。因为科学实验和探险的结果有仪器可以测定,有实物可以证明。而艺术实验不要说失败居多,就是成功的,一时也未必得到承认,轻的遭讥议、辱骂,重的受贬谪,甚至放逐。高行健的道路也不是一帆风顺的,几乎每个剧作在舞台上问世,叫好者固然不少,侧目者总是不断,甚至棒喝者亦有之,尤其是《车站》诞生以后。人们总是喜欢习惯了的东西,把这种习惯看做千年不变的法则,于是“现实主义”永远与“写实主义”相联系,不按写实主义原则行事就是违背现实主义天条。这种狭隘、陈腐的观念,自觉不自觉地束缚着作家、艺术家的创新精神,因此“百花齐放”贯彻起来总是困难重重。个别人或少数人敢于挣脱束缚,想为现实主义拓宽路子,反而成了“现实主义”的“危险分子”。然而高行健并没有因此而退缩,他巧妙地摆脱了困难处境,同时考察民间戏剧,以拣回那些被传统戏曲在流传过程中丢失了的成分……这难道还不是搞现实主义吗?

当然,好花还需绿叶扶。这里需要提一下高行健所在的北京人民艺术剧院。这是个拥有一大批我国第一流艺术家的团体,在国内外享有盛誉。她素以坚持现实主义道路为己任、为光荣。但是这个剧院从领导到一般成员都有较宽宏的艺术气度,对高行健在探索上的努力都持理解态度。高行健每次遇到困难的时候,都没有人给他增加压力,充分表现了艺术家之间的理解与团结。

在我们的时代,一个艺术家要获得成就必须经受多种考验,除上述外,金钱的诱惑是另一重要的关口。目前的电影、电视这两个“新贵”对戏剧造成的威胁不仅表现在争夺观众,还表现在争夺演员和戏剧作家,其强有力的手段是金钱。从事影、视写作和表演,从个人的“经济效益”看比戏剧要高要快。像高行健这样有才华的剧作家,如果要从那方面考虑,无疑可以成为一名强手。但高行健始终没有为其所动。这是一个艺术家的可贵品质。一个立志献身于事业的人,必须把身外之物看得淡一些,他不可避免地要舍弃一些口腹之欲、敛财之欲以及一般凡夫俗子的欲望。因为事业要求他付出过人的精力。一个人的理想目标能否实现,鸿沟往往就在“过人”这一点上。

高行健从事专业戏剧创作还不到十年,但在这短暂的时间里他给我国戏剧舞台带来的震动是巨大的。因此他理所当然地引起国际剧坛的注意,欧洲一些经济和文化发达的国家接连邀请他去进行学术交流。1985 年至 1986 年他去德、法等欧洲国家访问期间受到那里的戏剧界同行甚至美术界的朋友们的热烈欢迎。1985 年 10 月法国世界文化交流中心在巴黎法国国家剧院为他举办了“高行健戏剧创作学术报告会”,法国著名戏剧理论家乔治·巴努亲自主持。他高兴地说:“我没有想到中国戏剧家所从事的探索与我们要找寻的方向是一致的,给了我们很大的启发。”在法国巴黎大学举行的国际学术讨论会《21 世纪的交流与艺术》上高行健被邀请作了《谈谈我的实验戏剧》的专题报告。联邦德国的主要戏剧杂志《今日戏剧》在 1987 年第 1 期刊登了高行健的《车站》德译本并登了作者的照片。西柏林的友人们还为高行健出版了精致的绘画集。高行健的作品在北欧也引起了热烈反响。瑞典皇家剧院演出《躲雨》取得很大成功,该剧导演对记者说"这个剧写得很美,简直是一首诗"。而且瑞典最负盛名的演员、剧作家和斯德哥尔摩小剧院院长阿兰·爱德华还将主演。高行健的另一个短剧《独白》,由西德的《交流》杂志作为表演理论的宣言予以发表。最近又获悉,联邦德国最大的港口城市汉堡将把高行健的《野人》搬上舞台,并由著名的达里亚剧院担任演出。我们可以毫不夸张地说,在为我国当代戏剧争得国际声誉的艺术家中,高行健是其中贡献最大的人之一。

高行健是执著的艺术探求者,是试图突破我国的戏剧危机,找到一条我国戏剧发展的可行道路的人。他已经朝着自己所认定的方向起跑了。作为探索者,他的道路是很长的,我们很难说,他已经或将要写出的作品以后会否成为经典,但作为艺术革新家,他在发掘和发扬我国的戏剧传统,吸收世界其他民族艺术创造的最新成果方面所作的努力是不可磨灭的。高行健的意义不是沿着前人的道路走完全程,而是在前人没有走过的地方踩出一条新路来;他的意义,也不在于他已经踩出了一条人人都能遵循的新路,而在于他的行动能够激发他人踩出更多的新路。正如他自己就正是受了别人——布莱希特、阿尔托、格罗多夫斯基——的激发而敢于向荆棘丛迈步一样,高行健无疑是探索我国现代艺术的最勇敢的"尖头兵",并且是卓有成就的探索者之一,即使他此后什么事也不干,他在我国戏剧文化史上的地位也是无可置疑的。

原载《艺术广角》1988 年第 4 期

“垦荒”者的足迹与风采
——评林兆华的艺术探索

他的兴趣在“处女地”

20世纪80年代以来,中国的改革开放大潮已形成不可阻挡之势。但在艺术创造活动中,开放与封闭的矛盾和冲突并不因政策的明确和坚定而很快消失,它以各种形式反映在具体实践中,我们从中可以看出两种不同的文化心态:一种着力于开拓、创造,一种习惯于因袭、守旧。本文主人公林兆华选择了哪一种呢?这里不妨引用一段他的自述来回答:

> 处女地对我的吸引胜过故园高楼。只要是你自己的创造,哪怕是狗窝、鼠洞、羊圈,也乐在其中。艺术家本应像航海家哥伦布那样,不冒风险怎么能开阔新的航道?又怎么能发现新的天地——美洲大陆?艺术创作永远是寻找、发现、变革、突破、否定、超越。创新固然不一定都会取得成功,都原原本本地重复前人的传统,还要我们后人做什么?①

读了这一段见之于他的《垦荒》一文中的话,一个披荆斩棘的艺术“垦荒”者形象跃然纸上!鲁迅说过:路是在没有人走过的地方走出来的。这可以说就是艺术“垦荒者”的使命。林兆华不是从命题出发,而是从实践入手,而且总是把这种实践看做是一种探索和追求。因此林兆华很不喜欢人家问他是什么戏剧观,面临这个问题,他总是回答对方:“我是自由戏剧

---

① 林兆华:《垦荒》,载《戏剧》杂志1988年春季号。

观！”“我对各种流派没有抗药性，我也不受各种流派的束缚。”①这是垦荒者林兆华对他的文化心态的最扼要概括。他的成绩已相当可观，但从来听不到他谈自己过去的成绩，因为他“总觉得艺术创造的经验是总结不得的，更是不能推广的，每一部作品只能是这一个的创作冲动。狗儿爷‘涅槃’不了，艺术家创作的每部作品，都应该是一次‘涅槃’”②。他还用了个很形象的比喻来说明他的这个想法：

> 一次辉煌的演出只是一场焰火表演而已，我深知这点，所以总是期待着新的焰火比赛。③

这里虽然说的是“期待”，但实际上却是他的紧张的追求：

> 我每排一个戏，总希望发现些新的东西，更希望搞出些新的东西来，重复就是倒退。④

这种锐意创新，以重复为耻的信条，是20世纪以来作家艺术家们普遍的创作心态。这就是说，不因循那些从前人作品中推导出的普遍性的理论原则和审美规范，而根据自己所要表达的思想或内容寻找相应的、与之最适合的形式或方法。林兆华显然很懂得这个奥秘，他“迷恋禅宗的思维方式，更相信‘顿悟’说”⑤。迪伦马特认为：“艺术家不能接受任何他没有发现的法则，而如果他没有发现某种法则，科学却发现了这么一条，则科学也帮不了他的忙。”所以他认为：“创作是个人的事情。”⑥这一创作观念的变化，可以说是作家、艺术家的主体意识、创造意识获得独立品格的结果。

创作乃“个人之事”这一观念的形成，并不意味着写作可以随心所欲，相反，由于失去了统一的规范和模式，反而变得更困难了，至少对一个有抱负的作家、艺术家来说是如此。就林兆华来说，他一旦得到一个自己感兴趣

---

① 林兆华：《戏剧观要在实践中革新》，载《戏剧学习》1985年第3期。
② 林兆华：《涅槃》，载《文艺研究》1988年第1期。
③ 林兆华：《垦荒》，载《戏剧》杂志1988年春季号。
④ 林兆华：《戏剧观要在实践中革新》，载《戏剧学习》1985年第3期。
⑤ 林兆华：《涅槃》，载《文艺研究》1988年第1期。
⑥ 《迪伦马特文集》第24卷，苏黎世，阿尔歇出版社1980年版，第33页。

的剧本,他就“食不知其味,夜不能安寝”①。在没有琢磨出点新东西之前,他是不得安宁的。然而,他的最大快乐,也恰恰是在这样苦思苦索的探寻之中,一旦有新发现,或“顿悟”,他“就像淘金者找到金子那样”兴奋。② 所谓“发现”,就是他一心想给予观众的、而舞台上又没有出现过的“美的信息”。

以上仅仅引了林兆华的只言片语,已足以看出他的开放型和开拓性的文化心态。这种文化心态至少应有两个标志:首先要有民族的自审意识,对传统的二重性有深刻的剖析,敢于扬弃传统中的消极部分,又勇于超越传统中的辉煌部分,具有探索新事物的巨大热情;其次要有民族的竞争意识,既能识别和承认其他民族的长处,又具有参与国际对话的兴趣和能力,还具有超越别人的胆略和信心。如果说上文已经较多地论述了林兆华的文化心态的前一个标志,那么他于 1986 年考察了西欧当代戏剧后所说的那句言简意赅的话,可以视为他的后一个标志:“我们也不比别人差!”林兆华正是具备了这两种意识,所以他既善于从国外吸收我们所没有的东西,又有能力用艺术语言参与国际对话。

挑战是他的使命

搞艺术革新和探险,必须具有挑战的勇气和应战的实力,这对于现在的林兆华是不成问题的。然而在 80 年代初,即在林兆华作为一个中年导演还没有什么资历和名气的时候,他的革新,谈何容易。他要起步,首先必定会遇到两个“拦路虎”,一个叫“人艺风格”,一个叫“现实主义”。

林兆华所在的北京人民艺术剧院可以说是全国话剧艺术力量最雄厚的阵地,她集中了一批我国第一流的导、表演艺术家。所谓“人艺风格”就是他们 40 年艺术实践的结晶,已故著名导演焦菊隐尤其为其倾注了多年的心血。这一风格似乎可以这样来概括:以现实主义美学为宗旨,以浓郁的市井风情与凝重的民族诗意为特色,个性鲜明、内蕴丰富。郭沫若的《蔡文姬》、老舍的《茶馆》和曹禺的《雷雨》可谓它的三大经典剧目。它们标志着新中

① 林兆华:《垦荒》,载《戏剧》杂志 1988 年春季号。

② 林兆华:《杂乱的导演提纲》。

国话剧艺术发展的第一个高峰，为中国话剧赢得国际声誉。无疑，它们将作为北京人艺乃至中国话剧史上的“华彩乐章”而载入戏剧史册。

问题是，北京人艺作为一个具有国际声誉的大型文艺团体，她是只许有一种风格、流派呢，还是应有多种风格、流派？如果只许有一种风格，那么它是不是要永远保持某一种审美形态？它要不要发展？准不准突破？这些问题对于一个具有开放型文化心态和现代艺术观念与审美思维的人来说是不成其为问题的。中国的开放，意味着她的文化艺术也要走向世界，也要与人类文化相交流，吸收人类智慧创造的文明成果，与时代文艺思潮相贯通。而一个多世纪以来，被我们关在门外的世界文化与艺术恰恰发生了飞跃性的变化。现代主义的崛起，从根本上动摇了现实主义的一统天下，弃写实，重表现的写作方法和审美主张成为另一种富有活力的艺术潮流，并且形成了各种流派、方法、形式和风格多元并存的格局。在这样的大形势之下，所谓的“人艺风格”想要原封不动，显然是不合时宜的。我说过，美是流动的，因为人的审美意识是随着时代的发展和现实的变化而变迁的。那种与一定时代内容和观念相适应的审美形态是不可重复的。被人们誉称“温柔敦厚”的“人艺风格”，是一定的社会历史条件下的产物，它形成于五六十年代，正值我国比较封闭的时期，它是与“农业社会”的那种牧歌式的缓慢节奏相适应的，如今创造这一风格的一代英豪，有的已经作古，如焦菊隐、舒绣文、刁光覃这样的台柱子，其他亦已进入耄耋之年，这标志着当年为人们所陶醉的人艺风格的美好效应的最佳状态或高峰已经不可复得了，它的最辉煌的“焰火”已经燃放过了。如果一定要今天的中青年艺术家来仿效和维护这种风格，那必然是“取法乎上，仅得其中”，是不明智，也是不现实的。须知，现在中国正向“工业社会”甚至“信息社会”迈进，这个时代的特点是紧张的节奏。就以“人艺风格”的特色之一“北京味儿”而论，自从北京成了新中国的首都以来，特别是实行改革开放以来，北京现实生活的“味儿”发生了多大的变化！什么才是“北京味儿”？恐怕什么“味儿”都有。如果把“人艺风格”固定在某一种模式上，那就意味着“人艺风格”不是在发展丰富，而是在凝固萎缩！意味着它仅仅保留了写实主义的躯壳而忽略了现实主义的鲜活的灵魂。如果要使它延年益寿，重放光彩，就必须给它“输血”，使其活跃新陈代谢的再生功能。但“输血”有两种方法，一种是输入“同型血”，即仍然用现实主义的美学原则，再现今天的“北京味儿”和诗情画意。但是如前所述，这样一种“味儿”已产生不了当年那种美学效应或艺术魅力了。因此必须输入“异型”血，即赋予它另一种审美特征。这意味着在继续丰富完善固有的“人艺风格”的同时要立意超越它。这无疑是一场巨大的挑战。这场挑战对于当时的林兆华来说无疑是严峻的考验。但是，艺术使命感和民族责任感激励着他，时代激流推动着他：他没有后退。1982 年，他毅然选择了一个观念较开放、手法也较新颖的剧本——《绝对信号》，而且决心采用“小剧场”的形式来排练。这是林兆华本人，也是北京人艺，也可以说是首都戏剧舞台向戏剧现代化迈出的坚实的第一步！多亏福星高照：它成功了！上下左右大多数人都给予肯定和较高评价。从此，首都的传统话剧舞台开始“倾斜”了！这个剧的成功之处归纳起来可以说是：首先，它从今天的现实生活出发，真实、生动地表现了当代中国青年的精神风貌，描写了善战胜恶、正气压倒邪气的两种社会势力的较量，基调是健康、积极的；其次，在表现方法上它最先尝试了“小剧场”的新形式：推倒了“第四堵墙”，使台上与台下、演员与观众直接交流，从而建立起新的剧场观念。同时，它采用了其他现代型的表现手段，诸如打破时空界限，把意识流的对话和内心独白带上舞台；最后，舞台设计以尽可能的假定性与表演的极其真实性相结合，抽象与具象相统一，风格朴实自然。导演的这一切新招术，对我国戏剧美学是一个不小的突破。这个戏我说它是一出“半写实、半表现”的戏。这两个“半”在当时是多么需要，因为那时完全表现抽象的、哲理性很强的东西还为时过早。在起步阶段，照顾一下观众的审美习惯和接受能力是必要的。观众既为它的新颖所吸引，又没有被它的陌生所赶跑。结果，先后共上演一百余场，作为一出实验性的戏，这恐怕可以说是空前的了。

不过林兆华的《绝对信号》还只是一个步骤和环节，还没有完全进入它的中心课题，若把它比作一项登山运动，可算是一次“适应性行军”。但很快，他在第二年，即 1983 年推出的《车站》，意味着他在向更高的目标进发了。这是一出荒诞戏，从内容到形式和手法都是现代型的。它用现代哲学观念来观照人生的某些境遇，启人深省，那就是如导演所解释的：“对等待的麻痹，对进取的惰性。”方法上更摆脱了对故事情节、舞美、道具等的依赖，较为抽象，但又不是不可理喻，因而使中国观众耳目一新。

《车站》令人想到著名的法国荒诞剧《等待戈多》(贝克特)。但它绝不是简单的模仿或照搬,而是合理的借鉴和移植,是对我国“十年荒诞梦”的美学升华,因此它使我国观众感到审美上的亲切。对导演来说,也是掌握现代艺术操作的必要训练。但《车站》作为一个新的艺术品,它的出现自然也触动了一部分人的审美惰性。因此,随着《车站》的诞生,立即引起了首都舞台的巨大震撼——当时围绕《车站》的两种对立观点的激烈论争就是这种震撼的尖锐表现。

一个进取的艺术家,一旦新的时代文化观念和审美意识在他身上觉醒,就像草木遇到阳光和雨露,他就有了蓬勃的朝气和活力。阻力挫伤不了他的锐气,他继续积蓄更大的能源,准备新的冲刺,这一冲刺,应该是对前两次“焰火”的超越和对自己艺术理想的建设。林兆华没有忘记,只有建设起属于自己的独特的东西,才是“垦荒”的真正收获。这独特的东西应该是什么呢?林兆华画了两条杠杠:“是民族的,也是当代的。”

据说,《野人》的作者高行健用了近半年的时间,行程三万里,跋涉在长江中游的崇山峻岭中,去追寻“野人”的足迹,探悉大自然的奥秘,同时又考察当地的民俗风情和民间传统娱乐形式。从而把艺术探险与科学探险结合起来,这就把握到一个重大的当代主题:唤起人类重视与大自然和生态环境的平衡与和谐;人作为“万物的灵长”(莎士比亚语)必须重新调整他与地球上其他万物和生灵的关系。这可以说是我国戏剧舞台上生态意识最早的觉醒者!同时剧作家在艺术上也有个重要的发现:我国的戏剧在其发展中丢失了很多古老的、对今人仍有魅力的表演形式,如鄂西地区的面具、旱魃、傩舞等,我们可以把它们“拣回来”,在现代审美观念的观照下,用来丰富我们以唱、念、做、打为基础的、富有民族或东方特色的新型戏剧。于是糅合了上述艺术因素的文学剧本《野人》问世了!这一没有姓氏的话剧新品种又使林兆华如痴如醉。而点通他的“灵犀”的正是这个戏的“野”性:你看它上下几千年,没有统一的主题,没有中心情节,没有贯穿人物;只见三十几个内容不同、色彩迥异的生活块状杂凑于一台;高山大河、森林平原轮番映现;历史与现实、愚昧与文明相互交辉;人间悲欢与兽界忧乐此呼彼应;歌舞与鼓乐、朗诵与对白交替起落……总之,这出戏既不符合正统戏剧的规范,也找不到现代戏剧的先例,“它像是十二属相外的新玩意”。是的,风险是存在的,如果“驾驭不好，不知会弄成什么样子”。但是那探险者的天性告诉他：不正是这没有人染指过的“处女地”才有“垦荒”的价值，也才有收获的希望吗？成功的欢乐总是属于那些不顾一切地去追求它的人！这里对导演的考验是：能不能把这些“无序”的、杂色的碎块，通过一种有效的手段连缀成一个“有序”的、谐调的统一体？或者说，利用这些碎块为材料，构筑一幅美丽的、流动的舞台图像？林兆华展开了“思索”和“想象”。果然，灵感莅临了：“这个戏要表现生态学家和意识流动！”他从这里找到“这个戏的演出形式”，那就是“随心所欲地去表现”那“绝对自由”状态的“人的意识”。这一“以毒攻毒”的方法不免带有“悖谬”的味道。确实，林兆华是深明那种艺术悖谬的奥秘的。他曾引用过罗丹的这一名言：“真正的艺术是忽视艺术的。”因此他认为：“最高明的表演是看不出在表演。”[①]林兆华能领会并实践罗丹的这一名言，正是他艺术上成熟和高明的标志。他在开始排《野人》时，干脆叫演员们“玩起来”再说，实际这个“玩”字贯彻了一个导演意志：从“无序”的表演中发现那“有序”的内在联系。这一大胆尝试是成功的。例如对森林原始状态的表现，他放手让20个演员自由选择形体造型的办法就恰到好处。这看起来像在情理之外，其实恰恰在逻辑之中：人类社会、大千世界，谁能一眼看穿，并能如实把它“再现”出来？“不可想象，森林、洪水、砍伐、开天辟地……都用编排好的舞蹈去表现会是什么样子！”[②]肯定地讲，会是“削足适履”的样子。这也就是迪伦马特那个说法的应验：艺术是不能讲“礼貌”（即遵循常规）的，否则连“边界”都跨不过去。无怪乎林兆华在谈到这一点时，不无意外地说：“我真讲不清楚，直觉帮助了我，导演是感觉的艺术，思维起调节作用。”[③]其实，从“直觉”出发的还不只是导演，因为导演把这个“自由”也让给了每个演员。“我强调演员自发的感受，自我应变能力，允许他们自由选择最佳的表现手段，不要求他们消灭自我个性，一直到演出也给予他们即兴的自由。”当然演员这个“自由”得来也不容易，他必须以“多功能”的技艺训练为代价。而且他的“自由”还得受“导演总谱”的

---

① 林兆华、高行健：《〈绝对信号〉的艺术探索》，北京：中国戏剧出版社1985年版，第110、115页。

② 林兆华：《杂乱的导演提纲》，载《艺术世界》1982年第2期。

③ 同上。

“制约”。① 同时,受“制约”的还有舞美设计,他们被要求为这个戏的景、物的“流动感”作出贡献,充分运用声、光技术。与此相配合,林导演还从院外请来了作曲的和编舞的高手……于是,在林兆华这双妙手谱写的“导演总谱”的统一指挥下,台前的、台后的、作曲的、编舞的……一起通力协作下,《野人》这出实验性很强,难度很高,魅力也很大的戏,终于以“全能式”和“多声部交响”的形式出现在首都舞台上!大江大河的飞浪,原始森林的呼啸,动物世界的喧闹……都在这里获得审美化了的意象。它也许不一定称为话剧,但它是戏剧,是一出具有丰富的审美信息和崭新的文化价值的戏剧。这一成功使得著名戏剧活动家和评论家刘厚生也大为惊讶,他说:“《野人》是一出看上十次剧本也很难想象舞台上是什么样的戏,真不知道导演怎么会有那么丰富的想象和幻想能力,居然把这个戏排得热闹非凡。”②无怪乎外国的同行看了也大为赞赏,特地请林兆华去欧洲(汉堡)执导这个戏,在那里也引起巨大反响。

一个艺术家如果光有创造的天性和活力,而缺乏足够的智慧,那也是不可能有大作为的,那好比有了性能良好的内燃机而缺乏燃料一样。而林兆华却是这两方面的条件齐备的人,所以缪斯总是与他形影不离,不时催动他的灵感,爆出奇想怪念。我这里只想从前面没有提到过的剧名中,举出一个突出的例子:《第二次世界大战中的帅克》中的希特勒这个人物的设计。谁都知道希特勒是男性。但林兆华导演的这出戏中的希特勒却偏偏是女性。这似乎有点恶作剧或随意性,但这恰恰是林兆华对现代艺术真谛的深刻领悟和驾轻就熟的运用。因为按照现代的审美观念和原则,人物已不一定是“这一个”的典型,而是代表许多人的类型。既然希特勒在第二次世界大战中成了“恶”的化身,则这个人物不过是个符号,因而它的性别就无关宏旨了。而把这个罪魁的性别这么一改,却起到了“陌生化效果”的作用,它暗示人们:如果当年上帝没有让希特勒降生,那么第二次世界大战也还是避免不了的,因为世界上反正有这么一股法西斯势力的“恶”需要宣泄,而它总能找到一个领头的!因此舞台上这个女希特勒的出现,不愧是导演的“神来之笔”!

---

① 林兆华:《杂乱的导演提纲》,载《艺术世界》1986 年第 2 期。

② 见《〈红白喜事〉的舞台艺术》,北京:中国戏剧出版社 1987 年版,第 5 页。

1990年夏,林兆华应邀给天津人艺排了一出伏尔泰根据中国《赵氏孤儿》改编的《中国孤儿》。前者是元曲,写春秋时代宫廷内部的忠奸相残,受害者遗孤长大报仇的故事。伏尔泰从启蒙运动的人文主义思想出发,有意"误读"《赵》剧,在《中国孤儿》中把故事改在宋末元初,成吉思汗灭宋杀仇,因爱上赵家公主而化干戈为玉帛,认敌为亲、为爱,从而让野蛮服从文明,让仇恨的感情服从于古典主义的"理性"。很显然,这两出题材相似而主题殊异的戏,反映了两种不同文化的大异其趣:一个强调恩仇必报,一个则主张仁爱至上;前者任凭感情行事,后者则听从理性指挥。这里呈现在观众面前的不仅是中西两个不同地理范围的文化观念的鲜明对照,也是两种不同阶级(资产阶级和封建地主阶级)属性的伦理原则的直接碰撞。无疑,这种对照和碰撞是发人深省的。

由于这次演出是中国比较文学学会举办的,为了使上述思想鲜明化,林兆华在导演构思上别出心裁。他特地选择了天津戏剧博物馆的旧戏楼作为演出场地,并把剧场分为两个表演区:台上和台下;台上由河北梆子剧院演出《赵氏孤儿》的某些片断,台下三面由观众包围的中央表演区让天津人艺表演话剧《中国孤儿》。台上台下轮番表演。当台上在表演时,台下的演员们就变成了观众,因而产生"间离"感。国内和国外都有过"戏中戏"的表演,别具情趣,如我国元杂剧李潜夫的《包待制智勘灰阑记》,瑞典彼得·魏斯的《马拉/萨德》等。不过它们都是同一个剧本在同一个舞台空间里表演。林兆华导演的可谓"戏外戏",实属别开生面的首创。

年龄、身份(人艺副院长)和客观形势都不能减低林兆华的探索热情和步伐。1990年秋紧接《孤》剧后他又来了一手惊人之举:和戏剧界部分志同道合的朋友以全新的观念、全新的手法重新解释并导演了莎翁名剧《哈姆莱特》。如果说,以往的每次探索都必须考虑到交付任务的关口,那么这次倒是比较自由的,因为算是业余活动;如果说,昔日那些"垦荒"努力都不能完全摒弃功利目标,因而不能痛痛快快地"玩"一次艺术,那么,这次终于做到了把艺术作为纯目标来追求,因而彻底"玩"了个痛快!说的是"玩",但导演为其付出的劳动恰恰是这个字义的反面:艰辛的创造。

林兆华对《哈姆莱特》的导演构思是从"人人都是哈姆莱特"这一命题出发的。这一命题对莎翁这一杰作作了全新的解释,推翻了历来把这一剧作的同名主人公看做智勇双全的英雄和正义的化身的定评。因此这一振聋发聩的命题,本身就具有“陌生化”的效果,它一开始令人惊异不已,并再也摆脱不了自我琢磨,最后会找到现代人形而上的哲学思路:在一个有罪的社会里,每个人都处于社会机器的某一个部位,他要扮演什么角色,是由这部机器转动时的要求决定的;如果换一个位置,也许情形就会两样。王子在立意为父复仇并谴责不义君王的时候,他似乎是个英雄,但如果他一旦当了国君,而时代条件相同,他也会变成受别人唾骂的罪人。再以复仇这一行为而论,如果赵氏孤儿长大后不报杀父之仇,而与仇人的女儿相爱,这从封建伦理观念去看是大逆不道的罪过,但从伏尔泰人文主义的价值尺度来衡量,这却是一种高尚的行为。而复仇是一种原始情感,是野蛮的表现。迪伦马特的《罗慕路斯大帝》的同名主人公,在敌军兵临城下的时候,仍无动于衷,以不抵抗政策来加速西罗马帝国的灭亡。这从狭隘的爱国主义观点去看,无疑是一种叛国行为。但他说:西罗马帝国作为一个统治欧洲的世界帝国,在其五百年的统治中已经积罪如山,如今我当一个“无为”的皇帝,正是为了充当世界的法官来宣判它的灭亡。你看这位“叛国者”倒是一位人道主义英雄和欧洲人民的解放者。布莱希特的杰作《四川好人》的女主人公沈黛,一味行善,结果助长了一批懒汉;她不得已而用“恶”来处世,结果又被法院传讯……这个生动的譬喻剧暗示我们:在现今这个存在着压迫和剥削的社会里,绝对善的人或绝对恶的人都是不可能的。有时有的人比如罪犯似乎是绝对恶的,但如果深入观察也并非完全如此。陀思妥耶夫斯基就善于在罪犯的灵魂深处“拷问出他的洁白来”(鲁迅语)。不妨举一个真实的人物来佐证:法国荒诞派四大台柱之一冉奈,原是个重判的囚犯。由于他在狱中写的《偷儿日记》显示了才华,经萨特呼吁获得释放,最后作为一个对人类文化有贡献的人被载入史册。这里可举一个相反的真实例子:一位六次立功的英雄模范,一天突然发现他的妻子与别人通奸,竟当场将两人砸死,顷刻间成了罪犯。一个人本质的两极反差竟如此之大!以上不论是虚构的或是真实的事例都说明:人的本质不是一目了然的。所谓“人人都是哈姆莱特”,就是说每个人的本质都是模糊的,或者说有几张面孔,它们会随着机遇的变化而变换着“面孔”。当然“人人都是哈姆莱特”还可以包含另一种理解,即:哈姆莱特那种复仇情绪与犹豫不决的两难矛盾,这是现代人深感困惑的一种相当普遍的生存境遇，无疑这也是导演的一种切身体验。自从苏格拉底喊出“认识你自己”以来，哲人们对人的自身的探索有增无已。开始认识到人的性格的多重性可谓这种探索的成果。世界进到人人都能进行自审的时候，人类就有救了。林兆华能对《哈姆莱特》作出“人人都是……”的解释，表明这位导演自审意识的觉醒。这还可由他下面一段话得到验证：

> 我们今天面对哈姆莱特，不是面对为了正义复仇的王子，也不是面对人文主义的英雄，我们面对的是我们自己，能够面对自己，这是现代人所能具有的最积极、最勇敢、最豪迈的姿态。①

确实，一个能够自审的民族肯定是有前途的民族；一个能够自审的个人，肯定是个有作为的人。鲁迅之所以伟大，某种意义上说，他具有高度的自审意识。你看他的《狂人日记》，“狂人”去审察别人“吃人”的时候，最后看到并承认：自己也没有出污泥而不染，他自己也在麻木地吃着别人！哦，“狂人”者，最清醒的大彻大悟者也！因此，“人人都是哈姆莱特”不啻是一句现代启示录。

与林兆华对剧本的独特解释相适应，他在导演处理上也进行了迄今为止最大胆、最新颖的尝试：最明显的是他用了三个演员扮演主角，而又随时进行角色互换，这样的处理看似荒唐，实则是一种艺术高招。例如第一幕第二场，哈姆莱特谴责母后对先王不贞不忠时，话音未了，却变成国王怒斥自己的新婚妻子，而先王也曾经责骂这位王后的改嫁行为。这一轮番斥责，表明这三个身份、辈分、利害不同的男性都视女人为祸水。这里的三个人既是“人人都是哈姆莱特”，也可以说成“人人都是国王”。再如，导演为了替王后作为被男人歧视的女人翻案，让她叙述自杀的奥菲利亚的悲惨时，忽然间奥氏的“她”变成了王后的“我”，使二者重合，从而由一个遭人唾弃的形象，变成了被人同情的形象，可谓别具匠心。不但如此，剧中舞台布景、道具以及决斗方式都是奇特的：一个长长的方形铁架子拴着五个歪歪扭扭的电风扇，所谓决斗，实际上是双方躺着或傍着铁架子不停地拨弄扇叶！这真是滑天下之大稽！但冷静一想，恍悟了：现代人的格斗不再是凭剑术和体力，而是智力的较量。

① 转引自《戏剧》杂志1911年第1期，第66页。

导演对这一重要场面的处理显然是要给观众的审美习惯一次挑战!

至此,林兆华把正宗的"人艺风格"明显拓宽了,他的信念也最后坚定了:除了大家走熟了的斯坦尼"体验派"的老路,他还朝着"表现派"的浩茫方向去开拓和探索。

他有一手传统的硬功夫

世界上真正的艺术革新家在举起"反传统"的大纛的时候,他们本身对传统就有深厚的专业工夫。塞尚、凡・高、毕加索、达理、斯特林堡、布莱希特、梅耶荷德等都是最好的例子。林兆华有这个准备吗?回答是肯定的。他运用传统的现实主义方法排过的剧目显然比实验剧目要多,其中《谁是强者》、《红白喜事》、《狗儿爷涅槃》等演出都在百场以上,其平均上演率之高,恐怕很少有人能够与之相比。而且,这些戏都是"重戏剧",思想性与艺术性都达到相当完美的程度。尤其是他与刁光覃合导的《狗儿爷涅槃》这出悲喜剧,塑造了一个中国农村剧烈变革时期,酷恋土地的农民不朽的舞台形象,在戏剧界和学术界都获得了高度的评价,它也必将作为人艺的经典作品和我国新时期戏剧的代表作之一而载入史册。此外农村风俗喜剧《红白喜事》的导演也给林兆华带来了很高的声誉,不仅是因为这出戏使他获得了1985年全国现代戏评比导演一等奖,还因为他在这出戏的导演过程中,对那种阻碍艺术进步的习惯势力同样表现了他的挑战者姿态,即拒绝接受"伪现实主义"的惯性指令,坚持了真正的现实主义态度,并在运用传统的体验派导演方法方面表现出他的艺术功底和精耕细作的躬耕精神。

有作为、有活力的艺术家常见的有这样两类人:一类是致力于在前人基础上的完善、提高,一类是着眼于常规以外的开拓、独创。但林兆华显然是个例外,他把这两个似乎相互排斥得很厉害的"极"同时挑在肩上,却毫不为它们的"不和"而烦恼。曾经对林兆华导演《野人》表示钦佩不已的刘厚生先生,这回又对林兆华的写实作风感到惊讶万分了:"林兆华这一次是如此地老老实实,在方法上宁可近乎自然,决无丝毫抽象;在导演思维上紧守传统阵地,决不试图抛弃传统,自立门户。然而,更准确地说,他也并不是只想墨守成规,他是以深厚的功力,力求在传统范围内最大限度地阐述剧作,表现自己。”[1]这段评语很中肯。从这里可以看出，林兆华对这一点很明确：现实主义作为一个美学范畴有其特定的质的规定性，完善现实主义的美学本体仍有用武之地，至少在中国是这样。因为现实主义在西方的统治地位虽然已经不复存在了，但由于各民族的文化特点和水平不同，它在各个国家的命运是不一样的。在中国的艺术领域，尤其是美术和戏剧（曲），一直居主导地位的是表现论美学，到了近代，其审美信息量也已显得饱和，所以近百年来它与西方的现实主义美学发生了自发的双向对流，就像西方的戏剧和美术从中国和东方吸取了抽象表现成分一样，我们的戏剧从对方全盘引进了现实主义的话剧形式，美术则全盘引进了现实主义的油画形式；文学有所不同，在近代，我国的现实主义有所发展，但也大量从人家那里吸收了养料。尽管如此，我国文学艺术中的现实主义本体的发展仍然是不充分的。因此林兆华在这方面的完善化努力具有“补课”的性质和分担时代使命的意义。此外适当排些传统戏，从我国话剧接受市场的特殊情况看也是必要的。我国观众在相当长的时期内，还是比较容易接受传统风格即现实主义的作品，而对于探索性的戏感到陌生。尤其是农村，更需要“文化的启蒙”。从这个角度看，无论选择传统风格的剧目，还是完善现实主义美学的本体都是必要和有意义的，而且他用了“超级现实主义”的新概念刷新了现实主义的旧模式，令人耳目一新。这也是一个严肃、真诚的艺术家应尽的社会责任。所以林兆华在笔记里写道：“写农村，演农村，大有作为！”[2]

但这绝不意味着林兆华作为舞台艺术家，对传统艺术的刻意追求与对现代艺术的勇敢探索是等量齐观的，不，无论从事业开拓的着眼点，还是力量投放的侧重点来看，他的兴趣和目标都是“荒地”。虽然“垦荒”比“完善”更为艰苦，也更冒风险，但对他来说却更有诱惑力和刺激性。形成他这一倾向的直接原因之一是我国戏剧的单调。他非常不满意我国戏剧领域独尊一格的局面，希望我们这样一个有着十亿人口的大国应该有多种流派，多种风格出现。他说：

我经常想的另一个问题——中国的戏剧文学、表、导演、舞台美术

① 见《〈红白喜事〉的舞台艺术》，第5页。

② 同上。

有不同的流派吗？我看有、也没有！过去只知道一个主义，叫做现实主义，一个体系叫做斯坦尼斯拉夫斯基体系。十几亿人口的大国，戏剧流派五花八门都嫌不够……现实主义可以永世流传，可戏剧多一些主义有什么不好！①

这番话与其说是出于他的理论认识，毋宁说是来自他的经验之谈。他在许多场合都提到，像《绝对信号》、《车站》特别是《野人》这样一些剧作，光用老的表演方法包括斯坦尼斯拉夫斯基体系，就会“束手无策”。因此，克服戏剧观念的狭隘与陈旧和“表现形式的单调”这一“极不正常、极落后的现象”，“利用各种手段来丰富话剧的表现形式”，以养成一种新的“话剧意识”，成了林兆华“垦荒”的主攻方向。

葱茏的绿荫

当然，花好还须绿叶扶。林兆华作为艺苑中的一名尖兵，之所以会从北京人民艺术剧院这个老艺术家荟萃的地方首先冲了出来，并节节胜利，这跟北京人艺的老艺术家们的培养、支持与保护是分不开的。首先是老院长曹禺先生从《绝对信号》起就表现出他的远见卓识和对戏剧规律的准确把握；在《车站》遇到麻烦的时候，于是之先生站出来表示支持。是之先生主持人艺工作以来，更对林兆华的工作关怀备至，热情指导。至于刁光覃等先生也对后起之秀满腔热情地表示关怀。在几次实验演出中，人艺的一批中青年表演艺术家齐心协力，也作出了出色的贡献。北京人艺不愧是缪斯的栖息地，只有这样的艺术圣地，才能孕育和诞生林兆华这样的艺术人才。因此我认为，林兆华的创造精神和革新意识在某种程度上可以代表北京人艺。如果说人艺前30年的风格是“带‘京味’的现实主义”，那么80年代起当加上“勇于创造的‘垦荒’精神”了，而林兆华是继焦菊隐之后目前人艺最有才华、最富朝气、最有作为的中年导演，也是我国当代剧坛上最具有开拓精神的杰出导演之一。

原载《文艺研究》1992年第5期

① 林兆华：《垦荒》，载《戏剧》杂志1988年春季号。

导演创造意识的觉醒
——评徐晓钟的导演艺术

国门重新打开的这十余年来，随着文化环境的改善，人们的视野开阔了，精神活动的空间扩大了，娱乐的途径增多了，“美”的消耗速度加快了……相形之下，戏剧这一“美”的载体的重要地位相对降低了，从而使我们的戏剧——这里指的是话剧——陷入了危机。但同时，开放的大势又带来了“美”的观念的更新和“美”的手段的丰富，这又为我们的话剧提供了获取新的生机的可能。十余年来，一批有为的话剧工作者们，首先是编剧和导演们，就是在危机感的驱策下，为我国话剧摆脱困境紧张地觅求着、奋进着，从而抗住了我国话剧本体的衰老颓势，激活了它的新陈代谢机能，使我国的话剧舞台保持着“美”的信息渠道的畅通，这样，才使得我国的话剧这一根底较浅的舶来品，在电影、电视、流行歌曲、迪斯科等艺术“新贵”强有力的竞争下，依然在多选择的艺苑里保有一席之地。在建立这一伟业的过程中，他们本身也作为杰出的艺术家脱颖而出，成为我国话剧舞台上具有现代特征的耀眼的“新星”。其中，有的以探索的热忱和捕捉时代审美信息的敏锐著称，充当了艺术探险的“尖头兵”；有的则以哲人的慧眼、稳健的步子，致力于“现代经典”的营造。本文将简要阐述的导演徐晓钟教授，即属于后一种。

一、成熟与超越

浏览过现代艺术史的人恐怕都有这样的印象：那些为现代西方文学、艺术放下了基石的人们，一般都有良好的传统艺术的功底。他们都是在对传统“美”的信息量的接受已经饱和，对传统“美”的表现技巧的训练达到娴熟程度之后,才开始超越,开始划时代的建树的。卡夫卡在进入现代型的创作之前,曾热衷于“模仿”狄更斯的写作方法,即批判现实主义的方法;斯特林堡在写出《去大马士革》、《死魂舞》和《一出梦剧》等这些被称为表现主义的剧作以前,曾经写过大量的现实主义和自然主义的小说和戏剧;后期印象派绘画大师凡·高在离开他的荷兰故土以前,曾以伦勃朗等人为祖师;至于现代画圣毕加索,他的“蓝色时期”的作品即使以现实主义的标准去衡量,也堪称是杰作……诸如此类的例子是很多的。在80年代以前,徐晓钟教授曾先后在国内外的戏剧高等学府深造和执教,这三十来年的戏剧生涯,其人文思维和审美思维基本上都是遵循传统路子即现实主义的理论和原则的。这期间,徐晓钟独立执导或参与执导的戏剧作品不下二十出。它们固然主要是常规理论指导下的产物,但它们却标示出徐导演把握以幻觉为基础的现实主义舞台艺术理论的过硬工夫及其日臻成熟的鲜明轨迹。表面上看,这些作品在观念和方法上超越前人的地方并不明显,它们多半似乎都在作着一轮一轮的重复。然而这种重复乃是一种螺旋式的运动,每一重复,都是“量变”的过程,都是最终导致“质变”的积累。

徐晓钟对现实主义的“饱足”和超越是从80年代开始的,准确地说是从1982年开始构思和执导易卜生的名剧《培尔·金特》开始的。这时,他对现实主义戏剧的理论思考和舞台实践差不多已经有了三十年的经历,前人留下的足迹他几乎都踏过,现实主义的长处他已大致体尝过,现实主义的局限他无疑也有了领教。总之,从超越的内部因素或主观条件说,已经成熟了。从客观因素或外部契机说,80年代适逢我国改革开放时期,文艺家可以看到世界大势,这种形势是有利于作家、艺术家大显身手的。无怪乎,当徐晓钟应笔者的要求送来两本厚厚的剪报的时候,笔者发现其中1982年以前的文章一篇也没有,仿佛他在“80”这个年代的交界处打了个句号,这无言的空缺似乎在暗示笔者:过去所做的一切,尽管都是勤奋的产物,但从总体上说那不过是重复前人的套数。

这是一种觉醒,是“导演创造意识的觉醒”①,用一句时髦的话来说,是导演主体意识的觉醒。多少年来,人们总不能摆脱这样一种思维惯性:遵循

① 这是徐晓钟发表于1986年11月号《戏剧报》上的一篇文章的标题。

前人既定的艺术法规是天经地义的，因袭一种传统的写作方法是理所当然的，不这样做，就是“违背艺术规律”，就是对缪斯的亵渎，仿佛艺术的规律早已被前人所穷尽，缪斯的性格和模样也早已为上帝所铸定，人类已经一劳永逸地只需一代一代被动地接受就是了！殊不知，这是典型的封建性的思维模式，它是千百年来封建专制主义统治在文艺领域的表现，历来不知束缚和窒息了多少有艺术灵性的人们的创造才能，使人们养成一种模式化的审美思维惰性而不能自拔。徐晓钟50年代曾在苏联深造，对斯坦尼斯拉夫斯基导、表演体系有较深的造诣。但这一权威性理论遗产的把握并没有使他感到捧得了“铁饭碗”，因而在审美思维中作起“茧壳”。不，徐晓钟的创造天性使他不自囿于某种单一的既定风格或方法，往往表现出某种“不驯”，所以在回国后的舞台实践中，在斯坦尼的主旋律中偶尔也出现“不谐和音”，这就是他从1959年起先后导演的《乐观的悲剧》、《青年近卫军》和《年青的一代》等，它们在“体验派”的基础上糅进了某些表现派的手法，这是一次美学的“骚动”，是他的导演创造意识的较早的萌发。由于当时国内还不存在从根本上突破传统方法的客观形势，所以徐晓钟的突破性尝试只能是有限的、局部的。

80年代的开放形势使徐晓钟的视野投向世界。他首先从对当前世界戏剧发展趋向的总体把握中，找到了他的导演创造意识，也可以说是现代审美意识觉醒的契机；他认为“在现实主义戏剧的基础上糅进象征手法和荒诞戏剧的因素，好像是当前国际戏剧创作的一种趋向”。这是80年代初徐晓钟在考察了欧洲的戏剧以后得出的看法。根据这一看法，他对我国戏剧的发展前途提出了三点预测，即他所说的“三个猜想”：（一）综合性加强。这有几个层次：A. 乐、舞、歌等视觉形象与听觉形象的各种艺术语汇、因素的综合；B. 体裁越来越丰富；C. 各种艺术方法的综合，现实主义、浪漫主义吸收各种现代因素。（二）哲理性会加强。（三）对导演、表演的能力加强。[①] 这三点“猜想”徐晓钟是以肯定态度提出来的，它们包含了内容和形式、哲学和美学、主体和客体，可以说是徐晓钟导演创造意识觉醒的宣言，为

① 徐晓钟：《戏剧的振兴与戏剧家的责任——1985年3月在大连戏剧理论研讨会上的发言》。见《艺术研究辑刊》（一），大连市文化局刊物。

其后的戏剧发展状况所证实,也为他自己的舞台实践所贯彻。其中最值得注意的是他发现了现代戏剧发展过程中哲理成分的加重,这是他现代导演意识觉醒的最重要的标志,是他艺术上实现自我超越的起点和美学思想的核心。

二、对戏剧的一种哲学品位的追求

哲理成分的加重不是现代戏剧特有的现象,自从西方现代主义思潮兴起以来,文学、音乐、电影、造型艺术、建筑等领域普遍都有这个现象,这里姑且不说那些主要以哲学家名世的作家如克尔恺郭尔、尼采、萨特等人的名字,仅以"纯"作家而论:T. S. 艾略特、卡夫卡、乔伊斯、伍尔芙、普鲁斯特、约瑟夫、海勒、加西亚·马尔克斯、戈尔丁等等20世纪第一流作家都是典型的例子。在戏剧方面,则从象征主义、表现主义到荒诞派、存在主义等流派几乎尽人皆知。尤其是布莱希特,他把马克思主义的唯物辩证法运用于戏剧,从捕捉"辩证哲理的乐趣"出发建立他的戏剧美学基础,并写出了《例外与规则》、《四川好人》等一系列闪耀着辩证哲理光芒的剧本。布莱希特甚至说:"戏剧成了哲学家的事情了。……也就是说,戏剧被哲理化了,含有教诲意义了。"①意大利著名戏剧家皮兰德娄的这段话也说明了同样问题:"他们之所以写剧本是因为感到一种深刻的精神需要……更确切地说,这是一些富有哲学意味的作家。不幸的我就是这类作家。"②苏联科学院编写的《德国现代文学史》(一译《德国近代文学史》)一书在概括两次世界大战之间的一段戏剧现象时是这样写的:"B. 布莱希特的'叙述剧',埃里文·皮斯卡托和他左右的一些剧作家……所有这一切流行于二十年代末至三十年代初德国戏剧创作的流派,它们的共同特色都是戏剧的哲理化。"③

哲学广泛渗入文学、艺术领域的原因是不难理解的:随着科学技术的迅猛发展,人类的抽象思维能力也空前提高,加上20世纪的前半叶是个多事

---

① 布莱希特:《娱乐剧还是教育剧?》,见《戏剧理论译文集》第9辑,北京:中国戏剧出版社1963年版,第79页。

② 诺·霍顿:《二十世纪世界戏剧》,载《外国戏剧》1985年第3期。

③ 同上。

之秋，它迫使人们进行深入的人文思考，这种思考仅借用逻辑语言已经不够，它必须借用形象加以表达。这一现象甚至引起托马斯·曼这样的非现代主义作家的注意，他指出20世纪头30年的"世界性历史转折以空前的力量使当代人尖锐地意识到认识时代的必要。这个过程消除了科学和艺术的界限，把新鲜的、活的血液输入了抽象的思维之中，使鲜明的形象获得了灵魂，创造出一种特殊类型的作品……"①显然，徐晓钟的"猜想"是建立在对现代戏剧变革的本质性了解和科学判断的基础之上的。他看到了现代戏剧"哲理性"的"加强"，那就抓住了现代戏剧的"灵魂"。这样，他实现自我超越的起点就高了。可以说，他在观念上是与当代国际戏剧发展基本同步的。这就不难理解，为什么徐晓钟跨越自我的第一个目标就是选择《培尔·金特》作为他的"起跳高度"。

众所周知，导演易卜生的《培尔·金特》是一项高难度的工程，国际上许多行家望而生畏，有的说，易卜生的这个剧作固然堪称"宏伟"，但它是用"戏剧体诗"写成的，"没有考虑舞台特点"；有的说，主人公"老是出现在舞台上，所以易卜生的诗句真的使导演无用武之地"②。但徐晓钟却没有被吓退，相反，他"怀着莫名的冲动想要证明：究竟是易卜生违背了戏剧创作的规律和舞台法则，还是他打开了有别于当时传统戏剧观念的新的创作天地?！我们迫切地希望得到证实：谁是正确的？是布莱德鲁克，还是易卜生?"③这一席充满自信、充满挑战口气的话，真有一种"明知山有虎，偏向虎山行"的"犟劲"，表现了徐晓钟立志在舞台上攻克国际戏剧难点的勃勃雄心，同时也表明了他在艺术探索中对一种哲学品位的孜孜追求。就在上述那段话的后面，紧接着的是这样几句话："整个导演构思、体现构思和舞台实践的证明，这个被认为'没有考虑舞台特点'的剧本在剧场里竟有那么强烈的戏剧性，那么震撼人心的哲理，那么诱人的舞台魅力！"④这里，"哲理"是轴心，那"戏剧性"和"魅力"多半都是由它"震撼"出来的。徐晓钟特有

---

① 托马斯·曼：《论施彭格勒的学说》，1924年德文版。

② 布莱德鲁克：《诗人易卜生》，见《易卜生评论集》，北京：外语教学与研究出版社1982年版，第307页。

③ 徐晓钟：《〈培尔·金特〉导演构思》，载《戏剧学习》1983年第4期。

④ 徐晓钟：《〈培尔·金特〉导演构思》。

的本事,就在于他对剧本的哲理内涵的深刻领悟并通过自己的舞台语汇将它表现出来的能力。在众多的现代世界名剧中,他之所以偏偏看中这个每每让人望而却步的难啃的"骨头",原因之一就在这里——你看他在探讨和解释《培尔·金特》的主题的时候,咀嚼得多么津津有味!

《培尔·金特》这个戏确实是值得咀嚼或玩味的,它以现代人文观念加以观照,写了一个分裂的自我。自古以来,人们总喜欢简单地说"好人"、"坏人",仿佛这"好"与"坏"也像黑与白那样界线分明。殊不知,那"好"常常是人类文明理性的一种装饰,而"坏"也往往是对"好"的惩罚,二者多数情况下是混浊难分的。现代人的发现之一,是看到了人格的多重性,看到了在"理性"掩盖下人的意识深层所存在的更为丰富复杂的内容,仿佛从现在起人们才开始感悟到古希腊人那句著名的格言:认识你自己。

培尔·金特原是个纯朴的苦孩子,为了摆脱这尴尬的处境,他想到大千世界去闯荡一番。但在一个尔虞我诈的社会里,如果没有过人的智慧和能力,没有适当的机遇,要"闯荡",谈何容易。何况,培尔·金特的智慧库除了一些想入非非的虚幻梦影,别无一物。结果,他用以征服命运的野性挣扎成了堂吉诃德同风车进行理性搏斗的历史反照。

与堂吉诃德相同的是:两者都是不识时务的莽汉,不摸清客观对象的虚实便贸然采取行动,进行力量悬殊的"战斗"。但二者又有本质的不同:堂吉诃德的行为固然可笑,他的精神却是可敬的,因为他信奉的是"为他人"的游侠哲学,所以他行动上虽然失败了,但他的自我(或灵魂)却没有失落。培尔·金特信奉的是"为自己"的"山妖哲学",他的每个行动几乎都是从"利己"出发,以害己告终,甚至连灵魂都输给了魔鬼——山妖,最后只剩下个空空的躯壳,潦倒不堪地回来。但当他发现自己已没有了灵魂的时候,他懂得痛苦了,他想重新获得自我。于是他始终没有变心的情人像对待婴儿似地哼起了摇篮曲,给他注入活力,生命开始新一轮的再生,用佛教的语言叫"涅槃"。这里,是通过爱来抚慰受伤的心灵,唤醒那"早已死了"的魂魄的复苏。

《培尔·金特》是一出用幻想手段写的非幻想的戏,它是作者"个人精神反叛"体验的产物。易卜生童年时代也因家境贫寒而萌发过叛逆情绪,19世纪60年代,又因战乱漂泊异乡,一度穷愁潦倒,此时,这位精神强者终于向命运发出吼叫："要么得到一切，要么一无所有。"《布兰德》(1866)和《培尔·金特》(1867)这两个异常的剧作便是这一情绪的宣泄。它们是对不公平社会压抑个人生存的悲剧环境的一种幻想性的抗争和审美平衡。这与不久后尼采提出的悲剧哲学的核心理论"强力意志论"(一译"权力意志论")是互为呼应的。因此，毫不奇怪，20世纪初，当中国现代文学的战将们如鲁迅等人对尼采思想表现出强烈兴趣的时候，也对易卜生"独战多数"(鲁迅语)的孤独意识产生共鸣，不少人尤其对他那句"世界上最孤立的人便是最有力量的人"的名言表示赞赏。[①]

徐晓钟显然不是从悲剧哲学而主要是从道德范畴来分析《培》剧中的哲学意蕴的。他在"理清"作者"基本态度"的前提下，以极大的注意力来把握和确定该剧的主题："山妖哲学扭曲人的灵魂，毁灭人的价值。"这一概括是否切当，有待探讨，因为一个表现"个人精神反叛"的作品，实际上就是一种非理性的产物，你要用理性的语言来使它的"主题"明确化和单义化，往往是吃力不讨好的。何况易卜生也说过，他的这出戏离开斯堪的纳维亚"就是难被人理解"[②]了。不过这个问题在这里并不重要。值得重视的是徐晓钟对于主人公性格的复杂性和形象的完满性的分析却是十分精彩和透辟的，认为培尔"堆满污垢的灵魂中"有"闪光的金子"；他是母亲的孝子，也是"大自然的赤子"，因而充满野性的生命力，像"江河森林一样永无止息"；他能在激流中游泳，力拔大树，甚至"可以叫整个世界翻个过儿"[③]。基于这样的认识，他的人物设计就不是干巴巴的，而是有血有肉的；不是一个简单的"坏人"，而是一个野性十足的活人；不是一个无可救药的堕落者，而是能够回头的"浪子"。这是一个充分展现了人性内侧面的丰富的形象，一个并非恶棍亦非英雄、既不令人赞美亦不令人憎恶的、好坏杂糅的"模糊"形象。这一形象给人的启示是多方面的。从作者的意图看，通过这一精神游历和美学游戏，他强调了人的"大写"地位，或者说为人的尊严作了辩护。不管你曾经多么堕落，造了多少罪孽，只要你还是人，你就依然有爱的权利和被

---

① 参看周扬：《文艺战线上的一场大辩论》1957年版单行本。

② 参看《易卜生评论集》，北京：外语教学与研究出版社1982年版，第300页。

③ 徐晓钟：《〈培尔·金特〉的导演构思》，载《戏剧学习》1983年第4期。

爱的资格。如果外在的某个客观诱因与你的精神结构中的某个环节发生作用,致使你精神倾斜、失控,乃至越轨、堕落,只要这爱存在,它便有可能成为另一极的诱因,使你的精神恢复平衡,从而使你新生。培尔·金特之所以能够获救,就在于这个内因;即使在向堕落的深渊下跌的时候,他的爱心始终没有泯灭。为摆脱绿衣女的纠缠,他宁可出走,也不回到情人索尔维格身边,以免"玷污"她。在山妖魔窟里的时候,他想到母爱的力量,呼喊"妈妈"来救他……如果人性中的这点根茬都被铲除了,那么尽管有索尔维格至死不渝的爱,他也是不可能"烧毁旧我,让新我复生"(易卜生语)的。

《培》剧的主人公形象给予接受者的启迪是:任何个人都在社会人际关系的理性结构中生活,想要不顾这种结构的制约而"只忠于自己",为所欲为,必然要碰得头破血流。徐导演在这一点上作了充分的诠释。诚然,对于一个复杂的舞台形象,观众总是"仁者见仁,智者见智",导演只能提供一种选择而已。

对戏剧的哲理品位的追求,使徐晓钟赢来可喜的收获,这便是 1988 年的《桑树坪纪事》。这个戏之所以引起轰动,我认为首先在于它的哲理内涵所激发的"震撼人心的力量"。

该剧使我们又遇到了一位不好不坏、亦好亦坏的主人公——村长李金斗。他是全村的带头人和指挥官。但在观念上,他一点也不比他的村民们先进,就是说,和大家一样,他似乎也没有听说过关于"人的尊严和价值"一类的概念,所以他的身为寡妇的儿媳彩芳也不能避免被"吃"(投井)的命运。作为领导,金斗也没有养成"民主"的习惯。他只有一个意识:作为一村之长,这村便是他的家,他既拥有对全家(村)人发号施令的权利,也负有为全家(村)人谋利益的义务。而为了本村的利益,他不惜刁难、损害他村的利益;为了同宗人利益,不惜制造政治罪名,排斥、清除"外姓人"的存在。因此,只要站在客观立场上去看,则这个李村长对本村人是个有功之臣,对外村人却又是一个有过的人。这个人物形象有血有肉,鲜明生动,而且显然被编导者赋予了现代意识。因此,它既是"这一个"的性格典型,也是一种哲学观点的化身,即人的普遍生存境况的形象概括。

作为导演的徐晓钟,不仅善于领会和解释剧本原作的哲学意蕴,而且总能找到恰到好处的艺术手段把它们表达出来,表达得十分强烈。他的本事尤其表现在:能从某些本来并无哲学意味的生活片断或舞台场景中升华出某种规律性的东西,某种哲学意味来。例如疯子福林光天化日下当众剥妻子的衣裤,施行无礼动作那场戏,这本来是个偶然事件,一般的表现手段也能取得应有的戏剧效果,但那只能表现“这一个”女人的悲惨。徐晓钟却使用了出人意料的手法:等围观的人群闪开,舞台上那个“作案”地点呈现在观众面前的却是一尊躺着的丰满的女人体模型,它既把刚才所发生的惊人事件“定影”了下来,又作为“化石”为千百年来妇女的悲惨命运进行无声的控诉,剧场效果十分强烈。这一绝妙的奇想可谓“神来之笔”。

1990年执导的、又一出反映现实题材的大型话剧《大雪地》(杨利民作),又以深寓哲理、震撼人心而引人注目。主人公黄子牛绝对服从、一心奉献,从个人道德品质讲无疑是高尚的。但几十年以后一看,他的服从和奉献,不过是充当别人升迁和幸福的垫脚石,而当年行为比较洒脱因而不被领导重视的人,今天境况却比他好。他似乎感到一种失落。难道他黄子牛过去全错了吗?难道他过去所奉行的生活准则主要不是有利于国家,而只有利于别人吗?但你能说他都对吗?他绝对服从的信念与自己党的领袖所要求的共产党员对任何事情都要“问一个为什么”不是相抵触的吗?还是实践为人们走向真理铺平了道路。黄子牛付出了几十年的代价终于换来了醒悟。在现实生活中必要的服从当然是不能否定的,要否定的只是“绝对”两个字。因此我认为徐晓钟塑造的黄子牛这个舞台形象具有深刻的启发价值和积极的现实意义。这出戏与《桑》剧可称为姐妹篇,因为它们都具有启蒙性质。

三、致力于现代经典的努力

徐晓钟导演艺术的美学基础是“兼收并蓄”。他试图在把握现实主义精神的大前提下,采用任何适当的形式和各种有效的手段来施展他的导演艺术,以“形成完整而统一的构思,完整而统一的形式”。就大的美学体系而言,他主张将传统的与现代的、东方的与西方的、体验的与表现的、写实的与写意的……加以融合,从中找出它们的“结合点”。下面,不妨抄录一段他的话,这段话颇能代表他的“融合论”观点:

> 戏剧的现实主义应该是一个广阔的概念。……戏剧的现实主义将更深地植根于千姿百态的生活，它仍将保持它崇尚理性的基本特征，遵循生活的逻辑，尊重人物心理动机、思维和意志的逻辑，它的主导方面可能仍是采用陈述事物的手法(尽管时序和空间会出现多种活泼的结构形式)……写实的因素、浪漫主义的因素会多样地结合，散文、诗的因素会和戏剧的因素更加多样地综合，写实的描写会和象征、隐喻，甚至与怪诞、“变形”加以糅合，表演上的体验派艺术和表现派艺术将会在实践中相互融合。①

由于是以现实主义为前提的，所以在具体方法的运用上，在两种不同体系属性的手段的选择中，徐晓钟是有明确的倾斜的，根据剧本的特点和自己在戏剧美学上的追求，他主张：

> 我们想造成这样一种剧场意识，即创造生活幻觉和破除生活幻觉兼用，以创造生活幻觉为主；感应、共鸣与间离效果并存，以感应、共鸣为重。……②

徐晓钟的融合论还超出话剧本身，包括不同的艺术门类，主张在话剧基础上糅进“歌唱、舞蹈和武打技巧”等手段。

根据上述徐晓钟导演艺术主张的要点，我们可以称之为“开放的现实主义”，即从表现经验的、可感的现实出发，打破传统现实主义的写实主义审美规范，容纳一切有用的风格、形式和手段，从而使现实主义概念不断丰富和发展。这一观点与布莱希特的现实主义理论是一致的。布莱希特认为现实主义应该是“广阔”、“多样”的，它应该随着现实的发展而发展，因此它的定义不应从某些现成作品中“推导”出来，它可以“使用一切手段，不管旧的还是新的，行之有素的还是未经尝试的，来源于艺术的还是来源于其他的……”③这里用布莱希特做坐标，并不意味着徐晓钟的观点直接来自布莱希特，不，徐晓钟的观点早在50年代便萌生了，而那时布氏关于现实主义的

---

① 徐晓钟：《戏剧界应该做属于他应该做的事》，载《戏剧报》1985年第6期。

② 徐晓钟：《〈培尔·金特〉的导演构思》，载《戏剧学习》1983年第4期。

③ 布莱希特：《人民性与现实主义》。拙译见《现代主义文学研究》(下)，北京：中国社会科学出版社1989年版，第965页。

一些精辟见解尚未发表。之所以举出这位大艺术家的理论作为参照，无非想说明：英雄所见略同；说明徐晓钟对于时代大势的把握是相当准确的。

20世纪是人类在艺术领域进行空前广泛和大胆实验的世纪，也是一个普遍收获的世纪。作为运动出现的欧洲现代主义，经历了半个世纪，于30年代初，暂告一段落。第二次世界大战后，其成果取得了经典地位（现在可以说，60年代以前出现的某些“后现代主义”流派如荒诞派、“黑色幽默”等也都取得了这种地位）而普遍被人承认、吸收、采用。所以在已经离开了传统轨道的当代世界文坛、剧坛上，除少数人继续搞先锋主义的“后现代”、“后后现代”等名堂外，对于多数有革新意识又有创作活力的作家、艺术家来说，都主张不拘一格地进行创作，程度不同地吸收那些行之有效的新的方法和手段，他们认为：人人都必须遵循统一的美学规范的时代已经过去了，艺术创造“成了个人的事情”（迪伦马特）。这使艺术家在题材和形式、方法和技巧方面获得了多种选择的可能性。因此，各种表现方法的互相影响和渗透，各种艺术风格的彼此吸收和综合，甚至不同门类的跨疆越界构成今天世界很多地区文艺运动的基本趋势。现在我们看到，徐晓钟的导演艺术工程正是在这一时代轨道上运行的。

徐晓钟是怀着强烈的革新意识从事戏剧导演活动的。但他不是热衷于超前探索的先锋派，而是着力于倾注艺术匠心、沉稳务实的艺术创造者。打个比方说，他不是喜欢在荒野深山捕捉奇珍异味的猎手，而是善于选材配料、烹饪美味佳肴的烹调大师；同样的原料和调料在别人手中也许只是一道普通的菜，在他手中则可以成为一道名贵的菜，就好比一般烤鸭的工序谁都能掌握，但“全聚德”的烤鸭却只有名厨才能胜任。之所以有这种特质，不仅因为他有长期而丰富的舞台实践和教学经验，而且我认为主要是因为他是个有抱负的艺术家，他把每一次舞台实践都看做“二度创作”，而且有特定的艺术和美学追求，这追求我把它概括为“完整而统一的形式”和“诗化意象”。这就是说，每导一出戏，他都“向往”一个自己智慧的产儿，这产儿应该是结构上经得起推敲、审美上具有持久艺术魅力的作品，一句话：他追求一种经典性的杰作。他是个蕴有潜力的艺术家。他不图数量，但求质量，一步一个脚印地向前迈进，终于在他的花甲之年即1988年，达到了第一个理想目标——《桑树坪纪事》的成功。

如果说,《麦克白斯》、《培尔·金特》的执导,显示了徐晓钟的胆略,那么《桑》剧的告捷,则显示了他的实力,它是对我国话剧舞台十年探索的检阅,同时也表现了徐晓钟的独创能力。他很善于调动各种舞台因素,把它们组织成一个"完整而统一"的艺术整体,使一个本来的多幕剧变成了大型的"独"幕剧。你看那座磨盘似的转台神通多广大,就像魔方,全部山野、村庄的"布景"都装备在上面,简洁而明朗,既有象征性,又有造型感。再看那一群既歌且舞的男女,他们仿佛是古希腊的歌队,但分明又不是,他们同时跳着节奏感很强的现代舞蹈。他们既起着"序幕"与"间奏"的作用,又起着暗示主题的作用。

但徐晓钟的舞台本事首先表现在他对"诗化意象"的捕捉和表达,既深化戏剧的哲理内涵,又增加演出的审美趣味。例如彩芳与榆娃在村外幽会那个场面,双方的热恋岂能用话语表达!导演巧妙地设计了一对男女双人舞加以映衬,把这对恋人当时充满幸福、陶醉、狂喜的内心空间投影在舞台的中心,起了极好的烘托作用。这两对"双影人"一静一动,互为辉映;静的是海誓山盟的雕塑,动的是感情液化了的狂澜——哦,那是"梦"和"醉"的交响,是"日神"与"酒神"的礼赞,极富诗的意味。

如果说,上述这一"投影"技巧未必是徐晓钟的发明,那么《桑》剧中其他两场为更多人所称道的戏——福林疯辱婆姨和"杀牛"——的诗化意象则完全是徐晓钟的独创。青女遭辱场面本来是一场残酷和丑恶的戏,徐导演却能化腐朽为神奇,仿佛用了魔术师的魔棒一点,本来是惨不忍睹的场面立刻升华为牵动人心的诗的境界。"杀牛"那场戏更是出人意料的"神来之笔"。全村人"命根"之所系的唯一的一条耕牛,不得不献出去,以满足那些"领导"农业生产的人的口腹之欲,这是何等岂有此理的混账事!平庸的导演很可能把它演成村民们的愤怒和谩骂,或哭哭啼啼送牛上路就刑的场面,在这成败的关键上,深谙艺术秘诀的徐晓钟立刻显示出他的匠心来:他把外露的愤怒,变成内隐的悲愤:平时连打都舍不得的老牛倌,此刻竟要亲手把这牛杀死,真是往伤口抹盐!那一记记往死里狠揍的棍棒,打在牛的身上,中在人的心上;那一声声牛的惨叫,都是老牛倌心口的血喷!可是"狠心"的导演,他明明看到观众已是泪花闪烁,还要来个"恶作剧":偏偏把民间"舞狮"的娱乐形式赋予牛的屈死以"喜"的外观,于是你分不出那翻滚的壮牛是“死”的挣扎,还是“欢”的舞蹈;说不出你噙的泪水是由于悲悼,还是喜悦。这是为死者举行的“白喜事”仪式,是一种诗化的表达。这类例子在《麦克白斯》和《培尔·金特》中亦可举出不少。

其次,他善于引发“心灵的风暴”。这是将传统戏剧的外部冲突“内迁”的结果,是适应现代审美取向的一种改造。这是徐晓钟导演工程艺术魅力的重要来源之一。徐晓钟一直追求着“震撼人心”的艺术效果。引发“心灵的风暴”是实现这一美学理想的重要途径之一。我们常说“文学是人学”。如前所说,人的精神世界是复杂的综合体,在正常状况下,它一般能保持平衡。但在异常状况下,它就会发生倾斜或震荡。所谓“震荡”就是内心冲突。文学家与历史学家的区别就在于:历史学家注意的是人的行为及其后果,而文学家则更关心他的行为背后的动机和与此有关的种种隐秘思想、情感和心理。而人的行为与动机的不一致甚至相反,是常有的事。同一个人在家庭和在工作岗位上往往判若两人:在岗位上有时他所说所做的不一定是他自己所想的。历史上有过“诸葛亮含泪斩马谡”的故事,“含泪”时的诸葛亮,其内心风暴之猛烈可想而知。诸如此类的场合都是“人学”的任务,是文学的用武之地。我们的文学家艺术家有一部分之所以成绩平平,原因之一恐怕是对自己的“本职工作”不太明确,总是自觉不自觉地去与历史学家争夺任务,吃力不讨好。徐晓钟是谙通艺术奥秘的(他曾写过《“永恒魅力”的奥秘的探索》),知道艺术究竟在哪里,懂得作为艺术家自己应该做些什么(他曾写过《戏剧界应该做属于他应该做的事》)。80 年代伊始他就选择了《麦克白斯》,显然看中了这个剧同名主人公内心的巨大风暴。麦克白斯是个悲剧英雄,从本质上说他是个好人,他天性善良,充满“人类慈善的乳汁”,为人豪爽、大方。他带着赫赫战功,班师回朝。由于妻子的野心勃勃,竭力蛊惑劝诱,加上三个巫女的“预言”,终于诱发了他内心的邪恶欲念,以血腥手段篡夺了王位。但他毕竟天性中的良知未泯,从此陷入不安、悔恨、恐惧之中,甚至幻觉中经常出现他的被害者的鬼魂。这样的人格分裂的形象在舞台上是不大容易处理的,弄得不好,会把他刻画成一个奸险的阴谋家和残忍的权欲狂,那就不成其为悲剧了。导演在处理这个人物时恰当地掌握着分寸。他没有在诸如“弑君篡位”这个人们习以为常的戏剧情节上多做文章,而把功夫用在对主人公悲剧性格的挖掘上,以充分揭示主人公

“心灵的风暴”的狂澜。这里,导演用辩证的逻辑让观众看到:麦克白斯身上那些作为“人”的天性的优点,恰恰成了一个政变者的弱点。一个篡位者需要的是“无毒不丈夫”的残忍本性,而不是道德反省的良知。当麦克白斯发现自己轻信、上当后,不是一不做、二不休地为巩固自己的权力而采取一切可能的措施,而是陷入悔恨与恐惧之中不能自拔,从而导致了自己的失败。导演为把主人公内心中善良与邪恶的搏斗这一“风暴”投射到舞台上,设计了一个壮观的、诗化了的场面和巧妙的手法:麦克白斯在庆贺自己登基的宴会上,突然发现班柯(被他杀害的大臣)的鬼魂,他虽然当着众臣的面,却无法掩饰自己的惊恐,竟歇斯底里地一边惊呼,一边扯下宴席上的红桌布权当武器与鬼魂搏斗起来;演员半舞蹈地翻卷着那块巨大的红绸子犹如风暴呼啸,恰成此时麦氏“心灵风暴”的外化。红绸子的颜色显然导演也是有用意的,似乎用它象征血色;红绸怒卷,意味着这是一场讨还血债的厮杀的预演。最后麦氏夫妇丢魂失魄地退入后宫后,那长长的红绸布仍跟着他们徐徐而下,分明向人暗示:血债未了。

徐晓钟表现人物“心灵的风暴”不一定都通过象征物来“外化”,有时也通过舞台画面加以烘托。如:彩芳投井自尽后,李金斗孑身一人坐在井边,默默地抽着烟。那口黑洞洞的深井的井眼在呆呆地望着他的背影。此时这两个“静物”出奇的静,正是映衬着一个灵魂异常的动;人们仿佛听到这个灵魂正在向井下呼喊:“彩芳,你上来吧,让我下去……”此刻,只见那平静如镜的井水映照着一颗滴血的心——这是个富有诗意的表现。这里导演用了个“负负得正”的原理,通过两个同态的物象衬托一个异态的意象。

“负负得正”有的场合也可叫作“以毒攻毒”,或“两极相击”。《桑》剧中老牛倌杀豁子即是典型的一例:自己最心爱的牛一定要死于无道,那么与其让它死于那些无道之人的手,不如让它死于我的手。这是最有力的抗议方式,也是老牛倌的悲愤——心灵的风暴——达到极点的最好契机。无独有偶,18 世纪德国的大戏剧家莱辛,在他的名作《爱密利雅·迦罗蒂》中,这一手使用得还要“毒”:某公国的亲王为了霸占美丽的姑娘爱密利雅,竟在她举行婚礼的那天派人把她的未婚夫杀死!爱密利雅的父亲为了保护爱女免遭虎口,毅然亲手把她杀死!这个酷烈的行动表明这位市民意识已经觉醒的父亲对封建统治者的抗议多么强烈,而当他不得不这样做的时候,他的悲愤——心灵的风暴——有多剧烈。这样的写法不愧是“大手笔”，所以该剧后来对歌德、席勒的创作都有影响。

再次，他善于激发“含泪的笑”。这是别林斯基的用语，鲁迅在赞扬果戈理的时候曾引用过这句话。这是一种悲喜剧艺术，越来越受到现代文学、戏剧的青睐。因为随着人类自我意识的不断觉醒，人们对自己生存环境的认识亦日益加深，从而使作家、艺术家能从环境所制约的被动地位超脱出来，以审美态度来对待现实中的悲剧事件，那就是揭示其荒诞性和可笑性，并通过幽默和讽刺的艺术形式来表现它。卡夫卡之所以能走红，原因之一是他在这方面开了风气之先。战后美国的“黑色幽默”文学和拉美的“魔幻现实主义”文学之所以能造成气候，也与它们对现代悲喜剧的成功运用分不开。这股美学思潮显然也席卷了国际剧坛，瑞士的迪伦马特，苏联的万比诺夫等人都是悲喜剧创作的高手，前者甚至还通过理论进行倡导，认为今天悲剧所赖以存在的社会条件已不复存在，现在“只有喜剧（即悲喜剧——笔者）才适合于我们”[①]。从这个背景出发来考察徐晓钟的导演艺术，我认为他已经出色地把握了这一美学要领。虽然，由于剧本原作的规定，他没有导演过全剧性的悲喜剧。但作为局部性的表现手段，徐晓钟运用得是很精到的。他善于用幽默的手法表现悲剧性事件，达到悲上加悲，悲中有“喜”的效果，这是一种“歪打正着”的技巧，同迪伦马特通过滑稽情节表现悲剧人物的悲喜剧法则有异曲同工之妙。上述《桑》剧中“棒杀耕牛豁子”那场戏，牛的“死”的挣扎与狮的“欢”的舞蹈融而为一；被“猎”者的无可奈何与“猎者”的兴高采烈互为一体；生灵毁灭的血淋淋场面与“白喜事”的热热闹闹难分彼此……这不愧是徐晓钟一手“黑色幽默”的高招。他懂得怎样将生活加以升华，使之变为艺术，使之审美化，或称诗意化。这种舞台境界是徐晓钟自觉的、刻意追求的结果，他在关于《桑》剧的《实验报告》中有关“杀牛”这一场这样写道：“我向往能寻找到一种和民族、民间艺术审美取向相结合的诗化的意象。‘打死耕牛豁子’这场戏是全剧哲理和情感的高潮，在剧本改编时就决定要创造出一个非幻觉主义的‘打牛’场面来，试验过几种

① 迪伦马特：《戏剧问题》，见《外国现代剧作家论剧作》，北京：中国社会科学出版社1982年版，第152页。

方案,最后决定采用民间舞狮子的形式……创造了一台较为悲壮的‘围猎耕牛’的诗化意象。”①

《桑》剧中有不少“围猎”场面,它们本身就带有悲喜剧的性质,因为这些现代的古代人,他们不管是被“猎”者还是“猎”者,都受着一种历史命运的操纵,其行为都有可悲可笑的成分。导演对这一点的意识显然是很清楚的,所以总是运用悲喜剧的手法使之鲜明化。例如批斗王志科那一场,导演让批斗者们出尽洋相,从而揭示出这种伪造的“阶级斗争”的矛盾性和荒诞性,而透过这幕充满笑声的闹剧,人们既看到那个被抛出“人”的界限的“猎物”的可怜,也看到“猎”者们被操纵、被愚弄的可悲。那么你的笑声中能没有苦涩么? 不过这个场面的艺术效果还不够理想。首先,批斗对象的罪名不典型。杀人犯是刑事案件,而“文革”中到处大抓大批的“阶级敌人”主要是“地富反坏右”、“走资派”、“现行反革命”、“516”分子……都是政治性案件,它们是“以阶级斗争为纲”的产物。这是搞批斗的“典型环境”。现在剧中抓到的是“典型环境”中的非典型人物(这恐怕主要是剧本的问题)。刑事案件的真伪,一般情况下还是查得清,说得明的。而被网进“阶级斗争”中的被告者则是说不清、辩不白的,而且也不是几个人、几个村、几个县、省能够左右得了的,它的巨大的悲剧性就是:所有的清醒者和正义者都无能为力;而它的莫大的喜剧性则在于:所有的参与者,不管是真心还是假意,都一本正经地仿佛在为“捍卫”什么而进行着神圣的斗争,而实际上都是在同“风车”作战! 如果王志科以“典型”身份定罪,那么这个批斗会的“黑色幽默”会更具有“震撼人心的力量”。

“围猎”青女的场面也是令人悲喜交集的。一群小伙子为了满足一时的好奇心,竟拿别人的痛苦来取乐:当众唆使、激发福林对妻子无礼,使他突然间变成被激怒的猛兽,去追击、捕捉青女。已经被“异化”成“非人”的这位弱女子此刻在这一突如其来的、非理性的、超现实的野蛮的威胁面前,顿时失去人的自卫能力,从而变成了一个无异于一只“鸡”或“兔”的生物。她在极度的恐惧中战栗着,没能奔逃挣扎多久就成了兽爪下的猎物了! 从此她发了疯,和福林一样再也回不到“人”间来了! 这惨烈的一幕是在小伙子

① 徐晓钟:《在兼容与结合中嬗变》。

们的欢呼声中完成的，有明显的悲喜剧气氛。当然悲喜剧气氛还可以搞得更强烈些。比如，把福林追捕青女的过程延长：青女跑到谁的跟前要求保护，谁便受到福林的威胁，因而不得不把青女推开。而那边小伙子们则成了“拉拉队”，在有节奏地喊着：“加油、加油……”

悲喜剧场面在《培尔·金特》中也占了相当的比重，其中给笔者印象较深刻的是培尔·金特为老母送终那一场：母亲辛苦操劳一生，始终指望儿子争个出头之日，想不到临终时依然要带着贫穷去见上帝。但这个不争气的儿子却始终在幻想中过日子，在这即将诀别的时刻，他依然“异想天开”，用送母亲去天堂来安慰母亲，并站在一条长凳子上，当做通向天堂的马车，一路上描绘着天堂的美景，以便给母亲，也给自己“画饼充饥”。母亲正在渐渐死去，而这位儿子的“天路旅程”却走得越来越欢。这个场面颇有幽默感。

最后，似是而非，亦是亦非。这是当今世界上作家、艺术家们普遍追求的一种美学效应，它在迪伦马特那里叫作“悖谬”，他十分强调这个逻辑范畴的概念，认为戏剧没有它不行。这是个观察世界的哲学术语，也是文艺创作的审美手段。从前面提到的几个戏来看，它显然已渗进了徐晓钟的“导演创造意识”。上述几乎所有的主人公和舞台上的不少事件都令你“一言难尽”，很难用一句话说出它们究竟是好，是坏；是对，是错；是真，是假……例如李金斗这个生产队长，从政治上讲，他无疑是个好人：为众人做了那么多的好事；但从道义上讲，他又是有过的：逼死儿媳妇，陷害王志科。再看具体事件：李金斗在抢救塌窑时被砸断一条腿。他无疑应受到歌颂，因为这是为公受伤；但这又似乎是上天对他的报应，因为正是为这两口窑，他机关算尽，一心逼走王志科，使王吃尽了苦头。导演没有为这一工伤事故安排惊天动地的场面：许多人看望他、安慰他、表扬他，或有人幸灾乐祸；而是让他冷冷清清地出现在舞台上，让观众去思考、评价。

关于徐晓钟导演艺术的奥秘，笔者仅从个人观感角度，勾勒上述几点，显然很难全面，也未必恰当。但据笔者看，徐晓钟是个在勤奋学习和钻研的基础上，善于博采众长的艺术家。他的导演艺术的秘诀确实是综合了20世纪以来国外、国内艺术革新的经验和成果，经过自己的消化提炼出来的，而且糅进了传统的和民族、民间的成分，所以既有时代气息，又能在本民族扎根，使中等文化程度的人都能看懂。因此，我认为他追求的是一种现代型的、虚实并举的、较能持久的经典性艺术；它以“完整而统一的形式”为宗旨，而《桑树坪纪事》可视为他的代表作。

原载《徐晓钟导演艺术研究》，中国戏剧出版社 1991 年版

小剧场:戏剧的重建

——'93 中国小剧场戏剧展演述评

一

“小剧场”这门由话剧派生的演出艺术随着它的母体大剧场话剧舶入中国以后,忽明忽灭,一个世纪中——从20世纪初第二个十年至20世纪末倒数第二个十年——走了一个螺旋形的轮回。这一现象颇耐人寻味。仿佛“小剧场”第一次在中国这块新土地上栽培,终因不适应这里的水土气候条件,未能扎下根来。但它的基因存留了下来,当80年代以来,中国再次接受海风吹拂的时候,被几千年封建文化观念尘封的冻土,终于普遍苏醒了。一切人类智慧的产物,都有在这里生根、发芽、成长的可能。当然也不是“忽如一夜春风来,千树万树梨花开”。开始只有一两朵零星的花在开。在艺术这个领域,审美惰性向来是很顽固的,探风气之先者都要经历一定的艰险和孤寂。曾记否,1982年,当北京人艺的《绝对信号》这一始作俑者破土而出的时候,欣悦者固然不少,喊杀者亦不在少数。尽管它好容易存活下来了,但其第一个后继者却不得不夭折了！从此“小剧场”这一舞台新生儿在中国剧坛的沉寂达五年之久！所幸,中国改革开放的大形势出乎某些人意料地难以逆转,北京人艺发出的那颗“信号”始终在胸怀艺术抱负的艺术家们的心头亮着,蓄志既久,终得爆发:80年代末,京、沪、宁以及东北各大城市的“小剧场”演出如雨后春笋般地涌现出来,以致1989年春末,竟有13台经过挑选的“小剧场”戏剧于南京会演,并举行了第一次全国性学术研讨会。此后虽有一度的戛然而止,然而地火依然在运行。至1991年,“小剧场”戏剧又在各地喧腾起来,而且在更大的地区、以更大的规模显示了它的活力,终于导致了1993年11月中旬“’93中国小剧场戏剧展演暨国际研讨会”在首都的举行,其间有14台“小剧场”戏剧展示了它们的风采。11月末,上海进京演出的四台戏中,又有一台精彩的“小剧场”戏剧《美国来的妻子》令首都观众一饱眼福。可以说,北京的整个11月成了“小剧场月”。当历史的河流从脚底下流过的时候,水色总是混沌的,你很难判断它将流向哪里。但你如站开一点,隔一段时间的距离,则它的轮廓便会显现出来。80年代以来中国“小剧场”戏剧的复兴,时间不算长,但它的发端和流向基本清楚了:北京人艺放出的那颗“信号”,就是中国的“小剧场”运动“涅槃”后开始起跑的“发令枪”。相信将来的史家们在书写这段戏剧史的时候,是不会忘记它的特殊意义的。

这次展演的“小剧场”剧目(包括上海单独进京演出的一台,下同)的一个鲜明特点是时代感、现实感强,尤其是那些最为叫座的戏,诸如《留守女士》(上海人艺,以下简称《女士》)、《情感操练》(北京剧协和北京剧研所火狐狸剧社,以下简称《操练》)、《灵魂出窍》(中国青艺,以下简称《灵魂》)、《思凡》(中央实验话剧院)、《美国来的妻子》(上海人艺,以下简称《妻子》)、《大西洋电话》(上海青话,以下简称《电话》)等,无不紧合着时代的脉搏,测出改革开放大潮所激起的生活的浪花和在人们心头唤起的普遍心声,而且编导者们显然都不想扮演一个隔岸观火的旁观者,而是以一种抑制不住的激情和崭新的人文观念参与其中。他们及时捕捉住了当前社会生活的一些热点问题,比如:在开放形势下怎样对待两性关系问题、“下海”经商问题、出国潮问题等等,在观众中引起强烈共鸣。

社会转型期人们思想观念变化的一个重要迹象是两性关系中的伦理道德观念的变更及其引起的婚姻基础的动摇。它的突出现象之一是婚外恋的日渐增多,而社会却日益表现出宽容。换句话说,那个曾经为千夫所指的“第三者”,如今已渐渐为越来越多的人所默许……那么,这究竟是社会的倒退,还是文明的进步？这个问题既新鲜,又古老,不知有多少人为其所困扰,男人和女人的心无不为之牵动。《女士》、《妻子》、《操练》等都涉及这个问题,而且都表明自己的价值取向,或者说都试图跳出传统伦理道德的狭小视野,在广阔的现代文化背景上,揭示现代人独特的生存处境,并以更文明、更道德的新的伦理观念审视之。这恐怕是这几出戏之所以如此火爆的主要原因。先看那位丈夫远涉重洋后留守在上海等待团聚的女士乃川，在得到丈夫宣布与她离婚的消息之前，其实她也并没有想恪守“贞节”伦理的家规，寂寞中她也交了一个可心的临时男友，就是说，她也搞了婚外恋。但在这出戏规定的情境里，无论是作者还是观众，都不想责备男女双方对婚姻的“不忠”，而觉得在此情此景下是可以理解的，值得同情的。你看作者说得何等中肯：“这个戏中的人物都是我熟悉的朋友，他（她）们就生活在我们的周围。我理解他（她）们的理想和追求，同情他（她）们的痛苦和困惑。……如果说，这个戏还能牵动你的心弦，那是因为，这里的痛苦欢乐、分离聚会、破碎重建，本身就是时代变革大潮溅起的几朵浪花。”与此相对照，《妻子》给我们描绘了另一幅离婚图：决心早已下定，专程从美国飞回办离婚手续的妻子，她对自己住过的家屋那么留恋，离开前亲手把它擦洗一遍；她对曾经与之夫妻一场的丈夫那样依依难别，行前还想同他共一夜罗帐……这是浪漫化的虚夸？抑惑精神上的画饼充饥？

二

改革开放是一场深刻的革命，它不仅会引起人们生活上和思想观念上的变革，而且必然引起人们情感上和心理上的震动。这次“小剧场”戏剧展演的另一个特色，是关注在改革开放和商品经济大潮冲击下，一部分“小人物”甜酸苦辣的人生，着力表现处于特定情境中的人的心灵震颤：或者是善恶心灵的搏斗，或者是新旧文化观念的撞击，笔触向个体生命的本体掘进，鲜明地体现出“文学是人学”的真谛。以上提及的几个剧目都不同程度、不同角度地带有这种特征。《电话》写的是一个女人出国后的一段不寻常经历。未出过国的人都以为国外是天堂，谁料这位女主人公刚踏上异国土地，生活、工作未及安顿下来，一系列出乎意外的麻烦事接踵而来：敲诈、变卦、性骚扰、排挤、恐吓迫使她一连打、接了 48 个电话，弄得焦头烂额，心力交瘁，最后还是呆不下去，不得不含泪返回故国。每一个电话都是一番紧张的战斗，经过几天几夜的“连续作战”，一个人——而且是女性，在心理上、精神上和体力上所遭受的打击和蹂躏是可想而知的。这是地狱的历险。

如果说，《女士》、《妻子》、《电话》等剧着墨的是“出国潮”中的悲欢离合,那么《操练》、《灵魂》等剧便是商品潮中的喜怒哀乐了！一对做了父母的年轻夫妻,原本也是由恋爱而结合的。不知什么时候起,他俩成了唇枪舌剑的对手。也许经济拮据？那好,身为堂堂大男子得改变一下自己在妻子面前的形象——约几个哥儿们“下海”去。然而,天性善良而懦弱的这位丈夫,哪里适应得了尔虞我诈的“海上”营生！结果更让妻子瞧不起。妻子则悟出了“赚钱必心黑”的道理,想亲自一显身手,遂去向一位“水性”好的男人求助,不想,却难洗身子清白,这又使“操练”加温……这个“二个转”的世界,就这样日复一日,年复一年转个不停,别看这个小小的社会细胞,却有着大千世界那样难读的天书。《操练》的独到之处是它真实而生动地写出了“家家都有一本难念的经”这样一条古训,写出了几乎人人都有发言权这样一种独特的人生况味。

《灵魂》写的则是另一种人生境况。主人公林浪,家庭失意,但商场得意,凭着他的“大款”,毫不费劲地找了个“小蜜”来补偿。幸亏他的灵魂还没有堕落到不可救药的地步。只因瞬间的杀妻之念,导致一场杀妻之罪的虚惊。这一惊,把他沉睡的良心唤醒,他猛回头,急忙抢救自己的灵魂。于是他痛心疾首,悔恨交加,赶走了“小蜜”,把自己的灵魂咒入地狱去受难,直至它“出窍”。整个戏,用一句话来概括,就是写一个“浪子”怎样回头——多少有点易卜生《彼尔·钦德》的余响。但编导不是肤浅地写他怎样转变,而是进行了一场严厉的灵魂拷问:透过那被金钱锈蚀的灵魂表面,拷问出它深处的善良来,——这一点又人想起陀思妥耶夫斯基的特长——没有把他简单地写成一个腐化堕落的痞子,而是一个有血有肉、美恶兼备的真实可信的人。这就是“人学”的魅力。

“人学”意识最强烈、最自觉的当推青年导演王小鹰,他把历来由大剧场演出的话剧《雷雨》改由小剧场演出,并大胆删去了阶级斗争的政治背景,让所有人物在一个特定时代的文化氛围内行动,让这些男男女女的个体生命或活蹦乱跳,或挣扎喊叫,或窒息呻吟,或伤感颓唐……一个个毁灭给大家看,这里没有天生的压迫者和与生俱来的“原罪”,有的只是陈陈相因的角色的轮换和颓变的轮回。从眼前看,周朴园好像是个扼杀生命的罪魁。但如果把时间往后延伸,则他也有过周冲那样单纯、天真的昨天;往前延伸,则周冲也将步他父亲的后尘。其实,周朴园又何尝不是那个时代的社会规范的受害者和牺牲品？即使现在，他也还没有失去人性中应有的东西，对一个自己有负于她的、出身卑贱的女子（侍萍）几十年如一日的怀念与内疚，也不失为一种美好的情感。这情感他也曾熊熊燃烧过，只因不容于那强大的习俗力量，他不得不就范于所谓的"社会规范"，出于一个过来人的教训，他又不得不按这种规范去约束他身边那些年轻的、正蹈向"险区"的生命，从而使自己成为他曾经无力抗拒的习俗力量的一部分。这种"悲剧性的毁灭"（导演语）不啻是一种人性的"异化"。

人的性格就是这样一个丰富复杂、深奥莫测的精神复合体，凭一两个术语或标签是穷尽不了他的真实本质的，文学（戏剧）创作如果这样做，那就意味着文学的死亡。就在这个节骨眼上，文学家（戏剧家）的职能与历史学家区别了开来。历史学家需要的是某种象征符号或社会面具，而文学家需要的则是整个血肉躯体及至五脏六腑。因此历史学家重视的是行为的结果，而文学家重视的则是它的过程。人们常说，"过程才是美丽的"，那是因为过程是千变万化、生动丰富的，而结果总是干巴巴的、概念化的。

我们的戏剧，过去公式化、概念化曾是普遍的现象，是非判断非白即黑，十分简单，这几乎成了一种顽症。原因之一，就是没有把文学与社会学的性质区别开来，没有把文学家与历史学家的职能区别开来，或者说，文学（包括戏剧）的"人学"特性未予以足够的尊重，忽视了非白未必黑的特殊性，抹杀了事物与事物之间常有的模糊性，人物性格的多重性和精神世界的无限深邃性。现在这一意识终于觉醒了，正如《操练》导演宣称的："个人独特的人生体验，将是我们要表现的主要内容"，把那些"撞击灵魂的人生感受"当做"我们唯一的财富"加以"珍藏"、"回味"和"咀嚼"。这可以说是对个体生命价值的透彻领悟，是对戏剧的"人学"意蕴的正确把握。我们的戏剧走到这一步，可以说是走向繁荣的一个好兆头，而"小剧场"在开掘人性、拓宽"人学"空间方面，无疑有它独到的长处；由于它要求的人物少，编导可以把笔墨集中于主要人物的刻画，把它们性格中的各个侧面展示无遗，特别是把他们生命存在过程中的某些特殊境况或某些瞬间感觉表现得令人刻骨铭心："留守女士"那种含泪的困惑，"美国来的妻子"那种别离的无奈，夫妻"情感操练"的那种劳累，"火神与秋女"那种爱的迷茫，"泥巴"男女们对爱的期待与怅然，"灵魂出窍"那种死去活来，"晚安妈妈"的无法晚安，"长椅”上“他”对“她”那种层出不穷的攻心战术,尤其是——扯远点——玩“洋麻将”的二老的老年心态……可以说,“小剧场”在探掘人的内心秘密、揭示生命存在的价值形式方面是大剧场难以比拟的。

三

“小剧场”作为一种新的演出形式,它是与一定的审美要求相联系的。从这个意义上说,它是一种美学的反叛,是对大剧场戏剧的超越,而不是戏剧从大剧场的空间规模向小剧场的退却和龟缩。这是戏剧的重建,而不是固有结构的修补。因此,国内外历来致力于“小剧场”的艺术家,无不带着革新意识,以先锋姿态出现。从19世纪80年代的法国“自由剧场”,到20世纪初的德国“自由舞台”,到30年代法国的“残酷戏剧”和50年代起波兰的“质朴戏剧”(一译“贫困戏剧”),始终贯穿着这样一种精神。我国“五四”后提倡的“爱美剧”运动,从“民众戏剧社”到“南国社”等社团,它们在树起“小剧场”旗帜的时候,都以“非票房”、“非商业化”,甚至“非职业”为宗旨,以“有志于研究戏剧”相号召。

所谓“研究戏剧”,无非是在戏剧本体的重建上多下工夫:一是物质上摆脱对豪华剧院以及布景、道具、服装、灯光等等非戏剧本身要素的依赖,一是美学上争取更多的“自由”,尽量摆脱传统戏剧的审美规范的束缚。’93小剧场戏剧展演的剧目中,有一部分显然是朝着这个方向走的。其中最具探索精神的要算孟京辉导演的《思凡》(中央实验话剧院演出)。这个戏是表现人的“凡心”难泯,也就是性意识难移的。导演的别出心裁首先表现在对题材的选取上:他将我国明代的一则故事与欧洲名著《十日谈》中的一则故事相拼接。两个故事都讲一对青年男女大胆打破当时严格的教规和法律的禁锢而冒险偷吃“禁果”的风月情事。表演方法和风格十分简捷、明快、风趣。布景很少,基本没有道具,也不事化妆(和尚、尼姑均未削发,也不更服),对话很少,必要的旁白都由固定的五个“表演人”轮流担任,动作都是表意的,但一看就懂,而且充满诙谐、滑稽。整个戏都是在“玩儿”中进行的,但寓意于“玩儿”之中:既不时令人捧腹,又启悟一个天经地义的真理。

王晓鹰导演的《操练》亦颇费匠心。他用了两对演员来贯彻他的两条舞台思路、两种舞台调度和两种不同风格。道具(仅三两件)也各不相同。那个大跳跃结尾可能有争议,笔者倒颇表赞成:一对老态龙钟的老人坐在公园的坐椅上对话,这有暗示意义:天难老兮人易老。人们对生活中,尤其是家庭生活中的是是非非不必那么较真,不然,你争争吵吵,吵了一辈子,当你走近坟墓时,再回头一看,有什么意思呢?最后让演员坐到台下观众席那个设计也颇有意思,它启示观众:台上演的发生在千家万户,演员就在观众中,观众亦是剧中人。

"小剧场"戏剧除了艺术追求的先锋性特征以外,还有观演关系的交流性,风格的素朴性以及人文观念的平民性。这后一点值得注意。从某种角度看,"小剧场"戏剧的兴起和发展,是平民(即大众)地位不断提高,平民意识广泛觉醒的产物,就像中外的传统高雅戏剧是贵族阶级得势时代的产物一样。"小剧场"戏剧发展到"质朴戏剧"阶段,它已属于大众,因而成为"后现代"文化的一部分。从上述"三性"即交流性、素朴性、平民性角度看,笔者以为体现得最充分的是俞洛生导演的《留守女士》。它的表演区渗透在观众当中,消除了观演间的距离;表演风格平易、朴实,令观众感到亲切,故事犹如发生在身边一样,从而失去"看戏"的感觉;音乐轻柔,节奏缓慢,加上几乎每人一杯饮料,让人感到气氛宽松、闲适、亲切;尤其是奚美娟那"外松内紧"(内在感情丰富、热烈)、如泣如诉、不带表演痕迹的表演,令人陶醉,使这台戏成为人人能看懂,且人人能接受的既通俗又高雅的艺术享受。

"小剧场"戏剧既然舍弃了对戏剧外在要素的依赖,那么它对戏剧本体,或者说它对表演本身的要求就突显出来了,尤其是对演员的表演技能要求更高了:演员真正成了"众矢之的",何况演员数量如此之少,表演的时值如此之高,而观众又离得如此之近,而且视线又是多角度的,如果你没有过硬的工夫,即没有流利的念白,丰富的表情,特别是没有娴熟的形体动作的训练,恐怕很难在"小剧场"长期立足。如果参照 1987 年联邦德国导演在北京人艺导演的《沃依采克》,或 1993 年法兰克福剧组在北京演出的《四川好人》,我们的演员看来还有一定的距离。此外,在通俗音乐如此流行的情况下,话剧演员最好能掌握一定程度的歌唱技能。在有的高校,广东话剧院演出的《泥巴人》获得掌声最热烈的地方,恰恰是演员歌唱《只要你过得比我好》的时候,这不仅是由于歌曲本身,主要恐怕是扮演陶焰的演员冯谦歌喉出众。笔者以为,如果我们的演员能把唱、做、念、打诸种技能兼备于一身,融汇于一台(当然也可以分别伺机用之),那么我们的“小剧场”戏剧将会焕发出更大的魅力,庶几还能创出“中国特色”而在世界上独树一帜。可惜从这次展演的剧目中,还不能明显看出向这方面努力的迹象来。

四

虽然说“小剧场”戏剧乃是先锋戏剧运动的产物,是美学反叛的新建构。但在通常的演出中,人们并没有严格、甚至根本不按上述要求去做,即使在这次展演中,遵循大剧场导演思维的戏也依然占多数,这不能不令人联想起 1989 年 4 月南京的那次全国性“小剧场”会演,当时就有论者批评许多剧目“根本不具备小剧场意识”。但批评归批评,如今四年过去了,1989 年留给人们的遗憾并没有在 1993 年得到弥补。难道我们的导演真的缺乏“小剧场意识”,不懂得“小剧场”的审美特征?我想不是,当然探索精神,或革新意识无疑是少了一些。但出现上述情况的主要原因,恐怕是出于票房考虑。虽然理论上说,“小剧场”不应是大剧场的龟缩之地,但鉴于目前大剧场的重重危机——观众纷纷流失、演员漂流不定、资金严重匮乏以及这一切引起的戏剧自身代谢功能的孱弱,大剧场屈尊要求来小剧场“避难”,本是同根生,你能见死不救,拒绝接纳?既然是“逃难”,则“吃饭”总该是第一位的,那么,重视“票房价值”——说得好听点,“挽住一部分观众”,也就没有什么可奇怪,而且是可以理解的了。再者,从情势发展看,这种“避难”,目前还很难说是暂时的,因为谁都不敢预料,上述危机何时有好转或被克服的前景,说不定“逃难者”永远也打不回“老家”去了!因为现代的娱乐手段和娱乐途径实在太多,娱乐市场(注意:是“市场”!)能分配给话剧的观众最多也只能容纳于一个小剧场!因此,我们必须有足够的精神准备,随时从“宫殿”正式搬入“茅屋”,并在那里永远“安家落户”。“落户”了,也还得注意不断更新自己,不然,连“茅屋”也会被人挤出去的。商品时代是文化高消费,因而也是智力高消耗的时代。

鉴于上述理由,今后“小剧场”戏剧的概念内涵恐怕要向外伸展了,引号将被取消,探索戏剧的专利也要被废除,它将成为一种“多制式”的小型演剧体系,一种多元性的艺术思维格局,一种相当宽泛的、包容一切的“袖珍体”演出形式;它可以是先锋戏剧的实验场地,也可以是大剧场演出的“缩微”;可以没有任何“墙壁”,也可以采用镜框舞台;可以在室内演出,也可以在露天开台……衡量它以“小剧场”名义演出权利的尺度有两把:美学上的新贡献,或者票房看好。

对这种多元并存的小剧场格局以默许,多半固然出于无奈,但这却并不违背现代艺术的美学思维逻辑。“小剧场”戏剧作为先锋运动的产物,它确实带有为传统大剧场戏剧不曾有的审美特征,但正因为它属于先锋戏剧的一部分,它自身的发展应该是开放型的,它不能固守在或停留在那些已有的审美特征上,它必须不断发展、吸收、丰富自己;与其他形态的小剧场并存,它就有更多可能吸取别的在小剧场演出的戏剧的有益成分,充实自己,同时也可以对别人起同样有益的作用。其次,按照“后现代”的理论观点:现代主义的先锋运动对传统的东西否定得太多了,使人感到世界太陌生,因此主张从传统中拣回那些仍然用得着的东西,以增加世界的“亲和感”。“小剧场”戏剧的多元并存和上述两把尺度的运用,有助于把现代与“后现代”统一起来,这是有利于戏剧的发展的。

与上述戏剧本体的重建与生存的“动荡”相适应,戏剧活动的管理体制与经营方式的重建也势在必行。这也将走向多元。从目前北京初露的迹象看,至少有两种方式:依靠政府拨款而存在的院、团,一个时期内仍将是主要的,但它正面临挑战。首先打破这一旧体制的是“个体”青年导演牟森。他以志同道合为自由结合的宗旨,依靠社会赞助甚或个人掏钱,进行先锋性实验。接着,自由组合的“火狐狸”剧社走出新路,它经济上自负盈亏,艺术上以观众为“上帝”。这些均出自有抱负的青年艺术家之所为,它们对于搞活演出经营机制,打破“大锅饭”,调动演职员的积极性和创造性,推出新作,训练演员等,都将产生良好的效益。

小剧场——现代戏剧星空中一颗耀眼的新星!

原载《文艺研究》1994 年第 2 期

中国当代戏剧的“体弱”与强身之道

中国的现代戏剧即话剧，作为异域移株，已经生长了103年了！但它依然还是一棵弱草，需要继续浇水施肥，悉心培植；需要忠诚的园丁，精心照料。

戏剧“体弱”的初步诊断

成长缓慢的原因之一是“先天不足” 尽人皆知，中国原本没有话剧这一戏剧形式。它是从西方主要是欧洲移植来的。只是中国向来缺乏这门“说话的艺术”的普遍土壤。中国戏剧原来的土壤是中国式歌剧即戏曲。这种兴起于农耕时代的融唱、念、做、打于一身的表意型的戏剧，千百年来已经在中国的城市和乡村深深扎根。“话剧”这个来自工业社会的外来客除了大中城市，在广大的农村乃至小城市根本就找不到生存的条件。而在城市他也是来不逢时：与他几乎同时入境的还有电影这个“新贵”。如果说在全国身孤力单的话剧由于其新锐的思想风貌，在城市中与思想老旧的戏曲相比还有较强的竞争力的话，那么在电影面前他只能甘拜下风，直到现在依然如此，而在电视出现以后更受到强烈的挤压。

第二个原因是意识形态的干预过重 虽然我国话剧运动的倡导者多是执政党的骨干成员，他们使话剧受到国家的重视，同时也使话剧与其他艺术一样与意识形态发生过密的关系，虽然很多时候他们也是被迫的。这一现实明显地制约了话剧艺术的发展，这已经成为公认的事实。否则像曹禺、吴祖光这样杰出的戏剧艺术家不会停留在三四十年代那几出名剧上。

第三个原因是美学方面的，即艺术风格的单调 以“第三国际”为标志的共产主义运动以来，独尊现实主义，也就是以写实主义为唯一美学法则的现实主义成为创作的正宗。20世纪30年代日丹诺夫的理论和以卢卡契和布莱希特为代表的那两场大论战的结果，为其后所有社会主义国家的文艺创作带来宿命。曾记否，在我国直到1958年，由于毛泽东在给《诗刊》创刊号的一封信里，提出现实主义与浪漫主义相结合的美学原则，郭沫若就兴奋地发表长文说："现在我敢于承认我是浪漫主义者了!"你想，像郭沫若这样与执政党密切合作，并有资格与最高领袖频频以诗唱和的作家都存有这样的心理，遑论其他普通作家呢？其实，浪漫主义比起现在广为接受的现代主义来说又算得了什么妖魔鬼怪呢!

第四个原因是频繁的政治运动使文艺界严重损兵折将 只要提一提"反胡风"、"反右派"、特别是"文化大革命"就够了！我亲眼看见，"反右"前夕，处于"黄金时期"的吴祖光，北京人艺刚刚演完他的代表作《风雪夜归人》，他带着新婚的年轻、貌美的评剧名角新凤霞来北大演讲，那种气宇轩昂、谈笑风生，完全用得着苏东坡的名句"小乔初嫁了，羽扇纶巾，雄姿英发"来形容。谁想到，没过几天就被打哑了！我曾有幸一次又一次品尝着焦菊隐醇厚优美的舞台艺术，没想到，当我刚过而立之年就再也没有这个幸运了!

第五个原因，电视大普及与电影大制作的冲击 改革开放以来，创作环境虽然宽松了许多，可惜这并没有给戏剧带来好运。随着电视技术的进步与普及和电影制作的大投入，戏剧日益被边缘化。影视这两个"暴发户"以高酬金不断诱惑着、贿赂着、收买着第一流的戏剧人才，首先是演员，其次是剧作家，严重动摇了戏剧队伍的军心。现在有几个名演员像当年的刁光覃、于是之、朱琳那代人一样几乎全身心扑在舞台上？80年代被大家看好的一些新苗子，后来一个个从舞台上消失了或半消失了！由于经济条件的改善，戏剧演出似乎显得比以前热闹，但整体水平并未提高。80年代比现在穷得多，毕竟出现了《绝对信号》这样突破性的开山之作和《狗儿爷涅槃》、《桑树坪纪事》这样的当代经典。自那以后的二十多年来，产生过堪与之媲美的佳作吗？现朱琳老了，于是之病了，林连昆走了。经过三十余年的锻造，现在的队伍中有谁能接替他们吗？

戏剧的“强身之道”在哪里？

戏剧的人文观念必须更新

我们的戏剧要获得突破性的成就，我认为首先在于戏剧艺术家要勇于彻底解放自己，既勇于挣脱千百年来奴役自己的集体无意识的积淀，即那些落后于时代的旧意识、旧观念，也要勇于面对外来的压力和干扰，尽可能获得内在的和外在的自由空间。内在的自由和外在的自由是相辅相成的，内在有禁锢，人家给你外在的自由，你也不会利用和享受。当然目前首要的是争取更充分的外在的自由。创作是想象的事业，没有一个让想象自由驰骋的空间是不行的。我们的思想文化工作者经常讲马克思主义，并用他们所理解的马克思主义来限制甚至压制作家艺术家。但偏偏马克思的一句最关键的话被他们忽略了！这就是1851年流亡英国的马克思写信给德国的恩格斯，要他照顾好诗人弗拉里格拉特，说诗人都是很敏感的，一定要让他“自由歌唱”！其实岂止诗人需要自由歌唱，一切从事创作的人都需要这样，这是先决条件！

其次我们的戏剧应获得比以前更深厚的人文品格，这要求有“大爱意识”。无论文学还是艺术都离不开爱。但迄今涉及的多半是狭义的爱，即男女的爱，亲人的爱。这在今天的电子时代已经远远不够了。你看人类多么急速地聚拢到一个“地球村”里，彼此越来越多地发生着共同的利害关系：减排问题，防止大规模杀伤性武器扩散问题，遏止军备竞赛问题，防止瘟疫传播问题，反对恐怖主义问题，还有日益紧张的能源、淡水资源的合理利用和分配问题，等等。狭义的爱，包括爱国主义这类情感显然都不够用了。作家艺术家是人类中的精华部分，他们应该比一般的凡夫俗子甚至政治家站得高，看得远，想得深。他们首先考虑的应该是人类的共同利害和面临的危机，他关爱的应该是任何个体的自由和生命。因此他必须具有人类良知。当作家雨果看到遥远的“万园之园”即圆明园被入侵的英法联军焚毁时，他愤怒地谴责了这“两个强盗”，哪怕这两个强盗中有他的祖国；当物理学家奥本海默看到原子弹的可怕毁灭性，断然拒绝了自己国家的政府即美国政府让他继续研制氢弹的任务;当日本史学家井上清经过认真研究,发表长文,证明钓鱼岛是中国的领土……这些在真理面前不惮被骂为“叛国者”的作家、学者、科学家都堪称大爱精神的典范。

与大爱有关的是大生态意识。人类从神的统治下站立起来的时候,曾何等自豪地宣称:人是“宇宙的精华,万物的灵长”。但曾几何时,人类很快堕落为“宇宙的祸害,万物的杀手”! 受到了大自然的报复和惩罚,人类才幡然悔悟,开始懂得应与大自然和谐相处,并把大自然的所有生灵视为人类的朋友和邻居。其实我们的先人早已领悟到这个道理,如宋代思想家程颐曾说:“仁者浑然与万物同体”。朱熹也说:“天地万物本吾一体”,等等。清代大画家郑板桥看到人家把鸟关在笼子里,大发不平的感慨:“我图愉悦,彼在囚牢,何情何理,而必屈彼之性以适吾性乎!”奥地利大诗人里尔克看到被关在笼子里的豹不停地盘旋,也发出“一个伟大的意志昏眩”的慨叹。这些文人学士不愧是大生态意识的先驱者。

我们戏剧的人文思维应该达到更深的层面,这要求具有自审意识。自审意识的前提是负罪意识。人类从猿到人,虽然走过了漫长的历程,但严格地说,我们今天仍然处于“史前阶段”(马克思语)。这决定了人类迄今依然保存着人性与兽性、善与恶并存的必然性。卡夫卡的高明之处就在于他能在一个无罪者的身上揭示出他的罪恶来,如《诉讼》。迪伦马特也使用过这一手,他通过一场突如其来的精神围攻,震动出一个自以为无罪的人的有罪意识,甚至愿意用自己的生命来赎回自己的罪恶,如《老妇还乡》。

我们的戏剧要有哲学的品格,还应具有“异化”意识。“异化”是指事物朝着人的愿望的相反方向发展,有悖谬的性质。按现代哲学家的表达,是人不接受世界,或世界不接受人。世界对人是陌生的,别扭的:你想多开发一些自然资源,结果自然要报复你;你追求社会平等,结果导致“大锅饭”;你打破大锅饭,却又带来更大的贫富悬殊! 你崇敬领袖,结果使领袖变成了“神”,因而使你失去了自己的意志;你选他当人民公仆,他却变成人民老爷,等等。难怪迪伦马特干脆说:“我们的现实是以悖谬现象出现的。”大自然或宇宙是否也有异化的规律我一时还说不清楚。但社会的异化是由人造成的,还得依靠人来克服,依靠人察微知著,有时需要运用“第三只眼睛”。

对戏剧本体不拘一格的追求

不管你承认不承认,我们现在已经处于一个艺术风格多元化的时代,这是一个百花争艳、五光十色的时代,也是一个人们的审美趣味或审美期待瞬息万变的时代。这意味着艺术的道路有千百条,而我们现在能看到的就那么三五条;绝大多数都还不知道,需要不断有人去探索。而探索是很容易失败的,成功却很难。所以美国美学家桑塔耶纳说:“一千个创新里,999 个都是平庸之作,只有一个是天才的产物。”这就是说,要创新代价很高。但你必须舍得付出这个代价,否则这一个天才作品哪里来呢?

要创新,在我们这里会经常听到一个“庄严”的声音:“可不要忘了我们的传统啊!”发出这种警告的人,往往是行外人或艺术观念陈旧的人。他们所强调的“传统”指的无非是固有的形式和风格。可是艺术的生命在于推陈出新,如果长久固守某一种形式和风格,“那也是一种形式主义”(布莱希特语),那是要使传统枯萎或窒息的啊! 所以吴冠中指出:这类人的话听起来很爱国,实际上是“误国”! 一针见血。因此,不要一听到“反传统”,就仿佛有人要“翻天”! 其实,反传统的人并不是不要传统,或不尊重传统,他只不过不想重复前人有过的东西而已。因为重复乃是匠人的习性,而创造才是艺术家的本色。正如一位艺术家所说的:“传承是一种美德,颠覆是我的责任。”传承指的应是前人的艺术创造精神,颠覆指的是不重复已有的形式和风格。任何时候都要记住齐白石大师的这句至理名言:“学我者生,似我者死。”在这方面,毛泽东也说过一句很内行的话:“模仿乃是最没有出息的文学教条主义和艺术教条主义。”因此,梅兰芳只有一个,梅兰芳的艺术也只有一次,美是不可重复的!

那么戏剧本体的核心是什么呢? 表演! 须知,随着科学技术的发展而不断丰富起来的舞台、灯光、道具、音响、服饰等等,都是戏剧非必须的要素,而这些恰恰容易被影视所夺。“表演”正是影视夺不走的戏剧中最本质的东西。抓住表演,就抓住了戏剧的命根或灵魂,从而保住了戏剧之“母”的地位! 可以根据每出戏的需要,随时揉进其他艺术形式的某些要素,诸如京剧和各种地方戏曲中的唱、念、做、打,乃至日本能剧、东南亚傩剧中的有用成分;中外古今舞蹈中的某些形体动作;现代体育中的某些表演项目如体育竞技、花样滑冰、杂技表演中的某些造型等等，乃至民间娱乐形式的某些成分，都值得吸收和借鉴。总之，根据需要，无所不用其极，而又不定于一尊，形成刻板和僵化；让它不断有所变化和新意。在这方面，“质朴戏剧”和“残酷戏剧”的某些学说和主张也值得我们参考。

中国现实主义美学还有较大空间

众所周知，以亚里士多德为代表的“模仿论”美学，从它在欧洲取得统治地位算起至我们引进这门戏剧艺术的20世纪初，已经达一千七百多年。这一形态的美学在欧洲各个文学艺术门类均已达到饱和。但人家吃饱了的东西，我们则尚未品尝过。故尽管当时欧洲正进行猛烈的美学革命，现实主义被当做过时的东西抛弃，中国的现代戏剧先驱者从“为人生”出发，依然把它作为首选舶来我国。事实证明，这一价值取向更适合当时的中国国情，因为同时引进的其他“主义”诸如浪漫主义、象征主义、表现主义等在戏剧创作实践中看，都没有出现过像现实主义戏剧中的曹禺、洪深、田汉、夏衍、老舍、吴祖光等这样一些有建树、有影响的作者。新中国成立后的前30年固然独尊现实主义，但由于上述原因，禁忌太多，运动频繁，创作谈不上自由。故新中国成立前成名的戏剧家，除了老舍、焦菊隐有过一段短暂的光辉，其他人就乏善可陈了！不是他们缺乏才情，缺乏抱负，实是客观环境束缚了他们的手脚，以致像曹禺这样在其青年时期就为中国现实主义戏剧树立了丰碑的杰出艺术家，也不得不怀着难言的苦衷走完了他的人生旅程。

致力于舞台艺术的焦菊隐一如以剧作见长的曹禺，也是怀有伟大抱负的艺术家。他在人人不得不面对的艰难环境下，以其高度智慧，将民族戏剧（戏曲）中的某些优良元素揉进斯坦尼剧艺学，成功地创造了独具一格的、具有中国风味的现实主义戏剧美学。可叹好景不长：毁灭老舍先生的那场“文革”邪风，同时也摧毁了焦菊隐的抱负。当时还有多位从国外学成回国（如徐晓钟、陈颙等）和国内培养的斯坦尼传人，尚未来得及大显身手就被迫止步了！这意味着中国现实主义戏剧美学的能量远未充分释放就被人为地遏止了！

中国戏剧舞台整整沉寂了十个寒冷的年头之后，终于等来了较自由的春天，其主要标志是舞台上响起了“多元化”的开台锣鼓。这给许多中青年提供了创造的新天地，中国戏剧的整体发展呈现出新的前景。但这对现实主义戏剧却不是好运：它因出身“模仿论”而被视为“陈旧”，从而被挤到一边。怀念它并偶尔一试的人固然不少，但这时候几乎找不到一个像当年的焦菊隐那样全心全意甘为现实主义戏剧美学的完善和完美而献身的人了！其实现实主义美学的魅力在我国从来没有消失过。即使在创新活跃的80年代，那些与现代技巧毫不沾边的剧目诸如《红白喜事》、《天下第一楼》等，至今仍令我难以忘怀；曹禺和老舍的代表作一演再演更是有力的证明。正因为如此，现实主义戏剧美学依然能在80年代成长起来的青年一代戏剧队伍中赢得不少追随者，其中一个清晰的中年人的身影已经浮现出来，这就是北京人艺导演任鸣。从他二十多年来执导的几十出戏中，可以清楚看出他健步走向现实主义美学的轨迹；从前后两次《日出》的排练，更可以看出他走向成熟的步履。相信他接过焦菊隐的接力棒后，能够顺利地完成前辈艺术家的未竟之业。当然，中国的现实主义戏剧美学尚有相当大的空间，在剧本创作与导表演等各方面均需要成批的人，经过几代的执著追求，方能使之日臻完满。

戏剧需要“殉情人”

我们的戏剧要有出路，还得有一批为戏剧献身的“殉情人”。一个人要在事业上有突出的成就，必须排除其他的一切，达到“痴迷”的程度，及至宗教般的虔诚。卡夫卡笔下有个女歌手，为了使她的歌唱能拿到那“放在最高处的桂冠”，不得不“把自己身上不利于歌唱的一切都榨干”。卡夫卡自己为了使他的艺术达到“最高境界”，放弃婚姻，放弃健康，放弃“一个男子生之欢乐所需要的一切！”最近去世的吴冠中先生之所以获得这么大的成就，原因之一也是他自觉地要做艺术的“殉情人”。他在自述中多处提到，他对艺术的爱达到“疯狂”的程度，在野外写生时，就往往进入这种状态，以至一连43天都忘了换裤子！其实戏剧界那些有抱负、有成就的人也都是这样要求自己的。彼得·布鲁克就说过：“表演是一种为之彻底献身的艺术和一种苦行僧式的毫无保留的献身。”格罗多夫斯基也说过：“演员必须在他的内心最深处，怀着信心把自己全部献出来，好像一个人在恋爱中把自己献出来一样。”这些成功者的肺腑之言，都应该成为我们宝贵的精神来源。当中国戏剧队伍中有了成批这样“犯傻”的人的时候，中国戏剧的希望就在眼前了！

2010年10月20日在中国文联、中国剧协召开的“戏剧的品格与使命”研讨会上的发言，原载《文艺报》2010年11月15日

传统的二重性

多年来我经常思考一个问题，即我们中国至少从春秋战国起就有了灿烂的文明，拥有绵延五千余年的丰富而深厚的文化传统，但是约从明代中期起，即15世纪以来，我们却开始衰落了！而差不多与我们相同时代也有过灿烂文明的古希腊，经过了中世纪将近千年的委顿，恰恰从这时候起开始复兴了，而且其古文明的精神在全欧洲发扬光大，孕育了所谓“普世价值”！为什么会发生这样的逆向现象呢？我想这跟我们的传统文化和被它制约的文化传统很有关系。

我们的传统文化是什么呢？根据已故李慎之先生的概括是“专制主义”。这个结论是否科学另当别论，但这个专制主义在我国延续的时间之长、之坚固是无可争议的事实。鲁迅先生对我国历史的洞察是鞭辟入里的，直到1928年，虽然中国的封建王朝已经不复存在了，但他依然深沉地慨叹：“旧社会的根柢是非常之深厚的。”我虽然比鲁迅先生晚两代，但他的这句话时时都还在引起我的共鸣。“旧社会的根柢”即专制主义，它之所以深厚，我认为主要因为它一直贯穿着专制主义统治者的这一政治哲学，即所谓“天不变，道也不变；以不变应万变。祖宗之法不能变”。这个“祖宗之法”就是这句话里的“道”，也就是专制主义的核心，是专制统治者的基本原则。其他一切的“变”都是方法，都是为了维护“不变”这个根本目的的。

这个以“不变”为宗旨的所谓“祖宗之法”铸造了它的子民的精神人格和民族的文化特征。从总体上看，中国人的精神人格是保守性的，是守成型的。不像一般的欧洲人那样是进取性的，是开拓型的。我们的同胞的思维方式是纵向承袭的惯性思维。看到前人有过的成就就高山仰止，不断地效仿、重复，不思也不敢超越前人。不像西方人那样，前人的成就是前人的，我则要走自己的路，因此常常超越前人，因而每隔一段时间，就会涌现一批开拓型的人物。他们眼前没有“传统”的屏障,凭着自己敏锐的嗅觉,最先探悉到新的时代的审美信息,便不顾一切地进行异类创作,或迟或早引起一股思潮,从而开一代新风。一部欧洲文学艺术史,就是一部艺术形式和风格不断更新换代、艺术理论和观念经常变革和翻新的历史。鲁迅以他睿智的眼光纵览世界,曾经用了六个字概括了中国人和西方人的思维特点,说中国人习惯于“摸前有”,而西方人则喜欢“探未知”。这两种思维习惯的优劣是很明显的。我常常想,为什么我们春秋时代的思想家群星灿烂,后来却变得寥若星辰了呢?除了董仲舒和朱熹,在世界上有影响的还拿得出几个?可你看欧洲,从古希腊的毕达哥拉斯到今天德国的哈贝马斯,每个时代如雷贯耳的名字都有一长串:赫拉克利特、苏格拉底、柏拉图、亚里士多德、普罗提诺、阿奎那、马基雅弗里、培根、笛卡儿、斯宾诺莎、莱布尼茨、休谟、伏尔泰、卢梭、康德、黑格尔、马克思、谢林、克尔凯郭尔、叔本华、尼采、海德格尔、维特根斯坦、萨特、德里达……我想,这跟他们善于“探未知”的特性很有关系。

两种不同的国民性格形成两种不同形态的民族文化。开拓型的国民性格形成阳光型的民族文化;守成型的国民性格形成阴柔型的民族文化。因为阳光型文化而导致西方人最先推动了先进生产力,从而取得工业革命的专利,这个专利直到今天的信息时代依然在生效。因为重守成的阴柔文化而导致我们在关键时刻失去世界眼光,莫名其妙地叫停郑和的继续航行,从而葬送了海上强国的地位。这是中国走向封闭和衰落的信号和起点。

恪守“祖宗之法”的惯性思维阻滞了国民的创新意识。这不妨拿建筑做例子,因为建筑是一个民族最重要的文化符号。西方的石构建筑从古希腊的巴特农神庙到今天中国的“鸟巢”,其间在风格上更新换代至少在一打以上,充分展现了它的丰富性和多样性。可我们的木构建筑早在秦代就已经形成现在这样的基本面貌,除了细处上有了改进和提高,在整体风格上没有发生大的变化,也就是没有更新过,有的建筑专家讽之为“两千年一贯制”。迄今至少已有三座西方现代建筑被联合国列入“人类遗产”,它们都还不到一百岁,而我们这个年龄段的木构建筑还一座都没有!我国书法史上有过的那些独树一帜的字体——王体、颜体、柳体等等被多少人一代一代模仿着。我国的绘画史也不例外,按吴冠中先生的说法:百分之九十都是重复之作!长期以来我们喊过多少次“勤劳智慧的中国人民”,直到加入 WTO

以后才发现，尽管“中国制造”的产品遍布全世界，但属于“中国创造”的品牌却少得可怜！再往深处一想，自从牛顿发现万有引力、瓦特发明蒸汽机以来，围绕我们的生产和生活的发明何止千万，但不要说像火车、飞机、人造卫星、电子计算机这类划时代的发明与我们无缘，就像电视机、电话机、复印机这类日常用品的发明我们拿得出一件吗？这与我们世界仅有的文明古国的称号和世界五分之一人口比例的国度是极不相称的。但这绝不意味着中国人的智慧不如别人，相反，中国人的智慧是世界第一流的，这是举世公认的。唯一阻碍我们的是积淀在我们集体无意识中的“不变”的惯性思维方式和习惯。在思维型领域，为什么同样的华夏子孙一走出国门就有人拿到诺贝尔奖，就有玻璃金字塔这样的惊世杰作让世人赞叹，而留在国内的同胞直到现在还没有出现这样的成就。这是个值得我们深思的问题。

就是这种不求“变”的纵向承袭的惯性思维在继承文化遗产上阻碍了国人的创新思维，使许多国人步入误区。在他们看来，继承传统就意味着把前人有过的形式和风格一代代传承下去。仿佛艺术的形式和风格早就被我们英明的祖先们穷尽了，后人的使命只要不断复制就行！因此他们总是俨然以传统守护神的姿态，不断高喊“弘扬传统”，口口声声嘱咐人们不要数典忘祖，离经叛道。他们尤其唯恐人们“反传统”，视之为大逆不道。殊不知，传统像一条长河，它是随着时间的推移而不断丰富和宽广的，就是说，它必须不断地添进后人的创造。因为在人类艺术史上，从来就没有存在过永恒不变的艺术法则和审美形态。人们的审美意识从来是随着时间的推移而不断变迁的。正如雨果所说：再美的东西重复一千遍也会使人厌倦！如果把“喜新厌旧”这句成语的概念加以拓宽，就完全符合美学发展史的规律。因而才会出现西方艺术史上频频更新换代的现象。而在这些现象的开头，都有过“反传统”的思潮。在这里，“反传统”乃是一种创造性思维。反传统的人并不是不要传统，他只是不重复传统而已。因为重复是匠人的习性，而创造才是艺术家的本色。因此真正的艺术家都是以颠覆为使命的。正如新近我国一位美术家所说：“传承是一种美德，颠覆是我的责任。”他这里的“传承”照我的理解是指前人的艺术创造精神，而“颠覆”则意味着在形式和风格上不步前人的后尘。在这个问题上，作为政治家的毛泽东倒说过一句很内行的话：“模仿乃是最没有出息的文学教条主义和艺术教条主义。”(《在延安文艺座谈会上的讲话》)齐白石的这句话更是至理名言:"学我者生,似我者死。"可以说,现在凡具有现代意识的艺术家都以重复为耻,即他既不重复前人的,也不重复他人的,甚至也不重复自己的;追求独创是他唯一的职守。在这方面,请大家回顾一下20世纪的西班牙。西班牙是个艺术传统十分丰富的国家:文艺复兴时期产生过格列科,浪漫主义时期产生过哥雅这类世界顶尖级的艺术家。尽管如此,20世纪的毕加索、达理、米罗以及建筑中的高迪等人还是来了个激烈的反传统。结果,他们的辉煌成就不仅大大丰富了西班牙的艺术传统,而且极大地提高了西班牙的国家文化形象。

因此传统是有二重性的。一个民族拥有悠久、厚重、丰富的文化祖业,它可以振奋后人的民族自信心,激发后人艺术创造的勇气,使传统的大河越流越宽广。但它也有可能成为后人"不动产"的资本,以"祖上"之"阔"来自炫,滋长惰性,只知重现前人之辉煌,不思继续创造和超越,从而成为前进的包袱。我认为郑和以降的中国人就属于后一种状况。中国的衰落从内因讲根源于国人创造意识的丧失,而创造意识的丧失又根源于封建统治者世代坚持的"不变"的宗旨。鲁迅对这一历史阶段的中国人的"国民性的弱点"的洞察可谓慧眼独具,阿Q的那句口头禅"我祖上比你阔多啦"的腔调在相当多的中国人那里都可以听到,甚至直到现在依然能听到它的不小的余响。最典型的例子是近年来"重修圆明园"的呼声,其理由是所谓"重现昔日造园艺术的辉煌"。不错,昔日的圆明园确实是辉煌的,它在中国园林史乃至世界园林史上的重彩是抹不掉的。但我说过,"美是不可重复的",因为一个时代有一个时代的美,随着那个时代的过去,它的美也就成为历史了!一个有时代意识的真正的艺术家,他是不会把他的聪明才智用来去重复前人或他人有过的东西的。他是不屑于做这种"没有出息"的模仿事情的。他更愿意发现和探掘属于他的时代的美。对他来说,与其用200亿钞票去仿制一件古董,不如用这些钱根据现代人的审美要求和新的建筑学原理建造一座标志我们时代的园林杰作,从而为中国园林史增添崭新的一页,那不是有意义得多吗?何况谁都知道,昔日的圆明园如今已成了入侵强盗的"作案现场",成了中华民族最后那段苦难历史最有力的见证,因而成为刺刻在国人脊梁上的、不可触动的国耻纪念地。任何一个有民族自尊心和文物意识的人都不会赞同为了一个复制品而毁掉一件无可替代的、不可再生的珍贵文物的。

这类复古呼声不可小视，一年多以前，一个刊物曾经发表过一篇很长的文章，其中宣称："我们需要重建的古建筑不是圆明园的 5200 亩地基上的 16 万平方米的中西建筑，而应该是它的几千万倍。"因此他主张，在一定时期内诸如阿房宫、汉皇宫、唐大明宫、南宋大内，甚至北京城墙都要局部或全部重建。而重建圆明园就是这一努力的"里程碑式的龙头工程"。他甚至还认为，这是"中国传统建筑文化的振兴和繁荣"。殊不知，这种为了摆祖上之"阔"的狂热正是一部分国人艺术创造精神衰退的表现！这里必须附带指出，这位作者在文末还盗用我的名义无中生有地杜撰了这么一段话："在重建讨论中已经有不少研究者，包括叶廷芳先生提议在圆明园遗址建成一个万园之园，成为 20 世纪造园艺术的新高峰。"（见《出版广角》2007 年第 7、8 期，作者：孔则吾）这真让人吃惊：我在什么时间或场合说过这样的话？二十余年来，关于圆明园问题我的一切言论和行动都在阻止人们在圆明园遗址重现昔日辉煌的努力和愿望，我怎么可能说这样相反的话呢？

总结人类文学艺术的历史，在继承传统问题上，我们得到的主要经验是什么呢？我的回答是：继承前人的艺术创造精神，而不是简单的形式和风格，否则，不但弘扬不了传统，反而只会窒息传统。这在近代欧洲有过深刻的教训。17 世纪的中南欧出现过一股"怪异"的审美风尚，即巴洛克艺术，席卷了文化艺术的各个领域。这在当时欧洲占统治地位的古典主义者看来是违背文艺复兴传统的歪风，故艺术史家们始终不肯予以承认。三百年之后，直到 19 世纪 80 年代，瑞士艺术史家沃尔夫林经过对巴洛克和文艺复兴的深入研究后指出：恰恰是巴洛克继承了文艺复兴的艺术创造精神。果然，带有巴洛克特征的文学艺术在 20 世纪广泛出现，我视之为巴洛克"基因"的复活（这也是德国作家格拉斯获得诺贝尔文学奖的重要原因）。而一心想把文艺复兴的美学特征定于一尊的古典主义自从遭到浪漫主义的重击后，这时早已寿终正寝了！

正因为传统是有二重性的，而我们的传统又是丰富的，因此我们当前的首要责任是反思传统。

2008 年秋在北京市文联理论部召开的"继承与创新"研讨会上的发言，原载《文学报》2009 年 3 月 12 日

对中国传统建筑的文化反思与展望

多年来我经常思考一个问题:我们中国人从天然资质讲,不亚于世界上的任何民族,因此我们曾经创造了世界先进的文明和灿烂的文化,成为世界四大文明古国之一。但是差不多从明代中期起的这五六百年来,我们却衰落了!而恰恰从这时期起,世界上另一个文明古国所在地的欧洲却从中世纪的委顿中重新崛起,走到我们前头去了!这是什么原因?我想这跟我们的文化传统有关,至少跟我们的文化心态有关。现仅以我们传统的建筑文化为例,讲点个人的看法——也算一种文化反思吧。

世界上的建筑,这里主要指大型的、属于艺术范畴的公共性建筑,从形式上划分,基本上有两类:一类主要用石头建造的,叫“石构建筑”;一类主要用木头建造的,叫“木构建筑”。前者流行很广,主要包括欧洲、非洲、西亚、中亚和南亚以及南北美洲;后者主要分布在以中国为主的东亚地区,包括日本、朝鲜等国。为什么会有这种区别,一下子很难说清楚,因为西方世界并不缺少木头,东亚地区亦不缺少石头。两种形式的建筑各自都有深厚的文化渊源,各有不同的风格和艺术特色,而且彼此都把它的风格在艺术上推到了极致。就艺术而言,各有不同的价值观和审美取向,很难分出高低。从今天的人文科学看来,中国的木构建筑似乎更接近自然,更亲近人性。这一点显然也被英国科学史家李约瑟看到了,他在其所著的《中国建筑精神》一书中就指出了这一点,说:中国建筑贯穿着一个精神,即“人不能离开自然”。中国建筑的这一精神也符合“后现代”的观点和理论。“后现代”建筑理论认为,建筑在现代主义阶段人性的东西、传统的东西丢失得过多了,所以它大声疾呼建筑应当“以人为中心”。这就是中国建筑的价值。但从彼此的文化精神反观和对照,却可以看出东西方建筑之间不同的短长。这篇发言,就试图从反思的角度,着重谈谈我们的建筑文化中那些制约着我们发展的、值得我们认真思考和克服的负面现象。

一、纵向承袭的惯性思维

1. 习惯于向前人看齐,而不习惯于超越前人。我们的木构建筑——这里指达到辉煌程度的木构建筑——至少已有两千多年的历史,那"覆压三百里"的阿房宫可资证明。在这漫长的过程中,从形式到风格都只是单一的发展,没有发生过质的变化,可谓"两千年一贯制"。而欧洲人的石构建筑,仅自古希腊罗马起,其风格上的更新换代至少在一打以上:古希腊风格、古罗马风格、拜占庭风格、罗曼风格、哥特风格、文艺复兴风格、矫饰风格、巴洛克风格、罗珂珂风格、古典主义风格、浪漫主义风格、新古典主义风格、折中主义风格、青年风格、现代主义风格、"后现代"风格,也许还可以加上俄罗斯风格……造成这种差别的原因之一,恐怕是:我们习惯于承袭思维,总爱向前人看齐:以前人的水平为坐标,一味以前人的成就为荣耀,为自满。鲁迅笔下的阿Q,是根据我国衰落时期国民文化心理的普遍特征而概括和塑造出来的生动而典型的形象。每当阿Q意识到别人瞧不起自己时,他就搬出这句口头禅:"我祖上比你阔多啦!"而欧洲人就不是这样,他们不管前人有多大成就,也不高山仰止,以此为满足,而是敢于向前人挑战,设法超越他们,努力向前探索。正如鲁迅当年所概括的:我们中国人总习惯于"摸前有",而西方人则善于"探未知"。两种不同的文化心态导致两种不同的结果:一个不断推陈出新,向前跨越;一个则着重在前人基础上渐进发展,少有革新。

纵向承袭思维近年来的一个突出例子表现在到处热衷于搞仿古建筑,其中"重修圆明园"的呼声堪称其最高音响,说是为了"再现昔日造园艺术的辉煌"。殊不知,圆明园作为废墟如今是中华民族的国耻纪念地,是当年帝国主义侵略强盗的"作案现场",她的历史见证价值已经远远超过她作为文化遗存的价值。其次,即使没有上述政治因素,而仅仅是一处文化遗存,则圆明园废墟也早已成了宝贵的文物,文物的价值就在于她的历史原初性,通过大兴土木"再现"出来的东西只不过是一件复制(且不说你有没有本事复制得出来)的假古董,却毁掉了文物本身。这种"再现"的努力,留下的不会是“辉煌”,而是罪过,是历史的笑柄! 第三,既然有那么多的钱花在复古上,何不把它用来“创今”呢,即把这些钱提供给现代建筑师,让他们根据现代建筑学的原理,利用今天拥有的更理想的建筑材料,按照现代人的审美要求,运用他们的智慧,建造一座标志20世纪或21世纪中国人建筑水平的新园林,留下一座时代的建筑纪念碑,不是要比“再现”有意义得多吗?

2. 创造意识淡薄,鲜见图变求新。建筑作为艺术的一门和审美的载体,它的生命在于不断创新,因为人的审美意识是不断变迁的,而且这也是历史发展的客观要求。

从19世纪下半叶起,从世界范围看,随着生产力的发展,新的建筑学理论和新的建筑材料的诞生,建筑开始了一场崭新的革命。中国的木构建筑作为农耕时代的产物,也已走完了它的历史进程,面临着蜕变。然而,中国历史的发展,整个儿讲就慢了西方一大拍,即少了一个工业时代。西方思潮作为强势文化迅猛地涌入我国。这意味着,客观形势已不允许中国建筑从自己的娘胎里孕育出自己民族的建筑新胚胎,我们一边招架,一边接受;来不及细嚼,难免囫囵吞枣,就是说:简单仿效。这在开始阶段是不可避免的,对于异域的人类文明成果,先要“拿来”,而后才能进行鉴别、挑选和借鉴。但如果一味“拿来”,或“拿”的时间过长,这就值得注意了。吸收别人的长处,毕竟不能代替自己的创造。学别人,如果只学其表面,即形式和风格,而不学其本质,即创造精神,那就舍本逐末了,是没有前途的。整个20世纪我们在总体上就未能跳出西方建筑的大窠臼,既没有创造出属于我们自己民族的建筑新坯胎,也没有在世界新思潮中取得令人瞩目的地位。结果,到世纪末一看,缺少自己的东西,没有进行必要的反思,马上又求助于老祖宗,把前人留下的那些遗产,即把“大屋顶”风格当做中华民族永恒不变的建筑美学法则和艺术模式,到处用钢筋水泥搞复古。应该说,作为民族遗产,适当地、扎扎实实地搞点是无可厚非的,我们像样的古建筑在历史上毁掉的太多了! 但大量地搞就有违历史的规律了。任何民族在其发展过程中都是厚今薄古的。只有重视今天的创造才有利于推动历史的发展。在这种“一窝蜂”倾向中,首当其冲的是古都北京。在某位市长的指挥下,“夺回古都风貌”变成“大贴古建符号”。本来,“夺回古都风貌”这个口号本身是没有错的。关键的问题是:如何去夺? 在这个问题上,他没有给“古都风貌”这个概念以美学上的定位。尽人皆知,北京古都乃古代帝皇之都。古代帝皇为了突出自己作为最高统治者的无上至尊,竭力要求在建筑美学上加以表达,因而对全城作了非常讲究的规划和设计,整体性很强,艺术性很高,规模也很大。她的美学特点是:以规整、恢弘为基调,以南北中轴线上的皇家建筑为主体,以大片民居的低矮衬托它的崇高,灰暗衬托它的辉煌。这是古都的基本风貌。要维护古都这一固有的风貌或美学特征,首先就要维护皇家建筑的主体地位,保证以它为标志的城市天际线和轮廓线不受干扰,这就必须要求其他新的建筑在体量、高度与色彩上一律采取"让"的姿态,在尺度上保持彼此之间的基本比例关系,以维护其轮廓的雕塑感,并尊重其色调上的反差性。然而,在那位挥舞"大手笔"的"市长"的指挥下,以钢筋水泥一律加"顶"的庞然大物四处与主体古建筑摆出"争"的架势:争高、争大、争辉,从而破坏了古都固有的天际线,涂改了原来的"底色",填满了几乎所有的"虚空",把古都的固有风貌搞得"一塌糊涂"(贝聿铭语),使世界上最宏伟、最美丽的古都之一的北京不能像罗马、开罗那样,以"人类遗产"的资格平起平坐地雄踞于亚、欧、非的大地上。

学别国学得有成绩的当推罗马人。他把希腊人的立柱搬了来,以更科学、更精确的几何原理和人体比例关系加以改造,使它变得更符合人的审美心理,从而使它更"秀气"、更漂亮。不仅如此,罗马人还在此基础上创造了拱券技术和艺术,使古代建筑获得划时代的发展。

当今世界学别人学出成绩来的也是有例可鉴的。20 世界上半叶,拉丁美洲诸国开始学欧洲的现代主义文学和艺术,结果学出了个"魔幻现实主义",成为 20 世纪下半叶世界文坛的一道奇观。像加西亚·马尔克斯、博尔赫斯等都是这一景观中的奇异风景线。那里的建筑也不例外。拉美建筑师在挖掘印第安文化的基础上,借鉴西方现代主义原理,又揉进已在南美扎根三百余年的巴洛克风格,创造出形式多样、空间亮豁、色彩浓郁、讲究光影反差效果的独具一格的建筑艺术。巴西的奥斯卡·尼迈耶和勒尔加·科斯塔就是在这方面的努力中,成为享誉世界的建筑大师的。关键是,人家的学习或借鉴都着意在自己的创造,而且紧密结合本国、本民族的实际,把两种文化加以"嫁接",从而产生出第三种形态的新品种。当然,我们不是没有人这样做过,南京中山陵的设计者吕彦直以及童寯(jun)、杨廷宝等大师都这样尝试过。他们把从西方（美国）学得的东西结合本民族建筑的特点进行探索，而且做出了一定的成绩。同样从美国学成回国的梁思成则想以本民族的建筑为本，揉进西方的建筑，只是由于种种客观因素的制约，尤其是那些众所周知的原因，他的努力未能如愿以偿；他维护古都的宏愿落空更让国人扼腕。

3．理论总结和理论建设的滞后性。就像公元前4世纪希腊人亚里士多德在总结古希腊戏剧（悲剧和喜剧）的基础上成为雄踞欧洲两千年的理论泰斗一样，罗马人早在公元前1世纪就有了维特鲁威的《十建筑书》，它不仅在希腊、罗马丰富的建筑实践基础上，对当时的建筑技术和艺术作了详尽的记载，而且作了理论提升，成为世界上第一部较完备的建筑理论著作。它在建筑界的影响，一如亚里士多德的《诗学》之于文学艺术。之后文艺复兴时期欧洲人又有了帕拉提奥的《建筑四书》（1554）、阿尔伯蒂的《论建筑》（1485，又称《建筑十书》）、维尼奥拉的《五种柱式规范》（1562）等。它们从不同方面、在不同程度上对欧洲建筑理论作了认真而详尽的梳理和阐发，对其后的欧美建筑起了不可低估的作用。现代和“后现代”时期欧美也有一系列理论著作在国际上起广泛影响。属于前者的主要有密斯·凡·得罗（美）、科布西埃（法）、赖特（美）、格罗皮乌斯（德）等人的著作，属于后者的主要有斯特恩（英）、詹克斯（英）、文丘里（美）等人的著作。相比之下，作为木构建筑水平最高、经验最丰富的国家，我们在这方面的建树就要逊色得多。直到汉代我们才有了一部《考工记》。那是官方性质的，主要在技术方面作了一些规定，以利于工程考核和管理之用，属于政策、法规一类。之后过了上千年，到五代至北宋才有了一部《木经》，元代有过《经世大典》和《梓人遗制》，但都不完备，而且多半失传。比较完整的是宋代李诫写的《营造法式》和清代的《工部工程做法则例》，这是我国建筑遗产的精华，尤其是前者。但它们都着重在建筑材料、施工技术和管理方面的记述，理论升华和探索仍较缺乏。

欧洲现代主义兴起的时候，许多文学家、艺术家甚至哲学家从中国的文学艺术和哲学中获得灵感，吸取智慧和养料，像文学和戏剧中的卡夫卡、布莱希特，美术中的马蒂斯、凡·高、高更等都是。建筑中实际上我们也遇到过同样的形势。西方建筑的美学观念一直以来都是建筑在造型和装饰基础上的。随着新的建筑材料如钢筋、水泥、玻璃等的诞生，人们抛弃了这一传统，转向对结构的重视。这时许多人发现中国建筑的长处，因为中国建筑的艺术奥妙和美学特征主要就体现在结构上！因此，作为现代建筑扛鼎人物之一的美国建筑师赖特就曾对中国建筑大加赞赏。可惜我们自己很少人发现这一契机。只有梁思成看到了中国传统建筑与西方现代建筑之间的这一机缘。可是由于上面提到的原因，他的宏图悲剧性地落了空。

二、技术传授方式的落后性

知识的更新与进步，技术的提高与发展都需要合适的环境，至少要有信息传递和交流的渠道。知识的传授与人才的培养尤其需要这样的条件。古罗马建筑的发达跟它在这方面的领先很有关系。他们早在公元3世纪就有了建筑工程技术学校，开始以集群和规模方式培养人才。然而我国历代的人才培养主要是通过师徒相授或家族传授的途径。这种方式的狭隘性与局限性是显而易见的：没有横向联系，缺乏信息交流；容易坐井观天，难有竞争雄心；看不到差距，少有抱负；即便是恩师，最后还要留一手"绝招"，以防后生抢了自己的饭碗。在这种封闭条件下，很难出得了大人才。即使是天才，恐怕也难成气候。因为他视野狭小，心理封闭，很难获得奇想的灵感。即使获得这种灵感，他也很难拿出推陈出新的勇气，因为师傅一般不让他越雷池半步，更不愿看到他超越自己。为什么我国的建筑艺术和建筑风格始终不能更新换代，而只能在原来的基础上作渐进式的改进和提高？我想这与我们的人才培养方式有很大关系。

这种传授方式还决定着传授内容的片面性与有限性：师傅教给徒弟的除了直接与建筑有关的纯技术知识外，一般没有相关的科学常识和必要的基础理论知识。这样学出来的徒弟只能算是个懂技术的匠人，而不可能是个有文化的"知识分子"或建筑艺术家。事实上多半都是文盲！我国历史上的人才制度从根本上说是一种培养官僚的制度，即所谓"学而优则仕"，只有走仕途，才能有出息，有前途。学技术到头来还是个体力劳动者，是匠人，是"工匠"，而不是建筑工程师或建筑艺术家。无怪乎，我国的老百姓，哪怕有大专文化水平的老百姓，恐怕没有几个说得出两个以上的我国古代建筑师或工匠的名字。不难想象，这种教育制度决定了我国建筑学的命运。它使我国建筑的形式和风格长期停留在单一的局面，形成所谓“两千年一贯制”的“超稳定结构”（建筑学家陈志华语）。所幸这种形式的木构建筑只存在于东亚少数几个国家，没有很多的横向比较和竞争，以致我们依然能保持“一枝独秀”。

三、忽视建筑的艺术属性

建筑自从摆脱了遮风避雨这一最基本的原始功能以后，就与美学结下了不解之缘。在保证功能需要的前提下，如何把房屋盖得更好看，成为建筑师的主要追求。建筑美学的基本特征就表现在技术与艺术的结合。因此建筑的艺术属性在国际上早已形成公论。在欧洲，“艺术”或“美术”这一概念向来就包括绘画、雕塑、建筑这三大门类。

1. 建筑具有韵律的美。它被誉为“石头的史诗”、“凝固的音乐”等等。歌德对于斯特拉斯堡的吟叹，雨果对于巴黎圣母院的讴歌以及黑格尔、谢林、施莱格尔等美学大师都对建筑的韵味赞美有加，而且都有专门的论述。现代建筑中依然保持着这种特性。如悉尼歌剧院，那种宛如群帆归步的韵致，堪称绝妙。无怪乎她不到“而立之年”就获得联合国教科文组织确认的“世界遗产”的地位了！中国建筑尤其是院落式建筑在这方面更为突出，她不像西方的单体建筑一览无余，而是从地面层层展开，在时间中呈现她的音韵。不然唐代诗人杜牧何以投入那么大的热情歌颂浩浩荡荡的阿房宫，另一位唐代诗人王勃也不会以那么多的篇幅来描绘美轮美奂的滕王阁了。

2. 建筑具有雕塑的美。这在石构建筑中不仅表现在建筑物所附属的那丰富的浮雕和雕塑陈列品，就是建筑物本身的轮廓和造型也具有这种雕塑的特性，尤其是某些较抽象的现代建筑。如分别坐落于纽约和西班牙毕鄂保尔的两座古根海姆博物馆（分别由赖特和 F. 盖里设计）、巴塞罗那电视塔（N. 福斯特设计）、法国里昂火车站（卡拉特拉瓦设计）等。与西方建筑的几何造型不同，中国建筑以曲线造型为特征，多姿多态：那反曲向上的坡屋顶，飞檐翘角的古亭、古塔“如鸟斯革（ji），如翚斯飞”，极富动感，也就是说，雕塑感极强。至于许多建筑物所附属的大量雕塑品，不少都有独立的审美价值。如梵蒂冈圣彼得大教堂中的米开朗琪罗的大理石雕塑《圣母哀圣子》和贝尔尼尼设计的华盖等都堪称雕塑中的极品。中国宫殿建筑中的石雕、铜雕、木雕、玉雕、漆器、陶瓷制品以及梁柱上的雕刻等都有许多上乘之作。

3. 建筑具有结构的美。建筑的美不仅表现在外部造型,而且也表现在内部空间。在这里,力学与美学难解难分。中国的木构形式尤其突出。它与西方的石构建筑相反,墙不起承重作用。其全部承重功能都由梁柱承担,力学原理和技术就体现于结构之中。而结构则全部裸露在外,因而功能与审美合二为一。西方的民居建筑也有许多是木构的,如被联合国列为"世界遗产"之一的德国西南地区的"桁架结构"就是相当美观的一种木构形式。西方石构建筑中,结构的美不太受重视,它往往被装饰所"掩盖"。上面说过,随着新的建筑材料的出现,现代建筑师们都在框架结构上做文章,呈现出百花争艳的景象。其中颇耐人寻味的是,许多建筑物的结构都是裸露在外的,好像学了中国木建筑结构的特点。尤其是巴黎蓬皮杜艺术文化中心,它极其复杂的悬索结构可以让你一览无余,使你在对人类智慧的惊叹中感受到美。慕尼黑奥运体育场的篷帐结构①,悉尼歌剧院的壳体结构等都是具有特殊美感的现代建筑,而且是被划入了"后现代"的有代表性的一部分。

4. 建筑具有装饰的美。一座房屋单把主体结构盖成,还只是完成一半,即功能部分。另一半,即审美部分,还有赖于装修来完成。经过装修,一如人穿上了服装,戴上了首饰,建筑才具有了全部的审美价值。很难想象,中国建筑如果没有雕梁画栋、壁挂地毯、石刻铜雕……会成为什么样子。同样,外国建筑如果去掉这类装饰内容也会成为毫无生气的空架子。欧洲建筑对于装饰的重视到了17世纪的巴洛克时代发展到极致,其丰富多彩的壁画、挂画、雕塑以及各色各样的艺术陈列品让人目不暇接,立即唤起人们的情绪飞动。但这种对于美的刻意追求的惯性继续向前滑动,结果走得过了头,导致一种人们不敢再恭维的"罗珂珂"风格,从而开始引起人们对于装

---

① 慕尼黑作为2006年世界足球锦标赛的举办城市已将该建筑重建为椭圆形的绿色外立面运动场,亦为举世瞩目;设计师即为北京国家运动场"鸟巢"的设计者赫尔措格。

饰的厌倦,到19世纪甚至被诅咒为“罪恶”。这段史实说明装饰必须以“适度”为宜。

5. 建筑具有诗意的美。这主要体现在建筑与环境的关系中。在这点上倒是中国建筑尤其是园林建筑具有较多的长处。长期生活在农业社会的中国人,向来就醉心于田园的风味和情调,在建筑环境的营造中讲究“风水”。除去其中的某些迷信部分,这风水与今天的环境意识是能够携手的。我国古代经典性的风水著作当推晋代郭璞所写的《葬书》,它对于阴宅和阳宅都是适用的,其中的主要观点可以概括为12个字:群山环抱、负阴抱阳、背山面水。我国明代末年计成所著的《园冶》也强调取景的重要性:“得景随形”、“巧于因借,精在体宜”,讲的是因景制宜。可见中国的传统建筑很强调建筑与环境的关系,追求建筑的诗意美,中国的园林建筑在这方面尤其突出。这一特点直接沟通了西方“后现代”的建筑理念。“后现代”强烈呼吁建筑的“人性化”原则,强调建筑与环境的和谐关系,甚至把海德格尔所强调的荷尔德林的诗句“诗意的栖居”当做追求目标。因此许多“后现代”建筑不仅屋外有园,而且屋内有林;凭山临水,诗意盎然。

问题不在于建筑中有没有包含上述审美要素,而在于对艺术的追求程度。我们中国建筑两千多年来只对一种形式和风格进行了追求,并使之达到极致,成为世界上无与伦比的建筑艺术。但就我们在这方面所表现出的毅力和所投入的智慧总量而言,我们是不如西方人的。这可以从以下几点来看:

A)从建筑物所投入的时间和力量来看,我们的大型建筑在古代一般只花几年、十几年,而人家一般须花几十年,甚至几百年!其中有名的如圣·彼得大教堂前后花了121年;巴黎圣母院经历了139年;科隆大教堂甚至断断续续搞了六百余年!你看现代人高迪设计的巴塞罗那圣家族教堂从1883年就开始了,至今尚未完工!最具可比性的是新建的北京西客站和刚刚竣工的柏林火车站,二者都号称本洲之最,但我们仅用了不到三年的时间,而柏林火车站以德国的经济实力和技术水平,却整整用了11年!我想这一现象除了质量意识的悬殊之外,显然还包含着艺术意识乃至人文观念的差异归根到底是建筑文化的差异。

B)从建筑师的地位与影响来看,我们的古代建筑师被载入史册的很少很少，能被老百姓叫出名字来的更少。而欧洲的老百姓，谁不知道米开朗琪罗、贝尔尼尼、辛克尔、赖特、格罗皮乌斯……这些如雷贯耳的名字？我国自己编写的《中国大百科全书》第一版被单独列为词条的中国建筑师一共只有16名，其中古代的占8名。这8名中，只有1名有生卒年，两名只有生年，而不知他们的卒年。可这两人分别是我国重要建筑理论著作《营造法式》和《木经》的作者！更有甚者，另5名生卒年都不详！而这5人中多数都是明清时期的，而且都亲自主持建造了明陵和故宫、承德山庄、圆明园等一系列宏伟建筑，如被称为“样式雷”的雷氏家族六代人。这与同一部辞书收录的中国其他文艺门类的人物词条相比，悬殊真是天渊之别！例如中国古代文学家在这部辞书中被单独列为词条的约有1050余位；中国古代美术家被单独收入的也有300多位。俗话常说“行行出状元”，难道唯独建筑这一行的“状元”奇缺？而且这仅有的几位连生卒年都被历史遗忘？

C）从建筑理论的总结、建设与影响来看，上面说过，人家的建筑理论书籍在诞生的时间上比我们早得多，内容上丰富得多，理论上完备得多，国际上的影响也大得多。我们的古代建筑理论书籍在国外被用于教科书的还没有听说过。而世界上木构建筑的历史之久远、内容之丰富、水平之高超可以说是我们的专利！

D）从统治者的意向来看，从来都是强调功能而忽视艺术。尤其在古代，有的帝王还提倡过“卑宫菲食”、“茅茨不剪”。统治者也愿意节俭，当然不是坏事，但这种重“善”轻“美”的倾向对于建筑的发展却不是好事。当时的思想家也不例外，例如墨子，他认为建筑只要做到挡风避雨、隔离男女就行了。孔子呢？他教授的“六艺”中就不包括建筑。我国的帝王们为了权力和享受需要宏大的宫殿或豪华的园林，但对建筑本身，几乎没有人表现过特别的兴趣，不像外国的君主们常常以建筑为尚、为荣。三千年前古埃及拉伽什国王亲自顶砖参加奠基；看一下前23世古第亚国王的雕像，他的膝盖上放着一张建筑设计图，说明建筑在他的心目中有着何等的地位！古罗马皇帝奥古斯都曾自豪地说：“我得到的是砖头的罗马，我留下的是大理石的罗马。”至于法国凡尔赛宫的手建者路易十四对于艺术的爱好，特别是对建筑的追求更是殚精竭虑。大凡西方国家的帝王们，在他们当朝时期，往往要请他认为当代最杰出的建筑师为他留下一座甚至几座建筑纪念碑或艺术陈列馆。这个传统直到20世纪下半叶还被法国乃至巴西的某些总统沿袭着。相比之下,我们的古代帝王们在这方面就不可同日而语了。统治者的这种倾向势必影响到他们的子民,无怪乎直到现在我们的建筑师队伍中还有人顽强地否认建筑的艺术属性。

E)从宗教建筑与世俗建筑的比较看,在西方,最辉煌、艺术成就最高的建筑是教堂和庙宇,而在中国,最辉煌的建筑却是皇宫和皇陵。若把我们的庙宇与之相比,简直是小巫见大巫;将一般的民间建筑与之相比,更是天壤之别。耐人寻味的是,世界上四大文明古国中,凡是皇家建筑远远超过宗教建筑的国家,也就是"人"的建筑超过"神"的建筑的国家后来都衰落了:造了金字塔的埃及,造了泰姬陵的印度以及造了阿房宫、大明宫、故宫的中国。

四、皇家建筑的无上威严造成国民心理的压抑性与窒息性

自奴隶时代起,中国统治者那种君临一切的自我意识就是非常强的。早在三千年前的《诗经》中,就有"普天之下,莫非王土"的描述。封建统治者尤其如此。他们自称为"天子"。这种无上至尊的威权需要一种象征,这象征需要一种载体,最好的载体莫过于建筑了,包括他们的宫殿和陵寝。正如汉初奉命建造未央宫的萧何所说:"天子以四海为家,非壮丽无以重威。"于是我们有了世界上最宏伟的宫殿,至为壮观的陵墓。而老百姓的房屋则是一片低矮和灰暗。这种巨大的反差,鲜明地衬托出伟大与渺小的对立;对立越强烈,反映出中国人民的奴隶命运越悲惨。在西方,皇家建筑与民间建筑之间你是无法找到这种对立程度的,至少在高度上。这种状况必然要在国民的心理上造成负面影响,即压抑感和窒息感。这种压抑感窒息感越严重,则人民的积极性与创造性就越不能发挥,那么这个国家怎么能强盛呢?耐人寻味的是,近年来许多地方的政府大厦盖得越来越宏伟,而且往往占据城市的"制高点",让老百姓望而生畏,以致造成官民之间的心理距离越来越大,这不能不归功于我们的传统建筑文化了!

五、“墙文化”的强大及其负面效应

中国的墙之多为世界之最。你看:国家有万里长城,城市有城墙,单位有围墙,家庭有四合院,现在甚至发展到几乎每家每户都有防盗门,首都的出租汽车还有防盗栏;广场和街道的围栏越来越普遍。如此等等,不能不说是一种奇观。与“墙”相联系的是“门”。我们的建筑物表面看起来门固然不算少,但能让你走的门是极少的。原来北京最大的火车站“北京站”直到现在都只有一个入口和出口。北京西客站原来的设计也只有一道门(说是“为了管理方便”),后来看了外国的才决定增加一道门。原来兴师动众建造起来的墙主要不是为了防外人,而是为了管自己!过去有的国家也有过城墙,但那是局部的,或个别的,绝没有试图把整个国家都围起来的万里长城、千里长城。更没有大部分门不让人走的现象。

欧洲许多国家有过众多的城堡。但那是统治者的一个个防御工事或某些有势力的家族权威的象征,还有就是骑士们习武的场所。现在那里的许多国家不但一般的机关、学校见不到保安,甚至中央政府也见不到岗哨,至少他们的岗哨是隐蔽的。中国这种强大的“墙文化”历史上起过多少积极作用,需要研究——这不是这篇讲话的重点。但它的负面效应是明显的:

1. 中国的“墙文化”反映了中国历代统治者“一劳永逸”的苟安思想。他们为了世世代代安安稳稳地“坐江山”,不顾一切代价,不顾劳动人民死活,动辄进行浩大工程,一味进行物质上的消极防御,而不是从精神上培养人民的反抗意识和斗争意志,随时进行积极自卫。

2. 中国的“墙文化”造成国民心理的单纯防守性。以汉族为主体的中华民族历来就是世界上最大的民族群体之一。照理应是人数比我们少的异民族筑墙来防她,怎么变成相反了呢?君不见我们几乎历朝历代都在筑墙,我们一直来都在防,防,防,到头来却是防不胜防:想打进来的都打进来了!一种见凶就躲的国民,再坚固的防卫墙、防盗门、防盗栏,能解决根本问题吗?

3. 中国的“墙文化”造成国民心理的自我封闭性。我们世世代代被无数的墙团团围住,眼界越来越狭小,以致坐井观天,夜郎自大,自以为处于世界的“中央之国”，盲目排外，与世界上其他优秀民族往来很少，连知识都得通过“私塾”或师徒形式来传授。难怪，到我们有大学时，人家的大学已经办了500年了！

4. 中国的“墙文化”完全适应封建主义统治的需要。封建主义统治者历来主张“民可使由之，不可使知之”，实行愚民政策。封闭的环境不便横向联系，可使老百姓消息闭塞，安分守己，不易接受外来的“危险思想”，不去串联造反。封闭的环境可以造成封闭的心理，而封闭的心理有利于养成对统治者的驯服习惯，有利于适应封建主义轻易而稳固的统治。

5. 中国的“墙文化”也有正面的见证作用，它证明中华民族是一个防守型的民族，而不是进攻型的民族。她一方面固然缺乏进取精神，不想“走出去”开发世界，以敛取外来财富。另一方面却也不想进攻或侵略别的国家，通过殖民征服掠夺财富。这从正面反映了中华民族是一个爱好和平的民族。史实也说明，中国版图的扩大，几乎都是在自卫战争中包容别的民族的结果。

6. 劳民伤财建造的墙与作为历史文物的墙。动用巨大的人力物力去建造规模宏大的国墙、城墙，尽管在军事上也许能起一时的作用，但对当时的生产发展无疑是一种阻碍或抑制。而从实践过程看，所有的墙最终都未能起到城防、国防的根本作用。因此其必要性是值得质疑的。但作为古代中国人的一种思维方式和行为过程，它却是一种极为重要的历史证物，它确凿地证明中国人在意志和力量上能够做到什么。因此我们的长城被联合国教科文组织确认为全人类的文化遗产之一；我们的许多城墙被国家列为全国历史文物保护单位。对于这些遗产，我们应该作为国宝予以充分的尊重和珍视。这是祖先们用无比巨大的血汗换来的啊。

六、“继承传统”的误区

由于“纵向承袭”的思维惯性，尽管在这大变革的年代，许多人仍然唯恐失去传统，也就是失去作为自己行动的指归。因此，“继承传统”或“弘扬传统”的口号在我们这里频率特别高，而且几乎与当年西方人“反传统”的口号同样响亮。诚然，传统是必须继承的，怎么能割断历史的延续性呢？问题是,传统具有二重性,既有积极的、正面的部分,又有消极的、负面的部分。而有些人由于“过去”的情结过重,继承的背后往往掩盖着负面的东西。表现在建筑方面则主要是:

1. “继承”成为对前人形式和风格的单纯模仿和重复。近二十余年来,古建符号胡拼乱贴,大量仿古建筑的出现就是有力的说明。这种“西装加瓜皮帽”的变态“假古董”,使我们的许多城镇变得不伦不类,上面提及的北京的遭遇,尤其是其中突出的例子,使许多有识之士感到痛心:这么一个规划完整、艺术感很强的古城,如今变成一个充斥着“建筑垃圾”的大杂烩!

2. “继承”成为抵制革新的挡箭牌,尤其抗拒“反传统”的要求和努力。殊不知,推陈出新乃是艺术(包括建筑)的常规,否则艺术就不可能保持其生命活力,从而导致枯萎。在这方面,反传统是艺术革新的推进器。反传统的人并不是不要传统,他只是不想重复前人有过的东西而已。大家都知道,西班牙人毕加索、达利、米罗,特别是建筑大师高迪,都是具有深厚传统功底的艺术家,但他们又是反传统的猛士。须知,正是在反传统的努力中,他们成了划时代的伟大艺术革新家,从而大大丰富了西班牙艺术的传统。事实雄辩地证明,把西班牙艺术(包括建筑)乃至欧洲艺术传统激活并使之大大丰富和发展的,绝不是那些“传统”的守护神,而恰恰是这些反传统的先行者们。这真可谓是辩证法的胜利。因此,反传统是一种积极的创造性思维。鲁迅就是一个既善于继承传统,又敢于反对传统的“大呼猛进”的伟大斗士!

3. 继承传统的实质是学习前人的创造精神。凡是具有现代意识的艺术家都以重复为耻:即既不重复前人的,也不重复他人的,甚至也不重复自己的。因为重复是匠人的习性,而创造才是艺术家的本色。早在60年前,毛泽东在其《讲话》中曾讲过这么一句很有艺术见地的内行话:“模仿(即重复——笔者)乃是最没有出息的文学教条主义和艺术教条主义。”艺术贵在原创,而原创都是一次性的。我们的祖先在当时物质条件很简单、相关的理论很缺乏的条件下,在艺术和建筑领域创造了辉煌的业绩,那是了不起的事情。但我们今天在更优越的条件下,还只知去重复它们,那确实是太“没有出息”了!然而先辈们的那种艺术创造精神却可以激发我们的智慧和想象,激励我们创造出更多更好富有原创性的东西来。

总之,无论是继承传统,还是反传统,其结果都应该是发展并丰富传统,进而推进今天建筑事业更快更好的发展。

七、突破重围,凤凰涅槃

1. 突破封建意识的重围。中国传统的建筑文化是在几千年的农耕时代形成的,它一方面是劳动人民创造性智慧的体现,一方面又渗透着统治阶级主要是封建统治阶级政治哲学的影响。这种哲学的核心即所谓"天不变,道亦不变;以不变应万变"。这是长期扣在中国人民头上的紧箍咒!这也是导致中国建筑乃至整个中国社会发展迟缓的根本原因。在改革开放的今天,我们必须在思想深处彻底粉碎这个紧箍咒,牢牢树立改革开放的观念,与大时代的步伐保持一致,与世界潮流步调统一。

2. 走出工匠心态。我们常常感到,中国建筑文化中负面的东西,直到今天仍然在无形地影响着我们,使我们迈不开大步。这方面我感觉到的突出一点是,我们相当多的建筑师今天仍然未能摆脱"工匠心态"的束缚。上面说过,我国古代建筑师的地位是不高的。作为一个阶层,他们始终没有摆脱"匠人"的地位,作为工程师或艺术家而进行自由的艺术想象或创作,并受到社会和官方的尊重。匠人(或工匠)的职业习惯于重复自己已经掌握的技艺,匠人的身份习惯于被动接受任务,按照业主的要求干活。在那个尊卑有序的等级社会里,他没有资格让人按照他的设计接受工件,他也缺少作为"专家"的职业荣誉感为自己成功的设计而自豪,并随时为自己的创作进行辩护,甚至抗争。总之,在那种生存条件下,他无法养成作为一个"家"的独立人格尊严。唯命是从是他的基本心态,也就是我这里所说的"工匠心态"。

工匠心态在今天最常见的表现是:习惯于重复作业。一张简单的图纸复制了又复制。于是造成千篇一律的现象。其次是缺乏专门家的职业尊严。你要他怎么干,他就怎么干。最典型的事例是北京西客站大门加顶事件。北京西客站是按现代建筑的造型原则进行设计的。施工期间,北京建筑正在某位市长指挥下,大刮"加顶风"。正当西客站的主体结构完成之时,突然接到"市长"的命令:大门加顶!一件建筑设计来自建筑师的完整构思,怎么能说加就加呢?但设计师虽然不情愿,还是照办了!使这个重要的首都大门好比“牛头上安了马嘴”,变得不伦不类,而且为此多花了8000万元的造价!这在别的国家的建筑师看来是不可思议的——你要加可以,那得整个儿按仿古建筑思路重新设计!这种工匠心态让长官意志屡屡得逞。这是造成我们许多城镇建筑景观杂乱不堪、互相雷同的一个很重要原因。

3. 走进“现代思维”。从世界范围看,一个半世纪以来,建筑经历了两次美学革命,第一次叫“现代主义”,差不多持续了一个世纪;第二次叫“后现代主义”,已近半个世纪。经过这两次变革,人们获得一系列新的观念和共识。这些共识我称之为“现代思维”:

A) 建筑是一门艺术,而艺术是需要想象的。有为的建筑师都应该把建筑设计视为艺术创作过程。那种否定建筑的艺术属性的建筑师,说明他不过是建筑的工匠;

B) 美是流动的,任何一种美的形态其能量是随着时间而消耗的。因此在审美领域不存在永恒不变的美学法则和规范,那种把艺术风格和形式定于一尊的做法和想法,已经一去不复返了;

C) 艺术的发展是无限的,艺术的方法也是无穷的,因此艺术创作(自然包括建筑设计)已经合乎逻辑地由一元走向了多元,并且形成互相并存的格局。这意味着艺术家(建筑师)已进入一个“各显神通”的时代,彼此尊重成为他们基本的处世哲学,那种互相诋毁、互相否定的态度已经不合时宜了;

D) 美是不可重复的,因为原创性的东西是无法复制的。故凡是具有现代意识的艺术家都以重复为耻:他既不重复前人的,也不重复他人的,甚至也不重复自己的——他追求独创,要求每一次创作都是一次新的“焰火”!

E) 现代艺术家都把创新视为艺术的生命,并认为创新需要大量的实验和巨量的付出,换句话说,想要一件成功作品的诞生,就必须容忍上百件平庸作品的出现。那种对于别人的创新尝试格格不入的人,至少说明他尚未进入艺术的现代语境。想要对现代艺术(建筑)作品发表意见,必须掌握现代艺术语言和现代话语方式,否则等于“对牛弹琴”,浪费时间。

F）建筑作为审美的客体，人人都有权利欣赏和评论。这种欣赏和评论跟学问的多寡没有必然的联系，但它跟经验有直接的关系。一个经常接触现代建筑的出租司机与一个不经常接触现代建筑的教授、院士，前者发表的意见，可能比后者更中肯！

G）自从“后现代”兴起以来，人文追求成为建筑新的价值衡量尺度。建筑设计和城市规划都主张以人为考虑的中心，也就是“以人为本”。

4. 放眼世界高标。建筑，尤其是现代建筑像其他艺术一样是不认国界的。因此，各国建筑师的跨疆越界，被邀去他国设计一些重要的，甚至是国家级的标志性建筑，早已司空见惯，成了国际惯例。而且这种现象在那些建筑大师云集的国家尤其普遍。例如，美国建筑师的力量可以说是最雄厚的，但昔日世界最高的纽约世贸中心是日本人设计的；而现在在建的世贸中心新楼也让德国人中了标；德国的建筑阵容无疑也很强大，但它的国会大厦的改建和法兰克福金融大厦的设计却交给了英国建筑师诺曼·福斯特；法国也是一个建筑人才济济的国家，然而它以总统名义建造的蓬皮杜艺术文化中心设计的国际招标，在666个竞标图纸中，却选中了意大利人和英国人（合作）；高迪的祖国西班牙也是一个建筑大国，但它在比尔鲍厄的那幢举世瞩目的古根海姆博物馆则出自美国建筑师盖里之手；至于耸立在悉尼埠头的那座石破天惊的歌剧院，大家知道，那是丹麦人的天才奉献……你看，这么多的建筑大师在各国间你来我往，互相客串，最终谁也没有输给谁，谁也没有赢了谁，相反，每个人都贡献了第一流的建筑智慧，在各国放射出光芒，推动了世界建筑的发展。由此看来，一个国家想要在建筑上为本国或本民族争光，不一定非要自己的建筑师出来一显身手，也不一定要以本民族的传统风格为基准。只要这座成功的建筑物耸立在你的土地上，就显示了你作为业主的慧眼和格调，你和你的祖国就获得了荣誉。如果一味要求从民族传统出发，要求一看就像什么，有时反而会束缚住自己的手脚，从而在国际智慧共享中失去很多实惠和份额。近年来，我国在这方面也确实与世界接轨了，像已建的上海金茂大厦、在建的北京国家大剧院和奥运国家体育场以及首都国际机场二期扩建工程等这样一些标志性建筑都实行国际招标，并都让外国高手们中了标。不管成败如何，这个开头是值得肯定的。同样，中国的某些中青年建筑师也开始在国外崭露头角。

5. 接受对话时代。世界多极化、文化多元化标志着我们这个新世纪的“地球村”已进入“多声部”的时代。“多声部”可以是和谐的乐音,也可以是杂乱的噪音,关键是人们有个平和的心态,自觉而随时进行调控。经历了两次世界大战的人类,从 20 世纪后半叶开始,显然变得较为心平气和一些了。冷战局面的结束与冷战思维的淡化就是一个值得欣慰的征兆。在文化艺术领域,把人文关怀摆在突出位置的“后现代”就是以告别争吵的姿态出现的。你看“前”现代起来的时候,各流派都挥舞着自己的帅旗,大声标榜自己的主张,而且恨不得把别人都骂倒,以执文坛、建坛之牛耳。但二战后,当“后现代”各流派诸如法国荒诞派、新小说派,美国“黑色幽默”等出台的时候,人们只看见它们奇异的服装,却并不知道它们的名字。它们的名字是后来的学者教授们给起的。这些时代的弄潮儿们,显然没有继承前人的霸气,而只关心阐述自己(理论上),表达自己(创作或设计上),并不想通过打倒别人来谋求自己的地位或影响。

在具体场合,他既尊重前人或别人的既定存在,却也决不抹杀自己的个性和现代标记,迁就地以一座相似的建筑与你保持“谐调”,而干脆以一个风格截然相反的反差造型进行不同时代的“祖孙对话”或同一时代的“圆桌对话”。例如柏林市中心那座哥特式的“纪念教堂”,二战中被炸得只剩下一身残躯。战后想把它修复,但建筑师却没有动它,而是以一座极不谐调的几何造型的筒子式建筑与之相依而立,既让它成为永久性的文物,又有力地衬托了它的存在,获得一片叫好。德国科隆也有突出的例子。那里的科隆大教堂是欧洲三大哥特式教堂之一。战后人们在她旁边盖了一座艺术博物馆。然而事主却没有用一座高大建筑与之平起平坐,而宁可多用一些地皮,以一座二层的现代建筑“蹲”在这位前辈面前与之对话。在现在的欧洲,这样的对话形象不难见到。

上面说过,中国人的智慧不亚于世界上任何民族。建筑方面也不缺乏杰出的天才。只是由于上述负面文化心理的积淀,阻碍了创作思维的活跃。一旦走出这一文化氛围,就能成气候。贝聿铭就是一个很有说服力的例子。改革开放以来,我们在建筑领域的硬环境和软环境都有了明显的改善,一批三四十岁的后起之秀很快脱颖而出,这进一步说明了我们的建筑科学和建筑艺术是大有前途的。这里尤其值得一提的是,我国是个多民族国家,幅员又辽阔,各民族和各地域的建筑文化丰富多彩,建筑风格琳琅满目。在充分总结我国各民族各地域建筑遗产的基础上(这点过去做得非常不够),尽量吸收世界各民族的建筑长处,增强创造意识,我们很有可能在21世纪创造出为数众多的、世界一流的建筑艺术品,使中华民族在建筑上也跻身于先进的世界民族之林。

2003年4月13日起在“文津讲坛”等地的演讲,原载《光明日报》2006年9月7日

中国传统建筑的审美特性

在人类生活的四大要素——衣、食、住、行——中，建筑占有特殊的地位，它既是物质的实体，又是审美的载体。人类自告别穴居和树巢以来，对建筑中的这两种功能的追求就从来没有停止过，而且随着时间的推移与日俱增。

世界上的建筑——这里指的主要是纪念性的大型建筑——迄今为止主要有两种形式，即以石头为基本材料的石构建筑和以木头为基本材料的木构建筑。前者遍布于世界上绝大部分地区，后者仅见之于东亚的少数国家，主要是中国和日本。这是个值得研究的现象：世界五大洲都不缺木头，而东亚地区也不缺石头，为什么唯独中国人拒绝石头而偏爱木头？探讨这一原因不是这篇发言的任务。这里只想指出一点：这一现象跟中国的传统哲学精神是一致的，即中国人倾向于"天人合一"的宇宙观。中国人亲近自然，因而离不开木头，并在同木头的长期打交道中，创造了独一无二的、审美价值极高的木构建筑艺术。

近年来的考古发掘表明，以"大屋顶"为基本风貌的中国传统建筑早在秦代就已形成了它的基本美学特征。两千多年来，它一直在这一风格的基础上缓慢地、渐进式地发展和完善着，期间经历过三次高峰（秦代、宋代和清代），至清末形成了这种形式和风格的固定模式，有人称之为"超稳定结构"。以中庸和沉稳的文化心理为指归的炎黄子孙们，在这种基本固定的模式中对上述两种功能进行了长期的、精益求精的追求，从而把人类在这一领域的建筑艺术推向了极致。如果说"大屋顶"是中国建筑美学的主要符号，那么木构建筑堪称是中国文化的重要符号了。

建筑的审美要素有多种，这里仅列述与我们的木构建筑关系较大的五种。

1. 建筑的结构美。这一点中国的传统建筑明显优于外国的石构建筑。外国,首先是欧洲的建筑主要表现为雕塑的美,而中国建筑则主要呈现为结构的美。欧洲的石构建筑除哥特建筑外,其重量几乎都由外墙承载,而中国建筑的重量全部都由梁柱负担,就是说墙与建筑物的结构是分离的。因此中国建筑的匠师们在追求建筑的美的时候,都不把注意力放在墙的造型上,而是集中在建筑的结构体系上,而这个体系是一个框架结构,它全部是暴露在外的。不难理解,要使建筑物具有审美价值,就必须让那些主要的木头构件在结构过程中体现出美感来。众所周知,中国建筑的梁柱结构,是由梁、柱、枋、檩、椽等主要构件产生的,它们按照结构所需要的形状、大小和间距组合在一起,在合乎目的的明确性和逻辑的合理性中体现出理性与秩序,产生美感,从而达到技术与艺术的浑然统一。在这方面尤具审美价值的是斗拱和外挑的屋檐(包括重檐),特别是那种反曲向上的翼角,其曲线或弧度完全是由斗拱和椽木构制出来的,真可谓匠心独运。北京的团城承光殿、雍和宫万福阁、山西的应县佛宫寺释迦塔、万荣县飞云楼、五台山佛光寺、河北的蓟县独乐寺观音阁、正定县隆兴寺摩尼殿等等,都是结构既精妙又美观的建筑杰作。

中国建筑结构美的另一个体现是藻井,这里又一次表现出技术与艺术的谐调一致。我想,凡看到过天坛的皇穹宇、故宫养心殿和承德普乐寺旭光阁藻井的人,对此都会有深刻印象。

此外,中国建筑匠师善于用不同的色彩区别各种构件的不同作用。例如,用蓝、绿两种颜色分别表示梁木、枋子、椽子、斗拱等那些着力的构件,用红色来标示垫板、望板等起填充作用的构件,因而使结构的脉理一目了然。

因为建筑属于审美范畴,所以凡是好的建筑往往引起文学家的兴趣,中国建筑的结构美就曾经受到汉代文人王子山的赞赏,写了《鲁灵光殿赋》大加赞颂。

西方现代建筑兴起的时候,否定了以往石构建筑时代以造型为主的传统美学原则,而追求以钢筋水泥玻璃为基本构件的框架结构,现在常见的悬索结构、壳体结构、篷帐结构等都是这一新的美学理念的产物。这方面,中国建筑的结构美显然激发过他们的灵感。事实上,有的现代建筑大师,如美国的赖特对中国建筑就大为赞赏。我想,像巴黎蓬皮杜艺术文化中心和慕尼黑奥林匹克运动场这样一些其结构完全暴露在外的建筑物会使人想起中国建筑的结构特点来的。

2. 建筑的雕塑美。无论石构建筑与木构建筑都不乏这一审美属性。这既体现在建筑物本身的造型,也表现在附属于建筑物的各种雕塑和陈列品。比较起来,这一点外国的石构建筑有较大的优势,直到现在虽然它们在总体上已背离了以往的传统,却依然有悉尼歌剧院、伦敦“小黄瓜”大厦、迪拜“帆船酒店”和法国的里昂火车站等这样一些雕塑感极强的建筑杰作。雕塑美虽然不是中国建筑的长处,但中国建筑也具有雕塑美的特点。与外国的石构建筑多半以几何造型的特点相反,中国建筑主要是以曲线造型为特征的。而且中国人对建筑的这一审美理想很早就萌发了,早在三千年前,《诗经·小雅》中就有“如鸟斯革(ji),如翚斯飞”(像鸟激动地拍打着翅膀,急欲腾飞)的说法,要求一种富有动势的、生机蓬勃的建筑。后来我们按照曲线原理建造的飞檐翘角的“大屋顶”和点缀性的亭台楼阁,生动地实现了这一浪漫性的建筑美的理想。不说北京这样一些大建筑,外地许许多多较小的建筑,如太原晋祠的圣母殿、四川绵阳的过街钟楼、贵州黔灵山的洪福寺、上海嘉定的真如寺、峨眉山清音阁的牛心亭、云南的剑川石窟乃至丽江的许多民居,都可以看到这种特点。

中国的封建统治者为了突出自己至高无上的地位和威严,他们的皇宫及其所属的大型寺庙建筑一般都要衬以高大的台基或须弥座,有的非常宏伟壮观,像北京故宫太和殿和天坛祈年殿的基座,它们的墙体和栏杆的造型十分讲究,雕刻非常丰富,其雕塑美的品格堪与外国的石构建筑相媲美。

3. 建筑的装饰美。就像人需要穿戴一样,建筑除了它自身的造型和结构所体现的美以外,还需要装饰才更能显示出美轮美奂。外国的建筑装饰以豪放、明朗为特征,中国建筑的装饰则以精细、隐借显示其长处。无论外国、中国,其建筑装饰美的构成都包括两种成分,一种是建筑物自身的某些构件被赋予的视觉美,这方面我们的曲线美学又显示了它的长处,建筑师首先就木构件的形状做文章。例如,把横梁加工成微微拱起的月牙形,使其更好看,更富张力;把顶在上下梁之间的短柱加工成瓣状的瓜柱;把上下梁之间两端的垫木做成各种式样的驼峰,等等。同时,建筑匠师们在制作零件时也不忘装饰美:每块屋檐下作支撑用的“撑拱”和“牛腿”都是美观的雕刻件;梁枋穿过柱子的出头部分被雕刻成各种动植物图案的小品,有的叫蚂蚱头,有的叫麻叶头、菊花头等等。由于中国建筑的屋顶都是坡顶,所以顶上的形象也是匠师们所关心的:凡是两面相接或是三面相交的地方都由美观的动植物图形加以掩饰,因而有"鸱吻"、"宝顶"这样一些名称;屋脊两头加上一系列形态生动的各类动物,叫"脊兽"或"吻兽"作为点缀品,为屋顶增色不小。中国的宫廷建筑强调宏伟与威严,所谓"高台榭,美宫室"是它的美学追求。故室内的雕梁画栋、水门窗格,室外的台基雕饰都是极为讲究的,只要看一看天坛祁年殿与故宫太和殿就够了,尤其是保和殿后面那块16.75米长、250吨重的云龙石雕,不由让人吐舌惊叹!另一类装饰不属于建筑物本身,却为建筑物锦上添花,如壁挂地毯、金石雕刻、陶瓷制品、帛书字画、珠宝玉器等艺术陈列品。外国建筑作为装饰品使用的这类陈列品如雕塑、绘画等多半以人像为主,中国建筑这类装饰品人像不多,但题材则要丰富得多,如象征雄健、威武与吉祥的飞禽走兽,尤其是龙、凤、狮、虎、仙鹤、寿龟等生动形象随处可见,它们丰富多彩,令人赏心悦目,具有独立的把玩价值;其他如屏风、卷帘等则产生一种含蓄、幽秘的意味。

4. 建筑的韵律美。建筑不仅是空间的艺术,也是时间的艺术。因为建筑的美是在人的运动过程中逐步展现的。所谓"建筑是凝固的音乐"这一为古今中外的哲学家、建筑学家、文学家、美学家所论证和议论不休的命题已为越来越多的人所领悟和感受。故歌德曾经对人说:当他在罗马圣彼得大教堂前的椭圆形柱廊里散布时,就仿佛在享受音乐的节律。建筑的这一特性,首先是在建筑的空间序列中体现的,是在一定的比例关系中取得形式的韵律感时完成的。文艺复兴时期最有名的建筑学家阿尔柏蒂曾经研讨过建筑与音乐的这种关系,他说:"宇宙永恒地运动着,在它的一切动作中贯穿着不变的类似,我们应当从音乐家那里借用和谐的关系的一切准则。"(《建筑十书》)关于这一点,我们中国建筑较之外国建筑有较大的优势。大家知道,外国的建筑大多是以单体的存在来显示其美的韵味的,而中国建筑则不同,它是以院落为单位的,而且往往是由多重院落组成的。当你随着时间的推移走进一个又一个院子的时候,那种由于有规律的重复而产生的节奏感和韵律感便油然而生,从而让人获得一种音乐的美感。不妨回忆一下游览北京故宫的体验,或者去浙江东阳的卢宅走一走,也会获得同样的感受。

建筑的韵律感不仅在水平方向产生,它在垂直方向同样存在。这一点中国的古塔就十分突出。像我国最早的密檐式砖塔——河南登封嵩岳寺塔、云南大理崇圣寺的千寻塔、北京的天宁寺塔等都是有名的实例。著名建筑学家梁思成先生甚至为北京天宁寺塔的韵律记了谱。现代的高层建筑也不例外,特别是与中国古建有关的上海金茂大厦是根据中国古塔的特点设计的,具有很强的韵律感。

建筑作为实物的存在它是具象的,但作为艺术的存在它是抽象的,因为它不摹写任何实物,它反映的不是具体的东西,而是抽象的东西,即人的情绪:庄严肃穆的,沉重压抑的,活泼轻松的,明朗豁达的……在这一点上它也是与音乐相似的。

5. 建筑的诗意美。这也是中国建筑的特色。外国的"后现代"建筑现在很强调建筑与环境的关系和对"人性化"的呼吁,甚至提出"诗意的栖居"这样的口号。除了合理的空间布局外,它讲的多半是建筑与环境的关系问题。长期生活在农业社会的中国人,向来就醉心于田园的风味和情调,在建筑环境的营造中讲究"风水"。除去其中迷信的部分,这风水与今天的环境意识是能携手的。有的风水学家甚至认为,风水学乃是一门包含许多学科的学问。我国学界公认的风水学的经典著作是晋代郭璞所写的《葬书》,它对于阴宅阳宅都是适用的。书中主要内容是四点,八个字:一曰"觅龙",即寻找有"龙脉"的山峦;二曰"察砂",即大山下护以较小的山;三曰"观水",即考察周围水的水源水质是否上乘;四曰"点穴",就是确定房屋或墓穴的位置。这部著作的科学部分可以概括为十二个字:群山环抱、负阴抱阳、背山面水。这当然是符合"诗意栖居"的人性化要求的。清康熙皇帝《御制避暑山庄记》也强调:"度高平远近之差,开自然峰岚之势。依松为斋,则窍崖润色;引水在亭,则榛烟出谷。"这段话的精神与《葬书》是近似的。我国明代末年计成所写的《园冶》一书也强调取景的重要性,主张"得景随形","巧于因借,精在体宜",讲的是因景置宜。圆明园就是借了西山的景而得宜。你看,我国建筑史上关于建筑本身的理论著作很少,而且内容单薄,而对于建筑与环境关系的理论著作倒不少,而且内容很具体。可见中国建筑对诗意美的追求是很强烈的,尤其是园林艺术。难怪,在没有山水的情况下,就挖湖造山来“因借”。于是我们有了承德山庄这样的宫苑,颐和园这样的皇家园林,灵隐寺这样的佛庙;或者像杭州花家山那样的幽院、汪庄那样的别墅以及苏州那众多的私家园林,等等。

以上就中国的建筑美学谈了一点粗浅的看法,如果从我国的建筑文化角度看,则有些负面的东西值得反思。对此笔者已有另外的文章发表。

在2004年北京“国际符号学”研讨会上的发言,后以“建筑五美”为题载于《社会科学报》2005年10月12日

18 世纪欧洲文化思潮中的“中国风”

小　序

中华文化,博大精深。深藏既久,蓄势待发。

一朝被引,即成疾风,所向披靡,倾倒一方。

文化是人类精神生活和物质生活的产物,是人情和人性表现的载体。所以文化不管什么类型,产生自哪个民族或地域,因为有人性这个媒介,一经接触,就会相互吸引,进而相互交流,相互影响,乃至相互交融。当然不是所有的文化都会很快交融,有的甚至还会发生摩擦,以至战争,例如宗教文化,历史上的十字军东征和 17 世纪欧洲的三十年战争都是。但大的趋势是交融,而交流是它的过程。

一般来说,不同民族、不同地域会形成不同的文化。除此以外,生产力发展的先后,也会对文化产生明显的影响。比如欧洲人自 17 世纪起就开始摆脱农耕文明,开始了工业文明。他们的文化遂转型为“工业文化”,而我们直到现在,虽然生产方式已经工业化了,但文化形态基本上还保留着农耕文明的特点。因为一种新型文化形态的形成需要时间的沉淀。工业文化的背景是雄厚的物质力量和以“普济众生”为已任的基督教精神,所以这种文化的特点是阳刚文化,强力文化,它是进取性的,是出击型的。而我们的农耕文化是一种阴柔文化,它是封闭性的,是守成型的。

今天讲的这个题目就跟西方这种“工业文化”的特点很有关系。因为是出击型的,所以它要输出他们的文化,首先是他们的宗教文化,即基督教文化,这就必须派传教士;因为是进取性的,求知欲很强,急于了解世界的事情,并且拿回自己想要的东西。最初的西方传教士就起着这双重作用:一方面向非基督教国家输出教义，同时从对象国获取信息和情报。这就形成了欧洲人对中国发生兴趣的初潮。这股初潮的主要“弄潮儿”是欧洲的传教士。这些传教士都有双重的素质：虔诚的布道士和执著的科学家和探险家。

初　潮

在元代以前，西方人对中国所知甚少。最初他们只知道有个产“丝”的地方，就把那地方叫“赛丽斯”，后来又叫“契丹”，再后是“奇那”。中国有史料说，罗马人曾在6、7世纪派使团来过中国。但欧洲却找不到这样的证据。反正西方人直到忽必烈的骑兵横扫欧洲大陆时，才知道中国的真实存在。13、14世纪之交马可·波罗的历险，反映了西方人对中国的兴趣。但那是个别人的行为。官方行为约在两个半世纪后，即1583年才获明代万历皇帝的准许。在这前后葡萄牙、法国、意大利等国都派出了传教士来中国。其中最成功的是天主教大本营梵蒂冈派出的意大利传教士利玛窦（Mattieo Ricci，1552—1610）。

利玛窦于1582年不远万里来到中国，他采取聪明的策略，首先融入中国的社会和生活，经过19年的苦心经营，上上下下结交了许多中国的士大夫（包括当时最大的学者徐光启）甚至京都要员，终于在1601年见到了中国皇帝（万历朱翊钧）。最后他死在中国。生前留下了《利玛窦札记》。他的墓直到现在仍在北京。利玛窦是个很有眼光的传教士，他的工夫并没有完全用在公关上，而用在对中国国情首先是对中国古代儒家经典的研究和翻译上。1593年他已经将“四书”（《大学》、《中庸》、《论语》和《孟子》）的主要部分用拉丁语翻译了出来，呈送给梵蒂冈教皇。利玛窦开了个好头。不久他的继任者金尼阁（比利时人）也把“五经”（《诗经》、《尚书》、《礼记》、《周易》、《春秋》）翻译成拉丁文，并在杭州刊印出来。这是中国古籍最早的西文译本。

继利马窦之后又一个值得一提的先驱人物是德国人汤若望（Johann Adam Schall von Bell，1591—1666）。他于而立之年随金尼阁传教团来中国，深入学术界，结识徐光启等高层学者，于明末清初获得两个朝廷的赏识，后接替金尼阁的传教士负责职务。他将伽利略的《远镜说》译成中文，并以北京建国门旁的古观象台为基地，培养中国天文学家，修订中国历法，编制出迄今仍为我国农历编制基础的《西洋新法历书》呈献朝廷。此外他还为我国火炮铸造作出重要贡献。因此他的官阶从四品一直加封到正一品，即“光禄大夫”。不幸晚年由于受奸臣诬陷“潜谋造反”，获判死刑。只因不久发生地震和异常天象（彗星），才被释放。

初期传教士都把翻译经典作为重要任务，不过他们的译作还只是起个“抛砖引玉”的作用，它们本身还算不上完善的译本。完善的译本过了半个世纪到一个世纪才出现，那已经是清代的早期和中期了。清代早期的康熙皇帝和中期的乾隆皇帝都是比较开明的帝王。他们允许西方传教士继续来中国传教（康熙于 1692 年宣布基督教对中国“有益无害”），而且还亲自和他们交流。传教士们便利用这个机会发奋地研究掌握中国的方方面面，他们仍把古代经典的翻译当做要务之一。于是经过几代传教士的努力，这些儒家经典系列都有了完整的译本，其中“四书”的完整拉丁文全译者是比利时传教士卫方济（Franciscus Noel，1651—1729）。他在前人的基础上经过二十余年的努力，于 1711 年在布拉格大学刊印了他的“四书”全译本和介绍中国其他古代思想家的《中国哲学》一书。“五经”的拉丁文全译本则是由好几位传教士如法国的白晋、刘应、马若索和雷孝思等人完成的。到了乾隆时期，这些古籍又有了法文译本，它们是由法国传教士孙璋、宋君荣和钱德明等人完成的。此外他们还用法文写了《孔子传》和《孔子弟子传略》等著作在北京出版。这已经是 18 世纪下半叶的事了。

高　　潮

高潮形成于 17 世纪下半叶至 18 世纪中叶。主要标志有下列几个方面：

（一）中国学成了热门

这些西方传教士为了达到更有效的传教布道的目的，作了坚忍不拔的“知己知彼”的努力，对中国国情可以说进行了全方位的了解，不仅是典籍，对中国语言文字、历史地理、天文数学、科学技术、医学、农业、园林等等都进行了研究，著书立说，出版了不少具有开拓意义的著作，许多人因而成了了不起的学者。据记载，1682 年，意大利传教士柏应理回罗马时，带回的在华传教士的著作达四百多册。同时他们也将大量的中国书籍带回欧洲。如 1794 年法国传教士白晋回国时，光赠送给法国国王路易十四的中国图书就有三百册。法国另一名传教士马若索为法国皇家文库收集了几千卷中国图书。在传教士写的著作中，语言文字方面的有意大利人卫匡国的《中国文法》、西班牙华罗的《官话简易读法》、路易十四的顾问傅尔蒙的《中国文典》等；史地方面的如门多萨的《中华大帝国史》(1585，被译成多种语言)、冯秉正的 12 卷本的《中国通史》(1783)、特别是 A. 基尔契影响最大的《中国》；法国传教士杜赫德包罗万象的巨著《中华帝国志》很受启蒙主义学者的欢迎。其他如哲学、天文学、医学乃至武术方面的书籍亦不在少数。

（二）哲学家唱出了最高音

17、18 世纪是欧洲近代哲学的高峰时期，德国是这个巅峰的所在地：康德、黑格尔、谢林等如雷贯耳的名字都在德国。而莱布尼茨则是他们的先驱。

莱布尼茨(Gottfried Wilhelm von Leibniz，1646—1716)是文艺复兴式的、具有多方面才能的学者，他是德国最重要的自然科学家、数学家、物理学家、历史学家和哲学家，狄德罗称之为德国的柏拉图和亚里士多德。此外他还是外交家和科学活动家，曾创办了当时被看做世界四大科学院之一的柏林科学院，他甚至还应俄国彼得大帝的要求，帮助俄国建立了彼得堡科学院。欧洲人的进取精神在莱布尼茨身上表现得特别突出。你看他对遥远而陌生的中国表现出巨大的兴趣。他从 21 岁起就对中国进行孜孜不倦的研究，直到老死也没有停止过。在这方面他比黑格尔更有眼光。黑格尔只拘泥于对中国人国民素质的批评，而莱布尼茨则着眼于中国在世界格局中的地位及其发展潜力和前途。他的《中国近事》一书相当全面地阐述了他对中国的态度。在他看来，中国与欧洲正好代表了世界的两极。两地相较，可以说各有长短，无分轩轾：欧洲人长于思考，而中国人善于观察。他列举了一系列欧洲人最引以为豪的几个方面。这时他话锋一转，说：“然而有谁过去曾经想到，地球上还存在这么一个民族，它比我们这个自以为在所有方面都教养有素的民族更加具有道德修养？自从我们认识中国人以后，便在他们身上发现了这一特点。如果说我们在手工艺技能上与之相比不分上下，而在思辨科学方面略胜一筹的话，那么在实践哲学方面，即在生活与人类实际方面的伦理以及治国学说方面，我们实在是相形见绌了。”他认为，“人类最大的恶源自人类本身”，以至“人与人相互为狼”，这是最大的愚蠢。谁来匡正它呢？他认为唯有中国！因为“中国人较之其他的民族无疑是具有良好规范的民族”。他认为中国人尊敬长辈和老人；中国的等级观念不像欧洲那么森严，比如农民与仆人之间平等相待，相敬如宾，完全可以与欧洲贵族的所有社交礼仪相媲美。“而达官显贵之间的交谈也温文尔雅，从不侮辱对方，即使有愤怒之情，也不诉诸于辞色，而在家庭、邻里之间都保持着这种礼仪，这跟欧洲大不一样。”应该说，莱布尼茨在这里讲的未必句句都中肯。但他提出一个重要的思想，即各个民族都有优缺点，匡正缺点的最好方法是互相学习，取长补短。这无疑是正确的，即使用我们现代的尺度来衡量，也是站得住的。因此他提出：“相隔遥远的民族，相互之间应建立一种交流认识的新型关系”，“交流各自的才能，共同点燃我们的智慧之光”。为此他给即将从罗马回中国的意大利传教士闵明我（Marie Philippe Grimaldi，1639—1712）的两封长信中，向他提出了30个有关中国的问题，请他详细了解。这些问题大到天文地理、生产技术、医药卫生，小到养蚕方法、棉絮制作直到推荐“几种值得欧洲人借鉴的舒适的生活方式”。他相信通过这样的借鉴，“我们的求知欲可以从中国人那里得到大大的激发”。

莱布尼茨把他对中国的态度传给了他的弟子沃尔夫（Christian Wolf，1679—1754），沃尔夫也成了中国迷，发表文章，四处演讲。他因此而受到普鲁士国王的“绞刑”威胁，从而丢了饭碗。他是德国重要的启蒙学者之一。他把他的观点又传给他的学生康德。但康德这位18世纪德国最伟大的哲学家却不像他的两位前辈那样一味赞美，而是有肯定亦有所否定。

（三）启蒙运动中的“中国热”

刚才提到的几位哲学家都是德国的。现在来看看欧洲另一个大国——法国的态度。

兴起于17世纪下半叶至18世纪上半叶的欧洲启蒙运动是反对封建贵

族的专制主义统治，张扬人文主义精神的思想解放运动。客观上它为新兴资产阶级走上历史舞台作了必要而且有效的舆论准备，直接导致了1789年的法国资产阶级大革命。启蒙运动席卷了欧洲所有主要国家，但他的中心在法国。法国的启蒙运动以法国“百科全书派”为核心，包括狄德罗（百科全书派发起者）、伏尔泰、卢梭、孟德斯鸠、霍尔巴哈、拉梅特里、爱尔维修、波维尔、魁奈等一批杰出思想家。他们提出的自由、平等、博爱的口号至今仍是人类共同价值观的基础。他们的关注点涉及各个领域。他们在思想领域的主要矛头是基督教统治，提倡无神论哲学，主张自然神论。

大家知道，文艺复兴挣脱了神的统治，确立了人的尊严。但是那时教会势力仍很强大，人们是不敢公开提出反对基督教、否定上帝的口号的。所以马克思说，人们只能“战战兢兢地请出古代的幽灵”，来为自己壮胆，也就是“借古喻今”的意思。现在启蒙学者们敢于公开这么做了。他们认为基督教用谎言蒙蔽了世人，掩盖了世界的真实面貌，把基督教统治的世界美化成世界上最好的世界，最文明的欧洲，因而他们无情抨击和嘲弄基督教神学的种种谎言，揭露欧洲的所谓文明。

百科全书学派当时从传教士那里深入了解中国的情况，发现中国恰恰是个自然神论的国度，对中国很快产生“热恋”。其中最热烈的当推伏尔泰（Voltaire, 1694—1778）。他把中国视为人类社会最好的标本，说是“举世最优美、最古老、最广袤、人口最多而且治理最好的国家”（《哲学辞典》）。他用中国的历法驳斥《圣经》中的上帝创世说。因为《旧约》记载的创世年代是公元前3761年，而中国“整个民族的聚居与繁衍有50个世纪以上”。而且他认为人类文明、科学和技术的发展无不从中国肇始，并且早就遥遥领先。于是他以鄙夷的口吻嘲弄那些以最高文明自诩的基督教徒：当中国已是泱泱大国、而且治理有方的时候，“我们还只是一小撮在阿尔登森林里流浪的野人哩！”他称赞中国的历史记载“几乎没有丝毫的虚构和奇谈怪论，绝无埃及人和希腊人那种自称受到神的启示的上帝的代言人；中国人的历史一开始就写得合乎理性”（“理性”是启蒙运动的一面旗帜）。伏尔泰也高度称赞中国天文学的成就和神奇，说“世界各民族中，唯有他们的史籍持续不断地记下了日食和星球的交会。我们的天文学家验证他们的计算后惊奇地发现，几乎所有的记录都真实可靠”。伏尔泰把孔子的儒家学说看做他心目中的自然神论,认为这种以遵循自然规律为原则的“理性宗教”足以取代盛行于西方的带有迷信色彩的“神示宗教”。在伏尔泰看来,孔子的“己所不欲,勿施于人”不啻是道德的最高准则,应当成为每个人的座右铭。

这里有一段插曲。伏尔泰曾经结识了普鲁士国王腓特烈大帝二世,一度成为好友,所以被这位大帝接到他的行宫——波茨坦“无忧宫”住了几个月。在伏尔泰的影响下,腓特烈大帝对中国产生浓厚兴趣,于是在他的“逍遥园”里,在无忧宫旁边盖了一座“中国茶亭”,成为这个皇家园林里醒目的一景。

百科全书学派的另一名主要成员霍尔巴哈(德国血统的法国学者,撰写的百科全书条目达 376 条之多)也把中国的政治伦理视为治国良策,说:“中国是世界上唯一的将政治与伦理道德相结合的国家。这个帝国的悠久历史使一切统治者都明了,要使国家繁荣,必须仰赖道德。”因此他提出了“德治”的主张,并且号召:“欧洲政府必须以中国为模范。”狄德罗与上述两位的思路是相近的,他视线里的儒教“只须以理性和真理,便可治国平天下”。因此他把孔子与古希腊的圣哲苏格拉底相提并论,甚至认为荷马与孔子相比不过是“糊涂虫”。波维尔也把中国人的治国方略看做欧洲的方向,他指出:“如果中国的法律变为各国的法律,中国就可以为世界提供一个作为去向的美妙境界。”可见,法国启蒙运动的思想家们都以中国为理想的坐标去构想欧洲的未来。

此外中国的科举制度也为百科全书派们普遍叫好,认为铲除了贵族的世袭制,每个人靠自己的本事,“学而优则仕”(当然欧洲的贵族也可以凭本事取得,如以往的歌德和当代的英国建筑师 N. 福斯特)。

启蒙思想家中有一支“重农学派”,又称自然主宰学派。这个学派主张以“自然法则”和“自然秩序”替代上帝的神权(这实际上是以卢梭为代表的启蒙学者“回归自然”观点的延伸。这在稍后德国浪漫派那里也得到反映,他们已经嗅到了工业化发展的弊端)。

欧洲的中国热在经济领域的表现,其高潮是 18 世纪 60 年代。他的创始人是法国的魁奈(Francois Quesnay,1694—1774)。他于 1767 年发表的《中国专制制度》一文,肯定了中国实行专制制度的合法性。此文使他获得了“中国的孔子”的声誉。他的《自然法则》一书强调“自然法则是人类立法的基础和人类行为的最高准则”,而“所有的国家都忽视了这一点,只有中国是例外”。在他看来,自然秩序是人类理性的依据,而人类理性又是人的自然权利的依据。他提倡以农为本,极为赞赏中国历代君王重视农业的政策,认为只有发展农业才能增加财富,贬低货币和商业资本在经济发展中的作用。魁奈死后,他的学生继续鼓吹他的思想。

有一位重农学派的改革家叫杜尔戈(Turgot,1727—1781),一度当上法国财政大臣,一心想仿效中国,致力于发展农业的改革。那时他认识了两个中国留学生高类思和杨德望,两人正要回国,杜尔戈便挽留他们再待一年,以便让他们熟悉重农学派的思想和理论,并且交给他们 52 个调查提纲,对中国的经济、文化与历史等进行广泛的了解。这两人回国后根据提纲了解的情况定期向法国国务大臣贝尔坦汇报。同时在中国的法国传教士也根据重农学派的要求,收集丰富的资料寄回法国。在整个 18 世纪,中国的花木嫁接技术也传到了欧洲,推动了欧洲的园林建设。

总之,中国漫长的农耕文明积累了极为丰富的经验,对人类作出了宝贵的贡献。

(四)文学、艺术激起的反响

当时西方的文学界对中国的反应要晚一拍,主要是因为,西方派到中国来的传教士中,都是思想家和学者,没有文学家和艺术家。所以尽管中国文学非常丰富,但信息传递不及时。直到 18 世纪中叶,即“中国风”的尾声中,中国文学才开始远征西方。而它的第一个引领者不是传教士,也不是文学家,而是一位英国商人,名叫詹姆斯·魏金森。他在广东生活多年,通过英语和葡萄牙语译了一个四卷本的中国小说、戏剧、谚语和诗歌合集,包括《风月好逑传》、《中国戏提要》、《中国谚语》以及《中国诗歌》,1719 年这部合集由英国人汤姆士·帕塞刊印了出来。13 年后,法国传教士马若瑟把元代纪君祥杂剧《赵氏孤儿》译成法文,题为“中国悲剧赵氏孤儿”,翌年被杜赫德的《中华帝国志》所收,很快就有了英、德、俄等译本。但马译本没有唱词,所以 1741 年英国出了全译本。

刚才讲的法国启蒙运动思想家中,至少有一半都是文学家,如伏尔泰、狄德罗、孟德斯鸠、卢梭等。伏尔泰对《赵氏孤儿》赞美有加,1755 年特地把它改编成《中国孤儿》在法国上演。这出元杂剧的故事在司马迁的《史记》中有记载，它发生在春秋战国时期的晋国，是一则舍生取义、替友人救孤复仇除奸的故事。伏尔泰则从人文主义出发，把故事挪到成吉思汗的年代，用那些大善大德的事例感染成吉思汗，使他从热衷于血腥征服的暴力迷狂中转变为懂得体恤爱护民众的君王。伏尔泰为中国文学的西征作了前导。

几年之后，即 18 世纪 60 年代，中国“十才子书”之一《风月好逑传》除了英译本外，很快有了法译本和德译本。但中国文学在德国大作家中首先引起反响的也是《赵氏孤儿》。歌德认为这个剧“最深刻动人”。1781 年歌德曾着手根据《赵氏孤儿》和《今古奇观》改编一个剧本《艾尔彭诺》，可惜没有完成。歌德最早提出“世界文学”的愿景，也是他最先在一部重要小说(《威廉·迈斯特的漫游年代》)中塑造了“世界公民”的形象。因此歌德把眼光投向东方，投向中国是自然而然的事情。但歌德对中国的了解不是通过传教士，主要是通过文学作品。就像当年的中国人不了解外国人而一概视之为“蛮人”一样，当歌德早年不了解中国的时候，对中国也是有误解的。但当他先后读到中国文学中诸如《好逑传》、《玉娇梨》、《花笺记》、《百美图咏》、《今古奇观》以及戏剧《赵氏孤儿》等作品的时候，很快改变了原来的成见，发现“中国人是一个和德国人非常相像的民族”，“中国人在思想、行为和情感方面几乎和我们一样，使我们很快就感觉到他们是我们的同类人，只是在他们那里一切都比我们这里更纯洁、更明朗也更合乎道德。在他们那里，一切都是容易理解的，平易近人的……因此和我写的《赫尔曼与窦绿苔》以及英国理查孙写的小说有很多类似之处”。尽管他知道，这些书“肯定不是”中国最好的小说。他相信“中国有千百部这样的小说，他们开始创作的时候，我们的祖先还在树林里生活呢”。歌德还把中国诗人与法国诗人贝朗瑞作了对比，指出“中国诗人那样彻底遵守道德，而现代法国第一流诗人却正相反，这不是极可注意的吗?”于是他认为，“正是这种在一切方面保持严格的节制，使得中国维持数千年之久，而且还会长期存在下去”。出于对中国人的这种好感，歌德晚年还根据某些中国诗歌的主题，写了一个小诗集，题名为“中德四季晨昏杂咏”，共 14 首诗。

歌德的伟大盟友席勒也是对中国很感兴趣的德国作家之一。1794 年他从一位德国译者即穆尔那里得到一本《好逑传》的德译本，爱不释手，因嫌译得不好,很想把它改写一番,而且已经和一家出版社签了约,打算最晚在 1806 年完成。可惜 1805 年他就去世了,留下遗憾。年轻时,1782 年席勒曾把意大利戈茨的歌剧《图兰朵》改编成话剧,有人猜测,是不是因为剧中有"中国公主"的缘故呢?

中国艺术对西方的征服比古代经典要晚,但比文学要早,在 18 世纪上半叶即引起反响。主要是法国、意大利和英国。法国有两位代表这个时代欧洲画风的画家对中国艺术情有独钟,一位是瓦托(Jean-Antoine Watteau, 1684—1721),另一位是博歇(Francois Boucher, 1703—1770)。两人都是欧洲罗珂珂风格的主要代表,前者比后者更有名。他们都倾向于淡雅、柔美的审美情趣,而中国的水墨画,尤其是山水画比起欧洲的油画确实要清淡得多。有人评价瓦托"深得中国六法"。据说他的一幅最具中国画韵致的《孤岛帆阴》藏于卢浮宫,我查了一下英文版的《卢浮宫藏画集》,可惜没有。他和博歇是师生辈,所以常常是瓦托给博歇出一些有关中国的题意,让博歇来画。可是这在他们的主要作品中都没有体现出来。只在一些装饰性的作品中才能看到,如沙发和座椅的靠背、壁毯、陶瓷制品和屏风等。还有就是某些速写小品。当时英国有一批水彩画家也受过中国画的影响,如柯仁和他的学生特涅等。

中国艺术对西方艺术具有深远影响的是园林艺术。中国园林那种飞檐翘角的亭榭、高耸的层塔,富有妙趣的石桥、假山、钟楼以及蜿蜒的小径等都使他们赞赏不已。他们还专门给"蜿蜒小径"创造了一个新的名词,叫"蛇形曲线"。当年席勒就很欣赏这种蛇形曲线。欧洲不少国家都将中国造园艺术的部分元素纳入他们一些重要的园林设计中。如 18 世纪德国萨克森公国的统治者就曾在德累斯顿附近的易北河畔盖了一座皮尔尼茨宫,其中的"水宫"就是按中国建筑的风格建造的。德国卡塞尔一位伯爵威廉·索赫还在一条叫"吴江"的小溪旁建了个"木兰村",连挤牛奶的黑人都穿中国服装,俨然是个江南园林。至于波茨坦的茶亭和慕尼黑的木塔上面已经提过了。难怪 18 世纪中叶的英国皇家建筑师威廉·钱伯斯,即《中国建筑、家具、衣饰、器物图案》一书的作者,在他的经典性著作《东方园艺》(1772)一书中这样赞美中国园林艺术:"中国人设计的园林艺术实在是无与伦比的。欧洲人在艺术方面无法与东方的灿烂成就相媲美,只能像对太阳那样尽量吸收它的光辉而已。”这位年轻时曾在广东生活过、后来还再度去那里考察过的资深建筑师在书中强调：“中国庭园以自然为模范，主张一切美来自自然，模仿自然中的无秩序。”因此他主张“我们的庭园通常只与原野相似，完全近乎自然的摹写”。最能体现他的艺术主张的是他自己设计的、位于伦敦郊区的“丘园”，园中还建了一座高高的中国塔。这种审美趣味显然造成了一种社会风尚，像英国作家爱迪生、诗人蒲伯等都造了中国式花园。而且还有理论著作做支撑，如哈弗潘尼的《中国趣味的田园建筑》(1750)这样一来，欧洲的公园就形成了两种模式：英式公园和法式公园。前者遵循曲线造型，小桥流水，树木参天，富有浪漫主义的田园风味和野趣；后者按照几何造型，整齐有序，人工雕琢痕迹较重。领头反对“规矩花园”的英国曲线美学的倡导者肯特有一句名言：“大自然不喜欢直线！”英国人的这一观点显然也影响了法国，所以后来法国也出现了“中英式庭园”。

(五) 洛珂珂风与“中国趣味”(Chinoiserie)

欧洲的文学艺术在文艺复兴(14—16 世纪)以后分成两大流派，一个是以法国为中心的古典主义流派；一个是以意大利为代表的巴洛克风尚。前者继承自古希腊到文艺复兴这一正宗的传统，强调理性、庄重、对称、谐调等美学法则，即所谓“高贵的单纯，静穆的伟大”(温克尔曼)。这一流派自 17 世纪一直持续到 19 世纪上半叶。巴洛克则在中南欧、东欧一带风行了整整一个世纪即 17 世纪。然后就开始式微，朝一种新的风尚即所谓“罗珂珂”方向偏移，蜕变为一种不太值得充分肯定的新的变种：它喜好弧形的造型、纷繁的装饰、艳俗的色调、纤细的笔触、矫揉造作的情致。而巴洛克则是粗犷、华丽、动感、夸张、俏皮、嘲讽、戏剧性等等。罗珂珂这股风尚差不多持续了半个世纪，自 18 世纪初期至中期，或更晚一些。在艺术上，法国主要表现在绘画方面，而德国则在建筑中比较突出。刚才提到的“无忧宫”便是罗珂珂的建筑代表作，已列入“人类遗产”。

罗珂珂风本来跟中国没什么关系：他们用石头盖房子，我们用木头；他们吃面包和土豆，我们吃米饭和馒头；他们用刀叉吃饭，我们用筷子；我们穿长袍马褂，他们穿轻便的西服；我们的女人三寸金莲，亭亭玉立，他们的女人迈着大脚信步由缰……问题是，这时的欧洲由于发展了工业，又经过了两个世纪的海外掠夺，生活不断富裕，特别是上层社会追求奢华；原来的劳动阶层许多上升为市民阶层，消费意识产生了，越来越多的人懂得"潇洒"了！于是，建筑讲究装饰，唯恐不能弄得满满当当；住宅也想布置得尽量让人羡慕，穿戴更希望能抢人眼球！而这一切如果能加点"异国情调"那就更刺激了！而"异国"中，经过两个世纪的信息积累和感情升温，他们正"热恋"着中国。这时候欧洲人的海外贸易已发展起来了，恰恰从中国运来了他们所没有的许多特产，它们显然可以构成洛珂珂风尚的某些装饰要素，满足他们的消费需求。那时全欧洲都在流行一个法文的新词儿：Chinoiserie，即"中国趣味"，或"中国时尚"，指的是对中国风格的工艺品和日用品的爱好。例如丝绸，又光亮又柔软又细腻，还有精妙无比的刺绣等等，哪个女人见了不心动？特别是瓷器。那瓶瓶罐罐，千姿百态的造型，用的大多是柔和的弧形曲线，这正符合洛珂珂厌弃方形、锐角的审美趣味，是多好的装饰品啊！而且是多好的餐具、茶具啊！以前欧洲有钱人用的杯盘都是金属制作的，锡啊，铜啊，银啊等等，既昂贵又笨重，而且没有色泽。现在你看，搪瓷！又漂亮，又便宜！所以路易十五国王曾经下令：把所有的银质餐具统统熔化掉，派作更重要的用场；餐具一律用瓷器替代！那时连法国戏剧家莫里哀也成了中国瓷的热烈爱好者。在上层社会，瓷器还用来收藏，作为积累财富的手段。尤其是王公贵族都竞相购买。难怪1604年，一艘载有中国货的葡萄牙大帆船被荷兰人劫掠（荷兰人最爱瓷器），海盗们将这批中国瓷器取了个名儿运回国内去拍卖，法王亨利四世和英王詹姆斯一世闻讯后都派人去抢购。后来的法王路易十四还命令他的首相创办中国公司，专门到广东订购中国瓷器，凡尔赛宫就辟有专室储藏这些东西。俄国的彼得大帝和普鲁士国王腓特烈大帝都不例外，后者更把储藏瓷器作为最大的财富。不难想象，中国瓷器怎样刺激了欧洲的外贸活动，尤其是荷兰和英国。据统计，1602—1682这80年间，也就是明末清初时期，荷兰东印度公司从各国输入的中国瓷器达1600万件！想想看，再过80年，也就是到洛珂珂的末期，该有多少中国瓷器播散到西方世界啊！要知道，此80年非彼80年，洛珂珂时期随着茶叶和咖啡在欧洲的普及，瓷器已经从上层社会走进普通家庭。17世纪末，英国进口的茶叶是二万磅，至19世纪初达到2000万磅。增加1000倍！那么茶具需要增加多少呢？

既然瓷器这么吸引人,何不本土制造呢?于是自16世纪末至18世纪初,意大利、荷兰、德国都进行了努力,最后,终于在1709年让德国人抢先在德累斯顿附近的迈森造出了彩瓷。过了半个世纪,法国在研究了景德镇的瓷土后,也在本国找到了瓷土,于1768年生产出了硬瓷。同一年英国也获得了成功。这样,中国的"瓷蛋"在洛珂珂风中在欧洲普遍孵出了"瓷小鸡",有力地推动了欧洲的工业品生产。

在洛珂珂风中,中国的漆器也备受欧洲人青睐。漆除用作墙壁和物件的涂料外,还可制作各种观赏性的工艺品,不仅王宫里少不了它,作为一般居家的摆设也很常见。当然这一中国特产,同瓷器、丝绸、壁纸等一样,都被欧洲人仿制了!他们还出版了有关的专著。当然他们模仿的结果都达不到母体的工艺水平或质量。

除此以外,中国的某些生活用品也引起欧洲人的兴趣和模仿欲望。如轿子。1700年初,路易十四为庆祝新千禧年,在宫中举行盛大舞会。他自己穿的就是中国服装,坐着由八个人提着的大轿子入场,给全场带来一片轰动。但中国的轿子传入西方后,从来没有被人抬过,都是用手提的。这大概可以归结为文化的差异吧。其他如折扇,尤其是绢制的聚头扇,也成了宫廷贵妇人必不可少的随身装饰品,不论冬夏都使用,代替了16世纪流行的羽毛扇。那时的商业广告、书本插图、舞台美术、演员化妆以至饭馆服务人员的穿戴等等无不以中国的风格为时尚。醉心于中国的奥地利有为的女皇玛丽亚·苔莱萨(Maria Theresa,1717—1780)也曾亲自在一出歌剧中扮演一名中国妇女。人们甚至学中国人饲养孔雀、金鱼等。这就不奇怪,人们在路易十四的宰相玛萨林家里看到了满满当当的中国陈设和各色名贵的中国物品。有着同样爱好的路易十五还曾于1764年将一席由博歇设计的、由九幅画组成的中国主题的壁毯赠送给乾隆皇帝。在路易十五的影响下,他的美丽情妇蓬巴杜夫人也成了中国迷,她喜欢穿中国丝绸,也爱养中国的金鱼,而且是中国珍宝的狂热收藏家。法国还有一位叫兰菲的才女,主持一家有影响的沙龙,充当了"中国风"在民间的有力推动者。

所以,说来就不难理解了:那时许多欧洲王宫都设有中国馆或中国室。比如斯德哥尔摩的夏宫、法国枫丹白露宫、凡尔赛宫、奥地利古都茵斯布鲁克的宫堡、维也纳的美泉宫、柏林毁于二战的首饰宫、夏洛特堡王宫、慕尼黑的纽芬堡王宫、马德里的阿兰霍埃斯离宫、那不勒斯郊外波尔幸齐王的别宫等等。

退　潮

凡事有兴必有衰。两种不同性质的文化"一见钟情"的单恋本来就潜伏着危机。日久见人心。100 年的时间说来也不算短了。随着资本主义的急速发展及其对世界市场日甚一日的兴趣，欧洲人的进取心变成了咄咄逼人的出击姿态。这在以封闭性和防守型心理为特征的中国统治者看来是忍受不了的，"天子"的无上尊严更不容挑衅。还在"中国风"吹得正盛的时候，就听到刺耳的"不和谐音"了！这就是 1715 年，当罗马教皇听说他在中国的传教士居然参加中国民俗的祭祀活动，断然下"禁约"教谕。本来对传教士的活动越来越不放心的康熙皇帝，岂能容忍这样的无礼，马上下达禁止传教士活动的谕令。传教士们当然就不会再有歌颂中国的热情了。只因此时启蒙运动正在兴起，才未被官方阻力影响总的趋势。

另一方面，欧洲的统治者本来想趁欧中之间长期以来发展的大好势头，进一步推动贸易发展，打开中国的通商门户。但 18 世纪 60 年代初，正当腓特烈大帝二世受了伏尔泰的影响，满怀对中国的憧憬，模仿孟德斯鸠的《波斯人信札》写完了他的书信体小说《中国皇帝的使臣费希胡发自欧洲的报道》，攻击了一番罗马教廷，赞颂了一番中国。他以为这无疑是一件给中国皇帝的上好见面礼。没想到，当他向乾隆皇帝提出他的通商要求时，马上被拒绝了！这使腓特烈大帝对中国的热情骤然下降！他在给伏尔泰的信中写道：那些中国人"不过是些少见的古怪的野蛮人"，并说那位"当上了中国皇帝的满族人"乾隆是个蹩脚的诗人！腓特烈大帝的这一态度转变，标志着开端良好的中西方文化交流关系的转折，也可以说是整个中欧外交关系的历史性转折。因为问题是，腓特烈大帝二世的情绪很大程度上代表了欧洲那些正走上殖民道路的统治者的情绪。

统治者的这种政治倾向实际上也被当时新的社会思潮所推动。自 18 世纪后期起，西方派到中国的多是新一代的重商主义者，他们对中国的古代哲学不再感兴趣，而对中国那些与西方文化不相容的地方则格格不入。因此他们写的考察报告都写负面的东西。例如 1778 年出版的德国哥廷根大学教授克里斯托弗·麦纳的著作《在华耶稣会士关于中国历史、科学、艺术、风俗习惯的论文集》对美化中国的论调进行批驳。法国的皮埃尔·索拉内特于 1783 年发表的《1774—1781 年东印度和中国之行》称中国人绘画“只知用刺眼的颜料乱涂一气”;说孔子思想也不过是一些“令人费解的事情、梦幻、格言警句和古老的童话与一点点哲理糅合在一起的大杂烩”。1793 年英国派遣使团,说是为乾隆皇帝祝贺 83 岁大寿,却让他们写了三份考察报告,对中国进行贬损。这时启蒙运动已经过去,新一代知识界反启蒙运动者不乏其人,他们厌烦罗珂珂,而且把它与中国相联系。他们更反感启蒙主义者对中国的热情,而对那些来自中国的负面报道满怀兴趣,包括歌德、赫尔德也一度如此。

这样,由于欧洲人的召引而向欧洲劲吹了一个世纪的中国文化风,又由于欧洲人的殖民意图而被推了回来!

结　　语

一种文化,魅力昭昭。走出深闺,风情万种。

坐等膜拜,时久魅收。留下血缘,再催新潮!

2010 年 3 月 27 在国家图书馆的演讲稿,载《光明日报》2010 年 8 月 12 日“光明论坛”

“万园之园”的绝响与挽歌
——圆明园兴亡古今谈

圆明园诞生的大背景

世界上纪念性的大型建筑主要有两种类型，一类是用石头建造的，叫“石构建筑”，主要流行于欧洲，也包括拉美、非洲、西亚、中亚甚至东南亚——你看印度的泰姬陵，柬埔寨的吴哥窟等，都是石头建造的宏伟建筑；另一类主要是用木头建造的，叫“木构建筑”，这类建筑多集中于东亚，主要是中国和日本这边。两种不同建筑类型大相径庭，决定了两种建筑美学的大异其趣。石构建筑虽风格多种，但其主体建筑多采用几何造型，一横一竖，轮廓清晰，看起来显得庄严、匀称，用 18 世纪德国美学家温克尔曼的话来概括是“高贵的单纯，静穆的伟大”。中国的木构建筑采用的是曲线原理，飞檐翘角，生动活泼，用《诗经》的诗句来形容，即“如鸟斯革(ji)，如翚斯飞”，意思是：像鸟那样急欲腾起，像美丽的雉鸡那样飞翔。如果说，我们的祖先对祖国的建筑艺术在美学理论上缺乏研究、归纳和阐述，因而未能使它在西方引起应有的重视，那么我们以曲线美学为原理的园林建筑却在那里激起巨大的反响，尤其在 18 世纪的英国、法国、俄国和德国。德国伟大文学家和美学家席勒是符腾堡公爵花园管理者的儿子，他非常欣赏中国园林那蜿蜒曲折的“蛇形曲线”。那时德国德累斯顿的皮尔尼茨宫就建有中国式水榭，慕尼黑的英式公园造了一座纯木头的“中国木塔”，波茨坦的“无忧宫”旁则有一座独特而美观的“中国茶亭”，卡塞尔附近甚至还有“中国村”等等。俄国圣彼得堡的叶卡捷琳娜宫内有中国式的“克里金亭”，宫内所辟的“中国室”的壁纸上绘有大幅中国园林景观，有的瓷器上也有这类绘画。

英国人在这方面比德国人和俄国人有过之而无不及。英国园林追求"野趣",所以欣赏中国园林的"无秩序"。英国文豪如爱迪生、蒲伯等都拥有中国式花园。英国更有中国式园林大专家如钱伯斯等,他认为中国园林是"举世无双"的。他不仅在他设计的伦敦丘园里建造了高高的"中国塔",而且写了不止一部《中国园林》那样的专著,在欧洲很有影响。法国园林是最讲"秩序"的,几何线条构成的条条块块,花木修剪得整整齐齐。但法国人也经不起中国园林的诱惑,早在17世纪纽浩夫的书中就可见到绘有南京大报恩寺琉璃塔的漂亮插图。法国大画家瓦托所设计的很多装饰画都以中国园林为题材。建筑师勒·加缪设计的尚代罗普府邸安插了"中国塔"。在路易十四的凡尔赛宫所属的小特里亚侬园中,也建有"中国式农舍"。法国人还把中国花园与英国花园结合起来,造了不少"英中花园",如秀丽的爱默侬维勒公园、巴黎附近的蓬乃勒花园等。但从整个欧洲讲,还是法式花园占优势。这种花园,美则美矣,但大多一览无余,缺乏含蓄。所以我个人认为,从总体上讲,我们的木构建筑无法与欧洲的石构建筑相抗衡。但若以园林建筑做比较,则情况正好相反。这说明中国园林美学的独特魅力赢得了人类审美趣味的普遍认同。

从纵向追溯,可以知道中国园林美学的丰厚底蕴成因于中国历史上丰富的造园经验。中国历代帝王特别是一些强大的王朝对于豪华的离宫别苑都有过热烈的追求。早在夏代就有了有名的瑶台;秦代更有包括那"覆压三百里"(夸张说法)的阿房宫在内的上林苑,接下它的衣钵的汉武帝也建造了十几座奢华的宫苑,其中以太液池的建章宫最为宏伟;唐代在西安留下的大明宫之壮观已为大家所知晓;宋代的建筑在美学上达到了高峰,精通艺术的宋徽宗在开封营造的艮岳,其规模甚至比圆明园还大(直径达6.4公里)。同时,从汉代起私家园林也开始兴起,而且不少杰出的文学家、艺术家也投入了热情,贡献了智慧,如唐代的大文豪柳宗元、白居易、王维和清代的诗人袁枚都在风景名胜区建起了像样的楼台别馆。元代大画家赵孟頫也是卓越的园林设计师。在此丰富的园林建筑基础上,产生了两部理论代表作,即宋代李诫的《营造法式》和明清时期计成的《园冶》。因此圆明园这样辉煌的园林艺术产生在中国不是偶然的,她是中国历史上众多皇家园林的集大成者,是无与伦比的中国园林美学登峰造极的体现。她不仅是"东方之最”,而且堪称“世界之冠”,体现了人类在这个领域的最高智慧的结晶。无怪乎,1749 年,把圆明园称为“真正的人间天堂”的法国传教士兼乾隆皇帝宫廷画师的王致诚,当他把他写于 1743 年的详细描述圆明园的一封私人信件在英国发表后,立即引起英伦三岛乃至整个欧洲的轰动。圆明园作为“万园之园”的美誉亦随之传开,尽管那时长春园才刚刚开始兴建。不难想象,爱好建筑艺术的法国伟大文豪和艺术鉴赏家、美学家雨果对圆明园那样赞不绝口,并把她与世界建筑的几个顶尖极品——巴特农神庙、埃及金字塔、巴黎圣母院、凡尔赛宫——相提并论,他说的完全是中肯之言。

笔者比较过东西方建筑的功能属性,发现西方最辉煌的建筑都是“神”的建筑,即神庙、教堂之类;而东方——包括埃及、两河流域、印度等——最宏伟的建筑多是“人”即帝王的建筑:宫殿、帝王陵寝、皇家园林等。如果说,埃及的金字塔、印度的泰姬陵属世界顶级的帝王之陵,则上面提及的中国多处帝王宫殿和园林以及必须加上的秦陵、乾陵都有资格与之媲美,说明东方尤其是中国帝王的享受欲和统治权是创世界纪录的!因此我们也可以说,圆明园乃是中国无与伦比的园林美学与中国帝王的无上权力相结合的产物。这就是圆明园“夺冠”的背景。君不见,她诞生的 151 年期间,是清代至少三分之二的全盛时期,五位皇帝至少有四位(除了倒霉和短命的咸丰皇帝)一心为达到人间顶级的奢华享受,为其殚精竭虑,只有拥有他们那样的最高地位和权威,才有权选择最理想的风水宝地,有权动用国家巨额的财政支出,有权采购世界最优质的建筑材料,有权调集全国最精锐的建筑匠师,有权收集国内外最精美的奇珍异宝,有权在辽阔的国土上选择最优秀的建筑样式,而且不惮引入一定的“异国风情”。此外五位皇帝中又恰恰有那么一位,即乾隆皇帝,一如欧洲近代史上耀眼的“太阳王”路易十四,两人都痴迷于豪华的宫廷建筑;两人都对艺术有真正的爱好;两人都享受上天的恩赐:80 岁以上的天年和 60 个春秋的龙位,而就是这 60 年的建园高潮定型了圆明园的基本面貌。你想,他六下江南,都干什么去了?我们固然不能说他全为圆明园,但他每次都不忘带着主要画师和匠师,包括杰出的雷氏三兄弟在内!

以上谈的是圆明园诞生的前提,即卓越的园林美学与丰富的造园经验,加上多位帝王的无限欲望和无上权力以及几亿人口的经济实力,还有人口的最内在素质——智慧。在二三百年前世界上还没有别的任何国家具有这样的综合条件和资源,即使当年建造了世界七大奇观之一的"空中花园"的古巴比伦也没有!

"万园之园"旧梦游

现在来粗略地看一下圆明园这一巨型园林艺术的杰作。首先看她的"风水",因为"风水"对于中国古代建筑是第一个要件。中国的古代风水观科学与迷信并存。但圆明园的风水不包含任何迷信成分,完全符合古代和现代的建筑科学和美学要求。你想,从元代开始,北京经历八百余年,先后五个朝代都选择这里为都城,说明这里是全国最宜居的地方之一。宜居的先决条件是土地肥沃,水源丰富。如果有山岳环抱,则更其美妙!中国风水学的科学部分向来强调"避风聚水"、"负阴抱阳"的原则。而素称"三山五园"的北京精华之地就正符合这一条件。位于燕山山脉西山脚下的这一地区历来就是地下水充足,泉水奔涌的湿地,"海淀"、"玉泉山"的地名均由此而来。难怪过去这里曾聚集着几十座王家园林,仅现在的北大校园内就有六座。圆明园主要由人工挖出的湖、池、河、渠的面积就占了全园5200亩的一半!其中最大的湖面被命名为"福海",宽度达600米!全园总共17万平方米的精美古建筑按不同功能和规模分成一百多个建筑群分布在不同山形水系之间的"岛"上;它们或由蓝蓝的湖水映照,或让潺潺的渠水环绕,加上名贵的林木花卉相护,一个个都是美丽的景点。若装上现代的电灯,再从高空俯瞰,则它们仿佛就像钻石璀璨的一颗颗珠宝,艺术地"镶嵌"在一块巨大的碧玉上,这时,真的非得用"美轮美奂"这个词来形容她不可了!

圆明园不仅有丰盈的水为"底色",更有层层的山相护卫,它们由低到高层层递进。其中最里的一层自然是园内那众多的小丘峦了,它们是各景点的"近卫",又常常是景点之间的"隔墙"。它们大多由挖湖或开渠的泥土垒成,既能挡风,又可添景;当然,夺景是不许可的,所以一般限制在十几米,最高不得超过18米;高低亦有讲究:高者称"青龙",低者称"白虎"。它们的存在,使弥漫在圆明园的"田园"和"水乡"的情致加入了些许的野趣。第二、第三层次的护卫自然都在园外了!它们是大自然赐予圆明园的"大屏风”,环护在西边和北边。较近那一层次距离圆明园约三五里,三四百米高,岗峦逶迤起伏,形态圆润悦目,植被郁郁葱葱,有一种浓墨的绘画美。再后一个层次是千米以上的崇山峻岭。它们的崇高在冬天阻挡了来自西北的寒风;它们的伟岸给圆明园以安全感。它们与第二层次的岗峦构成的天然的“大美”,衬托着圆明园的“精美”。前年春天,我在两位昔日在圆明园工作的老朋友的陪同下,去圆明园细看了一整天。那天多亏天公作美,晴空万里。上午我站在绮春园的一座桥上往西张望;下午则站在福海南岸向北远眺,欣赏着这天造地设的统一美的结构,感到我周围的“精美”恰好是“大美”胸前的一块碧玉。我国古代建筑美学强调对环境的“得景随形,巧于因借”,这里可谓发挥到极致了!现代建筑美学更讲究建筑与环境的关系。圆明园拥有这样的“大美”作近邻只能说是上天的赐予了!

我们再回到圆明园的主体,即那104个景点(圆明园44景,长春园和绮春园各30景)。景点首先按功能的需要而设,同时辅以美学上的外观:政治的、宗教的、生活的、休闲的、藏经的、蓄宝的等等。这些景点由几任皇帝先后命名,尤其是乾隆皇帝亲自遴选并命名的40景已成为经典,其名称亦较多文化和文学意味。景点如此繁多,岂不雷同?但圆明园建筑的成功之处,就在于她“繁”而不“烦”,就是说,她力避千篇一律,寓“繁”于“变”之中!你看,一百多个景点,其大小、形状乃至建筑形制千差万别。以散见于各景点的一些基本的单体建筑而论,无论体量较大的殿、堂、楼、台、馆,还是体量较小的轩、榭、阁、舫、斋等,没有一个是相同的。再从建筑物的造型看,除一般的正方形和长方形外,还有工字形、中字形、田字形、万(符号)字形、扇面形等。屋顶也各各有别,它们根据不同平面形状而采用不同的形式:歇山顶、悬山顶、庑殿顶、硬山顶、卷棚顶等;或者单一,或者复合。园内众多的亭子也多姿多彩:四角的、六角的、八角的、十字形的、圆形的等。廊子也不是一个模式,分直廊、曲廊、爬山廊、高低跌落廊等。此外众多的桥梁、幽谷、叠石等也都是形形色色的。

偌大的面积如果一览无余也会显得单调。作为皇家园林她把中国园林那种“山穷水尽疑无路,柳暗花明又一村”的“园中园”的特点发挥得淋漓尽致。圆明三园中不仅不同类型的小园星罗棋布(它们单门独院,自成一统;彼此通过廊道、水渠、桥梁或路径相贯通),而且还穿插着我国南方各地园林的精华,如苏州园林的代表作之一"狮子园"、苏州的水廊式买卖街、洞庭湖的岳阳楼以及杭州西湖的三潭印月、平湖秋月与柳浪闻莺等精彩景点都被仿建了来,只是尺度有所压缩而已。此外她甚至还把欧洲与古典主义唱反调的"怪怪的"巴洛克建筑也搬了来(但它自20世纪以来在欧洲备受青睐)。这些异地和异域的景观令人耳目一新,成为圆明园整体艺术构思图案中的美妙"花边"和点缀。难怪西洋楼这个"外来户"深知自己的这一身份,知耻地站在东北隅的一侧,不构成对整个中式建筑景观的"夺景"现象,而且只占全园面积的2%。有人认为圆明园建筑没有艺术可言,她不过是国内外园林东拼西凑的"杂凑一锅"。这样的说法未免过于简单了。事实上她不愧是全国几代最优秀的建筑和园林艺术家精心布局、匠心独运的产物。

纵览圆明园全景及其背景的气象,你会想到中国传统绘画的韵致。是的,设计师们显然没有忘记对这一重要美学资源的有效利用。

记住耻辱,还是怀念辉煌

如此美轮美奂、举世无双的"人间天堂"竟被外来入侵者邪恶的屠刀毁掉了!它给中国人民留下了永久的伤痛,也让全人类包括英法在内具有正义感的人们为之扼腕叹息。无论我们怎样悲痛,怎样千呼万唤,她再也活不过来了!我们唯一应该做的是牢牢抱住她的尸体,也就是严格保护好圆明园遗址这一肇事者的"作案现场",这是150年前那件惊心动魄、震惊世界的犯罪事件最鲜明、最有力的历史见证。有人说,现在的圆明园遗址早已不是当年英法联军烧毁后的模样了,还谈什么保护遗址!这纯粹是庸人之见!尸体的原样固然有了变化,但尸体的骨架、尸体的实质依然是同一个!怎么能把损害尸体的行为与刽子手的行为混为一谈!

正因为圆明园遗址成了极重要的历史见证,我们说昔日圆明园已涅槃出了新的生命,即文物的生命。文物具有不可替代的价值。她不仅是入侵强盗野蛮罪行的历史耻辱柱,也是中华民族最后那段苦难历史的大地纪念碑!她所包含的丰富的历史文化信息,是极为难得的历史教科书。人类的各色人等都可以从中读到震撼自己心灵的东西,从而受到启悟。我们树立这样的历史耻辱柱，不是为了报复当年肇事者的子孙，而是给世人一个警示，避免这样的事件再次发生。因此我强烈反对修复之类的主张和行动。有人说，修复是为了“重现昔日造园艺术的辉煌”，以体现“中华民族的复兴”。非也！第一，艺术的价值在于原创。我说过：“美是不可重复的！”正如前述：五代帝皇的无限欲望与无上权威的作用与一百五十多年民族建筑智慧的凝聚与结晶这一前提条件你就不可能再有了！第二，中华民族的复兴首先体现在：我们的国防能够自卫了；我们的宇宙飞船能够上天了；我们能把一座座核电站、钢铁厂、大油田以及诸如青藏铁路、跨海大桥、金贸大厦、“鸟巢”体育场等等这样一些庞然大物造起来了；我们从东亚病夫变成世界金牌第一！如果到现在我们偏偏在园林建筑方面还只知重复前人有过的成就，花几百亿的钱财去追求一个假古董，那恰恰证明我们这一代中国人唯独在园林艺术方面创造意识和创造力特别衰弱，从而形成对“复兴”的讽刺。须知重复乃是匠人的习性，而创造才是艺术家的本色；第三，圆明园不仅是帝王们休闲、享乐间或“勤政”的场所，她更是一座极为丰富的艺术博物馆和无可估价的文献资料馆。即便园林能够“克隆”，则克隆出来的也只能是个空壳儿，那无数艺术珍宝和无价典籍的“内存”无论如何也不可复得了！第四，一个时代有一个时代的审美风尚，木构建筑主要与农耕时代相联系。圆明园的园林艺术代表了那个时代中国人达到的最高建筑智慧，她是空前的，但她不可能绝后！我们现在有了更先进的建筑理念和材料，我们想要比前人更有出息，就应该超越圆明园，创造出属于我们自己时代的高水平的园林艺术来！第五，如前所述，圆明园已涅槃出了新的生命，文物的生命，她有足够的资格进入世界遗产的行列。如果修复了，那就等于把文物的生命又杀死了，从而使圆明园遗址申遗成了妄想；第六，北京作为世界最大的、历史悠久的古都，应该有一个或几个醒目的大型废墟遗址作为她的历史身份的牌照，圆明园遗址恰好是这样的牌照；第七，一个国家要自强，记住耻辱比怀念辉煌更有意义。

什么才是圆明园遗址的当务之急

圆明园管理的难度是很大的，比颐和园、天坛公园、北海公园等的管理难度都要大,因为她不是一个一般的旅游场所,也不同于一般的"爱国主义教育基地",她是一个身份特殊、内涵丰富的考古和研究的对象,而且牵涉到多学科的门类:建筑学、园艺学、历史学、考古学、植物学、生物学、地理学、土壤学、艺术学、美学、文学乃至哲学等等。这需要多学科的专家参与,还需要反复的论证。因此圆明园的管理机构必须调整和加强,级别应该提高到副局级,直属于北京市政府或国家文物局领导。同时必须大量裁减冗员,增加专业人员。

在关于圆明园的长期争论中,大家都把圆明园遗址看做一片荒地,而忽视了对其现状的调查和研究。这里我要感谢修复论的朋友们的歪打正着:他们曾决定要首先复建"含经堂",也已破土动工了!结果挖开原址一看,大家都傻眼了:想不到荒草下依然留存着完整而壮观的古建筑遗存:地砖、柱础、石级、门槛……为防风化,赶紧又把覆土盖上了!后将"复建"对象转移到"九州清晏",首先在"坦坦荡荡"挖出了偌大一个漂亮而完整的石砌"金鱼池"!这两件事使我顿悟:圆明园的当前任务绝对不是荒唐而且轻率的"复建",而是有计划、有步骤地在科学指导下的研究、考古和发掘,让大片覆土掩盖下的圆明园建筑废墟尽可能无保留地呈现出来,这将是一个非常壮观的废墟遗址。在此之前,不妨先将所有重要古建筑的平面地基的轮廓勾勒出来,然后覆以彩色碎石,使其醒目,便于人们参观、凭吊。

圆明园的管理应该多听文物专家的意见和社会呼声,更应与国际通行的理念和规范接轨。我国著名文物专家、中国文物学会名誉会长谢辰生曾在《人民日报》撰文强调:圆明园就让它"静静地躺在那里"。去年我曾陪同苏黎世大学人文学院院长、德国文物保护基金会顾问洛克教授参观了一天圆明园遗址,后来他发表三点看法:圆明园遗址是震撼人心的;它是当之无愧的世界遗产;保护圆明园遗址的最佳办法是让它赤裸裸地保留在那里。他的意见与谢老的观点如出一辙,与我的看法也不谋而合,因为只有把地下遗存清理出来,才能让遗址充分完整地呈现出来。

圆明园流失文物何时归

中国的衰落与贫弱,为文物流失提供了可乘之机。据初步统计,中国流失于海外47个国家、200个博物馆的文物达164万件之多。圆明园曾是中国最大的珍宝馆和文献资料馆。在圆明园大劫难期间和之后，被抢、被盗、被偷出国境的到底有多少？尚未见到准确的统计。它们大量地存放在大英博物馆、法国枫丹白露宫、巴黎吉美博物馆、美国大都会博物馆等。我认为，凡是非法出境特别是通过战争抢劫去的文物，必须保留追回的权利，通过外交和有关国际法、国际公约的合法途径去追回。我国已经加入所有的、现行的国际公约，如1970年《关于非法进出口文化财产和非法转让其所有权的方法的公约》和1995年国际私法协会《关于被盗或者非法进出口文物的公约》等，都是国际法的依据。一时无法追回的，我们也要保持追回的姿态，决不用钱去购买。须知，每一次购买都是对不义商人的鼓励，都是民族尊严的付出。中国作为一个国家虽然已经完全独立了，但在国民心理上还不能这么说，许多人常常自觉不自觉地流露出"弱国意识"，因此强调一下民族尊严还是有必要的。然而我们维护民族尊严，必须讲究方式和方法，必须遵守国际惯例或国际游戏规则，切不可不择手段。不然，你从争回民族尊严的目的出发，其结果反而损害了民族尊严，如"文革"中红卫兵火烧北京英国代办处的事件就是典型的一例。去年法国拍卖鼠首、兔首事件中，有人采用不明智、不得体的做法，我认为也是欠妥的，这样做容易让有的外国人觉得中国人阴毒、狡猾、不讲信誉，有损中国人的尊严，我作为中国人也感到羞耻。其实那个文物已经过多少人的手了，并不是人家直接抢去的。拍卖前，它们是法国已故服装设计师逸夫・圣洛朗的私藏品。你让他不卖？不予理睬是既得体又尊严的态度。

中国作为一个文物大国，有一定数量的文物留在国外并不是绝对的坏事。那些观者如潮的权威性博物馆，实际上都是世界性的，如果看不到中国的文物，你心理上能平衡吗？在那里出现的中国文物，不管暂时的所有权是谁，其署名权永远是中国的！

原载《中华读书报》2010年10月20日

人类的生存危机与文学的救赎

古希腊哲人苏格拉底有一句铭语镌刻在德尔裴神庙上:认识你自己。可惜人类至今仍不能认识自己。一个关键问题是人自身是一个善恶并存的矛盾体,而且二者之间往往没有明确的界限:从善的愿望出发,有时也会招致恶的结果。现代人的悲剧就在于由于不能认识自己而导致与外部世界的其他多种关系误入盲区,诸如人与人的关系、人与社会的关系、人与自然的关系以及人与科学的关系等。人的有尊严的存在是以尊重他人的尊严,尊重客观世界的既定法则为前提的。当前人类的生存危机主要应归因于三种关系处理不当,即人与自然的关系、人与科学的关系和人与世界的关系。

一、人与自然的关系

欧洲的文艺复兴使人在"神"的面前站了起来,但他很快又在另一个"神"的面前倒了下去。这个"神"即自然之神。因为站了起来的人从此以"宇宙的精华,万物的灵长"(莎士比亚语)自居,任意虐待"万物",大肆掠夺自然,很快变成"万物的杀手,自然的祸害"。殊不知,自然也是有灵性的,这个灵性就是自然存在的权利,亿万年形成的自然赖以存在的法则。触犯了这个法则,就要引起"天怒",受到惩罚。于是,人类的朋友,首先是那些也有大脑的飞禽走兽一个个灭绝了;护卫人类的绿色生命——森林一片片消失了;洪水泛滥了,沙尘暴逞凶了,臭氧层塌陷了,冰山动容了,厄尔尼诺逞威了……一张张威胁人类生存的"黄牌警告"劈面而来,而人类对此一筹莫展,甚至身不由己地继续在泥潭里下沉。

如果说,人与外部自然的不恰当关系正在被越来越多的人所认识,但还有一个领域的"自然",即人自身的自然或曰"内在的自然"仍被许多人所忽视。比如,一定自由度的生男育女是人类生存的正常生态。人口膨胀是必须认真面对的,但必须在科学允许的范围内。如果一厢情愿地凭主观意志对节制人口采取简单化和极端化的措施,那是一种反自然、反人性、反伦理的行为,它导致人的情感系统的单调化和人性的"变异",从而导致人的精神生态的破坏。社会上的"小皇帝"满天飞,同自然界的洪水泛滥一样可怕。今天讲生态学如果不把自然生态、社会生态和精神生态一起加以研究,就不可能是完整的科学。

二、人与科学的关系

人类把科学当"工具",在不断享受科学成果的醺醺然中,却全然忽视了科学中含有的"鸦片":它一方面将人类送上天宇,同时又诱使人类慢性自杀甚而"猝死"!医学克服了人类诸多致命疾病,同时又招致一个个新的不治之症;化学发展了,它能催生庄稼、催生牲畜家禽,但它让食物改变了基因,改变了原味,因而让人背上"慢性中毒"的包袱;它发明了塑料,给我们的生活带来方便,但塑料是地球的陌生物,给自然不断增加它无法消化的"食物";而它发明的化学武器更把人类置于恐怖的梦魇之中。生物学发展了,它和医学联手,能克隆出一个个逼肖的动物,包括人本身,这却让人自己在伦理面前尴尬不已;而它制造的细菌武器,令人类战栗不已。物理学更是发展了,它发现了亿万光年以外的星体,大大扩大了人类的视野;它发现了电子,发现了核子,给我们带来万能的电脑和巨大的核能。但它让我们的孩子"玩不思归",尤其是它制造的广岛那朵美丽的蘑菇云,特别是无法绝对避免的"核泄漏"成了悬在人类头顶的"德默克拉斯之剑"。总之,恰恰是推动现代文明最得力的那些科学门类的悖谬性发展,把人类置于随时爆炸的火药桶上,成了人类自我毁灭的最严重威胁。

人类的悲剧就在这里:每个科学家只关心他的发明成果,而不愿思考这成果会导致什么后果!

三、人与世界的关系

世界上有大国和小国,强国和弱国。小国和弱国总是战战兢兢,唯恐大国或强国欺负自己,尽管老百姓连饭都吃不饱,也不得不每年拿出大笔的钱财购买武器。大国和强国则唯恐失去固有地位,或力争那种地位,拼命扩军备战引起军备竞赛的恶性循环,不断追求杀伤力更大的武器。而在力量悬殊中,又催生出"恐怖主义"这一人类身上的恶性毒瘤,随时威胁着和平人类的无辜生命。

人类的悲剧就在这里:人人都宣称爱好和平,却人人都在防范别人;或者为了追求自己的利益,或者出于心理上的猜忌,人类不得不每年耗费几万亿美元,让几千万人去从事磨刀擦枪的职业。而这大量武装的存在,成为世界最大的火药库,它阻断人与人之间的正常沟通,使科学偏离正道,制造着真正"世界末日"的恐怖。如果说,人与自然、与科学处理不当,会导致"慢性自杀",那么由人所决定的国与国之间的利益冲突和心理猜忌有可能导致人类顷刻毁灭,或曰"猝死"! 这是人类生存最危险的威胁。

面对人类的生存危机,文学何为呢?

既然人类的生存危机根源于人类本身,那么要克服这种危机,只能从人自身入手了。在这方面,文学是大有可为的,因为文学首先是"人学"。它是追问和塑造人的灵魂的学问。

文学要成为人类实施"认识自己"的功能,第一,要有"自审意识"。而自审意识的第一要着是树立"有罪意识"。这里的"罪"包括人出于利己的欲望掠夺自然、破坏人与生态环境和谐关系所犯的过错。

马克思说过:迄今为止的人类社会仍然处于"史前阶段"。因此这个阶段的人依然保留着许多动物的原始特性,这就决定了在人的身上人性与兽性、善与恶并存的必然性。但在长期的"文明"熏陶中,每个人都学会了在社会生活中的伪装本能,以"善"的面貌见人,隐藏起"恶"的"无意识"。这种"无意识"只有在特定条件下才会诱发出来。你没有权,不会想到贪污受贿;没有钱,不会想到包养女人。中国有句俗话:"饱汉不知饿汉饥",从来没有偷过东西的"饱汉",一旦变成"饿汉"了,除非去上吊,否则就有可能偷东西。所以布莱希特有一句名言:“填饱肚子再来讲道德!”(《三个铜子儿的歌剧》)可见英雄和罪犯并没有不可逾越的鸿沟,一个偶然事件会使人的面貌发生180度的逆转。因此尼采的这一观点受到普遍的重视,他说:“既不隐藏善,也不隐瞒恶。”现代文学的一个重要功能是:揭去“文明”的覆盖层,还人以善恶并存的本质。真正伟大的作家,本质上都是思想家。他能在人的灵魂深处发现更隐蔽的东西。所以鲁迅十分赞赏陀思妥耶夫斯基对人的“灵魂挖掘得深”的本领,说他能在人的“罪恶深处拷问出洁白来”。同样,一个“洁白”的人拷问到最后,也可以挖出他的污秽来。拷问的手段很简单:权、钱、色、饿就可以了。这里的罪恶概念是广义的,也包括道德、道义层面。

欧洲表现主义时期,作家们广泛探讨了人的“罪恶意识”问题。普遍的观点认为,在一个有罪的社会里,人人都不同程度地沾上了一分。那时人们议论得最多的是所谓“无罪的有罪者”和“有罪的无罪者”这两个表述。德国伟大戏剧家布莱希特显然对这一问题作过深入的思考。他接受马克思主义的一个基本观点是:迄今为止任何社会占统治地位的思想都是统治阶级的思想。在他看来,在一个渗透了剥削阶级思想的大染缸里,没有任何社会成员会是干净的。在他所有戏剧作品中,最让我赞赏的是《四川好人》。它令人信服地写出了同一个人身上善恶并存的实质。

人性中的恶是隐蔽的,有的则是某种不良社会惯性积淀在集体无意识中,例如大丈夫主义、大国沙文主义以及鲁迅谴责的“吃人”的封建礼教等等。因此文学中需要一种“自审意识”。大凡具有现代意识的伟大作家,往往带有这种意识。他们经常通过譬喻或“陌生化”手段借以揭示这种意识。在卡夫卡的重要著作《诉讼》(一译《审判》)那里,作者使用的是“精神围攻法”:主人公一天早晨突然被两名警察宣布逮捕。于是他到处打听他到底犯了什么罪?但他越打听越渺茫。结果,他由最初的激昂慷慨不承认、不服气,到最后毫无反抗地任人处死。因为他在不断自我反省的过程中,想到他在这半生中确实也做过一些对不起别人的事情。这样,他在国家法庭前固然是无罪的,但在道义的法庭前也还是有罪的。所以国外有人评价卡夫卡的时候,称颂他既控诉世界,也控诉自己。瑞士著名剧作家迪伦马特的代表作《老妇还乡》,也是让主人公陷入一场突如其来的死亡威胁之中,经过一番紧张而徒劳的奔突，终于迫使他自我反省，意识到自己过去确实犯有罪过，并决心以死来赎罪，从而使主人公由原来的猥琐形象变成“伟大形象”。可能跟基督教提倡忏悔意识有关吧，欧洲人的自审意识是比较强的。在近代，法国的伟大思想家兼作家卢梭的《忏悔录》堪称典范。在当代，德国两位诺贝尔文学奖获得者——格拉斯的《铁皮鼓》、伯尔的《与一位女士的合影》以及另一位重要小说家棱茨的《德语课》等都以沉重的民族自审精神清算了德意志民族历史上特别是两次世界大战中的严重罪过。格拉斯还以《剥洋葱》一书对自己年轻时一度失足于纳粹而进行自审。至于在国际政治舞台上，无论是来自社民党的总理勃兰特，还是来自基民党的总理科尔，都先后代表德意志民族在被屠杀的犹太死难者墓前下跪，表示对本民族前科的忏悔，赢得全世界的谅解和赞赏。

在我国，早在春秋时期先贤们如孟子就留下“吾日三省吾身”的名言。在现代，鲁迅是这一精神的伟大发扬者。他不仅“时时解剖别人，也时时解剖自己”，自觉地驱除身上的“鬼气”，而且他也具有强烈的民族自审精神，他对“国民性弱点”的痛揭，他在小说《狂人日记》、杂文《我们应该怎样做父亲》等著作中对传统封建礼教“吃人”本质的痛批，都是这种精神的鲜明体现。《丑陋的中国人》的作者柏杨也堪称是鲁迅这一精神的继承人，也将是不朽的，我们应当继续发扬他们的精神，对民族文化中的负面影响进行全面的反思。

第二，文学要有危机意识。卡夫卡的小说《地洞》中有这么一句话：“危险迟迟不来，但又时时防备着它来。”这句言简意赅的话，堪称现代人类生存境况的基本写照。现代人类面临的危机主要是生态危机，战争危机，科学被滥用、被盗用危机。生态危机的第一个表现是二氧化碳有增无已的排放，不仅直接损害人类的健康，而且造成地球气温的全面上升。气温上升造成冰山溶化，冰山溶化又导致人类生存的地盘日益缩小（据统计，近二百年来，地球平均气温每百年上升 1.1 度。照此速度，500 年后，地球上的许多岛屿和大片陆地将不复存在！）；地球升温还造成许多水生植物的疯长和水源性疾病的猛增。而直到目前，国际社会出于各自的国家利益还无法在减排问题上达成一致协议。生态危机的第二个表现是淡水资源的日益紧缺。目前至少有 80 个国家缺水，包括中国这样的人口大国。有人预计，如果人类一定会经历第三次世界大战，其根源很可能就是水。第三个表现是人类迄今还不能有效对付新的瘟疫产生。第四个表现是人文生态日见恶化，大量有历史文化价值的不可移动文物如古城镇、古村落、古建筑、古遗址等在建设中不断消失或遭破坏，使人类生命记忆的载体日渐减少，从而日益丧失精神家园。

战争的根源已如上述，战争的危机依然岌岌可危。冷战刚结束的时候，全球军费一度每年下降3000亿美元，可惜好景不长，现在又上去了，甚至更多！在这方面科学很尴尬：它的被滥用，增加生态的恶化；它的被盗用，战争的后果不堪设想。尤其是化学武器、生物武器和核武器一旦被恐怖势力掌握，人类就无法睡安稳觉了。

事关人类生存的问题，文学关注的空间很大。优秀的作家不仅应该是思想家，最好还应该是预言家。20世纪20年代，生态问题还没有突现出来的时候，德国表现主义作家德伯林就写了一部长篇小说《山岳、海洋与巨人》，预言人类对大自然无节制的掠夺，必将遭到大自然的报复，书中对此有生动、强烈的形象化描绘。在德伯林的同时代人、俄国作家米·普里什文那里，人与自然的亲密关系，贯穿着他毕生的创作，不愧为生态文学的先驱者。生态问题危及全人类，需要全世界的通力合作，需要政治家们的一致努力。但由于各个国家、各个地区发展水平不同，文明程度不一，协调起来十分困难。迄今在《京都议定书》上签字的才有127个国家，至少还有80个国家没有签。但如果文学在这方面发出的声音很强，就会使政治家们感到压力，从而作出积极的决断。

第三，文学应有异化意识。“异化”最初是个哲学概念，早在19世纪，首先在马克思、黑格尔那里就有不少论述。那时他们主要从哲学、经济学出发，从生产劳动着眼（例如马克思）去探索异化现象。现代哲学，尤其是标志着“人道主义深化”的存在主义兴起以来，异化问题引起更大的关注，其概念也大为外延，涉及社会科学和人文科学的许多领域，也获得更多的人文观照，文学因此成为在这方面浸润得最深的门类之一。正是在这股思潮中，人们才从原来并不出名的卡夫卡身上发现了现代文学的彗星。

异化的含义是指事物朝着与人的愿望相反的方向发展，有悖论的性质。这跟与现代化相伴而来的现代文明的发展特点有关。在这个话题上，我国

20世纪80年代谈论得较多,那时人们主要从人与自然、人与社会、人与人以及人与自身四个方面去分析。其中前三个方面上面都有所涉及。其实按哲学家的表达只有一句话,即人不接受世界,或世界不接受人。世界对人是陌生的,是别扭的:你想多开发一些自然资源,结果自然要报复你;你追求社会平等,结果导致"大锅饭";你打破大锅饭,却又带来更大的贫富悬殊!你崇敬领袖,结果使领袖变成了神,使你失去了自己的意志;你选他当人民公仆,结果他变成了人民的老爷…… 因此过去我国哲学家王若水曾经用经济的异化、思想的异化和政治的异化来概括这个范畴。当然还应该加上社会的异化和人性的异化。如上所述,我国推行了近三十年的独生子女政策,使居民中的很大一部分变成了没有兄弟姐妹、姨表姑舅的社会,这种明显的伦理缺失必然导致人性的变异。变异就是异化的过程。这一点值得我们注意。

地球上有了人才会发生异化现象。因此人是异化的主导因素。要遏制异化,当然依靠人类自身。这方面文学是大有可为的:揭示、呼吁、抗议均可。这要求作家具有察微知著的能力,还要善于用第三只眼观察问题的思维方式。

第四,文学需要大爱意识。爱有大爱和小爱。大爱是一种人类之爱。小爱包括亲情的爱、情侣的爱、友谊的爱。这方面的爱文学从来都在写。可现在地球相对缩小,人类共同的利害和命运联系得越来越紧密。只有大爱精神能够统摄这种全球性的人际关系。面对人类是继续生存还是自取灭亡这样的严重关头,任何狭隘的民族主义或狭隘的爱国主义都是不可取的。文学家和科学家都应该具有人类良知,超越国与国的界限,以人类最高利益说话。歌德晚年,他的秘书艾克曼向他提及,说人们责难他对法国人恨不起来,尤其是在拿破仑军队侵入德国时没有拿起武器,至少没有以诗人的身份去参加斗争。歌德回答说:"我心里没有仇恨,怎么能拿起武器?"因为"对我来说,只有文明和野蛮之分才重要,法国人在世界上是最有文化教养的,我自己的文化教养大半要归功于法国人,对这样一个民族我怎么恨得起来呢?"[1]1860年,当法国作家雨果获悉中国的"万园之园"即圆明园被英法联

① 见《歌德——1832—1882》,波恩,Inter Nationes出版社1983年版,第121页。

军焚毁,愤怒谴责他的祖国是“强盗”。20世纪90年代中期,日本史学家井上清,针对中日关于钓鱼岛的争议,发表了很长的文章论证钓鱼岛是中国的领土。这两位作家和学者或者出于人类良知,或者出于科学良心,都不惮背上“卖国贼”的骂名。20世纪40年代,美国科学家奥本海默领导制造了世界第一批原子弹。但当他看到原子弹爆炸后的可怕情景后,他向自己的良知发问。后来当美国当局任命他制造氢弹时,他断然拒绝了!他的这一拯救人类的举动,受到麦卡锡时代的美国当局长达9年的审讯。那时,欧洲的文献剧思潮正在兴起,德国剧作家吉普哈特干脆将这一事件的文献记录经过一定的压缩原原本本搬上舞台,剧中科学家的困惑与无奈,令人十分感动。

这一人类良知的闪光,更是激发了具有大爱意识的瑞士戏剧家迪伦马特的创作灵感。他于60年代初写出了《物理学家》一剧,立刻轰动世界:一年半之内,仅在德语国家就上演了一千五百多场!迪氏借此剧表达了一个观点:科学成果一旦被军事集团利用,就有可能给人类带来毁灭性的灾难。迪氏出于对人类前途的忧虑,先后写了好几出涉及国际题材的剧作。其中1949年上演的《罗慕路斯大帝》一剧今天读来别有趣味。西罗马末代皇帝罗慕路斯在日耳曼军队兵临城下的紧急关头,他拒绝抵抗,理由是:罗马帝国在对世界几百年的统治中,积聚了累累罪恶。现在我要利用我的地位,充当世界的正义法官,来宣判这个所谓“祖国”的灭亡!当时看了,一笑了之,觉得这不过是一出人道主义的美学乌托邦。想不到40年后,世界上果然出现了现代版的罗慕路斯大帝,从而结束了两级争霸的“冷战”局面!

另一种大爱体现于深层的人性关怀,关怀那些处于危机中的个人。一个正常的人由于主客观原因,有时会突然陷入无法自拔的困境,从而不得不采取某种极端的行动:有的主动结束自己的生命,有的采取报复社会的手段。对于后者,最近两年我们就遇到了震惊世界的两个特例:一个是去年发生在美国的韩国学生的校园枪杀案;一个是最近发生在上海的杨佳袭警案。无疑,从有死罪的国家法律观念看,这两个人都是死罪,对此谁都不应该有异议。因为他不仅杀人,而且滥杀无辜。但文学不能仅仅停留在法律层面,文学还必须从哲学的、伦理学的、心理学的、社会学的、美学的等等角度去追究和分析导致这个原本正常的人陷入精神危机的种种主客观因素,到那时你也许会发现其中有值得你同情的地方。这时就可以说,你从“罪恶的深处拷问出洁白来”了。难怪去年(2007 年)美国那桩骇人听闻的枪杀案发生后,美国有一群人,主要是信教的人举行集会,不是谴责,而是忏悔;他们口中念念有词,说:太对不起了,在你最困难的时候,我们没有能够及时帮助你……这里,他们把任何人都当人了!这就是“大爱意识”。它与存在哲学和基督教教义都有关系。

过去我们的文学不懂得现代人文理念,不懂得存在哲学,往往简单地把文学与政治学、历史学、法学等混为一谈,搞大批判总是乱点鸳鸯谱。如 20 世纪 70 年代,文艺界曾奉命批判一批“美化军国主义”的日本影片。其中一部叫《山本五十六》。说的是二战后期,日本海军即将全军覆没,海军上将山本五十六对战争已经绝望,内心矛盾重重,出于“服从是军人的天职”的信念,他不得不奉命作最后一次出征。画面上他是一副严峻而镇定的神态。这里描写的是人突然处于特定处境中而无法摆脱的精神危机,有存在哲学的观照。根据存在哲学的语境,像山本这样参与侵略战争的重要军人,在历史学家笔下,他无疑是有罪的战犯,但在文学家的笔下,他应该是被关注的对象。因为历史学家注重的是事件的结果,而文学家注重的则是事件的过程。在这过程中他陷入了矛盾的困境。须知,写人的思想情感的矛盾性和复杂性正是文学之所以是“人学”之所在。

第五,文学要有大生态意识。刚才讲的大爱意识还只是一个人类范畴的概念。树立大生态意识则需超出人类范畴,以地球为背景建立一种大生命系统。这意味着本文开头时引用的莎士比亚那两句名言即“宇宙的精华,万物的灵长”的“人类主宰论”的过时,重返我国古代老庄提倡的“天人合一”、万物平等的生态哲学。在这里,儒家的“仁”也是扩大的“爱”,不仅施于人,而且施于天地万物,“仁者浑然与万物同体”(宋代程颐),“天地万物本吾一体”(宋代朱熹)。在这方面,中国哲学或文化与西方确实有明显的分野。你看西方的雕塑,从古希腊起,无不着力表现人的壮实和强健,具有征服者的力量。再看那里的建筑,还是从古希腊起,在没有现代的动力机械的情况下,用那么巨大的石头垒筑房屋,表现出人对于自然具有一种何等的意志和决心。可你看中国,而且唯独中国,从古代到清末,从来都是用木头建造大型建筑的。这使专门研究中国科学史的英国学者李约瑟也大为惊奇。他最后得出结论:中国人亲近自然。难怪中国文学艺术史上回归自然者也比较多。像《桃花源记》这样的作品在国外很难见到。再看中国的宗教,主要是佛教和道教,简衣素食,清心寡欲,与自然几乎没有冲突。

但少数知识精英的识见和理论以及部分生活现象难道足以证明中国人已经做到普遍与自然和谐了?当然不是。在与自然关系中,普遍还是以人的利益为中心的。见了毒蛇猛兽,谁不喊打喊杀,必欲除之而后快?至于弱小动物,有几个人不曾把它们当做美餐的材料?谁没有意无意地虐待过它们?比如许多人把笼中鸟当作爱鸟之举,有谁像我国大画家郑板桥那样发出谴责之声:“我图愉悦,彼在囚牢,何情何理,而必屈物之性以适吾性乎!”有谁像奥地利大诗人里尔克那样,为笼中《豹》大鸣不平,说这样做在让“一个伟大的意志昏眩”?像这样的诗人、艺术家在上百年甚至几百年前就把他们的爱心扩展到了野生动物身上,为它们的自由天性受到侵犯而痛心疾首。他们真把这些野性生命看成自己的大同类,看成人类的朋友了,他们不愧为大生态意识的先驱者,值得人们深思。可惜这样的先例毕竟还太少,所以我们离大生态意识还相差甚远,我们的生态环境恶化的速度和程度依然令人担忧。我们的盲点还很多,死角还不少。因此提倡大生态意识仍有大声疾呼之必要。在这里,“地球村”的概念值得借鉴,它不仅适用于人类世界,也适用于人与万物的关系中。

无须高瞻远瞩的识见,从日常生活中我们就能感受到,我们生活在一个危机重重的世界。人类中的各群体必须抛弃各自的狭隘利益,同舟共济,共同抗衡世界的颓势,为此我们赋予文学以回归自然、拥抱人类乃至一切生命的使命,让人类与地球和谐地延年益寿。

2007 年 10 月在华中师范大学召开的中国外国文学学会年会以“生态文学”为主题的学术研讨会上的发言,原载《文艺争鸣》2009 年第 6 期

人类智慧的群星永远灿烂
——《世界艺术大师传记丛书》总序

初 衷

音乐与美术，一个诉诸听觉，一个诉诸视觉，如果加上舞蹈，可以说是人类最早、也是最基本的审美活动内容了。在人类的幼年，在它还没有来得及创造语言和文字之前，就已经懂得发出好听的声音，以抒发自己的愉快情绪，聆听自然界悦耳的音响，使之与自己的审美知觉发生共鸣。如果说，音乐作为“时间的艺术”很长时期内没有可能为我们留下音响的实证和符号的记录，那么考古发掘的五万年前即旧石器时代“早期智人”制造的生产工具——石斧，给了我们重要的启示，即人类在为改善原始的生产方式而努力的时候，其原始的审美意识就已开始萌发，并对其进行追求了。因为那种石斧表明：它的形状尽管稚拙，却已经显露出某种形式美的特征了。尔后，到了旧石器时代晚期（约 15000 年前）的洞窟壁画和岩画，特别是新石器时代（约 8000 年前）的彩陶艺术更令今人惊叹不已，它们以雄辩的说服力证明，人类的远古祖先在美的追求方面表现了多么惊人的毅力和智慧。虽然，人类在这个领域的表现经常与宗教意识相伴相随，而且多半以宗教的名义成就某项壮举。但现在我们很难区别，先人在创造这些美学伟业的时候，究竟出于美的驱动，还是出于宗教感情。也许这种区分并不重要，甚至根本没有必要，因为一个时代的艺术成就和美学现象，住往不是由单一因素构成的，而是多种成分融成的“合力”。只有在某些特定的历史时期，例如欧洲的中世纪，宗教机构即教会利用宗教名义对人性进行禁锢、对艺术创造进行垄断的时候，我们才需要将艺术创造的自由精神与宗教束缚区别开来。经历了中世纪千年黑暗的欧洲人也许最早领悟了这一点,因而举起了“复兴”古代文艺的旗号,冲破了教会势力的禁锢,带来了文艺的空前繁荣。这一伟大历史事实无论过去和现在都在向人们昭示:艺术创造和艺术的发展与人文精神有着多么密切的关系。随着近代生产力的代表者——新兴资产阶级的崛起,人在“神”面前终于站立起来,其尊严日益得到承认,市民的平等意识不断觉醒,这给艺术创作注入了强大的生命力。不难想象,欧洲自文艺复兴以来,艺术领域(岂止艺术领域)始终人才辈出,群星灿烂。当然,也还有其他因素的共同作用,尤其是科学、技术乃至人文科学和社会科学的发展。例如交响乐的诞生和发展以及与之相适应的形成和完善就紧紧依赖着由科学、技术所带来的整个工业时代,而交响乐的恢宏、复杂而深邃的内涵又与近代哲学、文学、美学、心理学、社会学、音韵学甚至神学等分不开。至于美术或造型艺术(包括绘画、雕塑、建筑)的提高就有赖于物理学、几何学、结构力学、化学、光学、色彩学等。

这里需要强调的是文学。文学的起源不像音乐和美术那么久远,有文字的形态迄今不到五千年。其初始形态是古代神话。但就在这些神话里,表现了人类幼年时期极为丰富的想象力,让今人叹为观止,并且认为“不可企及”。从那时起,文学和艺术(包括音乐和舞蹈)就是创作美学里的两大巨流,而且始终并行不悖。如果说,音乐与美术是姐妹,那么作为二者同一归属的艺术与文学的关系就是姻亲了。文学被称为“人学”,它的诞生标志着人类的情感表达向深层驱进,故采用了“容量”更大的形式。文学因其“蕴涵量”深广而丰富成为音乐、美术题材和母题的源泉之一。因此,艺术有了文学作依傍,就好比如虎添翼。同样,文学有了艺术为紧邻,便使自身的内涵更丰富,色彩更斑斓。无怪乎文学、艺术史上有不少“两栖”名家,始终在文学与艺术(包括音乐和美术)间不停地游动,仅就德语文学而言,歌德、迪伦马特之于绘画,E. T. A. 霍夫曼之于音乐,瓦格纳之于文学……敝人不才,根本不能与这些大师同日而语。但就兴趣而言,与他们确有相同的倾向。故在我的职业工作(文学研究)之余也常常涉猎音乐、美术作品。无论国内还是国外,只要遇到档次较高的音乐会、画展、艺术陈列馆、著名建筑物,我都要想尽办法,争取领略一番;每当我听到一首动人的乐曲,欣赏到一件出色的绘画、雕塑或建筑作品时,我都会激动不已,感到这是上苍赐给人类的一种福祉,因此设想:如果人间听不到这样绝妙的乐音,见不到这样美好的画图或造型,那么我们所赖以生存的世界将会变得多么单调、乏味和枯燥,我们的心灵会变得毫无弹性。因此,如果我们对于上苍的这种赐予激不起热情或根本就无动于衷,那不啻是一种麻木甚至愚蠢。

迄今为止的人类文明不外乎物质文明和精神文明。精神文明的含义除了知识基础、道德水准、人文观念、民主意识等方面的内容外,自然还包括审美情操。谁都不会否认,音乐和美术在激发人的审美意识,陶冶人的性情、气质,调整人的心理平衡,推进人的上进欲望,增强人的生存意志等方面,起着不可低估的作用。一个"有音乐的耳朵"和"有色彩的眼睛"的人比起没有这种特性的人来,其感受世界的能力,其体验生命的程度,其享受生活的质量是不一样的,这里有高低之分,深浅之分,文野之分。正因为此,现在人们越来越认识到,过去在学校里强调了德育、智育和体育,却忽视——至少低估了美育,这是一种片面,一个损失。现在有关部门终于决定:在高中乃至大学增设美育课程。这是经过多年实践付出代价的结果,不仅是教育领域"矫枉"努力的胜利,也是全社会精神文明建设一个良好的开端。未来的实践必将证明:这一措施对于改善和提高国民的精神素质必将起着无可置疑的作用。

不过从现在来看,全社会对于美育的认识,或者说对于音乐与美术在"振兴中华"、重塑民族精神形象方面的价值定位的估计依然是不够的。许多人似乎认为,中国人过去蒙受的"东亚病夫"的恶谥仅仅是因为我们体质不如人家,体育落后。因此他们对于我国运动员在世界体坛上的表现越来越出色,拿的金牌越来越多,表现出高度的热情,这无疑是对的。但须知,我国的艺术界也涌现出越来越多的国手,他们在国际乐坛、艺坛(包括舞坛、影坛)上也夺得了为数可观的金牌、银牌和铜牌,但是他们却不能像体育奖牌得主那样激起广泛而强烈的热情,甚至对于行外、圈外的大多数人来说,他们一直默默无闻(部分原因应归咎于新闻媒体)。这是令人堪忧的。一个民族要振兴,强健的体魄无疑是必要的,到国际体坛上尽可能多拿一些奖牌也是理所当然的。但一个民族的重新崛起,除了她强健的体魄外,最根本的取决于她的魂魄,即她内在的精神力量;不仅有主动的、昂扬的进取精神和坚不可摧的斗志,而且还要有充实、丰富的人文内蕴以及从这内蕴中不断焕发出来的巨大创造能力,鲁迅当年在思考和寻求民族疗治的途径时,考虑得最多、也最深的就是这一层。无疑,音乐和美术在这方面都有其独到的、不可替代的作用。它们不仅可以优化国民的精神素质,增强民族精神的内发力,而且赋予这个民族以持久的魅力和神韵,从而提高她在世界民族之林的声誉、地位和生存能力。当我们提及文艺复兴三画圣,提到大卫、毕加索……这些光辉的名字的时候,谁不想到意大利、法兰西和西班牙,并对之肃然起敬呢?同样,当你听到一首贝多芬、莫扎特、柴可夫斯基……的乐曲时,谁不想到德意志、奥地利和俄罗斯,并在内心激起对它们的赞美呢?我们中华民族在这方面也有辉煌的过去。但自近代以来,我们不能不承认比人略逊一筹。就上述大师对世界影响的深刻性与普及面而言,我们到目前为止恐怕还很难推出一位合适的人选来,堪与他们中的任何一位媲美,至少在音乐上是如此。这对我们无疑是一个巨大的刺激。我们没有理由不改变这种状况。为此需要多方面的投入,首先是热情的投入。这就是说,要把国民对这方面的兴趣最大限度地调动起来,像培养球迷、歌迷那样培养我们的乐迷、画迷,要让我们的世界乐坛、画坛的奖牌得主也像奥运会奖牌得主那样有那么多人为之热泪滚滚……

笔者与花山文艺出版社合作的这套《世界艺术大师传记丛书》,可以说就是上述思路的产物。诚然,如果把我们的宏愿比作一朵浪花,那么我们的努力就是一滴水珠了。

主　旨

按照历史唯物论的观点,历史是群众创造的。同时它也不反对个人在历史上的作用,因为群众的智慧和关键性作用通常是通过某些杰出人物体现出来的。因此,尽管人类发展的历史还很短,已有无数英雄豪杰相伴随。同样,一部音乐史或美术史的篇章,主要是由那些不朽的作曲家、不朽的画家、雕塑家构成的。是他们为人类这些不同“美”的历史谱写了一系列“华彩乐段”,有了这些华彩乐段,这些历史才显得那样多彩多姿,具有了切实的分量。如果艺术史上没有这些出类拔萃的人物,就像夜空失去了那些晶莹璀璨的星辰,它就不再让人眷恋了。

出于对艺术史上作出了突出贡献的人物的崇敬，我们把他们视为“大师”。“大师”者，造诣极高之谓也。这些人的美名随着他们的作品而世代相传，堪称“不朽”了。为他们树碑立传，乃在情理之中。这些人的智慧都有过人之处，其成就往往达到了那个时代的顶峰，有的甚至同时在几个领域大放异彩，如文艺复兴时代的艺坛“三圣”——达·芬奇、拉斐尔和米开朗琪罗。前者可以说是一位无与伦比的旷世奇才，他不仅是一位非凡的画家，而且是一位杰出的物理学家，取得物理学上的多项重要发明权；同时他又是卓有成就的数学家、力学家和工程师。作为伟大的艺术家，他则善于别出心裁，勇于革新。他那所谓“烟雾状色调”，表明他最早懂得运用“模糊”的美学效应于绘画；他也深谙将写实与表意加以辩证统一的奥妙；他甚至领先悟得后来成为巴洛克审美手段之一的“二元对立”的反差效应……这诸多的神奇的艺术秘诀共同作用的结果，无怪乎他那幅作为卢浮宫里尺寸最小的《蒙娜丽莎》，却成为这个博物馆里观赏者最众的一幅画。至于他的《最后的晚餐》、《岩间圣母》等杰作亦无不令人称道。米开朗琪罗是又一位具有多方面天才的大艺术家，他在雕塑、绘画、建筑诸领域均达到文艺复兴时期的高峰，而且三者中很难分出何者为最。而且他敢于探风气之先，他的囊括了造型艺术所有方面的作品，既体现了文艺复兴那“高贵的单纯、静穆的宏大”的古典美的基本特征，又透露出后来成为“巴洛克”风尚的某些因素，例如他的西斯廷教堂天顶画和壁画的人物那强劲壮实的肌体和有力的动势，《被缚的奴隶》那扭曲人体的旋形曲线，他的《酒神像》、美迪奇墓地雕塑那突破当时流行的机械平衡原则而显现的不稳定姿势等都是后来巴洛克的美学特征。难怪，他设计制造的梵蒂冈圣彼得大教堂的华美富丽的穹顶与60年后由最杰出的巴洛克建筑师贝尔尼尼全部完成的该教堂的全部建筑那样相得益彰，谐调一致。拉斐尔只有37岁的天年，但他跻身于达·芬奇和米开朗琪罗之列却毫不逊色。这一点足以说明他艺术上迅速取得的辉煌业绩。他画的女性形象，特别是欧洲传统中的圣母形象，由于注入了人文主义精神，达到了前所未有的艺术境界，超越了前此同一题材的所有宗教画。她们那健美、窈窕的体态焕发着青春的活力，极富灵气的魅力，可谓艺术上表现女性美的极致。

文艺复兴时期这三位艺术大师以及其他人的辉煌成就不仅是艺术史的

荣耀，也是全人类的骄傲，它充分表明：一旦人的自我意识觉醒，人的地位得到确立，他们能创造出什么样的奇迹。只是不知为什么，这个几乎在各个方面都产生了“巨人的时代”，唯独在音乐方面未能涌现出与上述三位艺术大师并驾齐驱的人物来。但这只是时间问题。文艺复兴的尾声刚刚收束，一种崭新的、别具异彩的审美风尚即开始出现，它自17世纪初至18世纪前期，几乎与古典主义共同雄踞了一个时代，这就是在艺术史上被称为“巴洛克”的时代。美术、建筑、音乐、舞蹈、文学等很多领域都有强烈的表现，或者说普遍发生了重要的变革。音乐也不例外。它们几乎所有的形式和基本元素都在自发的、自然状态中进行了改革。通过这场美学变革，现代型的歌剧得以形成，现代型的交响乐队开始诞生，通奏低音得到大量运用，和声、复调、赋格曲、对位法、清唱剧、康塔塔、合唱、独唱……都得到发展和完善。巴洛克的美学精神表现了巨大的创造活力，涌现了一大批造诣极深的杰出人物，如被认为可以与英国文艺复兴时期大文豪莎士比亚媲美的蒙特威尔第（意大利）、公认的“歌剧天才”维瓦尔弟、被瓦格纳誉为“一切音乐中最惊人的奇迹”的巴赫（德国）以及“稀世奇才”亨得尔等。造型艺术中则有巴洛克时代最杰出的建筑师与雕塑家贝尔尼尼、荷兰伟大画家伦勃朗，以及弗兰德人鲁本斯等。这些都是最拔尖的巴洛克艺术大师，他们继承了文艺复兴的人文主义精神，从独特的审美思维出发，不遵循当时的主流艺术即古典主义艺术的统一规范，创造了比文艺复兴更加世俗化的、个性独特的艺术样式和风格，为艺术创作注入了新的活力，从而在常规以外开拓了新路，为艺术史的发展增添了新的篇章。

然而巴洛克在长时间内（约有150年）得不到承认甚至被误解或曲解，以为它是文艺复兴的反动或背离。然而历史老人最终是公正的：到了20世纪20年代，人们从德国表现主义文学、艺术作品中看到当年巴洛克“基因”的复活。这时人们终于断定：巴洛克艺术不仅不是文艺复兴的反动，它恰恰是文艺复兴创造精神的继续。这一结论，可谓一语中的。文艺复兴与巴洛克这两种不同时代、不同风格的艺术表面上大相径庭，实质上却是一致的，即二者都具有人文主义精神，艺术上都富有革新、创造精神。与此相反，前期与巴洛克并存、在欧洲统治了二百年之久的古典主义艺术，表面上，或者风格上与文艺复兴艺术保持一致，但它视自己为永恒不变的艺术法则和美学信条，把自己教条化、凝固化，因而一步步与时代脱节，逐渐失去活力，这在精神实质上恰恰是与文艺复兴精神背道而驰的。这样一来，在现代西方人的眼里，无论是音乐中的蒙特威尔第、维瓦尔弟、巴赫、亨德尔，还是艺术中的贝尔尼尼、伦勃朗、鲁本斯，他们是有资格与文艺复兴的大师们相提并论的。像这样一些艺术家，他们在艺术追求上的那种巨大的热情，那种永不满足、敢于在常规以外进行探险的勇敢精神，是永远值得我们后人纪念和学习的。

欧洲文艺思潮有时是随着思想运动（如启蒙运动），有时则以美学变革（如印象派）的形式发展的。巴洛克式微以后，与巴洛克对峙的以法国为中心的古典主义（又称“新古典主义”）称霸一时。古典主义者想把古代希腊、罗马繁荣时代文艺的美学法则确定为永恒不变的金科玉律，它强调理性，崇尚典雅、谐调、端庄、宁静等这样一些审美原则。遵循这个原则，古典主义在其存在的近二百年过程中，产生了一批相当了不起的大家，如文学中的拉辛与高乃伊，美术中的大卫与安格尔，音乐中的莫扎特与海顿等等。这些人的成就将永载史册，这是毋庸置疑的。问题是，一些古典主义的守护神们，主要是法国学院派的一些权威们，把古典美学风范当做人类最高的美学理想，从而把它封闭起来，不许变革，不许超越，“只此一家，别无分店”，造成“独尊一格”的局面，有的统治者更想把它官方化，如法王路易十四就曾作过这种努力，他亲自参与了古典主义创作种种清规戒律的制订。这显然是违背艺术的本性的（艺术的本性是自由的，开放的），必然变成创作的“紧箍咒”，导致文艺作品的公式化、概念化，从而导致文学、艺术的枯僵。这是非常有害的。不难想象，在它中后期不断激起作家、艺术家的强烈反对；先有启蒙运动的主帅们如狄德罗、莱辛等，后有浪漫主义运动的战将如雨果（文学）、德拉克洛瓦（美术）、柏辽兹（音乐）等。这些论争以德拉克洛瓦与安格尔之间的论争最激烈，也较为典型。安格尔完全凭着他的皇家学院权威地位以艺术法官的姿态与德拉克洛瓦对阵的。笔者的同情始终是向着那些为扫清艺术发展道路上的障碍而敢于向权威挑战的人们。

浪漫主义艺术是重主观、重想象的，这更切近艺术的本质。这样，浪漫主义上与巴洛克相承接，并与本世纪的现代主义文学相贯通。因此，若回溯历史，则可以发现今天的现代主义和浪漫主义（特别是德国浪漫主义）与巴洛克是属于同一血脉的。如果从创造精神上而不是从单纯的美学形态上看,则这一血脉与文艺复兴又是相通的。从欧洲文艺史上纷繁复杂的现象中梳理出这一大的脉络以后,读者诸君就不难明白笔者编辑这套丛书的主旨和原则了。

遴　选

欧洲音乐、美术史上群星灿烂,其中有资格让后人为之立传者至少有几打。但由于目前的翻译、著述、出版力量所限,一时还不能统统提上议事日程,作为编者,这就不可避免地要经历一番取舍和割爱的苦衷了。

取舍当然要根据编者确定的原则。大的原则上面已经花了相当长的篇幅进行了阐述,那就是:编者格外推崇那些艺术上既有高超的造诣,文化视野又具远见卓识,不因循守旧,敢于打破常规,开拓进取。但符合这一原则的巨匠仍不在少数。因而又须将条件提高和紧缩:在符合大原则的前提下,还须影响深远,风格独特,性格层面较多,至今仍在频繁地激动着人们的心灵。不过有的大家早已在我国家喻户晓,而且无可争议,如前面议及的文艺复兴“三艺圣”,也暂时后挪。经过这样几轮筛选,最后以巨人仪态步入我们这套《世界艺术大师传记丛书》之围的是——

伦勃朗(1606—1669),荷兰画家,欧洲巴洛克时代最杰出的绘画代表。巴洛克画风强调光线的明暗对比,表情的激烈运动,事件的戏剧性冲突,空间的开阔深远……这一切在伦勃朗的作品里都得到充分的、鲜明的、生动的表现。而且他往往超越一般的巴洛克画风,在表现人物内在激情时,刻画得既紧张,又细腻、含蓄,从而赋予他的作品以文学的底蕴和诗意的韵味。而且,他是个多面手,不仅在人物肖像画方面的成就不同凡响,而且在风俗画、宗教画、历史画以及风景画等方面均在当时臻至巅峰。由于他和他的近邻弗兰德人鲁本斯和凡·戴克为巴洛克绘画奠定了坚实的基石,为这一画风(或流派)的艺术在20世纪的正名并堂而皇之地走进艺术的圣殿创造了决定性的条件。但作为一部传记的传主,伦勃朗更吸引我的也许是他那悲喜剧式的命运。仿佛命运跟他玩了一个恶作剧的把戏:他的成就越辉煌,他的遭际就越悲惨!但我庆幸他的这种悲惨。尼采说得好:只有经历过地狱磨难的人才有建造天堂的力量。这是深刻的哲理。在一定条件下,苦难是生命潜能的激发剂。正是伦勃朗后半生的不幸、贫困与屈辱,使他集聚了生命的强光,获得洞见圣灵的能力,从而使得他的作品的魅力与时间的流逝形成喜剧式的反比:时间越久远,他的作品的魅力越大——与他在世时的遭际又成了喜剧性的大反比。

凡·高(1853—1890),别具个性的天才画家,与塞尚、高更等同为"后印象派"的中坚。后印象派是一个富有创造活力、且具有远见卓识的艺术团体。它与马奈、莫奈等(前)印象派共同探讨了一番阳光与色彩之后即告分道扬镳。他们比莫奈小一辈,更敏感地把握到时代的脉搏。这时候——19 世纪 80 年代,现代的审美意识迅速觉醒,文学、艺术各个领域孕育的美学革命纷纷爆发:1886 年的法国象征主义宣言,同一年的后印象派画展;前此二年,1884 年建筑艺术界的"新艺术运动";几年后德彪西那"敲开 20 世纪大门"的印象主义乐曲,都意味着现代审美意识瀑布式的飞跃。这一飞跃的根本标志是审美视角的内向转移,创作由模仿和反映客观世界转为主观世界的自我表达。因此后印象主义的崛起标志着现代主义美术的起步。凡·高就是在这个时候应运而生的。这位伦勃朗的隔世同胞,适时地从荷兰家乡来到巴黎这个现代艺术的策源地。凡·高在这里很快转变了观念。他那熊熊燃烧的树木,鲜艳夺目的向日葵,都是他内心激情的投射。他之所以备受今人的歌颂,主要是因为那注定要在 20 世纪成为普遍审美风尚的信息,凡·高早在 19 世纪 80 年代就探悉到了!而且为此招致后半生的寂寞、贫穷和不幸,甚至过早死亡。在这一点上他跟他的远祖伦勃朗多少有点相像,甚至有过之而无不及。单单被他自己割下的那只耳朵就招来多少后人含泪的笑谈!看来这是普遍规律:当一种时代的审美风尚还没有普遍形成之前,那些最早探悉它并捕捉到它的人,注定要忍受一段时间的寂寞和贫穷。无怪乎凡·高在生前,在他创作的鼎盛时期,他就在他的作品里注入悲剧意识……啊,凡·高,你太富传奇色彩了。

毕加索(1881—1973),20 世纪最大的艺术奇迹,人类艺术史上罕见的艺术天才,最富有创造精神和革新精神的艺术巨匠。20 世纪人类在艺术领域所经历的一切,他都经历过,尝试过,从现实主义到现代主义,现代主义发展的不同阶段,各个流派,他都投入过,而且都拿出了经典性作品。他一生共创作出 6 万件作品,件件不重复。他的艺术想象力是空前的,超群的。他的名字就是 20 世纪艺术的象征。

毕加索尤其值得我们崇敬的是他的人文主义精神。他自始至终都关注着下层人民的处境和全人类的命运,并且把自己的艺术与这种人文关怀紧密地联系在一起。所谓“蓝色时期”正是他的笔触对生活无着的下层劳动者充满忧虑的深沉表达。他的《格尔尼卡》等名作更是表达了对法西斯势力威胁和袭击下的人类命运与苦难的严重关注。无所不包的题材是他拥抱生活、介入现实的生动证明。作品的质量之高(当然不是一切作品)和数量之多说明他一天也没有沉湎在生活享受里。

莫地里亚尼(1884—1920),又是一位短寿的艺坛怪杰。他来自美的王国意大利。1906 年开始在巴黎艰难求生,甚至靠朋友接济。但这在艺术上是个富源,他为正在兴起的现代流派如野兽派、未来派、表现派所激动,他也有幸师从毕加索等多位先锋派名家。但并未在哪一家久留。他善于广采博纳,上自希腊罗马古风、早期中世纪艺术,下至当代先锋派、非洲黑人艺术、原始艺术,最后终于在接近而立之年的时候,形成了自己的风格,这是一种独具个性的、极富魅力的风格。奥秘似乎是没有的。他不过使用了一点轻度的变形手法,即把人物的脖子和脸形甚至躯体稍稍拉长,再在线条上下了一些工夫,色彩上使用的是大色块平涂,就这样“简单”地造出的体积,却让人觉得极具美感。绘画和雕塑他都以人物肖像见长,尤其是女人体特别是裸体是他的绝招。有人说他的《斜倚的裸女》堪与文艺复兴时期乔尔乔纳笔下那幅《睡着的维纳斯》媲美。你看那丰满的体肤、流畅的线条和修长的造型,整体看去那样宁静、温馨而有韵致。——对!好像还透露出一点色情感——莫非就是这点限度内的色情感,犹如药物里加入的微量砒霜,菜肴里加入的少量鸦片,使艺术发生奇效?

贝多芬(1770—1827),举世公认的“乐圣”,音乐之王。他生活在新旧美学思潮的转型期。他以无与伦比的乐思、敏悟与过硬的功底,将古典主义的音乐性能发挥到极致,同时又以高屋建瓴的革新精神,以形式服从内容的原则,大胆打破那些不适合于表现新的时代内容和他的浪漫激情的陈规,诸如古典音乐那种刻板结构原则,色彩贫乏的调性关系,声乐与器乐的严格界限等等,而代之以更加灵活而紧凑的结构,更加丰富而多彩的调性,更能激动人心的旋律。在这一点上贝多芬很像文艺复兴时期的莎士比亚，莎翁无视当时正流行的古典主义关于喜剧与悲剧界限的严格规定，在他写的喜剧中加入悲剧因素，悲剧中加入喜剧因素，而不惮被人讥为“非驴非马”。贝多芬革新古典音乐的巨大成就为浪漫主义音乐开了一代新风，极大地丰富了人类音乐语言，对人类音乐史的发展是一个有力的推动。但这使那些听惯了古典音乐的人们很不舒服，连歌德这样伟大的“美”的创造者都大摇其头，认为这像“井口上跳舞的疯子”。甚至连《美学》巨著的作者、与贝多芬同庚的黑格尔也不予承认，认为人类的美到歌德时代已经“唱完了”。殊不知，在审美问题上，人类的天性从来都是“喜新厌旧”的。现在当我们隔着很长一段历史距离回观这两个“主义”的音乐的时候，谁不认为浪漫主义对于古典主义是一个巨大发展和丰富呢？因此创作中，或者说在文艺发展过程中，非常需要那些“不安分”分子：当人们正在担心“山穷水尽疑无路”的时候，他突然给人一个“柳暗花明又一村”的惊喜。贝多芬一切听从内心的召唤，而不管前人是否这样做过，一曲《欢乐颂》给世人带来多少振奋和信心。但有谁还会责备作者“画蛇添足”，而不叹服是一个非凡的创举呢？

贝多芬还令我们崇敬的是他的人格精神。尤其是在他朝气蓬勃，正在向胜利的目标迈进的时候，命运给他设置了障碍，甚至让死神逼迫他写出了遗言。但他坚信世界的美好，坚信自己参与创造这种美好的努力，因而意识到自己所负的时代使命，于是他从低吟中又咆哮起来，终于“扼住命运的咽喉”！他在与命运搏斗中所表现出的这种英雄气概和决胜信念，使全世界遭受过命运袭击的人无不受到鼓舞。贝多芬不仅是个艺术家，他也是一个斗士，为他那个时代的自由、正义和博爱而奋斗终生。他从不为自己的艺术家身份感到卑微，所以从不感到有任何义务在权势者面前点头哈腰。他的脾气不免古怪，但为人秉性耿直。他有时也警惕别人的暗算，但他自己却从不暗算别人。从总体上说，一个人的人格和他的文格、艺格是一致的。没有美好的心灵、崇高的志向和宏伟的气魄，焉能写出那样优美动人、气势磅礴的乐曲？贝多芬的乐曲是与生命交融的，所以具有那样激动人心的力量，直到今天仍为世界上被演奏得最多的作曲家。

柴可夫斯基(1840—1893)，除了贝多芬，这可能是中国观众和听众最熟悉、最喜爱的外国作曲家了。他的所有三部芭蕾舞杰作《天鹅湖》、《睡美人》和《胡桃夹子》全部被搬上中国舞台，而且轮番上演；他的歌剧代表作《叶甫根尼·奥涅金》也在中国亮过相；他的交响曲、钢琴曲、室内乐几乎每天都可以在中国听到。之所以受欢迎，不能不归因于乐曲本身。他的作品个性极为鲜明，旋律非常优美动人，色彩丰富绚丽。而且配器也十分艳丽。但这些绝不是为了技巧的炫耀，而是饱含着灼热的情感；直接感染着听众。柴可夫斯基的这一特点在俄罗斯具有普遍性。这个民族非常善于保持自己的文化个性。欧洲的文化，西欧和中欧（包括以前用政治概念表述的"东欧"）共同性、互通性较大。但东欧（包括俄国、乌克兰、白俄罗斯等以前的苏联）和北欧却较难相融。例如 17 世纪风行一时的巴洛克建筑，西欧和中欧（包括波兰、捷克、匈牙利）很容易见到，但唯独在俄罗斯却极其个别。俄罗斯的建筑风格完全属于本民族的风格，艺术上也存在这一倾向。柴可夫斯基也不例外。他宁愿吸收某些法国作曲家的东西，如比才、圣·桑等，但却拒绝了德国的某些作曲家，如瓦格纳、勃拉姆斯。但他跟本民族的、尤其是民间的音乐保持密切的联系，故他的作品富有民俗风情，热烈、欢快、幽默和戏剧情趣。

柴可夫斯基的创作源泉除了他的天才，他与人民的联系之外，还有一部分来自他的精神压抑。他生活在俄国沙皇统治的黑暗时期，革命正在孕育着危机，但又尚未成熟，知识分子普遍精神苦闷。此外他个人生理、心理都有些特异现象，如情绪反复无常，又有同性恋倾向，无法与异性成婚，甚至有人认为，他的死亡都是同性恋问题造成的（怕丑闻败露而服毒自杀）。这就有点近似他的天才同胞普希金的悲剧，太让人扼腕了。

格里格（1843—1907），这位作曲家令编者感兴趣的是他不像大多数同行那样以大型乐曲（歌剧、交响曲）名世，而是以短小精悍的抒情小品著称，我们不妨称之为"小品乐大师"。他那活泼、明快、瑰丽又质朴的 66 首钢琴抒情作品很能代表他的风格特点。

格里格的成就很大程度上是与他的祖国的命运联系在一起的。19 世纪的欧洲，弱小的被压抑国家的民族独立运动普遍高涨，这可以说是文艺中的浪漫主义运动的政治动因。浪漫主义作家、艺术家民族独立意识都很强，甚至有些殖民宗主国出身的文艺家也支持别国的民族解放斗争，如英国的拜伦和雪莱。格里格生活的年代，他的同胞正为摆脱瑞典的统治而抗争。

格里格十分关心他的祖国的命运。他的乐曲的独特的魅力就在于:他把从德国学得的浪漫主义音乐要素,融入他的民族的音乐语言,并进而在和声和调性上加以发展。

格里格还令编者感兴趣的,在于他是挪威文学史上最杰出的作家易卜生的同时代人,而且是朋友。格里格曾应易卜生之请,花了两年时间为他的著名诗剧《彼尔·钦特》配乐。结果,脍炙人口的八首《彼尔·钦特》组曲成了他的奠基性名作。这一对"双子星座"就这样分别为自己的祖国赢得了世界声誉。他们不仅是挪威的骄傲,相当程度上也是整个斯堪的那维亚的骄傲。

交　代

参加这套丛书撰写工作的作者,多数都是富有专业知识的专家。像张洪谟教授已经是几十年的老专家了!长期以来他积累了大量的资料,所以这次写起来挥洒自如。又如龚田夫先生,自己是画家,又是大学教师,他对传主有着特殊的喜爱,所以写起来如鱼得水。再如郑纪棠,对传主情有独钟,进行了多年的悉心研究,并且不止一次去巴黎进行资料收集和考证。陈端林(笔名楚水)也是学有专长的专业美术理论工作者,现任《美术》杂志的高级编辑,虽然工作繁忙,由于功底颇深,还是按时完成了写作任务。两位女将:一位是广州华南师范大学的娄毅副教授,美术史教员,对传主研究有素,掌握丰富资料,又有一手较好的文笔。年龄最小的是吴梅,在中央音乐学院担任翻译工作,口译、笔译兼备,有一定研究能力,颇有灵气。

从以上简单介绍可以看出,这个写作队伍老中青都有,其共同点除了每人都有美术或音乐专业知识外,每人至少通晓一门外语,有条件直接掌握第一手资料。不同点当然也是存在的,毕竟每人的资历不同,知识背景、工作经验和写作能力均有差异,这种差异不可避免地要反映到这套丛书中来。这就得请读者多多包涵了。

1997 夏于酷暑中草成